全球变化与地球系统科学系列
Series in Global Change and Earth System Science

磷危机概观与磷回收技术

LIN WEIJI GAIGUAN YU LIN HUISHOU JISHU

Overview of Phosphorus Crisis and Technologies of Its Recovery

郝晓地 王崇臣 金文标 编著

高等教育出版社·北京
HIGHER EDUCATION PRESS BEIJING

内容提要

本书是一部全面系统反映全球磷危机概况以及应对磷危机所采取的磷回收技术研究进展的专著。全书共分四章,包括磷起源、磷化学、磷与生命、磷的地球化学、磷与农作物营养、磷污染、磷资源与磷危机、磷回收技术基础理论与工程应用、水体与土壤中磷的去除与循环再利用等方面的内容。这本集文献综述与作者研究工作于一体的专著不仅汇集当今世界有关磷的基础科学知识、回收技术发展趋势,而且也将作者对磷危机以及回收技术的系统认识与观点呈现给读者,体现了全新学术思想下的国际磷回收技术发展潮流。

本书内容系统、全面、翔实,文字深入浅出,适合从事地球资源、环境保护与市政工程等方面的学者、工程技术人员、管理者以及高等院校师生参考。

图书在版编目(CIP)数据

磷危机概观与磷回收技术/郝晓地,王崇臣,金文标编著.—北京:高等教育出版社,2011.8
ISBN 978-7-04-031876-0

Ⅰ.①磷… Ⅱ.①郝… ②王… ③金… Ⅲ.①磷-现状-世界 ②磷-回收-研究 Ⅳ.①O613.62

中国版本图书馆 CIP 数据核字(2011)第 123163 号

策划编辑	陈正雄	责任编辑	陈正雄 柳丽丽	版式设计	王艳红
插图绘制	尹 莉	责任校对	胡美萍	责任印制	张泽业

出版发行	高等教育出版社	咨询电话	400-810-0598
社 址	北京市西城区德外大街4号	网 址	http://www.hep.edu.cn
邮政编码	100120		http://www.hep.com.cn
印 刷	北京地质印刷厂	网上订购	http://www.landraco.com
开 本	787×1092 1/16		http://www.landraco.com.cn
印 张	17.75	版 次	2011年8月第1版
字 数	330 000	印 次	2011年8月第1次印刷
购书热线	010-58581118	定 价	39.00元

本书如有缺页、倒页、脱页等质量问题,请到所购图书销售部门联系调换。
版权所有 侵权必究
物 料 号 31876-00

前　言

　　作为长期从事污水处理与回用研究和实践的工作者,我关注的自然是当今世界引人注目的"水危机"问题。现实存在的水污染问题不仅促使我们反思人类现代生活中所存在的生态上的弊端,而且更多的时候迫使我们研发所谓的末端污水治理技术。其中,水体富营养化的问题一直困扰着全球水业人士;人们为之努力,为之奋斗,但获得的结果往往事倍功半,事态的发展并没有得到行之有效的遏制。因为在解决这一问题时,我们通常的做法是末端治理,试图通过对污水中营养物质——氮、磷的去除而达到目的。这其中,我们有意无意地忽略了一个事实,那就是磷这种在水体中属于富营养的元素在陆地上的储存量却变得越来越少,以至于形成了磷在水体中多而在地面上少的尴尬局面!

　　众所周知,导致水体富营养化的两种基本元素——氮和磷也是陆地植物所必需的营养物质。地球上如果没有了氮、磷,当然也就谈不上生命的存在,因为人类和动植物都要依靠氮、磷来生存。自然界客观存在的氮循环让我们很幸运地不必为氮的缺乏而担忧。但对磷而言,我们却没了这种幸运。磷主要存在于地壳之中,是人类必须通过开采的方式方能获得的营养元素。远古时代,原生态农业生产、生活习惯使人与土地之间建立起营养物质的良性循环体系——食物来自于土地,排泄物再回归土地。用现代科学观点来解释,这是一种符合生态学原理的朴素物质循环方式。正是这种原生态文明习惯让人类生生不息、繁衍至今。不幸的是,18世纪至19世纪的工业革命在给人类带来现代文明的同时,也让我们不知不觉地与原生态文明习惯渐行渐远。水冲厕所的确给人类带来了方便而又卫生的排泄方式,因此它长期以来被喻为现代文明的产物。人类排泄物被水冲走相当容易,但这也意味着其中的营养物质,特别是磷,将远离它的源头——土地!被裹挟在水中的磷要么成为导致地面水体富营养化的营养物质,要么随波逐流进入海洋,导致赤潮或长期沉积于海底沉积层中。磷的这种由陆地向海洋的线性迁移过程最终的结果是清空陆地上所有的磷资源!

　　显然,一旦陆地上的磷沉入海底,它将罕有机会在短时间内靠自然循环方式再返回陆地,除非发生像喜马拉雅造山运动那样的地质演变。而那时,人类恐怕早已不复存在!由此可见,现代文明在给人类带来快捷与方便的同时,也在蚕食着我们赖以生存的物质基础。对此,人类必须立刻警觉起来,思考有限的未来生存方式,采取一切必要的手段,尽一切可能去延缓陆地磷资源的流失速度,使我们目前的现代生活走向一种真正意义上的可持续发展之路。

有关陆地现存磷资源还能维持人类持续利用多久的问题在国际学术界一直存在着广泛的讨论和争论。乐观的人说磷至少可以用上百年的时间，悲观的人则警告说我们只剩下几十年的时间。无论争论的结果如何，大家均承认这样一种事实：磷作为一种几乎不可再生、不可替代的自然资源，储量肯定是极为有限的！国际权威学术刊物——Nature 不久前发表了一篇文章"正在消失的营养物质"（The disappearing nutrient, 2009, 461(8): 716 - 718)，该文指出，全球陆地上的磷总储量固然在数量上还可能维持人类再使用上百年的时间，但依靠现有的开采技术，可经济地开采出的磷矿实际上只能维持50年左右的使用时间！我国磷矿储量虽然没有如此精确的统计数字，但从现有文献中大概可以估计出现存磷矿的消失速度，优质磷矿（P_2O_5 含量 > 30%）将在不到20年的时间内消耗殆尽！即使包括不宜开采或开采价值极低的磷矿在内，我国大概最多也只有60~70年的磷矿开采时间。这个数据与国际权威机构的数据十分接近，至少同在一个数量级范围之内。由此我们可以预言，磷这种曾经相当丰富的矿产资源在不久的将来就会成为一种稀缺资源。

作为一直担心"水危机"可能对人类社会构成影响的工作者，面对上述突如其来的"磷危机"时有一种无比震惊的感觉！这使我们不得不在关心"水量短缺"和"水污染"问题的同时关注"磷危机"。磷主要以磷肥的形式用来生产人类食物（即营养），而食物中的磷只有少量被人体吸收，大部分则进入污水或废物之中，所以，污水/废物处理与磷的人工循环之间必须建立起某种技术联系。否则，人类将不仅仅是面临水体富营养化的问题，更可怕的是人类在不久的将来还会面临"喝西北风"的危险！

中国有个成语，叫做"未雨绸缪"，其精髓成了"中为洋用"者的行动指南。国际学术界早在十多年前便开始重视从污水/废物中回收磷的研究与实践。到目前为止，有关磷回收的专门国际学术会议已连续举办过4次，而且在众多综合性国际学术会议和期刊上以磷回收为主题的论文也越来越多，凸显国际社会对磷危机的重视和为此采取的实际行动。

受国际学术界影响，作者10年前在欧洲学习、工作期间便开始关注磷危机，并将自己在污水处理中的研究重点——"磷去除"转向"磷回收"，试图通过技术手段将控制水体富营养化与磷的人工循环合二为一。回国后，这些思想与技术不仅在作者早前出版的专著——《可持续污水 - 废物处理技术》（中国建筑工业出版社，2006）中进行了初步论述，而且也通过媒体多次发表（如，2004年4月30日《光明日报》A3版，"磷还够我们用多少年？"; 2004年8月24日《人民日报》（内参）），试图唤起全社会对这一问题的警觉与关注。然而，个人的力量毕竟是十分有限的，而且普通百姓拧开水龙头即可发现直流水，自然大都不会相信水危机近在咫尺，所以需要政府部门的高度重视，并采取必要的行动。值得高兴的是，近几年有关重视磷危机的呼声在国内学术界渐渐高涨起来，在刚刚发布的"十二五""863计划"资源环境技术领域项目申请指南中亦看到了"污水中碳源及氮磷硫组分资源化技术"这一项目立项，说明政府以及有识之士已经渐渐看到磷等资源匮乏对国民经济可能构成的潜在威胁。

为使国内学者、工程技术人员、管理人员，特别是政府官员能够较为系统地了解磷危机概况以及相应的磷回收技术，我们共同编著了这本《磷危机概观与磷回收技术》，旨在汇集当今世界有关磷的科学知识、技术导向，同时将自己关于磷回收技术有限的认识和研究成果呈现给读者，期望能起到抛砖引玉的作用。

本书共分4章内容，第1章第1节和第3节、第4章由金文标执笔；第1章第2节、第2章第1节和第3节由王崇臣执笔；第2章第2节和第3章由郝晓地执笔。全书由郝晓地统稿、审定。

本书内容尽量以国内外研究背景和取得的成果去反映磷危机这一客观事实，并尽可能多地囊括了当今世界文献记载的全部磷回收技术。所以，本书为"编著"，而非"著"，读者不会在阅读后产生作者在主观臆测的感觉。尽管如此，本书依然难免会因作者视角和视野的有限而造成疏漏，还望读者给予批评和指正。

在本书在撰写的两年过程中，我们不仅得到了北京市属高等学校人才强教深化计划——高层次人才项目（PHR20100508）的资助，同时在书稿的整理、修改过程中也得到了张海平博士、衣兰凯和邢会娟同学的大力协助。在此，我们一并表示诚挚的感谢！

郝晓地
2010年12月19日

目 录

第1章 磷的基础科学 ··· 1
　1.1 磷的起源 ·· 1
　　1.1.1 元素起源假说 ·· 1
　　1.1.2 磷的起源与发现 ··· 2
　1.2 磷化学 ··· 5
　　1.2.1 磷单质 ··· 5
　　1.2.2 磷的无机化合物 ··· 6
　　1.2.3 磷的有机化合物 ··· 10
　　1.2.4 磷的用途 ·· 12
　1.3 磷与生命 ·· 15
　　1.3.1 生物体中的磷 ·· 15
　　1.3.2 磷与生命活动 ·· 17
　　1.3.3 磷与生命起源 ·· 18
　参考文献 ·· 22

第2章 环境中的磷与潜在的磷危机 ··· 23
　2.1 磷的地球化学 ·· 23
　　2.1.1 土壤和沉积物中的磷 ·· 25
　　2.1.2 沉积物中的磷及分级提取经典方法 ·· 32
　　2.1.3 水体中的磷 ··· 35
　　2.1.4 环境中的磷化氢 ··· 41
　2.2 磷与农作物营养 ··· 43
　　2.2.1 磷在农作物中的作用 ·· 43
　　2.2.2 农作物含磷量及最佳需磷量 ··· 44
　　2.2.3 缺磷农作物病症 ··· 46
　　2.2.4 农作物磷肥 ··· 49
　2.3 磷污染——全球性问题 ·· 50
　　2.3.1 欧盟 ·· 52
　　2.3.2 美国 ·· 61
　　2.3.3 澳大利亚 ·· 66

- 2.3.4 日本 ·············· 67
- 2.3.5 东南亚 ·············· 72
- 2.3.6 非洲 ·············· 75
- 2.3.7 大洋洲 ·············· 75
- 2.3.8 中国 ·············· 76

2.4 现存磷矿资源与潜在的磷危机 ·············· 83
- 2.4.1 世界磷矿资源分布概况 ·············· 83
- 2.4.2 中国磷矿资源概况 ·············· 85
- 2.4.3 磷矿资源开发概况 ·············· 88
- 2.4.4 全球磷矿消耗概况 ·············· 90
- 2.4.5 磷矿国际贸易概况 ·············· 92

参考文献 ·············· 93

第3章 磷回收技术方法、基础理论与工程应用 ·············· 102

3.1 磷回收基本技术方法与理论 ·············· 103
- 3.1.1 土地直接利用磷作用机制 ·············· 104
- 3.1.2 化学沉淀磷回收机制 ·············· 104
- 3.1.3 吸附/解吸法回收磷机制 ·············· 107
- 3.1.4 生物磷去除/回收机制 ·············· 108
- 3.1.5 结晶法磷回收技术与理论 ·············· 110

3.2 磷回收技术研发现状及发展趋势 ·············· 120
- 3.2.1 化学沉淀法 ·············· 120
- 3.2.2 吸附/解吸法回收磷 ·············· 122
- 3.2.3 生物磷去除与回收 ·············· 130
- 3.2.4 结晶反应器磷回收工艺现状 ·············· 135

3.3 磷回收途径及其工艺研发与应用 ·············· 147
- 3.3.1 污水磷回收工艺 ·············· 147
- 3.3.2 污泥磷回收工艺 ·············· 157
- 3.3.3 污泥焚烧灰磷回收工艺 ·············· 165
- 3.3.4 动物粪便磷回收工艺 ·············· 169
- 3.3.5 剩余污泥、动物肉骨焚烧灰磷回收工艺 ·············· 173
- 3.3.6 生物磷回收新技术 ·············· 174

3.4 污水化学磷回收强化生物磷去除作用试验演示 ·············· 178
- 3.4.1 磷回收与C/P比与对生物除磷系统影响试验 ·············· 178
- 3.4.2 厌氧上清液侧流化学磷回收强化生物除磷作用模拟预测与试验验证 ·············· 185

3.5 磷回收工程实例 ·············· 192

3.5.1　侧流结晶法磷回收始祖——荷兰 Geestmerambacht 污水处理厂 …… 192
　　3.5.2　鸟粪石回收成功典范——英国 Slough 污水处理厂 …………… 200
　　3.5.3　意大利污水处理厂磷回收探索 ………………………………… 207
　　3.5.4　大规模进行鸟粪石回收的国家——日本 ……………………… 218
　3.6　磷回收政策法规及经济分析 …………………………………………… 221
　　3.6.1　磷回收必要性、可能性与紧迫性 ……………………………… 222
　　3.6.2　磷回收相关经济政策、法规 …………………………………… 223
　　3.6.3　磷回收经济效益评价 …………………………………………… 226
　本章结语 …………………………………………………………………… 229
　参考文献 …………………………………………………………………… 229

第4章　水体与土壤中磷的去除与循环再利用 …………………………… 237
　4.1　水体中金属磷酸盐的细菌沉淀 ………………………………………… 237
　　4.1.1　水体中磷与金属污染的传统去除方法概述 …………………… 237
　　4.1.2　金属磷酸盐细菌沉淀的基本原理及生物学基础 ……………… 239
　　4.1.3　金属磷酸盐的细菌矿化作用 …………………………………… 243
　　4.1.4　影响金属磷酸盐细菌沉淀之因素 ……………………………… 251
　　4.1.5　利用细菌沉淀金属磷酸盐的问题与展望 ……………………… 252
　4.2　农业中磷的生态利用技术 ……………………………………………… 252
　　4.2.1　农作物对土壤中磷的吸收与利用 ……………………………… 253
　　4.2.2　中国当前农业生产中磷的利用现状 …………………………… 255
　　4.2.3　现代精细农业中磷的生态利用 ………………………………… 257
　参考文献 …………………………………………………………………… 268

第1章

磷的基础科学

磷的元素符号是 P,在元素周期表中的序号为 15,相对原子质量为 30.973 76。在人类已经发现的将近 120 种元素中,磷元素在宇宙中的丰度处于第 17 位,而在地壳中,磷的丰度处于第 11 位,含量为 0.118%,主要以化合态存在于磷酸盐矿石中。动植物体内也存在着化合态的磷,而且人或动物的骨骼和牙齿中含有较多的磷,在人体中,磷的重量百分比为 1%。另外,磷是携带生命基因的 DNA(deoxyribonucleic acid,脱氧核糖核酸)和 RNA(ribonucleic acid,核糖核酸)的主要化学成分,含量为 9%,所以磷在生命活动中具有十分重要的作用。本章将简单介绍磷的基础科学问题,包括磷的起源、磷化学以及磷与生命等。

1.1 磷的起源

了解磷的化学性质及其在生命活动中的作用,首先要了解磷的起源。磷在自然界的含量相对稀土较高,在生命活动中具有十分重要的作用。探讨磷元素的起源必须回溯至宇宙元素的起源(柴之芳,1998)。

1.1.1 元素起源假说

人类很早以前就已经有了元素的基本思想。东西方文化均一致认为宇宙及世界总能归结到很少数量的基本元素之上,中国古代的"五行说"(金、木、水、火、土)、古希腊的"四元素说"(水、火、土、气)、古印度的"七元素说"(地、水、火、风、苦、乐、生命)以及 16 世纪为欧洲化学家们所认可的"三元素说"(盐、硫、汞)均是这种思想的代表。自然科学的发展使人们意识到元素起源与核物理、天体物理和天体演化等问题密切相关,而近现代核科学的发展才开始了真正意义上对元素形成的科学研究。其中,"天体大爆炸"、"平衡理论"及"多中子块理论"分别提出了不同的元素起源假说,但都无法与观测结果完全符合。现在看来,利用任何一种单一理论均无法对实验观测结果做出完美的解释(柴之芳,1998)。

按照现代宇宙学的通行观点(维基百科,2010),大约在150亿年前,即在宇宙刚刚产生时,最初是比原子还要小的奇点经大爆炸后形成一些基本粒子,这些粒子在能量的作用下逐渐形成了宇宙中的各种物质。即从中子和质子合成氢和氦两种元素及其同位素,而后依次为第3(锂)、4(铍)、5(硼)号元素及其同位素。以此推测,更重的元素很可能是通过恒星产生的,并且还可能是在经历过多次恒星生成与死亡的循环后逐步产生的。

1.1.2 磷的起源与发现

1.1.2.1 磷元素的起源

根据现代空间化学的基本理论,磷元素的形成经历了如下过程:

(1) 宇宙核素的合成——^1H、^2D、^3He、^4He 和少量 ^7Li 的形成

大爆炸使宇宙不断膨胀和辐射,温度和物质密度不断降低。当温度降至 10^{10} K 以下时,中子自由存在的条件被破坏,发生衰变或与质子结合,按下述反应生成 ^1H、^2D、^3He、^4He 及少量 ^7Li:

$$n \longrightarrow p + e + \nu e \tag{1.1}$$

$$n + p \longrightarrow D + \gamma \tag{1.2}$$

$$D + p \longrightarrow {}^3He + \gamma \tag{1.3}$$

$$^3He + {}^3He \longrightarrow {}^4He + 2H + \gamma \tag{1.4}$$

$$^3He + {}^4He \longrightarrow {}^7Be + \gamma \tag{1.5}$$

$$^7Be + e \longrightarrow {}^7Li + \nu \tag{1.6}$$

反应式中:n 为中子,p 为质子,e 为电子,νe 为电子中微子,γ 为伽马射线,ν 为中微子。当温度降至 3 000 K 以下时,物质逐渐凝聚形成恒星,宇宙进入恒星演化时代。

(2) 恒星核素合成

伴随恒星演化,宇宙核素合成的轻元素经由恒星核素合成途径,逐步生成各种重元素。恒星中氢燃烧、静态碳、爆炸碳、氧和硅燃烧以及 e 过程(在超新星爆发过程中,在温度 $T \geqslant 5 \times 10^9$ K,密度 $\rho > 3 \times 10^6$ g/cm^3 的情况下,高能光子和原子核之间会发生大量的碰撞。该过程一方面碰撞导致核的碎裂,另一方面其碎片又很快同其他粒子相结合,最终在核的瓦解和形成之间建立起统计平衡过程)

逐渐合成铁峰元素①和铁峰元素之前的元素。铁峰元素以后的重元素由 s 过程（又称慢中子捕获过程，是发生在中子密度相对较低和温度中等的条件下的恒星核合成过程）、r 过程（又称快中子捕获过程，是在核心发生塌缩的超新星中创造富含中子且比铁重的元素的过程）和 p 过程（由光核反应或质子捕获作用形成质子的过程）合成。^{31}P 则是通过氢燃烧和氦燃烧分别生成的 ^{4}He 与 ^{12}C 反应生成 ^{16}O，再经氧燃烧反应生成的。

氢燃烧包括：① 恒星内氢核（^{1}H）聚变为氦核（^{4}He）的过程；② 质量较大的恒星内部（中心温度和密度较高）发生的氢核聚变为氦核过程及碳－氮－氧（C－N－O）循环。

氢核聚变的结果是 4 个氢核转变为 1 个 ^{4}He、2 个正电子（e^+）及 2 个中微子（ν）。质量和太阳相当的恒星中发生的氢燃烧叫质子－质子循环，通过下面 3 个分支反应分别完成：

反应 I：

$$H + H \longrightarrow D + e^+ + \gamma \quad (1.7)$$

$$D + H \longrightarrow {}^3He + \gamma \quad (1.8)$$

$$^3He + {}^3He \longrightarrow {}^4He + 2H + \gamma \quad (1.9)$$

$$^3He + {}^4He \longrightarrow {}^7Be + \gamma \quad (1.10)$$

反应 II：

$$^7Be + e \longrightarrow {}^7Li + \nu \quad (1.11)$$

$$^7Li + H \longrightarrow {}^8Be + \gamma \quad (1.12)$$

反应 III：

$$^7Be + H \longrightarrow {}^8B + \gamma \quad (1.13)$$

$$^8B \longrightarrow {}^8Be + e^+ + \nu \quad (1.14)$$

总反应：$^8Be \longrightarrow 2\,^4He + \gamma \quad (1.15)$

C－N－O 循环发生反应的温度为 $1.0 \times 10^7 \sim 2.0 \times 10^7$ K，密度约为 100 g/cm³，反应持续时间大于 10^{10} 年。包括如下反应：

$$^{12}C + H \longrightarrow {}^{13}N + \gamma \quad (1.16)$$

$$^{13}N \longrightarrow {}^{13}C + e^+ + \nu \quad (1.17)$$

$$^{13}C + H \longrightarrow {}^{14}N + \gamma \quad (1.18)$$

$$^{14}N + H \longrightarrow {}^{15}O + \gamma \quad (1.19)$$

$$^{15}O \longrightarrow {}^{15}N + e^+ + \nu \quad (1.20)$$

$$^{15}N + H \longrightarrow {}^{12}C + {}^4He \quad (1.21)$$

氦燃烧即 3 个 ^{4}He 核直接聚合为稳定的 ^{12}C 核的过程，又称三 α 反应。该反

---

① 铁峰元素：相对原子质量在 50～70，出现以 ^{56}Fe 为最高丰度的高峰，称为铁峰，这个区域的元素习惯上称为铁峰元素或铁族元素。

应在恒星核心氢耗尽之后,温度接近 10^8 K、密度为 10^5 g/cm³ 时发生。在上述条件下,生成的 ^{12}C 可与 ^{4}He 反应生成 ^{16}O。氦燃烧的主要结果是生成 ^{12}C 和 ^{16}O。

氧燃烧(P 元素的产生)是指两个 ^{16}O 聚变为 ^{28}Si、^{31}P 及 ^{31}S,其中 ^{28}Si 发生光分裂放出中子、质子和 α 粒子。

$$^{16}O + {}^{16}O \longrightarrow \begin{cases} ^{32}S + \gamma & (1.22) \\ ^{28}Si + \alpha & (1.23) \\ ^{31}P + p & (1.24) \\ ^{31}S + n & (1.25) \end{cases}$$

通过比较可知,磷合成的过程较为特殊。首先,磷原子核生成只在极少数具有足够大质量来燃烧 C、Ne 的天体上进行。其次,在可能产生磷核的反应中,磷的产率普遍很低。

1.1.2.2 磷元素的发现

自然界中的磷大多数并非是以单质形态(白磷、红磷及黑磷)存在的,而是存在于天然磷酸盐和所有的生物体当中。磷是生命组成的基本元素之一,并且是第一个从有机体中取得的元素。

磷作为单质被发现得益于一位名叫 Brand 的德国术士。1669 年,他在蒸发尿的时候,得到一种有大蒜气味的蜡样白色固体,在无光的条件下可发光,这就是后来称之为白磷的物质。因为磷能在黑暗的地方放出闪烁的亮光,Brand 便将其命名为"phosphorus"(化学发展简史编写组,1980;赵玉芬等,2005),即"发光"之意。磷的拉丁文名称(phosphero)以希腊文 phos(光)和 phero(携带)连接而成。此后,Kunckel 在其 1716 年出版的《化学实验》里也描述到,将尿液蒸发到接近完全干燥,待到其中黑渣消失后再与沙子混合,再次蒸馏即可得到这种物质。用现代化学的观点来看,这一过程即是碳将磷酸钙($Ca_3(PO_4)_2$)还原到磷化钙(Ca_3P_2),而后 Ca_3P_2 与 $Ca_3(PO_4)_2$ 反应生成白磷(P_4)的化学作用过程。1775 年,瑞典的 Chelle 用骨灰和硫酸混合加热也得到了磷。1779 年,Gahn(甘恩)发现了磷矿物。

此外,在我国古代也有与磷相关的记述。《说文解字》称其为"燐",东汉王充的《论衡》(卷二十)中也有"人之兵死也,世言其血为燐……人夜行见燐……若火光之状"的记载。

法国科学家拉瓦锡首次将磷列入化学元素行列,并利用磷的燃烧确定了空气的组成,正确认识到氧气对物质燃烧所起的作用,击破了燃素学说,所以说磷的发现促进了人们对空气的认识。

1.2 磷 化 学

1.2.1 磷单质

磷有多种同素异形体,常见的有 3 种,分别是白磷、红磷和黑磷。

纯白磷是透明的、柔软的蜡状固体,遇光逐渐变为黄色,所以又称黄磷。白磷晶体由 P_4 分子通过分子间力堆积而成,每个磷原子通过其 p_x、p_y 和 p_z 轨道分别和另外 3 个磷原子形成 3 个 σ 键,键角∠PPP 为 60°,如图 1.1 所示。P_4 分子内部具有张力,从而每个 P—P 键的键能减弱,易于断裂,所以 P_4 化学性质非常活泼,在空气中可自燃。

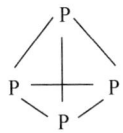

图 1.1 白磷结构

白磷不溶于水,易溶于 CS_2,与空气接触时缓慢氧化,部分反应能量以光能形式释放,这便是白磷在暗处发光的原因。当白磷在空气中缓慢氧化至表面积聚的热量使其温度达到 313 K 时,便达到了白磷的燃点而发生自燃。因此,白磷通常储存在水中以隔绝空气。白磷为剧毒物质。人的中毒剂量为 15 mg,致死量为 50 mg。人误服白磷后很快出现严重的胃肠道刺激及腐蚀症状,大量摄入后会因全身出血、呕血、便血和循环系统衰竭而死。

将白磷隔绝空气加热至 673 K,持续加热数小时后便可得到红磷。红磷的结构较为复杂。一种观点认为,P_4 分子中一个 P–P 键断裂后相互连接起来形成如图 1.2 所示长链结构,即为红磷,所以红磷较稳定,500 K 以上才能燃烧。红磷是紫磷的无定形体,是一种暗红色的粉末,不溶于水、碱和 CS_2,没有毒性。

黑磷是磷最稳定的一种变体,将白磷在高压(1 215.9 MPa)下或在常压下用 Hg 做催化剂并以少量黑磷做晶种,493~643 K 下加热 8 天才能得到黑磷。如图 1.3 所示,黑磷具有与石墨类似的层状结构,但与石墨不同的是,黑磷每一层内的磷原子并不都在同一平面上,而是相互连接成网状结构。黑磷具有导电性,具有"金属磷"之称。黑磷不溶于有机溶剂。

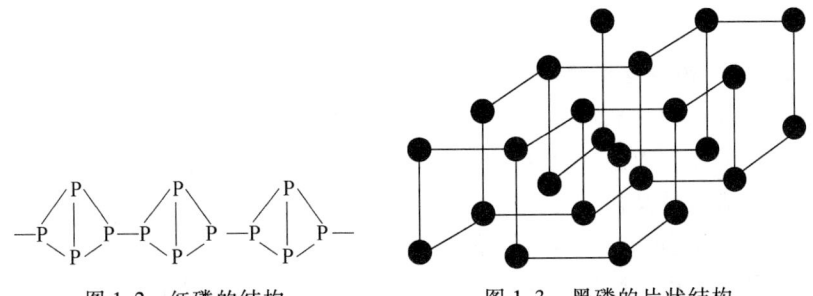

图 1.2 红磷的结构　　图 1.3 黑磷的片状结构

1.2.2 磷的无机化合物

1.2.2.1 磷的氢化物

磷化氢(PH_3)又被称为膦,是无色、具有大蒜味的剧毒气体,其熔点为 $-133.5℃$,沸点为 $-87.7℃$。纯膦不自燃,但由于其中经常含有少量联膦(P_2H_4),因而在常温下可以自燃。

PH_3 结构呈三角锥形,类似于 NH_3,但极性比 NH_3 小。PH_3 在水中的溶解度比 NH_3 小很多,每 100 L 水能溶解 26 L PH_3;PH_3 水溶液的碱性也比氨水弱,而且容易从溶液中溢出;PH_3 易溶于有机溶剂。

1.2.2.2 磷的氧化物

(1) 三氧化二磷

磷在氧气不足的条件下燃烧生成 P_4O_6,简称为三氧化二磷。P_4O_6 结构如图 1.4 所示,相当于 6 个氧原子"插"在 P_4 四面体的六个棱上。所以,P_4O_6 是白色易挥发的蜡状固体,易溶于有机溶剂。通常认为,P_4O_6 是亚磷酸的酸酐。三氧化二磷具有很强的毒性。

(2) 五氧化二磷

磷在充足的空气中燃烧生成 P_4O_{10},简称为五氧化二磷。五氧化二磷的结构如图 1.5 所示,相当于在 P_4O_6 的基本结构单元各个磷原子的顶上再加上一个氧原子。P_4O_{10} 是雪花状晶体,且具有很强的吸水性,常用作气体和液体干燥剂。P_4O_{10} 甚至可以使硫酸、硝酸等脱水,成为相应的氧化物。五氧化二磷是磷酸的酸酐。

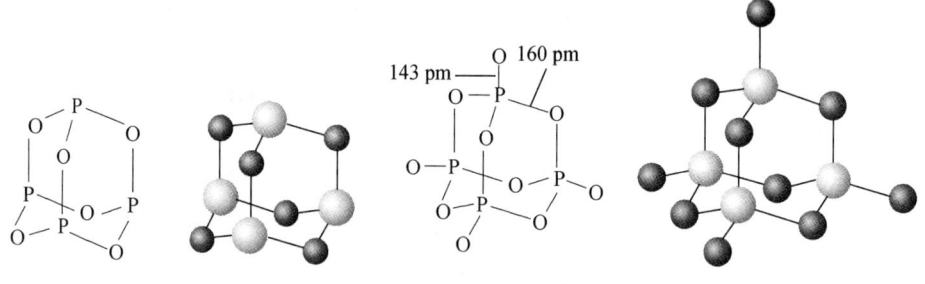

图 1.4 P_4O_6 的结构 　　　图 1.5 P_2O_5 的结构

1.2.2.3 磷的含氧酸及其盐

磷能形成多种含氧酸。磷的含氧酸按氧化态不同可分为次磷酸(H_3PO_2)、亚磷酸(H_3PO_3)和磷酸(H_3PO_4)等,其中,以 P(V)含氧酸及其盐最为重要。

(1) 次磷酸及其盐

纯的次磷酸(H_3PO_2)是无色晶体,属于一元中强酸,$K^{\ominus} = 1.0 \times 10^{-2}$,极易溶于水。$H_3PO_2$ 的还原性很强,能在溶液中将 $AgNO_3$、$HgCl_2$、$CuCl_2$ 等重金属盐还

原为金属单质：

$$H_3PO_2 + 4Ag^+ + 2H_2O \longrightarrow H_3PO_4 + 4Ag(s) + 4H^+ \quad (1.26)$$

多数次磷酸盐易溶于水，也具有较强的还原性，因此，次磷酸盐的主要作用是用作化学镀银或者化学镀镍的还原剂。

（2）亚磷酸及其盐

亚磷酸盐是淡黄色晶体，容易发生潮解，在水中的溶解度较大。H_3PO_3 是二元中强酸，$K_{a1}^{\ominus} = 6.3 \times 10^{-2}$，$K_{a2}^{\ominus} = 2.0 \times 10^{-7}$。

H_3PO_3 是强还原剂，受热易歧化：

$$H_3PO_3 + 2Ag^+ + H_2O \longrightarrow H_3PO_4 + 2Ag + 2H^+ \quad (1.27)$$

$$4H_3PO_4 \xrightarrow{\Delta} 3H_3PO_4 + PH_3 \quad (1.28)$$

亚磷酸能形成正盐和酸式盐。碱金属和钙的亚磷酸盐易溶于水，其他金属亚磷酸盐都难溶于水。亚磷酸盐也是较强的还原剂。

（3）磷酸及其盐

纯磷酸（H_3PO_4）是无色晶体。市场上见到的磷酸为黏稠状浓溶液，含 H_3PO_4 约83%。磷酸溶液的黏度较大，这是由于溶液中存在着氢键作用。磷酸熔点为315.3 K，H_3PO_4 受热会逐渐脱水。因此，磷酸无沸点，能与水以任何比例混溶。

磷酸是无氧化性、难挥发的三元中强酸，$K_{a1}^{\ominus} = 6.7 \times 10^{-3}$，$K_{a2}^{\ominus} = 6.2 \times 10^{-8}$，$K_{a3}^{\ominus} = 4.5 \times 10^{-13}$。因此，磷酸盐在水中会发生水解，磷酸一氢盐和磷酸二氢盐还会在水中发生阴离子解离，故磷酸氢盐的酸碱性由水解和解离这两个过程的竞争结果来确定。比如，NaH_2PO_4 溶液中同时存在两个平衡：

$$H_2PO_4^- + H_2O \longrightarrow HPO_4^{2-} + H_3O^+ \quad (K_{a2}^{\ominus} = 6.2 \times 10^{-8}) \quad (1.29)$$

$$H_2PO_4^- + H_2O \longrightarrow H_3PO_4 + OH^- \quad (K_{b3}^{\ominus} = 1.5 \times 10^{-12}) \quad (1.30)$$

因为 $K_{a2}^{\ominus} > K_{b3}^{\ominus}$，溶液呈现酸性，溶液中的 H^+ 浓度可用近似公式计算：

$$[H^+] \approx \sqrt{K_{a1}^{\ominus} \cdot K_{a2}^{\ominus}} = 2.2 \times 10^{-5} \text{mol/L} \quad (1.31)$$

$$pH = 4.66$$

Na_2HPO_4 溶液中也存在两个平衡：

$$HPO_4^{2-} + H_2O \to PO_4^{3-} + H_3O^+ \quad (K_{a3}^{\ominus} = 4.5 \times 10^{-13}) \quad (1.32)$$

$$HPO_4^{2-} + H_2O \to H_2PO_4^- + OH^- \quad (K_{b2}^{\ominus} = 1.6 \times 10^{-7}) \quad (1.33)$$

因为 $K_{b2}^{\ominus} > K_{a3}^{\ominus}$，所以，溶液呈现碱性，溶液中的 H^+ 浓度可用近似公式计算：

$$[H^+] \approx \sqrt{K_{a2}^{\ominus} \cdot K_{a3}^{\ominus}} = 1.7 \times 10^{-10} \text{mol/L} \quad (1.34)$$

$$pH = 9.77$$

不同pH下，磷酸盐水溶液中的磷酸存在形式各异，图1.6显示了磷酸盐溶液中磷酸各种存在形式的分布系数 δ 与溶液pH的关系。

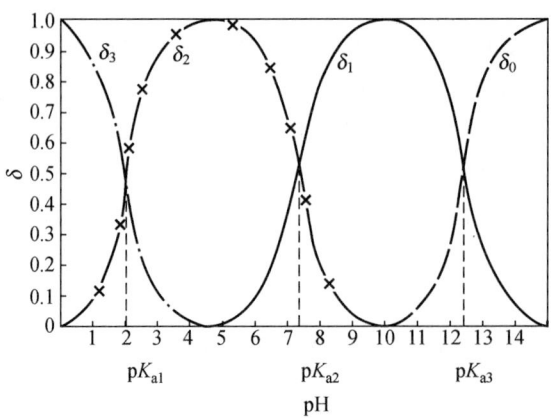

图 1.6 磷酸盐溶液中的磷酸各种存在形式分布系数与溶液 pH 的关系(蔡明招,2009)

磷酸的配位能力很强,能够和许多金属离子形成配合物,例如与 Fe^{3+} 形成无色可溶性配合物 $H_3[Fe(PO_4)_2]$、$H[Fe(HPO_4)_2]$ 等。

磷酸盐可分为简单磷酸盐和多聚磷酸盐。简单磷酸盐是指正磷酸的 3 种盐:正盐(M_3PO_4)、磷酸一氢盐(M_2HPO_4)、磷酸二氢盐(MH_2PO_4)。正磷酸盐一般比较稳定,不易分解。磷酸的 3 种盐类对应的溶解性和水解性如表 1.1 所示。

表 1.1 三类磷酸盐的溶解性和水解性

	M_3PO_4	M_2HPO_4	MH_2PO_4
溶解性	大多数难溶于水(除 K^+、Na^+、NH_4^+ 外)		大多数易溶于水
水溶液酸碱性	pH > 7	pH > 7	pH < 7
原因	水解为主	水解 > 解离	水解 < 解离

各种磷酸盐中,磷酸一氢盐和正磷酸盐(除钾、钠和铵盐外)均不溶于水,但是能溶于酸,磷酸二氢盐均能溶于水。可溶性磷酸盐在溶液中都能发生不同程度的水解,Na_2HPO_4 的水溶液由于 HPO_4^{2-} 水解作用大于电解作用遂呈弱碱性,而 NaH_2PO_4 水溶液则由于电离作用大于水解作用而呈弱酸性。

磷酸盐中最重要的是钙盐。工业上利用天然磷酸钙生产磷肥,反应如下:

$$Ca_3(PO_4)_2 + 2H_2SO_4 + 4H_2O \longrightarrow Ca(H_2PO_4)_2 + 2(CaSO_4 \cdot 2H_2O) \tag{1.35}$$

磷酸的碱金属盐主要用作缓冲试剂、食品加工的焙粉和乳化剂,如磷酸二氢盐(NH_4^+、Na^+、Ca^{2+} 盐)用于发酵制品中:

$$NaH_2PO_4 + Na_2CO_3 \longrightarrow CO_2 + Na_3PO_4 + H_2O \tag{1.36}$$

难溶性磷酸盐可作为优良的无机黏结剂,比如 $Al_2(HPO_4)_3$ 和 CuO 粉末调制而成的磷酸盐黏结剂能耐高温(1 273 K)和低温(87 K)。磷酸锰铁 $Mn(H_2PO_4)_2 \cdot Fe(H_2PO_4)_2$ 是钢铁防锈的磷化剂,并为油漆提供黏附的底面。

将磷酸盐与过量钼酸铵 $(NH_4)_2MoO_4$ 及适量的浓硝酸(HNO_3)混合后加热,可慢慢生成黄色的磷钼酸铵沉淀:

$$PO_4^{3-} + 12MoO_4^{2-} + 24H^+ + 3NH_4^+ \longrightarrow$$
$$(NH_4)_3PO_4 \cdot 12MoO_3 \cdot 6H_2O(s) + 6H_2O \quad (1.37)$$

该反应可用于鉴定 PO_4^{3-}。

正磷酸盐比较稳定,受热一般不分解,但是磷酸一氢盐和磷酸二氢盐受热脱水可形成焦磷酸、聚磷酸、偏磷酸等。

鉴别正磷酸盐、焦磷酸盐和偏磷酸盐的方法如表 1.2 所示。

表 1.2 正磷酸盐、焦磷酸盐和偏磷酸盐鉴别方法(黄可龙,2007)

	正磷酸盐	焦磷酸盐	偏磷酸盐
$AgNO_3$	黄色沉淀	白色沉淀	白色沉淀
蛋白质	无现象	无现象	白色沉淀

在生命过程中,磷酸及其衍生物是非常重要的物质,磷酸通常以磷酸盐形式存在于生命体系中。磷酸钙使骨头和牙齿坚固,每个细胞中都存在磷酸根,它是细胞液中主要的阴离子。葡萄糖是动物体内关键的能量来源。人与动物在进餐前和剧烈运动过程中,为满足葡萄糖的需要,必须分解糖原,在磷酸化酶的催化下,糖原水解形成葡萄糖-1-磷酸,带有电荷的磷酸化糖不能扩散出细胞,但糖苷键水解产生的葡萄糖却能穿过细胞膜,如图 1.7 所示。

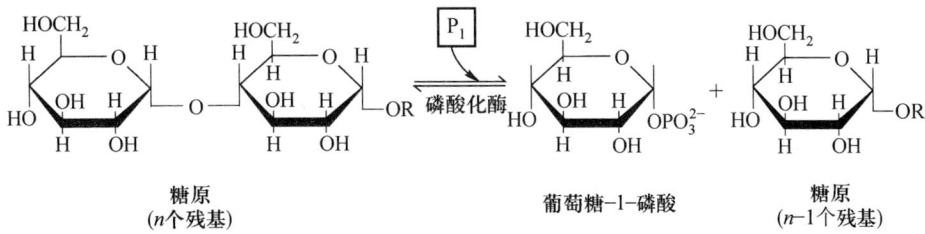

图 1.7 含有磷酸化步骤的糖原代谢(黄可龙,2007)

三磷酸腺苷(adenosine triphosphate,ATP)是生命体系中能量的"通用货币"。生物体通过它的不断生成和消耗来实现能量的储存和释放。在此过程中,磷酸键不断形成和断裂,磷酸根也随之不断产生和消耗。另外,磷酸还以二酯的形式出现在生命基本物质——核酸之中,如图 1.8 所示。

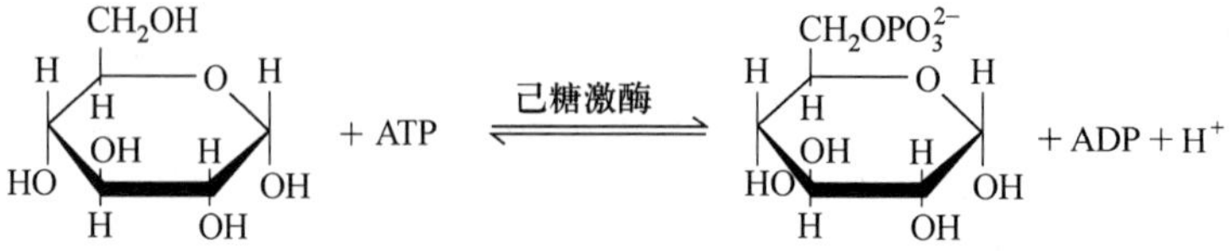

葡萄糖　　　　葡萄糖-6-磷酸

(a)

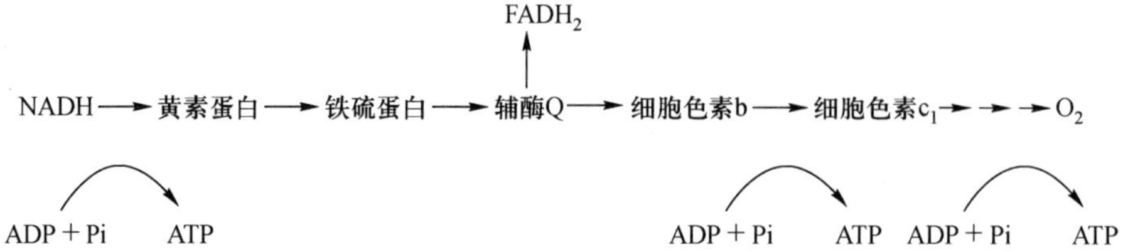

(b)

图 1.8　ATP 形成及消耗过程(黄可龙,2007)

(a) 利用 ATP 对葡萄糖进行磷酸化;(b) 通过氧化磷酸化形成 ATP

1.2.3　磷的有机化合物

有机含磷化合物通常是指含 C—P 键的化合物。常见的含磷有机化合物有:烷基膦、烷基膦酸及磷酸酯。烷基膦和烷基膦酸分子中均含有 C—P 键,而磷酸酯分子中不含 C—P 键,只含有 O—P 键。

(1) 烷基膦

通常所指的膦是 PH_3(三氢化磷)。当膦分子中的氢原子分别被烷基取代后,则形成不同取代程度的烷基膦和季膦盐:

PH_3	RPH_2	R_2PH	R_3P	$R_4P^+X^-$
膦	伯膦	仲膦	叔膦	季膦盐

(2) 烷基膦酸

膦酸相当于磷酸分子中的一个羟基被氢原子取代后的化合物。膦酸分子中的羟基被烃基取代后的产物叫烷基膦酸,当三个羟基均被烷基取代时,则形成三烷基氧化膦。

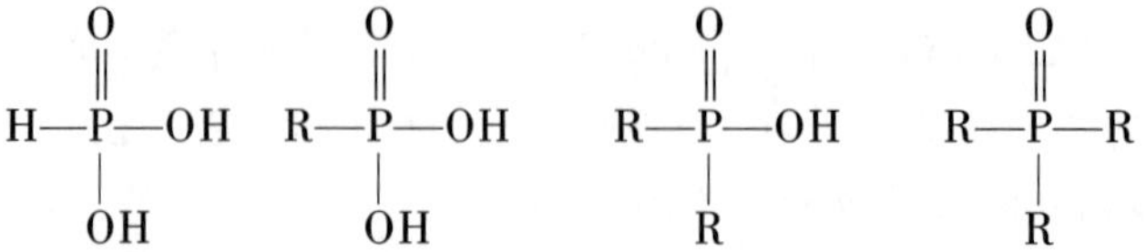

膦酸　　烷基膦酸　　二烷基膦酸　　三烷基氧化膦

（3）磷酸酯

磷酸酯是磷酸分子中的氢原子被烃基取代后的化合物。例如：

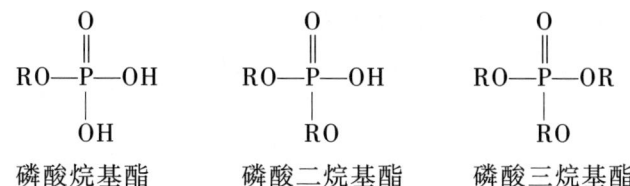

磷酸烷基酯　　　磷酸二烷基酯　　　磷酸三烷基酯

磷酸酯是高效、功能性强的新型表面活性剂，具有诸多优点：① 可降低材料的表面张力；② 具有良好的去污性、润湿性、乳化性、起泡性以及抗静电能力；③ 毒性和刺激性弱；④ 在酸、碱溶液中具有较高的稳定性，能耐高温；⑤ 与其他表面活性剂的复配性好；⑥ 有着良好的生物降解性，环境污染周期短，污染程度较低。

磷酸酯在生物化学领域具有极其重要的地位，同时在其他领域也有很多应用。例如，十六烷基磷酸酯常用于清洁剂；三丁基磷酸酯、三邻甲苯基磷酸酯和甲苯邻苯基磷酸酯可作为汽油添加剂，使汽油燃烧更加平和，能提高发动机的性能，同时还能夺取四乙基铅中的铅，生成毒性小的磷酸铅。

有些磷酸酯类或硫代磷酸酯类可作为农药，即有机磷农药，其结构式为：

$$\underset{X}{\overset{Y}{\|}}P\underset{O-R'}{\overset{O-R}{\diagup}}$$

其中，R、R'为烷基、芳基、羟胺基或者其他基团；X为烷氧基、丙基或其他取代基；Y为氧或硫。

有机磷农药是用于防治植物病虫害的含磷的有机化合物。这一类农药品种多、药效高、用途广、易分解，在人、畜体内一般不积累，在农药中是极为重要的一类化合物。有机磷农药缺点是有不少品种对人、畜急性毒性很强，在使用时特别要注意安全。近年来，高效低毒品种发展很快，逐步取代了一些高毒品种，使有机磷农药的使用更安全有效。

常见的有机磷农药有敌百虫、敌敌畏、对硫磷、久效磷、乐果、马拉硫磷、草甘膦、异稻瘟净等。此类农药大多呈油状或结晶状，工业品呈淡黄色至棕色，除敌百虫和敌敌畏外，大多是有蒜臭味。有机磷农药一般不溶于水，易溶于有机溶剂，如苯、丙酮、乙醚、三氯甲烷及油类；对光、热、氧均较为稳定，遇碱易分解。但是，敌百虫是例外。敌百虫为白色结晶，能溶于水，遇碱可转变为毒性较大的敌敌畏。市场上销售的有机磷农药剂型主要有乳化剂、可湿性粉剂、颗粒剂和粉剂四大剂型。近年来混合剂和复配剂已逐渐增多。

1.2.4 磷的用途

1.2.4.1 磷在金属防护上的应用

在金属表面涂上一层磷化合物,就可以达到防腐的目的,因此,称磷化物为"金属的防护衣"(赵玉芬,2008)。磷化的目的是:① 提高耐蚀性;② 提高基体与涂层或其他有机精饰层间的附着力;③ 提供清洁表面;④ 改善材料的冷加工性能,如拉丝、拉管、挤压等;⑤ 改进表面摩擦性能,以促进其滑动(赵玉芬,2008)。

1.2.4.2 磷酸酯的广泛用途

磷酸酯可以作为汽油添加剂、抗腐蚀剂、防腐剂、防辐射剂、固化剂、油漆、黄金萃取剂、乳化剂、抗冻剂、润滑剂及磁盘保护膜等,被誉为工业中的"万金油"(赵玉芬,2008)。

三烷基磷酸酯和三芳基磷酸酯是常用于淘金的磷试剂,因为它们在溶液中能结合重金属,且部分配合物能以晶体形式析出,故常用于从矿石和原子能工业废料中回收稀土和其他重金属。

三辛基磷酸酯和辛基二苯基磷酸酯可用作增塑剂,使塑料在聚合过程中减少交叉结合的数量,并且能够增加有机聚合物的阻燃性和染色能力。此外,三苯基磷酸酯还可用于汽油润滑剂和抗冻剂。

1.2.4.3 磷在药物和医疗中的应用

人们从 19 世纪开始发现磷对人类的大脑有益,并对某些疾病也有防治作用。随着人类对含磷物质认识的加深以及新的科学发现,磷对人类健康的益处越来越明显。磷已经在许多疾病治疗上发挥着重要的作用(赵玉芬,2008)。

维生素 E 的磷酸酯已经用于化妆品和皮肤清洁用品的制造。卵磷脂被誉为与蛋白质、维生素并列的"第三营养素",它是生命的基础物质,人类生命自始至终都离不开它的滋养和保护。卵磷脂具有生物乳化剂的特性,可将积存在血管壁上的脂肪、胆固醇带走,因此卵磷脂还被人们称为"血管清道夫"。卵磷脂的乳化效果也被用于预防肝硬化、维持肝功能、促进脂肪代谢等方面。卵磷脂富含的磷脂质,可以预防脂肪堆积在肝脏中,避免脂肪肝发生与肝功能退化造成肝硬化。食品中添加磷脂可以提高学习能力和记忆能力,并且有可能治疗老年痴呆症。

同时,磷在人体内最主要的作用就是与钙一起参与骨骼和牙齿的形成。在骨骼和牙齿的钙化以及骨骼和牙齿的生长发育中磷是必需元素。一般而言,钙和磷之比例在 1.2:1~2:1 时吸收最好。如前所述,磷在人体中的含量约占体重的 1%,其中 85%~90% 以羟基磷灰石(hydroxyapatite,HAP)形式存在于骨骼和牙齿中。

1.2.4.4 磷在洗涤剂中的应用

为了增加洗涤剂的去污效果,经常在洗涤剂中加入各种洗涤助剂。含磷助剂是其中最重要的一种。正磷酸盐是最早用于洗涤剂的含磷助剂,主要有磷酸钠、磷酸钾等。三聚磷酸钠($Na_5P_3O_{10}$),俗称五钠,是洗涤剂中最常见的助剂,能络合水中的钙、镁离子,使溶液显碱性而有利于油污分解;我国含磷洗衣服中三聚磷酸钠含量为20%左右(赵玉芬,2008)。

磷酸酯类表面活性剂在洗涤行业已得到广泛发展和应用,例如,用于生产重垢洗涤剂、洗涤织物材料用浓缩液体洗涤剂、人工洗餐具用液体洗涤剂、多种硬表面清洗剂(如陶瓷、玻璃、搪瓷和金属表面清洗剂、地板清洗剂等)、皮肤清洗和美容用对皮肤刺激少或无刺激性的洗涤剂复配物等。

1.2.4.5 磷在阻燃剂中的应用

磷系阻燃剂在燃烧过程中可产生磷酸酐或磷酸,促使可燃物脱水碳化,阻止或减少可燃气体产生,抑制烟尘产生。磷酸酐在热解时还形成了类似玻璃状的熔融物覆盖在可燃物表面,促使其氧化生成二氧化碳,起到阻燃作用。磷-卤系阻燃剂、磷-氮系阻燃剂主要是通过磷-卤、磷-氮协同效应达到阻燃目的,具有磷-卤、磷-氮的双重效应,阻燃效果比较好(赵玉芬,2008)。

聚磷酸铵(ammonium polyphosphate,简称为APP),是近20年来国外发展起来的一类重要添加型高效无机磷阻燃剂。由于含磷量(31%)和含氮量(15%)高,燃烧时具有低密度、无毒性、低腐蚀性、阻燃效果和热稳定性好、阻效能持久、水溶性低等优点,可利用其对木材、纤维板、纺织品进行阻燃处理,是减少火灾事故的有效途径。

有机磷化合物阻燃剂包括磷酸酯、亚磷酸酯、有机磷盐、氧化磷及含磷多元醇等,其中,应用最多的是磷酸酯及其聚合物。

1.2.4.6 磷在食品行业中的应用

维生素C磷酸酯镁为维生素C的衍生物,无臭、无味、耐碱、耐高温,不易氧化,在沸水中的氧化程度仅为维生素C的1/10,不受金属离子的影响,218 ℃时烘烤25 min不受破坏。维生素C磷酸酯镁具有优异的抗氧保质作用,能有效延长食品贮存期,可作为各种罐装、袋装食品及肉类制品的护色保鲜剂。它进入人体后迅速酶解成维生素C,而且临床证明,维生素C磷酸酯镁易于被人体吸收,食用安全,可应用到幼儿食品中(赵玉芬,2008)。

磷酸钙$Ca_3(PO_4)_2$作为钙强化剂应用于面包、饼干及代乳粉等食品中,也可在易潮湿结块的食品中作为抗结剂,还可用于澄清蔗糖浆、调节冷冻乳制品的酸度等。

植酸,别名环己六醇磷酸酯、肌醇六磷酸,一般是从植物中提取制得的。它对油有较好的抗氧化效果。植酸对金属离子有螯合作用,可用来去除酒、饮用水中大部分的金属离子以及污染食品和水体的放射性元素。此外,植酸可以有效防止水产品、水果及蔬菜在运输、加工和储藏期间的变质与腐烂,达到保质、保鲜的作用。

磷酸可在复合调味料、罐头、可乐型饮料、干酪、果冻中按生产需要作为酸味剂适量使用。除此之外,磷酸还有很多其他功能,例如,磷酸可以在酿造业中用作pH调节剂,在动物脂肪中可与抗氧化剂并用,在制糖过程中用作蔗糖液澄清剂,在酵母厂将其作为酵母营养剂使用,在糖果、烘焙食品和食品油脂中用作抗氧化剂。

磷酸单淀粉酯具有良好的增稠作用,其糊液具有很强的抗凝固性、冻融稳定性,糊化温度低、糊程短,因此常被用作冷冻食品的增稠剂与稳定剂。在肉制品加工中,使用适当取代度的磷酸单淀粉酯代替原淀粉,可增加成品出品率,改善质地,使切面光亮,弹性好,口感细腻,在冷热温度变化过程中不易水回生,颜色变化小,延长了成品货架期。

软磷脂是一种天然乳化剂,大多数是大豆软磷脂,被广泛用于烘焙食品、速溶奶粉、人造奶油和颗粒饮料等,是食品工业应用最广泛的天然食品乳化剂。

大豆磷脂为两性离子表面活性剂,在热水或pH为8以上时易发生乳化作用。乙醇或乙二醇与大豆磷脂作用,形成加成物,可提高乳化性能。酸式盐可破坏乳化而析出沉淀。

可以用作膨松剂的磷酸盐类有一水磷酸一钙、无水磷酸一钙、二水磷酸二钙、磷酸二氢钙和酸性焦磷酸钠,其中酸性焦磷酸钠的使用最广泛。

磷酸二氢钙一般作为复合膨松剂中的酸性盐,与碳酸盐等作用产生气体,使产品膨松。主要用于面包、蛋糕、饼干、膨松面粉和油炸食品等作为发酵剂、膨松剂使用。

一水磷酸一钙主要用于需要早期快速产气和有台板休眠期的面团食品中,如烤薄饼、比萨饼、曲奇饼和安琪饼等。它还可与慢作用的磷酸盐配合使用,以加快早期产气,对形成气泡进而增加面团与面浆搅拌期间的起泡非常有利。

由酸性焦磷酸钠配制的膨松剂都有二次膨发特性。这类膨松剂可通过改变加工条件得到所希望的醒发速度。

1.2.4.7 磷在水处理中的应用

含磷缓蚀阻垢剂目前已成为国内外工业应用范围最广、使用最成功的一类水处理剂。我国工业循环冷却水处理技术主要是磷系配方技术,包括有机磷酸盐、聚磷酸盐、磷酸酯类或聚磷酸盐与聚羧酸盐复配等延伸配方。该技术的基本特点是在工业循环冷却水中加入上述药品,使冷却水中的结垢离子增加溶解度,防止钙、镁等在换热面上呈有序排列结晶析出,进而防止水垢产生。含磷缓蚀阻垢剂的作用体现在:① 能在水中与钙、镁离子结合,形成稳定的配合物,或与碳酸钙晶体作用形成配合物,从而阻止水垢的生成;② 能干扰垢层生长,使垢层晶体发生畸变而生成疏松的水渣,可随污水排出;③ 能吸附在钙、镁、铁离子和金属表面,不仅阻止离子间结合成垢,而且可在金属表面形成一层保护膜,对炉壁有良好的保护作用(赵玉芬,2008)。

含磷羧酸聚合物由于兼具有机膦酸的螯合作用和高聚物的分散性能,除垢性能优良,由于其具有缓蚀作用而成为国内外阻垢剂研究和开发的一大热点。其特点是将羧基与膦基结合于同一个分子之中,由于其分子上同时含有膦酸基和羧基,因而具有较好的阻垢和缓蚀能力。在冷却水系中该类含膦聚合物既可以作阻垢剂又可以作缓蚀剂,并且具有很高的钙容忍度,被认为是多功能药剂。由于该类聚合物本身磷的含量一般低于3%,对保护环境十分有利。所以,该类聚合物阻垢分散剂是目前国内研究开发的重点产品之一。

1.3 磷 与 生 命

从本章第1节我们了解到,人类对磷的最初认识是从其排泄物中开始,随后相继在动物与人的牙齿中也发现了磷的矿物质(主要是磷酸钙),这些并非偶然的事实注定了磷与生命之间有着某种不解之缘。生物化学研究揭示,磷在生命系统中起着巨大的作用(能量转化及复制等),而这些功能是其他无机化合物无法代替的(Westheimer,1987)。磷不仅是生命过程中物质变化与能量变化的必要参与者,而且是某些生命物质 ATP、DNA 以及 RNA 的重要组成部分。

1.3.1 生物体中的磷

磷以无机和有机两种形态参与了生命组成和生命过程。无机磷是能量代谢的底物,构成动物骨骼和牙齿(其中,钙磷比约为2:1),维持酸碱平衡(在血液和尿液中起缓冲作用),组成细胞成分并参与细胞代谢。有机磷脂则以能量载体、辅酶或中间体的形式参与大部分生化反应,对维持正常的生命活动起着重要的作用。从这个意义上讲,生物体中的有机磷化合物更值得关注。其中,最为重要的有磷酸核苷类、生物膜和磷脂以及核酸等三类有机磷化合物(赵玉芬等,2005)。

1.3.1.1 磷酸核苷类

磷酸核苷即核苷的磷酸酯,含有1~3个磷酸,还可能含有其他基团。核苷由核糖与碱基组成,组成能量载体的碱基通常是腺嘌呤(A)和鸟嘌呤(G)。依据结构和功能的不同磷酸核苷类化合物分为以下几种(赵玉芬等,2005;周爱儒,2002)。

(1) 三磷酸腺苷——能量的载体

三磷酸腺苷(ATP)是生物体所需能量的载体,当3个磷酸基与腺嘌呤(A)结合,即可形成 ATP,化学式为 $C_{10}H_{16}N_5O_{13}P_3$,结构简式为 $C_{10}H_8N_4O_2NH_2(OH)_2(PO_3H)_3H$,相对分子质量为 507.184。3个磷酸基团从腺苷开始被编为 α、β 和 γ 磷酸基。ATP 是一种含有高能磷酸键的有机化合物,其大量的化学能就储存在高能磷酸键中。ATP 的结构式为:

ATP是生命活动能量的直接来源,但本身在体内含量并不高。生物体内的糖、脂肪及少量氨基酸是维持生命的主要能量来源,在其燃烧并释放能量的过程中都需要酶的催化,同时也需要一些储存和转移能量的载体以提供反应所需的能量,ATP正是行使了这样的职能。

(2) 作为电子、乙酰基等重要反应单元的载体的磷酸核苷

生物体内的磷酸核苷类化合物还包括烟酰胺腺嘌呤二核苷酸(nicotinanide adenine dinucleotide,NADH,H 表示有 1 个活性氢)和黄素腺嘌呤二核苷酸(flavin adenosine dinucleotide,$FADH_2$,H_2 表示有 2 个活性氢)。在生化反应中,它们能起到电子载体的作用,即可以吸收或放出电子,对某些生化反应具有氧化还原作用。

(3) 辅酶

辅酶 A(CoA)的结构为:β - 巯基乙胺 + 泛酸 + 2 个磷酸 + 磷酰化(3 位)腺苷。

在生化反应中,辅酶具有乙酰基载体的作用,可以作为乙酰化试剂对反应物进行乙酰化。

(4) 环磷酸腺苷

环磷酸腺苷(cyclic adenosine monophosphate,cAMP)是一种单磷酸腺苷,其中,磷酸根将 3 位和 5 位上的氧原子连在一起形成环状,因而是一种环磷酸酯。它主要控制生物的生长、分化和细胞对激素的响应,同时还作为许多激素的第二信使。由内分泌产生的激素到达靶细胞后,作为第一信使与细胞膜上的专一受体结合。随后,cAMP 的浓度大增并扩散到整个细胞,以第二信使的身份指令细胞对激素起一些特定反应。

上述含磷酸基的化合物都可以作为生化反应中磷酸基的供应体,其自身合成也需要其他含磷酸基化合物的存在。

1.3.1.2 生物膜和磷脂

磷脂(磷酸甘油酯)是生物膜的重要组成部分。机体中主要包括两大类磷脂,即由甘油构成的甘油磷脂和由神经鞘氨醇构成的鞘磷脂。甘油磷脂是有机体含量最多的一类磷脂,它除了构成生物膜外,还是胆汁和膜表面活性物质的成分之一,并参与细胞膜对蛋白质的识别和信号传导。磷脂对活化细胞、维持新陈

代谢及荷尔蒙的均衡分泌、增强人体的免疫力和再生力等都具重大作用(赵玉芬等,2005;周爱儒,2002)。

1.3.1.3 核酸

核苷与磷酸组成核苷酸,核苷酸聚合在一起形成的大分子化合物即为核酸。核酸常与蛋白质结合形成核蛋白,广泛存在于动植物细胞及微生物体内。核酸不仅是基本的遗传物质,而且在蛋白质的生物合成上也占重要位置,因而在生长、遗传、变异等一系列重大生命现象中起决定性的作用。不同核酸的化学组成及核苷酸排列顺序不同。根据化学组成,核酸可分为核糖核酸(RNA)和脱氧核糖核酸(DNA)。DNA是储存、复制和传递遗传信息的主要物质基础,RNA在蛋白质合成过程中起着重要作用。RNA中的转移核糖核酸(tRNA)起着携带和转移活化氨基酸的作用,而信使核糖核酸(mRNA)和核糖体核糖核酸(rRNA)分别是合成蛋白质的模板和主要场所(赵玉芬等,2005)。

1.3.2 磷与生命活动

目前,尚未发现不含磷的生命体。磷元素及含磷化合物在生命活动中有着极其重要的作用,它们不仅是生物膜及核酸等生命物质的重要组成部分,而且是机体新陈代谢过程中物质变化与能量变化的必要参与者,维持机体的正常运行。在生命从胚胎发育到衰老的过程中,磷始终发挥着重要的生理功能(胡喜海,2008)。

(1) 磷与植物

磷是植物生长发育不可或缺的主要元素之一(见本书第2.2节)。它是植物体内许多重要有机化合物的主要成分,并以多种方式参与植物体的生理与生化过程,对植物的生长发育和新陈代谢都具有重要作用。核酸和蛋白质是原生质、细胞核和染色体的重要成分,在植物生命活动(细胞分裂、新细胞生长等)和遗传变异中起着重要作用。植物通过根系,从土壤中主动吸收土壤溶液中的可溶性磷(HPO_4^{2-}和$H_2PO_4^-$)。磷进入植物体内后,大部分转化为有机物,小部分依然保留无机形式。大部分有机磷参与多种有机化合物(如糖、磷脂、辅酶、核苷酸等)的构成,而被保留下的无机态磷以无机正磷酸盐形式存在于液泡中。植物对磷的吸收受体内磷含量的控制。高等植物通常将磷储存在液泡中,当营养短期不足或磷源发生变化时,液泡中的磷被消耗,以使细胞质中的磷保持相对稳定的浓度。在植物体内,通过磷进入或离开液泡、流入或者流出原生质膜的运动而维持磷的动态平衡。正常的磷营养能加速细胞分裂和增殖,促进生长发育,并有利于保持优良品种的遗传特性。特别是作物生长的早期,充足的磷营养对促进作物的生长发育和早熟、优质高产有重要作用。

(2) 磷与动物

包括人在内的动物体都非常需要磷。动物通过食物获得可溶性磷酸盐

(HPO_4^{2-} 和 $H_2PO_4^-$),经过小肠吸收后进入血液、骨骼和组织。但是,过量的磷被摄入人和动物体后容易导致钙的流失,出现低血钙症。在动物体内,通过控制肾脏的排泄速率维持血液中磷酸盐的动态平衡。除了构成牙齿及骨骼组织的有效成分外,磷也是生命体内其他软组织和能量代谢的过程(如神经传导、肌肉收缩等)中不可缺少的成分。

(3) 磷与微生物

与动植物不同,微生物可同时从固体的无机相和水源中获取磷,其细胞中的 1/3~1/2 的磷聚集在 RNA 中。磷作为生物分子的重要组成部分,在微生物细胞的生理和生化反应中起着重要作用。土壤中的微生物可参与无机磷的溶解和有机磷的矿化,并在生物短期固定土壤中有效态磷的过程中起主要作用。有些微生物(如放线菌和霉菌)含有植酸酶和磷酸酶,能够将含磷的有机物分解(异化作用),产生的无机磷化物可被植物吸收利用。土壤和水体中可溶性磷是自养微生物的重要磷源,它们被微生物固定在有机分子中,而异养微生物通过吸收这些有机分子而得到所需要的磷。因此,可以认为微生物在一定程度上影响着全球磷循环(见本书第 2 章相关章节)。特别指出,因为农业耕种、水土流失等因素导致的含磷物质被大量迁移至地表水体,会造成蓝细菌及其他藻类异常增殖,即常说的水体富营养化现象,甚至引发水华或赤潮暴发,对生态环境造成严重破坏(见本书第 2.4 节)。

1.3.3 磷与生命起源

生命起源是当今最有生命力又最具挑战的研究命题之一,也是当前国际上最重要的科学研究方向之一(柳萍,2006)。从分子水平研究生命的起源,必然涉及生命物质的化学结构、反应性能与反应机制,而磷及其有机化合物在其中具有重要的地位和作用(柳萍,2006)。如前所述,磷不仅是生命过程中物质变化与能量变化的必要参与者,更是某些重要生命物质(ATP、DNA 及 RNA)分子的重要组成部分。近年来,赵玉芬研究小组提出"磷是生命化学过程的调控中心",认为磷是生命物质核酸与蛋白质的主控因子(赵玉芬等,2005)。

磷在生命分子进化中所起的作用见图 1.9,磷参与生命起源的理论观点分述如下。

1.3.3.1 大自然的选择——"磷是生命化学的调控中心"

(1) 大自然选择了 α-氨基酸作为蛋白质的骨架

氨基酸属于取代酸,已发现的自然界存在的 200 余种氨基酸都是蛋白质的基本组成单位。研究证实,从最简单的单细胞、病毒到最复杂的人类,蛋白质骨架都是由 α-氨基酸组成的。

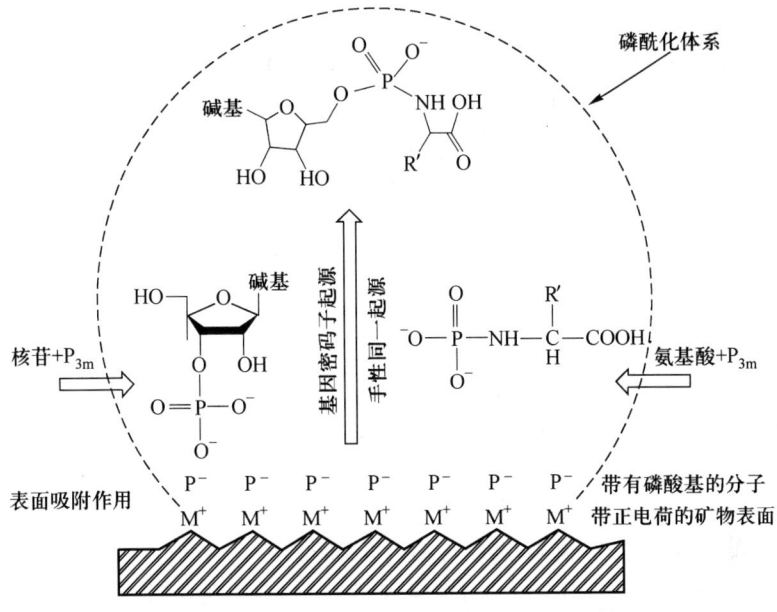

图 1.9　磷在生命分子进化中所起的作用（韩大雄等，2007）

（2）大自然选择了核糖与磷酸二酯键作为核酸的骨架

负责生命遗传信息传递的核酸由核苷酸组成，而核苷酸由碱基、磷酸及环戊糖组成。核酸中的环戊糖有两类：D-核糖和 D-2-脱氧核糖（即环戊糖 2'位上只有氢，而无羟基），由此二者组成的核酸分别为 RNA 和 DNA。因此，可以说大自然选择了核糖与磷酸二酯键作为核酸的骨架。磷酸 3 个羟基中的 2 个与糖连接形成磷酸二酯键，另外的羟基则电离为负离子以防止水解，保证磷酸二酯键的稳定性。

（3）磷——大自然选择的生命活动调控中心

磷参与的生命活动过程很多，例如，在酶活性调节和信息传导过程中蛋白质的磷酰化与去磷酰化、ATP 的能量转移及 RNA 的自体切割等。在生物体内的新陈代谢及生物信号的传导过程中，几乎所有细胞的活动都是靠蛋白质可逆磷酸化来调节控制的。因此，磷被视为"生命活动的调控中心"。也正是如此，诺贝尔奖获得者 Todd（1981）和美国著名生物化学家 Westheime（1987）分别阐述了"哪里有生命，哪里就有磷"和"大自然为什么选择磷"的观点与论断。

1.3.3.2　磷在生命起源化学进化中的作用

生命的起源应当追溯到与生命有关的元素及化学分子的起源。从现代科学的观点来看，生命起源经历了从无机分子到有机小分子、从有机小分子到有机大分子，以及从有机大分子演化到原始单细胞的生命的过程。在第三个过程中，自我遗传系统（DNA 与 RNA 系统）的建立、蛋白质的合成及生物膜系统的形成是生命起源进化的关键。磷在上述三个过程中起着非常重要的作用。

(1) 磷在氨基酸起源中的作用

20世纪50年代,Miller(米勒)在其导师的指导下,在实验室内通过放电作用模拟原始气体(CH_4、NH_3、N_2 及 H_2O),并生成了氨基酸。此后,Ridgway 和 Ponnamperuma 等的研究小组分别在土星和木星的大气层中探测到 PH_3(王文清,1984a)。其后研究发现,含有 PH_3 的原始大气可以合成除组氨酸之外的19种氨基酸,而不含磷的原始大气体系仅产生6种氨基酸。由此,可证明磷参与了氨基酸的起源,可能充当了放电反应中的催化剂(王文清,1984b)。

(2) 磷在糖合成中的作用

根据相关研究,磷酰化羟基乙醛与甲醛反应或磷酸化甘油酯与甲醛反应可以高效率地生成戊糖(主要是含磷吡喃戊糖)(Pitsch 等,1995)。含磷吡喃戊糖是核糖的异构体,可形成独特的核酸链,与肽链核酸(PNA)一起被认为是"RNA世界"之前的遗传物质(Orgel,1998)。

(3) 磷在核苷形成中的作用

核糖和碱基结合形成核苷是导致生命起源的一个重要步骤。Schramm、Carbon、Ponnamperuma 及 Kirk 等的实验和研究均表明,腺苷的形成必须在磷酸或磷酸盐存在的情形下才能发生(赵玉芬等,2005)。

(4) 磷在肽形成中的作用

① 在磷的存在下,由氨基酸合成肽。氨基酸聚合为多肽的过程必须脱掉水分子。Harada 于1960年通过实验证明,利用聚磷酸作为催化剂时,可在中低温(65 ℃)的条件下产生聚合反应,而 Feldmann 和 Rabinowitz 的实验也证明了多聚磷酸盐在水中可以促进氨基酸聚合为多肽的反应(赵玉芬等,2005)。

② 磷酰化氨基酸的合成与成肽条件。通过实验证明一系列的磷酰化氨基酸可以自身催化成肽。其中,N-组氨酸具有最强的成肽能力,推测是组氨酸的咪唑基参与形成六配位磷中间体的缘故。

(5) 磷在核酸形成中的作用

核酸的形成主要包括以下两个基本过程。

① 磷在核苷磷酰化过程中的作用。核苷酸是形成核酸的单体,可通过核苷上核糖和脱氧核糖的羟基磷酰化得到。通常在缩合剂存在的条件下,使水溶液中的无机磷与核苷反应,或通过加热核苷与合适的无机磷酸盐的干混合物来使核苷磷酰化。

② 磷在核酸单体缩聚中的作用。核酸单体的缩聚主要包括两个步骤。首先是随机序列核酸的形成,其次是在模板的指导下特定序列核酸的形成(具有自我复制意义)。非模板的聚合可在低温下加热单体进行缩聚,或在加入多聚磷酸盐或氰胺等试剂的条件下聚合。模板指导下的聚合是核酸单体通过碱基配对方式排列到互补核酸链上去,拉近核酸单体之间的距离,而后进行聚合反应。

1.3.3.3 生命起源的假说

在前生命化学进化过程中,核酸起源与蛋白质起源的学说长期争论不休。

赵玉芬和曹培生于1996年共同提出N-磷酰化氨基酸可作为核酸和蛋白质共同起源的最小进化系统,并利用化学模型、数学模型和动力学模型充分论证了这一观点,以此结束了长期以来的"蛋鸡悖论"。该理论的意义在于能将核酸和蛋白质,物质、能量和信息在这一最小系统内偶联起来,形成一个符合生命最基本特征的进化系统。"蛋白质与核酸共同起源"学说包括如下4点基本思想。

(1) 磷酰化氨基酸——最小的生命单元

无生命的磷和氨基酸结合形成磷酰化氨基酸,被视为生命物质的最小单元,是蛋白质和核酸共同起源的物质基础。

(2) 磷酰化氨基酸作为共同起源的基础物质的原理

当磷酰化氨基酸与核苷作用时,生成2',3'-环磷酰化核苷和氨基酸复合物。该复合物与另一分子核苷相互作用时,生成二聚核苷酸并释放一分子的氨基酸;另外,磷酰化氨基酸与一分子氨基酸作用生成磷酰化二肽,而后磷酰化的二肽解离成二肽,并释放一分子焦磷酸;此焦磷酸再与核苷二聚时生成的氨基酸结合,生成磷酰化氨基酸……如此往复,同时形成了多聚核苷酸与多肽,磷则是调控这些生命基本物质生成的"中心"元素。

(3) 生命体遗传的线索

氨基酸的残基恰好处于两个碱基的夹心结构中,而碱基也处于两个氨基酸残基的夹心结构中。因此,不同碱基与氨基酸残基之间的各种作用力(静电作用、范德华力作用以及堆积作用)的差别,导致二者之间表现出一定的选择性,由此可为解释密码遗传提供相关线索。

(4) 磷酸基来源及磷酰化体系形成

除了构成DNA、RNA等核糖类物质的结构骨架的连接基团外,磷酸基也是磷酰化氨基酸在多肽合成化学中的活性前体。前生命过程中,磷酸基的来源以及从无机磷酸到有机磷酸的转变十分关键。如何解释?根据模拟实验及推测,被火山喷发带上地表的磷酸岩冷凝后其中的 P_4O_{10} 可水解为 PO_2^{3-}、$P_3O_9^{3-}$、直链寡聚磷酸(linear oligophosphate)以及环三聚磷酸(cyclic triphosphate, P_{3m})等水溶性磷酸聚合物。因为早期水体中钙、镁离子含量高,可溶性磷酸离子均以磷酸钙或磷酸镁沉淀下来,而水溶性的 P_{3m} 可发生开环反应,与氨基酸形成带有P—N键的磷酰化氨基酸(Tsuhako等,1983),与核苷形成单核苷酸(Tsuhako等,1984),然后逐渐形成磷酰化体系。

由此可见,磷在生命起源中扮演着重要角色。概括地说,带负电荷的磷酸基作为使矿物表面吸附前生物分子的媒介,同时起到连接前生物分子和激活前生物分子的作用,磷主控的生命演化过程便由此展开。

参 考 文 献

蔡明招.分析化学[M].北京:化学工业出版社,2009.

柴之芳.从宇宙大爆炸谈起——元素的起源与合成[M].长沙:湖南教育出版社,1998.

韩大雄,陈伟珠,韩波,等.氨基酸手性同一起源的新理论模型[J].中国科学(C辑:生命科学),2007,37(04):382-388.

胡喜海.磷与生命活动[J].生物学教学,2008,(07):62-63.

化学发展简史编写组.化学发展简史[M].北京:科学出版社,1980.

黄可龙.无机化学[M].北京:科学出版社,2007.

柳萍.解读生命演化中磷的中心和主导作用——评《磷与生命化学》[J].科技导报,2006,24(03):88.

王文清.三氢化磷、甲烷、氮与水混合物的前生物合成——PH_3在化学进化中作用[J].科学通报,1984,29(21):1344.

王文清,Kobayashi K,Ponnamperuma C.甲烷、氮、三氢化磷与水混合物的预生物合成[J].北京大学学报(自然科学版),1984,6:36-44.

维基百科.元素起源[OB/OL].http://www.360doc.com/content/10/1209/19/806010_76536426.shtml,2010.

赵玉芬,赵国辉,麻远.磷与生命化学[M].北京:清华大学出版社,2005.

赵玉芬.磷与化学[M].郑州:郑州大学出版社,2008.

周爱儒.生物化学[M].北京:人民卫生出版社,2002.

Orgel L E. The origin of life—a review of facts and speculations [J]. Trends in Biochemical Sciences,1998,23:491-495.

Pitsch S,Eschenmoser A,Gedulin B,et al. Mineral induced formation of sugar phosphates [J]. Origins of Life and Evolution of the Biosphere,1995,25:297-334.

Todd L. Where there's life, there's phosphorus [M]// Makoto K, Keiko N, Tairo. Science and Scientists. Tokyo:Japan Science Society Press,1981:275-279.

Tsuhako M,Fujimoto M,Ohashi S,et al. Phosphorylation of nucleosides with cyclo-triphosphate[J]. Bulletin of the Chemical Society of Japan,1984,57:3274-3280.

Tsuhako M,Nakahama A,Ohashi S,et al. The reaction of cyclo triphosphate with ethylenediamine [J]. Bulletin of the Chemical Society of Japan,1983,56:1372-1377.

Westheimer F H. Why nature choose phosphates[J]. Science,1987,235(4793):1173-1178.

第 2 章

环境中的磷与潜在的磷危机

磷是植物生长不可缺少的无机营养元素,它和氧、碳、氢、氮一起组成生物体的原生质。绿色植物在利用二氧化碳和水进行光合作用的同时,氮、磷等无机营养元素缺一不可。如果只有阳光和水,缺乏氮、磷肥料,作物就会变得弱不禁风、颗粒无收。目前,在全世界范围内存在着磷资源匮乏(磷为不可自然再生资源)和水体中磷含量过高(可能导致水体富营养化)的矛盾。一方面,磷作为一种几乎不可再生、不可替代的自然资源是极为有限的!根据国际权威学术杂志——*Nature*最近一篇文章《正在消失的营养物质》(Gilbert,2009)研究报道,全球陆地上总磷储量虽然在数量上还可能维持人类再使用上百年的时间,但依靠现有开采技术,可经济开采出的磷矿实际上只有50年左右的使用时间!另一方面,磷是引起水体富营养化的重要限制因子,水体中过量的磷可以引发水体的富营养化,导致水生生物特别是藻类大量繁殖,使生物的种群种类数量发生改变,破坏了水体的生态平衡。

本章将介绍磷的地球化学(包括土壤、沉积物及水体中磷的赋存形态、迁移转化规律等)、磷与农作物生长之间的关系、全球性磷污染问题以及全球磷矿资源问题以及磷贸易及应用等诸多方面的情况,旨在呼吁社会各界充分关注磷的"一多"(即:磷过量排放导致的富营养化)和"一少"(即:磷矿资源匮乏且不可再生)这一现状,从而促使人们重视磷利用、去除、回收等技术发展。

2.1 磷的地球化学

据地质生物化学循环(geo-biological-chemical circulation),水及碳、氮、磷、硫

等元素沿着各自特定路径运动,首先从生物体周围环境进入生物体,最后又会从生物体内再回归环境,如此周而复始,形成无数个物质/元素循环。这样看来,似乎每种元素都是可以循环往复使用,使之用之不竭。其实不然,因为每种元素虽可以循环,但完成一个完整循环的周期却差别极大。磷在自然界完成循环的周期便长的需以地质演变年代衡量,以至于在人类有限历史条件下看实质上为单向流动。

磷是人类和动、植物各种生命活动所必需的元素,它在细胞生命活动中起着关键作用,没有它就没有生命形式。按天然丰度排序,磷在所有元素中居第7位,其最稳定的形态为磷酸盐。磷在自然界主要以磷酸盐岩石、鸟粪石和动物化石等天然磷酸盐矿石存在。磷在环境、天然物质以及人造物质中的百分含量如表2.1所示。在人工开采或被天然侵蚀后,磷得以裸露于世;通过人类加工过程(大多用作化肥生产)以及生物转化作用(作物营养吸收),磷可转变为可溶性或颗粒性磷酸盐存于生物体内;被生物利用的磷在生物死亡分解作用下又回归环境,最终会随地表径流而逐渐迁移至海洋之中,形成海洋沉积物。磷由于不具有挥发性,所以,进入海洋的磷除海鸟粪便及鱼虾捕捞这两种方式,磷几乎没有在短时间内回归陆地的可能,除非像喜马拉雅山那样,在经历了数千万年地质演变后使海洋再次变为陆地(见图2.1)。由此可见,磷在自然界中的大循环在有限的人类史中的确是不可能实现的。由于这种原因,陆地上磷的损失随着人类无休止的"发展"欲望而变得越来越为严重。靠传统上岩石风化而逐渐释放出的磷显然已远远不能满足人类的需要,人类需要靠发掘方式才能维持对磷的依赖。而磷在地球表面分布极不均匀,绝大部分贮藏于摩洛哥、美国、中国和独立国家联合体等国家和地区。为此,合理分配、使用现存磷资源以及回收潜在磷资源便显得特别重要。

表 2.1 环境、天然物质以及人造物质中的磷

环境	P 重量百分比(%)	天然物质	P 重量百分比(%)	人造物质	P 重量百分比(%)
空气	0.00	植物	0.05~1.0	水泥	0.01~0.05
海水	0.0001~0.001	人或动物肉体	1.0	玻璃	<0.01
雨水	0~0.001	血液	0.04	木灰	4.0~9.0
火成岩	0.1	骨骼	12.0	熟铁	0.1~0.2
磷矿石	10.5~15.0	牙齿	8.0	钢	0.02~0.05
土壤	0.02~0.50	大脑	0.3	污泥(干)	2.6
陨石	0.2	牛奶	0.1		
		啤酒、酵母	1.8		

数据来源:Corbridge,2000

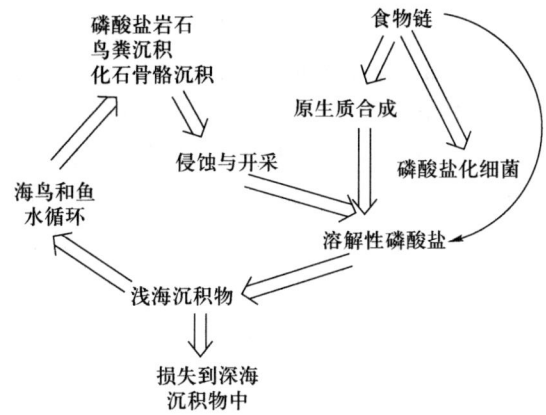

图 2.1　自然界中磷的迁移途径(陈天乙,1995)

2.1.1　土壤和沉积物中的磷

2.1.1.1　土壤中的磷

作为一种必需的营养元素,磷在土壤中有着广泛的循环过程,并且是植物生长的限制性因素。从某种程度上看,土壤是磷的临时储存地。土壤中的磷会经历一些生化转换过程,其中包括无机磷和有机磷之间的转化。在没有人工施肥的情况下,土壤中磷的浓度相对较低,为 100～3 000 mg/kg(土壤重量)(Sharpley,2000),而且只有可溶性磷才能显示出生物活性,方能被植物吸收利用。因此,磷是一种限制植物生长的重要元素。人工施肥会影响土壤中磷的循环平衡。

土壤中的磷存在 2 种形式:空隙水溶解的磷以及以颗粒形式存在的磷。在土壤颗粒中,磷以无机磷(P_i)和有机磷(P_o)的形式存在。而无机磷又表现为 2 种形式:① 晶状或无定形磷矿(钙、铁或铝的磷酸盐);② 吸附在铁、铝等氢氧化物或者黏土上,如图 2.2 所示。对前者而言,磷的有效性取决于溶解 - 沉淀平

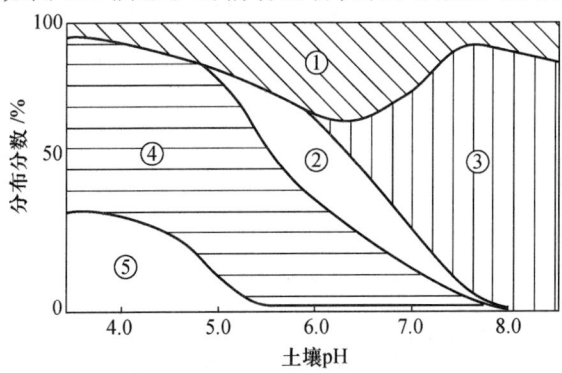

图 2.2　土壤环境中磷的存在形式:pH 对主要存在形式的影响(Walker 和 Syers,1976)
① 活性磷;② 与硅酸盐矿物共存;③ 主要以磷酸钙形式固定;④ 以水合铁、铝和镁氧化物的形式固定;⑤ 被溶解态铝、铁和锰的化合物固定

衡,而对后者,则取决于解吸-吸附平衡。事实上,沉淀固定磷和吸附固定磷两种过程是相辅相成的,从而经常被统称为"吸附作用"(Frossard,1995)。

从图2.2可看出,pH是影响磷有效性的决定性因素,磷在 pH = 6~7 的范围内体现出最强的生物有效性。高 pH 情况下,磷往往以磷酸钙(主要是磷灰石)的形式被固定下来,而 pH<6 时,磷的有效性取决于铝和铁等固相吸附或者共沉淀作用。经过模型模拟,低 pH 下,红磷铁矿和磷铝矿能释放出有效磷,并且一般认为,无定形的铁和铝磷酸盐能转变成上述两种形式。在土壤中很难观察到结晶状态良好的铁和铝的磷酸盐,这是因为土壤难以提供结晶状红磷铁矿和磷铝矿生成的环境。换句话说,无定形或者结晶状态不佳的铁和铝磷酸盐形成有助于有效性磷的释放,例如,磷铝石[(Al(OH)$_2$)$_3$HPO$_4$H$_2$PO$_4$]、磷铁矿[Fe$_6$(PO$_4$)$_4$(OH)$_6$·7H$_2$O]以及暧昧石[Fe$_3$Mn$_2$(PO$_4$)$_3$(OH)]等。富磷土壤中还可能存在 Al-Fe-Si-P 化合物以及与铁的羟基氧化物共生之 Ca-P 化合物。

土壤中细小颗粒物(例如黏土)决定了土壤的吸附作用,也是土壤中表面活性最强的部分。矿物表面的电荷以及土壤的总体 pH 与土壤的反应活性成函数关系。通常认为,在低 pH 环境中,铁、铝和锰的氢氧化物颗粒会吸附磷,而 pH 升高会导致土壤颗粒表面负电荷占主导地位,从而排斥带负电荷的多磷酸阴离子。相对于氢氧化物来说,黏土吸附的磷量较少,而含水硅酸铝矿类矿物对磷具有较高的吸附容量(Frossard,1995)。土壤中的胡敏酸和富里酸能够形成金属络合物,而这些络合物也将结合一定数量的磷(Zalba 和 Peinemann,2002)。

土壤中的无机磷或有机磷中,有些具有生物活性(被称之为活性磷),而其余部分则不具有生物活性(也叫惰性磷),如图2.3所示。惰性磷主要包括原生磷矿石以及次生磷矿石或者氢氧化物,此时磷被包裹在上述几类化合物的内部结构中,为闭蓄态,而非闭蓄态的磷则表现为活性磷。

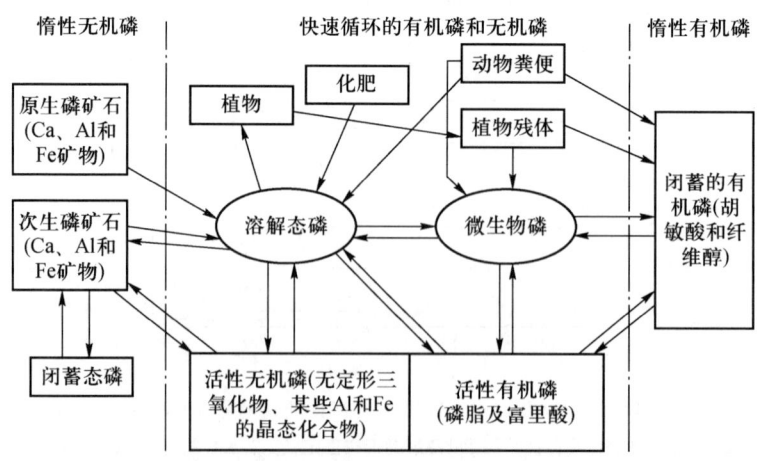

图 2.3 土壤中不同形态的磷及其转化(Stewart 和 Sharpley,1987)

2.1.1.2 土壤中有机磷形态

土壤中有机态磷一般占全磷的20%~50%,有机磷含量与土壤有机质含量有一定的正相关。

(1) 有机磷种类

土壤中有机磷存在种类目前尚未完全清楚,已检出的有机磷化合物主要有肌醇磷酸盐、磷脂、核酸、磷蛋白、少量磷酸糖以及微生物态磷(见表2.2)。土壤微生物态磷含量一般占土壤有机磷的3%,在草地可达5%~24%,林地达19.2%。

表2.2 土壤有机磷的主要形态(Sharpley,1984)

有机磷形态	占有机磷重量(%)
肌醇磷酸盐	2~50
磷脂	1~5
核酸	0.2~2.5
磷蛋白	少量

因为开垦的缘故,耕地土壤中有机磷含量常比同类的自然土壤偏低。土壤有机磷大部分以高分子形态存在,只有5%~10%的有机磷在土壤磷元素循环中起重要作用。肌醇磷酸盐是有机磷中最重要的组分,通常为六磷酸肌醇,它与钙、铝等盐基离子作用,可形成植酸盐。在石灰性土壤中,以植酸钙、镁(植素)为主;在酸性土壤中,则以植酸铁为主。植物可以直接吸收一部分植酸类有机磷,也可在植酸酶或植素酶的作用下分解释放出磷酸。据Shiu-Cheung(2006)研究,植酸类有机磷可在沙培或土培条件下被植物吸收。核酸类有机磷占土壤总有机磷的比例不到10%,且由于黏粒,特别是蒙脱石能够强烈吸附核酸,导致其被土壤所固定,通常要经过根表面的酶分解后变成有机或者无机形态才能被植物吸收利用,故有效性很低,难以被植物利用。磷脂、磷酸化糖类等其他含磷化合物一般很少,不到有机磷总量的1%,且不稳定,易分解,故其重要性也较小(秦胜金,2006)。

按Bowman-Cole分级体系,土壤有机磷组分中,高活性有机磷主要是核酸、磷脂类、磷酸化糖类化合物,它们在土壤中矿化分解很快,能够作为植物生长的一种有效磷源。中活性有机磷主要是植酸钙、镁等化合物,这些物质比较稳定,可为植物生长提供部分磷源(于群英,2003)。研究发现(刘小虎,1999;黄宇,2008),土壤中构成有机磷的主要组分为中活性有机磷,其次为中稳性有机磷、高稳性有机磷,活性有机磷所占有机磷的比例最小。

与无机磷相比,有机磷具有在土壤中的移动性大于被土壤组分固定的优点

(冯跃华,2002)。土壤中移动的磷绝大部分是有机磷形态(王庆仁,1999),而进入作物根际的有机磷只有一小部分直接被植物根系吸收,其余必须经过进一步矿化为无机磷才能被植物吸收(Anderson,1980)。因此,有机磷的矿化格外重要。有机磷分子不能透过细胞膜,必须经过胞外磷酸酶的水解(Mudryk,2004),特别是磷酸酶、植酸酶和核酸酶等土壤中一些重要的水解酶能够酶促有机磷化合物的磷脂键水解性裂解,生成相应的无机磷满足植物生长的需要(Tarafdar,2004),水解酶活性高低直接影响土壤中有机磷的分解转化及其生物有效性大小。

(2)有机磷的形态及分级方法

Bowman 等(1978)提出用不同提取剂可将土壤有机磷分成4组:① 活性有机磷(labile pool),即用 0.5 mol/L $NaHCO_3$ 所提取的磷;② 中等活性有机磷(moderately labile pool),即酸溶性无机磷和酸溶性有机磷;③ 中度稳性有机磷(moderately resistant pool),即与富里酸结合的磷;④ 稳性有机磷(resistant pool),即与胡敏酸结合的磷。上述 4 组有机磷总和约等于 Saunders-Williams 干烧法测得的有机磷量,其中,核糖核酸、核苷酸和甘油磷酸属于活性有机磷;植酸钙和植酸铁属于中等活性有机磷,其含量与中度惰性有机磷及惰性有机磷含量显著相关。对作物而言,不同形态有机磷有效性各异,它决定有机磷的矿化量和矿化速率。在土壤有机磷的转化过程中,微生物与磷酸酶起着重要作用。

2.1.1.3 土壤中的无机磷

土壤无机磷一般占土壤全磷的50%~80%(陈英旭,2007)。土壤中无机磷成分复杂,大致可分为矿物态(又可细分为原生矿物态和次生矿物态)、交换态和水溶态磷。原生矿物磷灰石的分子式为 $Ca_{10}(PO_4)_6X_2$。式中,X 分别代表 F^-、OH^-、Cl^- 或 CO_3^{2-}。氟磷灰石[$Ca_{10}(PO_4)_{10}F_2$]在土壤中数量较少,一般为原生矿物遗留,结晶致密、溶解度低、性质稳定。次生矿物态磷包括化合态和吸附态,化合态是指与铁、铝或钙结合的磷酸盐,以羟磷灰石[$Ca_{10}(PO_4)_6(OH)_2$]居多,是石灰性土壤中磷酸钙盐转化的最终产物。碳磷灰石中 CO_3^{2-} 置换 PO_4^{3-} 的量越高,磷的有效性就越高。

土壤中的磷酸钙盐,除磷灰石外,还有磷酸二钙、磷酸、磷酸八钙及其水合物。

磷酸二钙有二水磷酸二钙[$CaHPO_4 \cdot 2H_2O$]和无水磷酸二钙。前者不稳定,当石灰性土壤施入磷肥后可短期存在;在温度较高时,它可转化为磷酸八钙。在 25 ℃、pH = 7.5 时,磷酸二钙有较高溶解度,可充分满足作物的需要。

磷酸三钙[$Ca_3(PO_4)_2$]有 2 种结晶形式,即,α - 型和 β - 型。由于 β - 型磷酸三钙具有非柠檬酸溶解性,即使土壤中有少量存在,在磷元素营养上也不具有重要意义。

磷酸八钙[$Ca_8H_2(PO_4)_6 \cdot 5H_2O$]的形成与温度有关。在35 ℃、pH = 8.4时,可形成磷酸八钙,属亚稳态磷酸盐。在一定条件下,对石灰性土壤有效磷起着重要调节作用。酸性土壤施用石灰,也能出现磷酸八钙沉淀。

土壤中的磷酸铁、铝大部分是过渡型的同晶置换物,除原生矿物可以以结晶态形式单独存在外,大部分以次生的磷酸铁、铝形态附着于铁、铝氧化物上。它们可以为胶态,也可以是结晶态,在水中的溶解度小,只有在碱性条件下方可进行水解。在酸性土壤中,磷酸铁铝转化的最终产物为粉红磷铁矿($FePO_4 \cdot 2H_2O$)和磷铝石($AlPO_4 \cdot 2H_2O$)。

土壤固相表面吸附的磷酸或磷酸根阴离子被称为吸附态磷,通常以 $H_2PO_4^-$ 和 HPO_4^{2-} 为主,胶体吸附的数量与 pH 及胶体种类有关。pH 降低时,吸附量增高。在 pH 相同时,高岭石的吸附量大于蒙脱石。吸附态磷中可用同位素^{32}P进行交换的称之为交换态磷,它是植物重要的磷源元素补给源,与植株吸磷量及土壤速效磷(Olsen – P)有着很好的相关性。

土壤溶液中的磷是可供植物利用的主要形态,但数量很少。据测定,石灰性土壤(潮土)中水溶性磷只有 0.05 ~ 0.19 mg/kg。如果土壤中水溶性磷能达到 0.2 mg/kg,则可满足作物生长的需要。一般情况下,土壤溶液中磷与交换态磷保持着平衡。

土壤溶液中磷以正磷酸(H_3PO_4)为主,随着其 H^+ 的逐步解离,可以形成不同的酸根,例如,pH < 7 时,以 $H_2PO_4^-$ 为主,而在石灰性土壤溶液中以 HPO_4^{2-} 为主。

磷酸盐被铁氧化物的胶膜包裹后即称为闭蓄态磷。这种形态的磷植物有效性较差,只有在淹水等强还原条件下,当 Fe_2O_3 胶膜中三价铁被还原且胶膜变小时,闭蓄态磷才有可能被释放。

(1) 土壤无机磷分级提取

由于对土壤无机磷的分级方法不同,所以,对无机磷形态的表示各异。应用最为广泛的无机磷分级方法是1957年张守敬和杰克逊(Jackson)提出的 C – J 法。该方法将土壤中的无机磷分为:① 用 1 mol/L NH_4Cl 溶液提取的松结合态磷(labile or loosely sorbed P);② 用 0.5 mol/L NH_4F 溶液提取的铝结合态磷(Al – P);③ 用 0.1 mol/L NaOH 溶液提取的铁结合态磷(Fe – P);④ 用 0.5 mol/L H_2SO_4 溶液提取的钙结合态磷(Ca – P);⑤ 用 0.3 mol/L $Na_3C_6H_5O_7$(柠檬酸钠) – 0.5 g $Na_2S_2O_4$ – 0.1 mol/L NaOH 混合液提取的闭蓄态磷(R – P)。上述分级法对酸性土壤无机磷的提取尤其适合。

原苏联学者提出三级提取法更适合于石灰性土壤中无机磷的分级,即:① 1% $(NH_4)_2SO_4$ + 0.25% $(NH_4)_2MoO_4$ 或 0.5mol/L NH_4Ac + 0.25% $(NH_4)_2MoO_4$ 提取铝结合态磷(Al – P);② 0.5 mol/L NH_4F 提取 Al – P,0.1 mol/L NaOH 提取铁结合态磷(Fe – P);③ 0.25 mol/L H_2SO_4 提取钙结合态磷(Ca – P)。

蒋柏藩等(1989)根据石灰性土壤无机磷的组成特点,提出了石灰性土壤无机磷的分级方法:① 0.25 mol/LNaHCO$_3$ 提取磷酸二钙(Ca$_2$ – P);② 1 mol/L NH$_4$Cl 提取磷酸八钙(Ca$_8$ – P);③ 0.5 mol/LNH$_4$F 提取铝结合态磷(Al – P);④ 0.1 mol/LNaOH – Na$_2$CO$_3$ 提取铁结合态磷(Fe – P);⑤ 0.3 mol/L 柠檬酸三钠 – Na$_2$S$_2$O$_3$ – NaOH 提取有机磷(O – P);⑥ 0.5 mol/LH$_2$SO$_4$ 提取磷酸十钙(Ca$_{10}$ – P)。该法将石灰性土壤中的磷酸钙分为磷酸二钙(Ca$_2$ – P)、磷酸八钙(Ca$_8$ – P)、磷酸十钙(Ca$_{10}$ – P)等 3 种形态,并且能将土壤中的铁结合态磷(Fe – P)和有机磷(O – P)有效分离,能更为有效的反映石灰性土壤无机磷的存在形态。

(2) 酸性土壤无机磷形态

酸性土壤中,磷酸铁盐含量较多,土壤风化程度较深,Fe – P 所占比重大。酸性土壤中的 Fe – P 大致有 3 种形态,分别是非晶质的磷酸铁化合物(FePO$_4$ · xH$_2$O)、晶质的磷酸铁化合物(如针铁矿等)、闭蓄态磷酸铁化合物(如 O – P)。磷酸铁化合物活性随结晶程度增加而降低,中性、酸性土壤中 Al – P 所占无机磷的比例为 10%~20%,Ca – P 所占比例不大。

酸性土壤中各种形态磷酸盐对小麦增产效果为磷酸一钙 > 水铝石 > Ca – P > Al – P > Fe – P。土壤中的速效磷(Olsen – P)与 Ca – P、Fe – P、Al – P 含量存在明显的正相关性。

(3) 石灰性土壤无机磷形态

以我国北方为例,石灰性土壤无机磷以 Ca – P 为主,平均含量占土壤无机磷的 80% 以上。其中 Ca – P 主要以 Ca$_{10}$ – P 为主,约占 Ca – P 总量的 70%,Ca$_8$ – P 约占 10%,Ca$_2$ – P 约占 1%,Al – P 和 Fe – P 各占 4%~5%,O – P 约占 10%(安红卫,1991)。

不同形态无机磷的有效性差异较大,其中,Ca$_2$ – P 容易被作物吸收,是作物有效磷源。Al – P 的有效性介于 Ca – P 和 Fe – P 之间,这 3 种形态无机磷是作物利用的第二有效磷源。O – P 和 Ca$_{10}$ – P 在短期内不易被作物吸收利用,是作物利用的潜在磷源。石灰性土壤中的 Al – P 是一种相当有效的磷源。不同形态的磷对作物的贡献是 Al – P > Ca$_8$ – P > Ca$_2$ – P;5 种无机磷形态对玉米的有效性 Ca$_2$ – P > Al – P > Ca$_8$ – P > Fe – P > Ca$_{10}$ – P。

2.1.1.4　土壤中磷的转化特点

土壤中磷的化学行为是溶解 – 沉淀过程,而土壤磷吸附和解析平衡的移动取决于施磷量。施磷量高,土壤以磷吸附为主,而土壤溶液中磷浓度较低时,被土壤吸附的磷将会发生解析。土壤磷固定是指土壤中的有效磷转化成无效磷,包括水溶性的磷肥施入土壤后形成难溶的磷酸盐、被土壤黏粒(如黏土矿物、方解石、水铝英石、Fe 和 Al 腐殖酸类化合物、铁氧化物)吸附。土壤对磷的固定属于可逆过程。

理论研究认为,磷肥施入土壤后容易被固定,作物吸收利用的磷源并不一定是磷肥原来的化合形态,大部分是与土壤反应的产物,故磷肥的有效性往往取决于磷肥与土壤反应产物的有效性。

根据土壤风化程度的不同,土壤中磷的固定过程可分为以钙为主的体系(北方石灰性土壤)和以铁、铝为主的体系(长江以南的酸性土壤)。

(1) 石灰性土壤中磷的转化特点

一般认为,水溶性磷酸钙施入石灰性土壤后,由于钙离子的存在,可以形成磷酸二钙(Ca_2-P)、磷酸八钙(Ca_8-P)和磷灰石($Ca_{10}-P$)等。同时,由于石灰性土壤中铁、铝的存在,也会形成少量的磷酸铁($Fe-P$)和磷酸铝($Al-P$)。资料表明,水溶性磷肥施入土壤后,首先形成少量 Ca_2-P,成为作物最为有效的磷源。经过大约一个生长季,大部分 Ca_2-P 向其他磷酸盐形式转化。因此,Ca_2-P 仅是当季作物的速效磷源,而相对稳定的 Ca_8-P、$Fe-P$ 和 $Al-P$ 则可作为二级有效磷源,成为作物的缓效磷源。

土壤对磷肥的固定速率很快,施入土壤的磷肥将很快转化成其他形态的磷酸盐。例如,磷肥施入石灰性土壤后,第二天用 $NaHCO_3$ 浸出的磷仅相当于施入磷总量的 40%~65%。200 天后,浸出量为 25%。施入石灰性土壤的磷肥主要为固定为 Ca_2-P、Ca_8-P、$Al-P$ 和 $Fe-P$,短期内不容易转化成 $O-P$ 和 $Ca_{10}-P$(陈英旭,2007)。

通常状态下,施入石灰性土壤中的磷肥有 60%~70% 转化成无机磷,8%~15% 转化成土壤有机磷,3%~7% 转移到 50 mm 以下的土层。不同种植模式对施入土壤的磷肥转化产物影响很大,例如,向种植水稻的土壤中施入的磷肥主要转化成 $Fe-P$、$Al-P$;尽管有少部分转化成 $O-P$,但是新增加的 $O-P$ 对作物仍然有效。

(2) 酸性土壤中磷的转化特点

由于酸性饱和溶液可以溶解土壤中大量的 Fe 和 Al,磷肥施入酸性土壤后,磷可沉淀成磷酸铁铝化合物,并进一步水解转化成粉红磷铁矿($FePO_4 \cdot 2H_2O$)、磷铝石($AlPO_4 \cdot 2H_2O$)等晶质磷酸盐,之后进一步转化成闭蓄态磷酸盐。

(3) 根际土壤中磷的转化特点

作物根系会分泌有机酸类物质,作物根际微区土壤环境有别于本体土壤。例如,根系分泌的有机酸类物质使根际土壤 pH 降低,且根际土壤放线菌的数量是本体土壤的 20~50 倍。根际土壤特性对根际土壤磷形态转化存在不同程度的影响。

不同作物根系分泌的有机酸种类和数量各异,故对根际土壤各形态磷元素的活化程度不同。生长在北方石灰性土壤上的油菜、肥田萝卜等磷高效作物通过根系分泌大量的苹果酸、柠檬酸等有机酸以降低根际土壤 pH,增加根际土壤

对 Ca_8-P、$Al-P$ 等磷酸盐的吸收利用。

2.1.1.5 农田中磷向水体迁移

在土壤-作物体系中,作物根系不断吸收土壤中的磷营养,供作物生长。待作物收获后,通过落叶、留在土壤中的根系或加入土壤中的磷肥的溶解及释放进行磷循环(土壤磷循环)。进入土壤的磷因吸附、共沉淀或微生物固定而使有效性降低。另一方面,微生物或根系分泌物也能使其活化,这就是土壤磷循环的2个主要过程。作物对磷肥的利用率偏低,一般情况下,当季作物磷利用率仅为5%~15%,即使加上后效作用也不会超过25%。长期而过量施用磷肥常常导致农田耕层土壤处于富磷状态,土壤中部分磷会通过地表径流、侵蚀、渗滤等方式从农田流失,流向河流、湖泊等水体,甚至污染地下水。在淡水体系中,磷往往是生物生长的限制性因素,一旦水体中的磷供应充足,就会导致水体中藻类快速生长,打破了水生生态系统平衡,继而引发水体富营养化现象。

据估计,全球每年大约有 $3 \times 10^6 \sim 4 \times 10^6$ t 磷(以 P_2O_5 计)从土壤迁移到水体之中(Vollenweider,1975)。美国每年经由土壤进入水体的磷约达 4.5×10^4 t;日本水田磷流失为 $0.3 \sim 8.4$ kg/(hm^2·a)。我国四川涪陵地区农田磷流失量为 1.17 kg/(hm^2·a);广东东江流域农田磷流失为 1.16 kg/(hm^2·a);由于土壤受严重侵蚀,陕西府谷县和米脂县农田磷流失量分别为 9.9 kg/(hm^2·a) 和 8.7 kg/(hm^2·a)(司友斌,2000)。

2.1.2 沉积物中的磷及分级提取经典方法

就地球化学性质及其分布而言,沉积物中的磷和土壤中的磷有些相似。海洋环境中的磷,不论来源如何,均以活性或惰性两种形态存在。活性磷(即生物有效性磷)在海洋表面区域被生物所消耗,并转化成有机磷。随着时间的推移,磷以无机颗粒、有机颗粒(可被氧化成可溶态磷)等方式被转移到更深的海洋区域。这部分磷可以被上升流再次带到透光层而重新被利用。

有些颗粒状态的磷未经转化就被沉积下来,永不溶解,从而永远不能被生物所利用。例如,从陆地侵蚀下来的颗粒状磷灰石在进入海洋时就不会大量溶解。但是,有些颗粒状的磷是可以转化成可溶态的。如果要研究进入海洋的磷对初级生产力的影响,需明确可能被生物所利用的那部分磷占总磷量的比例。一些文献中,包括可溶性以及容易溶解的颗粒磷在内的磷经常被称作为"活性磷"。

在海洋磷循环的末端,一部分磷(约占活性磷的5%)从水相转移到沉积物中,从而转化为有机磷、自生无机磷或者吸附无机磷。

沉积物磷形态的分级提取最早源于土壤学中相应方法。考虑到河流沉积物中的磷主要来自上覆水体中颗粒的沉降和吸附作用,并且在沉积过程中,磷可以与水体中的 Fe、Ca、Al 等离子相结合成不同状态存在于沉积物中。翁焕新

(1993)将 C－J 法稍加修正,将沉积物中的磷区分为无机磷和有机磷,其中无机磷包括可溶的 Fe－P、Ca－P、Al－P 和固着态 Fe－P 和 Al－P。可溶性 Fe－P、Ca－P 和 Al－P 是由表面键相结合的,因此是不稳定的;而固着态 Fe－P 和 Al－P 是由类似于以晶格键的形式相结合,因此较为稳定。该法成功提取并测定美国华盛顿河流和湖泊沉积物中不同结合态磷的含量水平和分布特征。Williams 等(1967)进一步将该法改进,将沉积物磷分为磷灰岩磷(AP),非磷灰岩磷(NAP)及有机磷,即威廉提取法(W 法)。针对 W 法中 NaOH 提取铝磷仍可能出现重吸附的问题,Hieltjes 和 Lijklema(1980)用 NH_4Cl 作为不稳定性磷的提取剂,可部分消除钙盐的吸附,而将沉积物分为不稳定性磷、Fe－P、Al－P、Ca－P 及残磷,即 H－L 法。H－L 法着重于沉积物磷化学性质分析的必要性,因其有助于认识磷在沉积物－水界面的交换过程以及环境因子,如,pH、氧化还原电位(oxidation-reduction potential,ORP)和离子强度对交换过程的影响。这对碱质沉积物而言尤为重要。Psenner 等(1985)提出了另一个沉积物磷分级分离的方法(即 P 法),并用于奥地利皮伯格湖(Lake Piburg)沉积物磷分级分析。P 法将沉积物磷分为水溶性磷(WSP)、可还原水溶态磷(RSP)、铁铝结合态磷、Ca－P 以及惰性磷(Refractory P)。Petterson 等(1988)曾分别用 P 法和 H－L 法对匈牙利巴拉顿湖(Lake Balaton)沉积物磷进行了提取,结果表明,该湖泊高碱度和 $CaCO_3$ 蓄积量对提取剂产生了干扰,P 法中 BD(碳酸氢钠－连二硫酸钠)提取可还原水溶态磷时误差大,而 H－L 法中 NH_4Cl 两次提取不稳性磷后,HCl 提取的 Ca－P 不准确。

随后人们又对沉积物中磷的分级分离进行了大量深入细致的研究,提出了许多更有效的实验方案。主要的有:

① Ruttenberg 发展的 SEDEX 提取法:将沉积物磷分为可交换性磷、碳酸氟磷灰岩磷、氟磷灰岩磷、钙磷、氟磷灰岩磷、有机磷,该法最大的特点是在每一步提取后,沉积物经 $MgCl_2$ 和 H_2O 漂洗,尽可能地减少重吸附的影响。

② Hupfer 改进的 Psenner 法,将磷分为不稳定性磷(labile－P)、可还原水溶性磷(reducible soluble phosphorus,RSP)、铁铝结合态磷(Fe,Al－P)、钙结合态磷(Ca－P)、残渣态磷(residual)。

③ Golterman 经过对其提出的 EDTA 法不断改进,最终形成了较为有效的体系,可以减少重复提取的次数,也缩短了提取时间。

④ 中国学者李锐提出了以环境地球化学研究为基础的水体沉积物中磷的 7 步连续提取法。

⑤ 欧洲标准测试委员会框架下发展的 SMT 法,将磷分为 NaOH－P(Al/Fe－P)、HCl－P(Ca－P)、无机磷(inorganic phosphorus,IP)、有机磷(organic phosphorus,OP)、总磷(total phosphorus,TP)。SMT 法为欧盟推荐方法,对分析不同形态磷的来源比较合适。

上述各分级分离方法提取步骤等详细信息见表2.3。

表2.3 沉积物中不同形态磷的分级提取方法

方法	提取剂	提取对象	特点
C-J法 (1957)	1. NH_4Cl 1.0 mol/L 2. NH_4F 0.5 mol/L 3. NaOH 0.1 mol/L 4. HCl 0.5 mol/L 5. CBD	1. 不稳定性磷 2. 铝结合态磷 3. 铁结合态磷 4. 钙结合态磷 5. 可还原水溶性磷	铁结合态磷的重吸附现象严重
W法 (1976)	1. CBD 0.22/1.0/1.0 mol/L 2. NaOH 0.1 mol/L 3. HCl 0.5 mol/L	1. 非磷灰岩磷(NAP) 2. 铁铝结合态磷(Fe,Al-P) 3. 磷灰岩磷(AP)	NaOH提取的磷可能出现重吸附问题
H-J法 (1980)	1. NaOH 0.1 mol/L 2. HCl 0.5 mol/L	1. 铁铝结合态磷(Fe,Al-P) 2. 钙结合态磷(Ca-P)	消除了钙盐的吸附
P法 (1985)	1. H_2O 2. BD 0.11 mol/L 40℃ 3. NaOH 1.0 mol/L 4. HCl 0.5 mol/L 5. NaOH 1.0 mol/L 85℃	1. 水溶性磷 2. 可还原水性磷 3. 铁结合磷 4. 钙结合磷 5. 惰性磷	碱质沉积物中碳酸盐影响磷的吸附
SEDEXT 提取法 (1992)	1. $MgCl_2$ 1.0 mol/L pH=8 2. CBD 0.3/1.0/0.144 mol/L 3. $NaAc/NaHCO_3$ 1.0 mol/L pH=4 4. HCl 0.5 mol/L 5. 550℃灰化,1.0 mol/L HCl	1. 可交换性磷 2. 碳酸氟磷灰岩磷 3. 氟磷灰岩磷,钙磷 4. 氟磷灰岩磷 5. 有机磷	大大减弱了重吸附的问题,但提取效率低
Hupfer法 (1995)	1. NH_4Cl 1.0 mol/L 2. BD 0.11 mol/L 3. NaOH 1.0 mol/L 4. HCl 0.5 mol/L 5. K_2SO_4 120℃	1. 不稳定性磷(labile-P) 2. 可还原水溶性磷(RSP) 3. 铁铝结合态磷(Fe,Al-P) 4. 钙结合态磷(Ca-P) 5. 残渣磷(Residual-P)	
G法/EDTA 提取法 (1996)	1. Ca-EDTA 0.05 mol/L 　+1% NaS_2O_4 (Tris缓冲液 pH=8) 2. Na-EDTA 0.1 mol/L pH=4.5 3. H_2SO_4 0.5 mol/L 4. NaOH 2.0 mol/L 90℃	1. 铁结合态磷 2. 钙结合态磷 3. 酸可溶性有机磷 4. 残余有机磷	减少了重复提取次数,缩短提取时间

续表

方法	提取剂	提取对象	特点
李悦法 (1998)	1. $MgCl_2$ 1 mol/L pH = 8 2. NH_4F 0.5 mol/L pH = 8.2 3. NaOH 0.1 mol/L + Na_2CO_3 0.05 mol/L 4. NaCl 0.3 mol/L + $NaHCO_3$ 1.0 mol/L + 1.125g Na_2SO_4 pH = 7.6 5. NaAc – HAc 1.0mol/L pH = 4 6. HCl 1.0mol/L 7. 550℃灰化,1.0mol/L HCl	1. 易溶性和弱吸附性磷 2. 铝结合态磷 3. 铁结合态磷 4. 闭蓄态磷 5. 自生和生物磷灰石碳酸钙结合磷 6. 碎屑磷灰石及其他无机磷 7. 有机磷	提取过程复杂,时间长,对地球化学研究意义大
SMT 法 (1999)	1. NaOH 1.0 mol/L + HCl3.5 mol/L 2. 残渣 + HCl 1.0 mol/L 3. 残渣 450℃煅烧 + HCl1.0 mol/L 4. NaOH 1.0 mol/L 5. 450℃煅烧 + HCl 3.5 mol/L	1. NaOH – P(Al/Fe – P) 2. HCl – P(Ca – P) 3. 无机磷(IP) 4. 有机磷(OP) 5. 总磷(TP)	

2.1.3 水体中的磷

磷通常以化学(溶解部分)和物理(颗粒部分)形态从土壤向地表水迁移。天然水体中的含磷化合物多种多样,常常可按照存在形态以及与酸性钼酸盐的反应能力加以区分,水体中溶解态磷的种类显示于图 2.4。

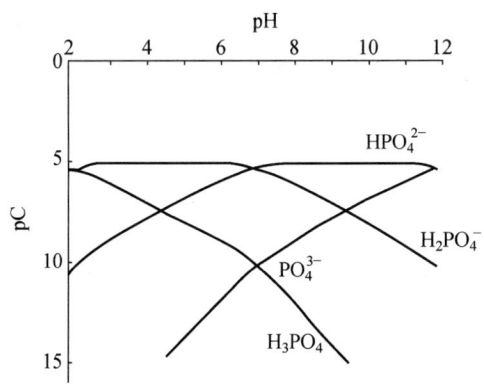

图 2.4 水体中磷形态分布与 pH 间的关系(Papelis,1988)
(基于对磷酸根浓度为 10^{-5} mol/L 水溶液的 HYDRAQL 模型计算)

2.1.3.1 溶解态无机磷

水溶液中正磷酸盐可能有 PO_4^{3-}、HPO_4^{2-}、$H_2PO_4^-$ 以及 H_3PO_4 等存在形式,

各部分的相对比例(即分布系数)随 pH 不同而异:在 pH 为 6.5~8.5 的正常天然淡水中以 HPO_4^{2-} 和 $H_2PO_4^-$ 为主;海水中,HPO_4^{2-} 为可溶性磷酸盐的主要存在形式,游离性 H_3PO_4 含量甚微。在正常的海洋水中($T = 20\ ℃,Cl^- = 19‰,pH = 8$),$HPO_4^{2-}$ 占 87%,PO_4^{3-} 占 12%,$H_2PO_4^-$ 占 1%,其中,99.6% 的 PO_4^{3-} 和 44% 的 HPO_4^{2-} 与 Ca^{2+} 和 Mg^{2+} 形成离子对。溶解态无机磷仅是迁移总磷的极小部分,大概为 10~25 μg/L(Meybeck,1993),但却是总磷中最为活跃的部分。

受工业废水或生活污水污染的天然水体中含有无机多聚磷酸盐,如,$P_2O_7^{4-}$、$P_3O_{10}^{5-}$ 等,它们是某些洗涤剂、去污粉的主要添加成分。随着多聚磷酸盐相对分子质量的增大,溶解度变小。通常认为无机多聚磷酸盐是导致水体富营养化的重要因素,因为其很容易按照下列方程式水解成正磷酸盐:

$$P_3O_{10}^{5-} + H_2O \longrightarrow P_2O_7^{4-} + P_4^{3-} + 2H^+ \tag{2.1}$$

$$P_2O_{10}^{5-} + H_2O \longrightarrow P_2O_7^{4-} + P_4^{3-} + 2H^+ \tag{2.2}$$

在某些生物及酶的作用下,上述反应速度加快。根据实验,在酸性磷钼蓝法中有 1%~10% 的多聚磷酸盐水解而被测定。

2.1.3.2 溶解态有机磷

溶于天然水中的有机结合态磷的性质还不完全清楚。可溶性有机磷如果是来自有机体的分解,其成分包括磷蛋白、核蛋白、磷脂和糖类磷酸盐(酯)。由单胞藻释放出的某些有机磷,能被碱性磷酸酶所水解,因此,这些分泌物中似乎含有单磷酸酯。此外,许多研究者认为天然水体中可溶性有机磷包含有生物体中存在的氨基磷酸与磷核苷酸类化合物。

2.1.3.3 颗粒磷

磷主要通过吸附在氢氧化物和黏土颗粒上以颗粒形态进行物理迁移,以物理形态进行迁移的磷约占总磷量的 95%(Follmi,1996)。部分以颗粒态迁移的磷(例如,难溶磷矿石颗粒或牢固黏附在其他矿物颗粒上)没有反应活性。有些反应活性较低的磷从陆地迁移至海洋中,可能从此被深埋而难以再被利用。然而,在河口或三角洲地带,有些磷可能因为氧化/还原作用或者盐度改变等原因而从颗粒态转化成活性形态。Froelich(1988)估算,从陆地侵蚀的磷中约有 25% 以生物活性形态进入海洋。

天然水体中悬浮颗粒物质含有无机磷酸盐和有机磷,这两部分很难加以分开。粒状无机磷主要为 $Ca_{10}(PO_4)_6(OH)_2$、$Ca_3(PO_4)_2$、$FePO_4$ 等溶度积极小的不溶性无机磷酸盐,某些悬浮黏土矿物和有机体表面上可能吸附无机磷。悬浮颗粒有机磷包括存在于生物体组织中的各种磷化合物。

2.1.3.4 天然水体中活性磷酸盐分布变化及其影响因素

天然水体中含磷量通常是以酸性钼酸盐形成磷钼蓝进行测定。根据能否与酸性钼酸盐反应,也可以把水中磷化合物分为两类:活性磷化合物和非活性磷化合物。凡能与酸性钼酸盐反应的,包括磷酸盐、部分溶解态的有机磷、吸附在悬浮物表面的磷酸盐以及一部分在酸性中可以溶解的颗粒无机磷[如$Ca_3(PO_4)_2$、$FePO_4$]等,统称为活性磷化合物;其他不与酸性钼酸盐反应的统称为非活性磷化合物。由于活性磷化合物主要以可溶性磷酸盐的形式存在,所以通常称为活性磷(酸盐),并以PO_4-P表示。各种形式的磷化合物中,凡能被水生植物吸收利用的部分称为有效磷。溶解无机正磷酸盐是对各种藻类普遍有效的形式。但实验也表明,很多单细胞藻类可以利用有机磷酸盐(特别是磷酸甘油),例如,三角褐指藻(*Phaeodactylum tricornatum*)和美丽星杆藻(*Asterionella formosa*)便是其中的代表。究其原因,是因很多浮游植物细胞表面能产生磷酸酯酶,这种酶作用于有机磷酸盐,就可生成能被浮游植物吸收的溶解无机正磷酸盐。目前,一般把活性磷酸盐视作为有效磷。天然水体中各种形态磷之间在各种因素(特别是生物学方面)的作用下会相互转化、迁移,构成一个复杂的动态体系。

2.1.3.5 参与天然水体中磷循环的各种因素

(1) 生物有机残体分解矿化

在天然水中,水生生物残体以及衰老/受损细胞会因为自溶作用而释放出磷酸盐,同时,因其悬浮于温跃层和深水层暗处,在微生物的作用下也会迅速再生为无机磷酸盐,从而构成水体中有效磷的重要来源。在大多数地表水水系中,其沉积物为上覆水有效磷的一个巨大潜在源。例如,Stumm(1973)发现湖泊沉积物中磷的丰度比上覆水层高600倍之多。但沉积物中磷多以Fe、Al和Ca等磷酸盐、有机态磷以及被胶粒黏土吸附固定的磷酸盐等形态存在。沉积物中有机态磷主要来自生物有机残骸的沉积,它们经微生物活动及体外磷酸酶作用而逐渐矿化。对海洋沉积物研究表明,在生物残体骨骼中固体磷酸钙再生为可溶性磷酸盐过程中,细菌也起着重要作用。此外,被沉积物吸附的PO_4-P在一定条件下与溶液间发生离子交换解吸作用也有利于磷酸盐的再生。上述诸过程的进行有赖于环境条件。一般而言,降低pH、出现还原性条件以及增大络合剂浓度,有利于难溶磷酸盐的溶解;而增高pH、好气性条件则有利于有机态磷矿化和交换解吸。以上作用过程使沉积物间隙水中有效磷含量增大。一旦间隙水中可溶性有效磷浓度大于底层水中的浓度,扩散作用或沉积物释放气体(如CH_4、N_2、CO_2)、底栖动物活动以及深层水的湍流运动等搅动可促进可溶性有效磷从沉积物向上覆水迁移。若水体处于垂直对流条件下,可溶性有效磷可由底层水向表层水迁移,从而影响真光层生物产量和生长速率。从沉积物释放可溶性有效磷的速率受制于多种因素,但一般认为主要是受间隙水的扩散速率控制。水-底界面两侧的浓度梯度增大,则磷的释放速度也增大。例如,有些缺氧条件下的湖底沉积物释放磷的速率变化于$4.0 \sim 10.8$ mg/($m^3 \cdot d$)之间。

(2) 水生生物的分泌与排泄

研究表明,天然水体中浮游植物在分泌出有机磷酯等有机态磷并使之重新参与磷循环方面起着重要作用。Seder(1970)发现淡水绿藻在其分裂周期的某一特定阶段分泌出相当数量的有机磷酸盐,这种过程可能在天然条件下发生。Kueuzler(1970)也证明海洋浮游植物可能分泌出大量有机磷酸盐。浮游动物排泄磷酸盐常常是有效磷的重要再生途径。Butler等(1970)报道,哲水蚤通过食物而吞食的总磷中,用于生长的大约占17%,以粪便形式排出的占23%,其余60%以溶解磷形式排出。在北太平洋中部,浮游动物释出的磷量相当于浮游植物所需磷量的55%~183%,Harris(1955)测定浮游动物(干重)排泄磷酸盐的速率高达 1.1×10^{-2} mg/(mg·d)。当然,排泄磷的速率随自然条件、动物活动以及诱饵状况不同而有很大变化。Peter(1973)指出,当系统处于稳定状态时,被浮游动物吞食的细菌和浮游植物(颗粒为0.45~30 μm)的总磷中,约有54%是以 PO_4-P 的形式排泄到水中,供细菌、浮游植物重新利用;在适当条件下,浮游动物排泄的再生有效磷可在相当程度上满足浮游植物对磷的要求。细菌由于代谢和需要基质而将有机磷氧化,导致无机磷释放。在由碎屑物质再生磷酸盐方面,原生动物的重要作用可能不亚于细菌。原生动物的代谢率很高,有人提出,以单位生物量计算,原生动物排泄的无机磷比甲壳类浮游动物排泄的高10~100倍。此外,鱼类及其他水生生物的代谢废物内也含有磷。例如,Whitledge等(1971)测定秘鲁鱼排出磷的速率为90 μg/[g(干重)·d];姜祖辉等(1999)测定壳长为29 cm的菲律宾蛤仔的排磷率为6.22 μg/[g(干重)·d]。

(3) 水生植物的吸收利用

在一切天然地表水的真光层中,大量有效磷被水生植物吸收利用,构成天然水体中磷循环的重要环节之一。生物有机体残骸在分解矿化再生营养盐时按一定的比例进行,而藻类在吸收利用有效氮和有效磷时一般也按 P/N = 1:16(或15)的比例进行。大洋表层水中 P/N 比相当恒定,例如,三大洋表层水的 P/N 之比一般分布在1:15理论直线附近。

研究表明,许多淡水浮游植物对有效磷的半饱和吸收常数 K_m 为0.2~0.8 μmol/L。但不同种浮游植物吸收利用有效磷的能力差异相当悬殊。例如,Thomas等(1968)发现海洋浮游植物角刺藻对磷酸盐吸收利用的 K_m 值为0.12 μmol/L;而三角褐指藻能够使介质中的 PO_4-P 降低到 7.2×10^{-4} μmol/L(比通常的分析方法监测低限还小)。K_m 值越小的植物,对 PO_4-P 吸收利用能力越强,在温度、光照适宜的缺磷水体内越易发展成为优势种群。

若从促进天然水体浮游植物繁殖角度考虑,水中有效磷需要维持一定含量水平。以浮游植物的 K_m 平均值为0.5 μmol/L 计,则有效磷浓度[P]应保持不低于如下含量:$[P] = 3K_m = 1.5$ μmol/L ≈ 0.05 mg/L。从防止水体富营养化考虑,则应该保持不超过这个含量。许多研究者在不同条件下研究获得有效磷临界含量为0.6~2.4μmol/L。我国渔业水质标准没有对活性磷与总磷做出相应规定。地表水水质标准(GB 3838-88)规定湖泊水库的总磷:一类水不超过0.01 mg/L,二类水不超过0.025 mg/L,三类水不超过0.05 mg/L。一些国家渔业用水水质标准对总磷含量作了规定。例如,美国、日本等国规定湖泊、水库等水产环境水质总磷量不得超过 50 $\mu g/L$,相当于 1.6 $\mu mol/L$。大多缺磷的藻类细胞,一旦接触到有效磷含量较高的水质环境,其吸收利用的速度极快,此时,多吸收的磷一般以多聚磷酸盐形式储存于细胞中。在细胞缺磷的情况下,多聚磷酸盐分解释放能量和 PO_4-P,用来支持种群的大量生长。例如,Kaenzler 等(1962)发现,海洋三角褐指藻积累过的磷酸盐足以供其 5 次连续倍增之用。

(4) 若干非生物学过程

天然水体中含磷物质外部来源主要为降水、冲刷土壤形成的地表径流以及生活污水。可溶性含磷物质化学沉淀或吸附沉淀也可以使部分有效磷离开水体。天然水体内的化学沉淀作用,主要是与 Fe^{3+}、Al^{3+}、Ca^{2+} 等离子形成难溶磷酸盐沉淀。在光合作用强烈的真光层中,随着 $CaCO_3$ 沉淀,可能部分转化为溶解度更小的羟基磷灰石沉淀:

$$10CaCO_3(s) + 6HPO_4^{2-} + 2H_2O = Ca_{10}(PO_4)_6(OH)_2(s) + 10HCO_3^-$$

(2.3)

此外,悬浮于水中的黏土微粒或胶粒,可能把水中的 HPO_4^{2-} 紧紧吸附在其表面。显然,无论是水体中的化学沉淀或者液-固界面上的吸附作用都可能降低水中有效磷的浓度。因此,世界上很多地区的淡水水域严重缺磷,以致磷成为其初级生产力的重要限制因素。一旦大量磷进入水体后,往往会引起浮游植物的迅猛生长而使水体呈现富营养化。

通常,随着水体 pH 的降低,有效磷化学沉淀或吸附固定的趋势减小。例如,当 pH 在 6.5~7.5 时,这种过程较难进行。在缺氧的条件下,Fe(Ⅲ) 还原为 Fe(Ⅱ),$FePO_4$ 及 $Fe(OH)_3$ 胶体随之溶解,所固定的 PO_4^{3-} 转入溶解状态;而在氧化条件下,常伴随出现较高的 pH,较多的 $Fe(OH)_3$ 胶体及 $CaCO_3$ 沉淀,这可能使溶解的 PO_4^{3-} 沉淀固着。有机物的存在有利于限制或减少 PO_4^{3-} 吸附和沉淀,因为许多有机物可络合 Fe^{3+}、Al^{3+} 及 Ca^{2+} 等金属离子,也可能是由于覆盖于黏土或胶粒的表面,妨碍了沉淀与吸附作用的进行。

2.1.3.6 天然水体中磷酸盐的分布变化

淡水中磷酸盐分布变化因水系不同而呈现出不同的特征,但一般的规律是:磷酸盐含量最大值多出现在冬季或早春,最小值多出现于暖季的后期;在水体停滞分层时,表层水由于植物吸收消耗,有效磷常可降低至检测不出的程度,而底层水则因有机物矿化、沉积物补给而积累较高含量的磷酸盐。通常情况下河流、湖泊、水库等天然淡水最高有效磷(P)含量介于 1.5~3.5 $\mu mol/L$ 之间。

海水中磷酸盐含量有较大的变化范围。通常情况下最大浓度为 15 $\mu g/L$~30 $\mu g/L$,因大陆径流的排入,近岸海区磷酸盐浓度常比远岸海区高;在缺氧海盆或上升流海区,磷酸盐含量也较高,甚至达到 0.1 mg/L 以上,热带表层水中磷酸盐的浓度较低,最大浓度为 3~6 $\mu g/L$。磷酸盐季节变化与有效氮十分相似,通常都是冬季含量较高,而浮游植物生长旺盛的暖季含量降低。

天然水体总磷含量中各部分所占比例因不同水域而存在显著差异,贫营养水体中可溶性无机磷酸盐所占比例较高。例如,对缅因海湾(Gulf of Maine)研究的结果表明(Redfield 等,1937),在各种形式磷的化合物中,可溶性无机磷含量很高,占总磷量的 70%~90%(随季节变化)。而可溶性有机磷仅占 2%~20%,颗粒状磷占 6% 以下。湖泊中,可溶性无机磷的含量一般变化较大,但占总磷的比例较小,而可溶性有机磷可能占总磷的 30%~60%(雷衍之,2004)。同时,Broecker 和 Peng(1982)发现深海水中的磷浓度和海水年龄呈正相关,时间较久远的太平洋深海水就比较年轻的大西洋深海水的磷浓度高,分别是 2.5 μmol/L 和 1.5 μmol/L,而海水中的平均溶解态磷约为 2 μmol/L。未污染的河水中溶解磷浓度约为 0.1~1 μmol/L(0.003~0.03 mg/L),而英国 98 条河水中的溶解磷为 0.01~7.85 mg/L。研究还表明,河流水体的溶解磷浓度随季节变化,仲夏—秋季期间达到最大值,而仲冬—春季跌至最小值。河流水体中的溶解态有机磷含量较高,约为 0.1~0.5 μmol/L。雨水中也会含有少量磷(约 0.16 μmol/L),因此,降雨以及因此而产生的侵蚀也会给河流水体带来磷负荷。

2.1.3.7　水体中磷形态分析测试

水中的磷几乎均以各种磷酸盐形式存在,有正磷酸盐、焦磷酸盐、偏磷酸盐、多磷酸盐和有机结合态磷酸盐,特殊情况下还可能含有黄磷。化肥、冶炼、合成洗涤剂、有机磷农药等行业的工业废水和生活污水中均含有磷的化合物,有的甚至具有很强的毒性,例如,渔业水域水质标准(TJ35—79)规定黄磷含量不能超过 0.002 mg/L。图 2.5 列出了水体中磷形态分析测试流程(陶大钧,1994)。

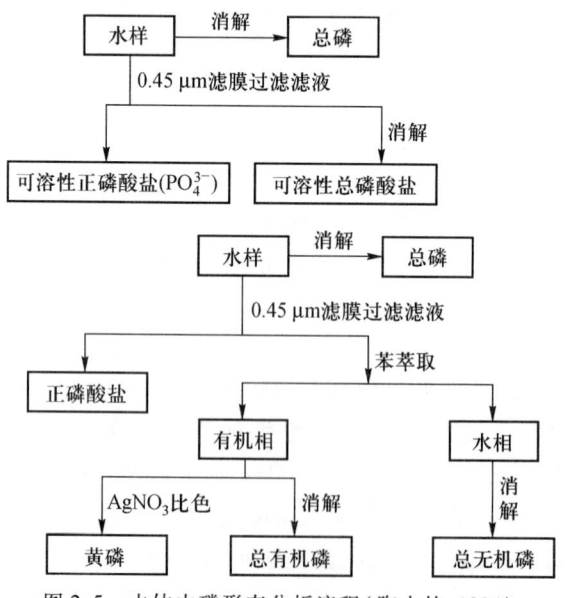

图 2.5　水体中磷形态分析流程(陶大钧,1994)

2.1.4 环境中的磷化氢

磷化氢(PH_3)是无机磷酸盐还原的末端产物。Barrenscheen 等(1923)首先报道了专性厌氧细菌能够将有机磷化合物和无机磷酸盐还原成 PH_3。Rudakov(1927)描述了土壤细菌能在厌氧条件下将磷酸盐还原成亚磷酸盐、次磷酸盐和 PH_3。Gassmann 和 Glindermann 等(1993)将磷化氢区分为结合态 PH_3 和自由态 PH_3。Gassmann 和 Glindermann 等对生物圈中的 PH_3 进行了检测,采样对象涉及婴幼儿和成人的粪便、食草动物、杂食动物、鱼类等的消化道和粪便,检测结果表明上述采样对象均存在 PH_3,并且随着食物的进一步消化,PH_3 浓度逐步增加,最后,在粪便中 PH_3 的浓度最大。之后,Gassmann 和 Glindermann 等(1996)对海湾表面污泥、表面沉积物以及海洋表面、陆地上空的大气对流层进行了检测,均检测到了 PH_3。PH_3 的分布情况见表 2.4 和表 2.5。可以看出,岩石圈、水圈、大气圈及生物圈中均有 PH_3 的存在,说明 PH_3 在自然界中无处不在。

表 2.4 自然界基质结合态磷化氢(PH_3)分布(郭夏丽,2002)

来源	浓度
海湾表面沉积物	0.2 ~ 56.6 ng/kg
牛消化道	2.9 ~ 5.1 ng/kg
猪消化道	103 ng/kg
牛粪	13.9 ng/kg
猪粪	5.6 ~ 16.8 ng/kg
人粪	0 ~ 162 ng/kg
鱼(鳕、鲽)	0 ~ 69 pg/个体
底层水域(淡水/海水)	0 ~ 0.43 ng/L
淡水沉积物(0 ~ 5 cm)	47 ~ 826 ng/L
海洋沉积物(0 ~ 5 cm)	0.01 ~ 2.43 ng/L
工业区土壤	17 ~ 103 ng/kg
乡村土壤	0.8 ~ 2.5 ng/kg

表 2.5 自然界气态磷化氢(PH_3)的分布(郭夏丽,2002)

来源	浓度
污水处理厂和浅水湖沉积物中的沼气	11.6 ~ 382 mg/m³
动物粪池沼气	0 ~ 295 ng/m³
废物腐败气	24 ~ 20 300 ng/m³
陆地上空大气中的磷化氢	0 ~ 157 ng/m³
德国北海上空大气中的磷化氢	0.041 ~ 0.885 ng/m³
废物掩埋气	0 ~ 24646 ng/m³

2.1.4.1 磷化氢形成机制研究

作为磷的一个重要转化途径,在 PH_3 如何形成方面已开展了大量研究工作,然而对 PH_3 形成机制进行系统阐述尚处于初级阶段,可将现有研究成果作如下简单总结(韦伟等,2009)。

(1) 厌氧环境

由于 PH_3 对光敏感,且遇氧易分解,一般只在厌氧条件下才能检测到它的存在。国内外的研究基本上都是基于厌氧环境,并且认为厌氧微生物在 PH_3 的形成过程中起了至关重要的作用。有研究表明,一些混合培养的厌氧微生物(混合酸发酵菌和丁酸发酵菌)和纯种微生物(*Escherichia coli*,*Salm onella gallinarum*,*Salmonella arizonae*,*Clostridium sporogenes*,*Clostridium acetobuty ricum*,*Clostridium cochliarium*)均能在厌氧培养条件下产生 PH_3。因为厌氧条件下的还原环境更有利于含磷物质(如正磷酸盐等)被还原为 PH_3,所以,学术界普遍认为 PH_3 是厌氧微生物还原环境中含磷化合物的结果。

(2) 好氧环境

目前,国内外研究工作主要针对厌氧背景下 PH_3 的形成,而对好氧条件下是否存在 PH_3 形成鲜有报道。研究人员在研究氧化还原条件对颗粒污泥培养过程中 PH_3 形成的影响时,发现好氧池污泥的结合态 PH_3 浓度要高于缺氧池,并提出了好氧条件下颗粒污泥产 PH_3 的可能机制。在研究淡水港和沿海底层污泥时,研究人员发现在一半的海洋沉积物样品中 PH_3 浓度随采样深度增加而减少,溶解氧(dissolved oxygen,DO)也随之减少。在考虑到 PH_3 对氧的敏感性的时候,这一现象很难得到令人满意的解释,但这似乎也从侧面印证了好氧条件下 PH_3 形成的可能。

(3) 金属机制

研究人员曾经提出金属机制来说明地球普遍存在 PH_3 的原因。铁矿中含有的磷酸盐杂质在工业生产过程中被化学还原为磷化物保存于铁中。当铁暴露于环境中时,微生物代谢活动改变了水环境,继而发生腐蚀反应形成 PH_3。研究表明金属铁中磷的重要存在形式是磷化铁,在酸消解过程中能生成 PH_3。在厌氧分批培养过程中,若不投加铁和铝,则不能检测到 PH_3 的存在;另外,钢板腐蚀后损失的质量和释放的 PH_3 有着很好的线性关系。

2.1.4.2 环境中 PH_3 生成和释放影响因素

PH_3 本身在有氧环境中光照可被快速氧化,这是大气中 PH_3 含量很低的一个重要原因。厌氧、黑暗环境中,PH_3 主要吸附于基质中,其浓度是生成和消减(包括扩散到水相、气相和被氧化的磷化氢)动态平衡的结果,受 pH、温度、氧化还原电位(ORP)、溶解氧(DO)、有机磷和无机磷等可能前驱物、硫离子、铁离子等因素的综合影响。

大量实验证明,PH_3 是由微生物还原含磷物质所产生的。pH、温度、ORP、溶解氧是影响微生物活动的重要环境因子,这些环境因子还能影响到 PH_3 的迁移和转化。沉积物在偏碱性(pH = 8~10)条件下更有利于吸附态 PH_3 形成,在强酸或强碱条件下(pH = 1 或 12)吸附态 PH_3 消失量很大;温度在 20~30℃时,PH_3 生成和释放速率都会加快;在 20℃时吸附态 PH_3 的质量分数达到峰值;而 O_2 对基质吸附态 PH_3 的生成影响不大。

有机磷、无机磷作为 PH_3 可能的前驱物,其对 PH_3 生成和释放的影响也颇受关注。添加鸡粪、骨粉等含磷材料能够增加基质中 PH_3 的释放量,但对无机磷作为前驱物的可能性尚不能确定。PH_3 含量与有机磷化合物含量密切相关,而在其后来的研究中进一步证实 PH_3 与有机磷细菌数量呈现非常高的相关性(相关系数高达 0.90)。在研究有机磷和无机磷作为 PH_3 前驱物的可能性,添加磷酸二氢钾可以显著提高 PH_3 的生成和释放浓度。由此可见,无机磷作为 PH_3 前驱物的可能性最大。

一研究小组发现向放有土壤和 Fe(Ⅲ)($FeCl_3 \cdot 6H_2O$)的血清瓶顶空注入标准 PH_3,PH_3 的消失速度较快;向土壤中以固体形式分别加入硫化钠和焦酚,均能促进 PH_3 的释放。另一研究小组发现 Fe(Ⅲ)可加速沉积物中 PH_3 的消失,而 Fe(Ⅱ)和锰(Ⅱ)对吸附态 PH_3 影响不大。Fe(Ⅲ)作为氧化剂能加速 PH_3 的消失,S^{2-} 作为还原剂能增加土壤 PH_3 的释放并不奇怪,但其具体的作用过程仍然不得而知。

2.2 磷与农作物营养

2.2.1 磷在农作物中的作用

磷元素是作物生长所必需的 17 种营养元素之一,而且,其他元素无法替代磷对农作物的作用。因此,磷与氮和钾元素一并被称为植物"三大"营养元素。磷在植物的分生组织和生长旺盛部位含量较多,是构成植物细胞中核酸、磷脂以及许多酶的重要成分,可促进细胞分裂和生长,促进光合作用和呼吸作用,加强蛋白质、脂肪和糖类代谢。施磷后植物根系发达,分生能力强,能增加有效穗粒数,促进籽实饱满,并提早成熟。此外,磷还有提高植物抗旱、抗寒、抗干热风及抗病虫害的能力。

磷元素通过作物毛细根和附生在根系周围的菌根真菌吸收土壤溶液中易被植物吸收的磷酸盐,低 pH 土壤溶液中主要吸收 $H_2PO_4^-$ 形式的磷酸盐,而高 pH 土壤溶液中主要以 HPO_4^{2-} 的形式吸收,如图 2.6 所示。作物根系将吸收的磷元素运输到细胞,经过各种生化反应合成核酸(DNA 和 RNA)、磷蛋白、磷脂、酶和富含能量的物质(ATP)。高能磷酸键为各种生化反应提供必要的推动力;光合作用(图 2.7)就是在这种高能磷酸键断裂提供能量的前提下,将自然界中的二氧化碳(CO_2)和水(H_2O)合成糖并形成作物的相应组织,这个过程的结果会产生氧气(O_2)。

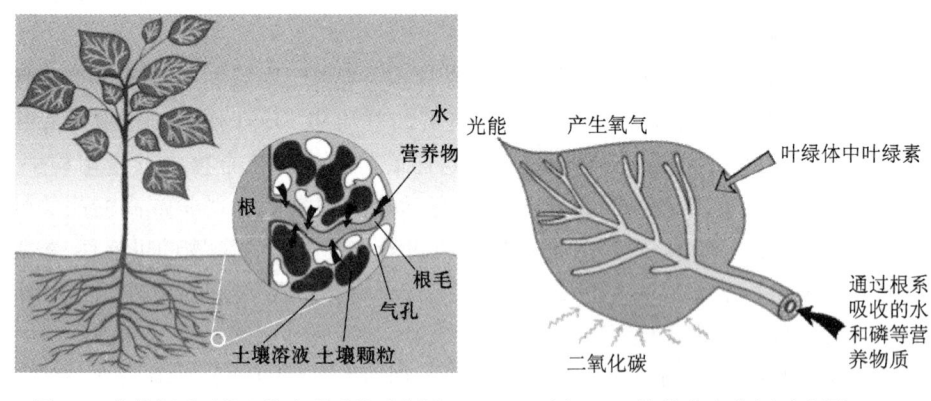

图 2.6 作物根系吸收土壤中磷酸盐示意图
(EFMA,2000)

图 2.7 植物光合作用示意图
(EFMA,2000)

总之,磷元素参与作物能量运输、呼吸作用、光合作用、糖类和淀粉等营养物质的转化、植物体内营养物质的运输及基因表达,是作物必不可少的营养元素之一。

2.2.2 农作物含磷量及最佳需磷量

欧洲化肥生产商协会(European Fertilizer Manufacturers Association,EFMA)(2000)研究发现,在作物生长的旺盛期,磷重量占作物干重的 0.3%~0.5%,具体含量因作物差异而略有不同,表 2.6 列出了常见农作物的含磷量。为满足作物生长的需求,作物根系从土壤中吸磷量大约为 0.5~1.0 kg P/($hm^2 \cdot d$)。然而,土壤总磷量仅仅维持在 0.3~3.0 kg P/hm^2,作物根系的接触面积有限,加之,磷酸盐向根系扩散转移的速率相当缓慢,易被根系吸收的离子在土壤中的含量极其有限,因而这部分总磷并非全部可被作物所利用。为此,为满足作物对磷元素的需求必须适时向土壤中添加磷肥。

表 2.6 几种常见农作物含磷量(EFMA,2000)

作物	磷含量[g P_2O_5/kg(干物质)]
小麦	7.8
稻米	6.0
球状甘蓝	2.6
豌豆	1.7
菜花	1.4
豆	1.0
马铃薯	1.0
胡萝卜	0.7

图 2.8 为春小麦在不同磷酸盐水平下日生长的吸磷量,分别将植物在富磷土壤和磷元素匮乏的土壤中培养,从而对比两者产量的差距(EFMA,2000),结果表明,富磷土壤中春小麦对磷元素的最大吸磷量为 1.4 kg P_2O_5(0.6 kg P)/($hm^2 \cdot d$),产量为 6.4 t/hm^2,而磷元素匮乏的土壤中植物对磷元素的最大吸收量为 0.4 kg P_2O_5(0.2 kg P)/($hm^2 \cdot d$),产量仅为 2.9 t/hm^2。从实验结果可知,植物生长期如果没有充足可利用的磷酸盐供应,将直接影响其产量。所以,为保证作物最大产量,必须保证土壤溶液中富含作物易吸收的磷酸盐具有一定的含量。

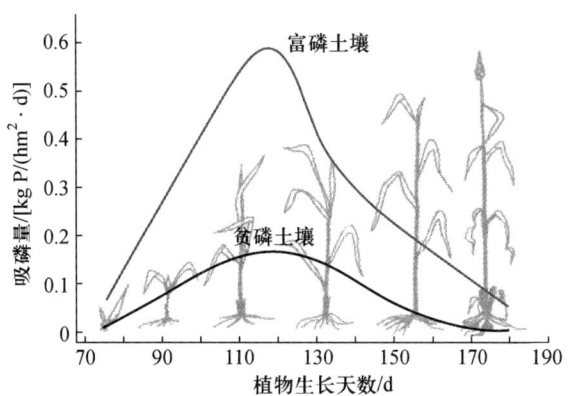

图 2.8 春小麦在不同磷酸盐水平下的吸磷量(EFMA,2000)

磷元素一般以不易溶解的化合物存在于土壤中,而植物吸收的磷元素必须以溶解性磷酸盐形式存在,而且植物吸收营养元素的根系与土壤的接触面积十分有限。为此,为保证土壤中的磷元素能满足植物需求,必须向土壤中适时补充磷肥。除工业磷肥外,动物粪便、人类粪尿、植物秸秆、污水和污泥都是较为常见的农作物磷源。需要指出的是,不论使用哪种磷肥,都应了解当地土壤营养状况,以求达到最佳肥效。随着土壤中可被作物利用的磷元素数量增加,农作物产量随之增加。然而,到达一定水平后,作物产量增加的较为缓慢。使作物产量接近最大值的土壤磷水平称为土壤最佳磷水平,如图 2.9 所示。

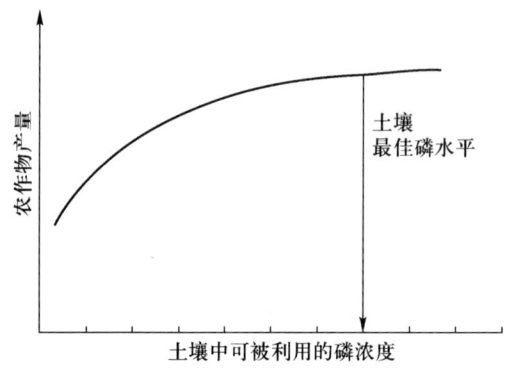

图 2.9　土壤最佳磷水平示意图(EFMA,2000)

诸多研究表明(Bariola,1994;Malboobi,1997;孙海国,2000a,2000b;Ciereszko,2005;Fukuda,2007),磷是影响植物生长和物质代谢最重要的营养元素之一,磷缺乏状态不仅影响其他矿物质元素的吸收,影响根的生长并改变其结构,而且还能诱导或影响某些基因的表达及某些酶活性及蛋白质含量,促进根部有机酸的分泌及其次生代谢类型的改变。基于上述原因,很有必要了解磷缺乏对农作物的影响。

2.2.3　缺磷农作物病症

作物缺乏任何一种必需的营养元素时,其生理代谢就会发生障碍,从而在外形上表现出一定的症状。引起缺素症的原因很多(王福德,2010),例如,土壤营养元素缺乏、土壤反应不适、营养成分不平衡、土壤理化性质不良、不良气候条件等因素。

作物缺磷时的形态特征表现为:① 植物生长缓慢、矮小、瘦弱、直立、分枝少;② 延迟成熟,种子不充实或果粒小;③ 植株的叶片小,叶色暗绿,无光泽或呈紫红色,严重缺磷时叶片枯死、脱落,图 2.10 为大麦和玉米缺磷症状。症状的出现一般都从茎基部老叶开始,逐渐向上部发展,一般轻度缺乏时症状不明显,只影响作物产量和品质,而在中度缺乏以至严重缺乏时才显现明显症状。禾谷类作物缺磷,呈现暗绿色的叶片和茎,支柱分蘖少或不分蘖,柱间不散开,长相似"一柱香",延迟抽穗、开花和成熟,穗粒少而不饱满,根系老化呈锈色,白根少。

磷元素缺乏会影响作物根系对其他营养元素的正常吸收,进而影响农作物生长发育。张悦等(2008)研究培养基磷缺乏对黄瓜毛状根生长、抗氧化酶活性及氮源利用的影响。研究结果表明,培养基中缺磷或磷供应不足会影响黄瓜毛状根的生长及其形态,使毛状根主根变得细而长,但侧根变短且数目减少,降低黄瓜毛状根的硝态氮消耗速率以及影响黄瓜毛状根对钙的吸收和利用。适当提高培养基中无机磷浓度可促进培养基中钙的吸收和消耗。

晚熟的大麦(左)　　　　　　　玉米磷缺乏症(右)

图2.10　作物缺磷症状

磷是植物生长发育不可缺少的营养元素之一,它既是植物体内许多重要有机化合物的组分,同时又以多种方式参与植物体内各种代谢过程。氮是植物生长需求量最大的营养元素,作为形态建成的参与者、生理活动的限制者和调节者,氮普遍制约着植物生长和产量形成,而可利用磷量制约着作物对氮素的吸收。因此,综合研究氮、磷营养胁迫下植物的适应性机制和养分利用过程,能更好地认识和发挥植物潜在的生理生态功能,可科学地指导森林培育生产实践,并系统地进行森林生态系统经营与管理。

李丹(2010)以云南松为试验对象,采用盆栽试验方式,研究不同氮、磷营养水平对云南松幼苗叶绿素含量、可溶性蛋白含量、可溶性糖含量、光合速率等光合生理指标及地上部分鲜重与根重等生物量的影响,探讨其对不同氮、磷营养水平的反映,为云南松林木壮苗培育及经营管理提供相关理论基础。研究结果表明,氮、磷缺乏时,云南松幼苗松针叶绿素含量和光合速率均会下降;缺磷、低磷处理时,云南松幼苗松针可溶性蛋白含量上升,尤其是缺磷条件下,可溶性蛋白含量是对照的2.3倍。低氮处理时,可溶性蛋白含量下降;氮、磷缺乏时,云南松幼苗可溶性糖含量均呈不同程度的升高,并且以磷的缺乏时更为明显,而氮的影响相对较小;对生物量的影响则表现为,氮、磷缺乏时,云南松幼苗地上生物量、地下生物量及全株干重均比对照低，但差异不显著。根冠比则不同，缺磷、低磷时根冠比高于对照，低氮处理时则低于对照。磷缺乏比氮缺乏对云南松幼苗生长影响更明显，云南松幼苗对氮胁迫比对磷胁迫的适应性更强。

每种营养元素的缺乏对作物的影响机制不尽相同。对小麦幼苗分别进行缺氮、缺磷和缺钾处理10~30 d，从而研究大量元素缺乏对小麦叶片呼吸作用、光合活性和生理参数的影响（张凡，2009）。通过生理变化的分析，可以看出大量元素缺乏对植物体造成了显著影响，但损伤机制不尽相同。缺氮主要影响蛋白质合成，缺磷影响能量代谢，缺钾则主要影响膜脂通透性。

由此可见，磷元素缺乏对农作物影响十分显著，如果土壤中缺乏农作物可以利用的磷酸盐将直接导致粮食减产，更为严重的后果可能是颗粒无收！那么人类赖以生存的物质基础将不复存在，人类将难以在地球上继续维持生命。这绝非危言耸听，必须适时向贫磷土壤中施加磷肥，以满足农作物的生长需求。

为便于施肥，达到经济效益最大化，表2.7列举了几种常见作物吸收氮、磷、钾养分的大致数量范围。

表2.7 主要作物吸收氮、磷、钾养分的数量

作物名称	形成100 kg经济产量所吸收的养分数量/kg		
	氮（N）	磷（P_2O_5）	钾（K_2O）
小麦	3.00	1.00~1.50	2.00~4.00
玉米	2.57~2.90	0.86~1.34	2.14~2.54
水稻	2.10~2.40	0.90~1.30	2.10~3.30
大豆	6.60~7.20	1.35~1.80	4.00
花生	7.20	1.30	4.00
棉花	13.80	4.80	14.40
甘薯	0.35	0.18	0.55
马铃薯	0.55	0.20	1.06
烟草	4.10	0.70	1.20
苹果	0.55~0.70	0.30~0.37	0.60~0.72
梨	0.47	0.23	0.48
葡萄	0.38	0.20~0.25	0.40~0.50
桃	0.25	0.10	0.30~0.35
大白菜	0.15	0.07	0.20
大葱	0.30	0.12	0.40
番茄	0.45	0.50	0.50

续表

作物名称	形成 100 kg 经济产量所吸收的养分数量/kg		
	氮(N)	磷(P_2O_5)	钾(K_2O)
茄　子	0.30	0.10	0.40
辣　椒	0.34~0.36	0.05~0.08	0.13~0.16
洋　葱	0.27	0.12	0.23
黄　瓜	0.40	0.35	0.55
西　瓜	0.18	0.04	0.20

数据来源:http://www.sdzdfy.com/view.asp? id=500

2.2.4 农作物磷肥

按其中所含磷酸盐溶解度的不同,可将磷肥分为水溶性磷肥、可溶性(弱酸可溶)磷肥以及难溶性磷肥等 3 种类型。磷肥的主要品种为过磷酸钙(约占70%),其次为钙镁磷肥及高浓度磷酸盐(陈英旭,2007)。

(1)水溶性磷肥

水溶性磷肥是速效肥,其中的磷易被植物吸收利用,主要包括过磷酸钙和重过磷酸钙。

① 过磷酸钙。过磷酸钙又称过磷酸石灰,简称普钙,由磷矿粉经酸处理而成,是我国目前生产最多的一种化学磷肥。

过磷酸钙的主要成分是水溶性磷酸一钙(30%~50%)和难溶于水的磷酸钙(40%),有效磷(以 P_2O_5 计)质量百分数为12%~20%,另外,还有2%~4%的硫酸铁、硫酸铝和3.5%~5.0%游离酸(主要为磷酸和硫酸)。

过磷酸钙一般为粉状,颜色为深灰色、灰白色或淡黄色不等,具有腐蚀性。吸潮后易结块,同时还会出现磷酸退化现象,即其中磷酸一钙还会与硫酸铁、硫酸铝等发生化学反应而形成溶解度较小的铁、铝磷酸盐。湿度越高,磷酸退化速度越快。因此,在储运过程中一定要注意防潮。

② 重过磷酸钙。重过磷酸钙呈深灰色,为颗粒或粉末状,是由硫酸处理磷矿粉制得的磷酸,然后再用磷酸和磷矿粉反应而得。重过磷酸钙是一种高浓度磷肥,含 P_2O_5 含量为40%~50%。主要成分是磷酸一钙,并含有4%~8%游离磷酸,具有较强的吸湿性和腐蚀性。由于不含硫酸铁、铝盐,所以,吸湿后不会出现磷酸退化现象。

(2)弱酸溶性磷肥

能溶于2%柠檬酸或中性柠檬酸铵溶液的磷肥称为可溶性磷肥或弱酸溶性磷肥,包括钙镁磷肥、钢渣磷肥、脱氟磷肥、沉淀磷肥和偏磷酸钙等。这类磷肥的肥效较水溶性磷肥要慢一些。

(3) 难溶性磷肥

难溶性磷肥有磷矿粉、鸟粪石矿粉及骨粉等,所含磷酸盐大部分仅溶于强酸,肥效迟缓而稳长,属迟效性磷肥。

① 磷矿粉。磷矿粉多呈灰褐色,由天然磷灰石直接磨成粉末制造而成。自然界的磷酸盐矿物质中,95%以上属磷灰石矿物,其中,以氟磷灰石[$Ca_{10}(PO_4)_6F_2$]为主。原生态氟磷灰石结构致密,极难溶于水,中性至微碱性。磷矿粉中的磷酸盐矿物质种类因矿源而异,主要包括羟基磷灰石[$Ca_{10}(PO_4)_6(OH)_2$]、氯磷灰石[$Ca_{10}(PO_4)_6Cl_2$]和碳酸磷灰石[$Ca_{10}(PO_4)_6CO_3$]等。磷灰石中还含有石灰石、石英等矿物质及其黏土和有机质等。

磷矿粉中有效磷量和可溶率可以衡量磷酸盐的可给性和直接使用的肥料价值,可溶率达15%以上的磷矿粉才可以直接用作肥料施用。如果全磷量较高而可溶率低于5%时,只能用作加工磷肥的原料。

② 骨粉。骨粉是由动物骨骼经粉碎磨细并通过规定筛号粉末而制成,其主要成分是磷酸三钙,占骨粉的58%~62%,脂肪和骨胶占26%~30%。此外,还含有1%~2%磷酸三镁、6%~7%碳酸钙、2%氟化钙、4%~5%氮。由于骨骼中含有较多的脂肪,需要采用脱脂处理除去脂肪,以提高磷的有效性。骨粉肥效缓慢,宜作基肥,可先与有机肥料堆积发酵后施用。对于生长期较长的作物或在酸性土壤上施用,骨粉肥效较好。夏季使用骨粉的肥效较冬季要快。

2.3 磷污染——全球性问题

从各种源头进入地表水所产生的磷污染是全球多数地区所面临的严重问题。磷是一种植物性营养元素,但水体中磷含量过量,就会导致浮游生物——藻类和一些高等水生植物大量繁殖。水生植物生长不仅需要磷,而且也需要氮。通常情况下,磷或氮是水生植物过量繁殖的限制性营养物质。一般来讲,在淡水中,磷是限制性营养物质,而在海水中,氮通常是限制性因素。因此,要防止淡水中发生富营养化应着重控制磷,对海水而言应控制氮。然而,也有一些案例和上述看法存在着差异,需要同时对氮、磷这两种污染元素进行双重控制。

全球范围还没有有关水体富营养化的详细记录数据。根据联合国环境规划署(United Nations Environment Programme, UNEP)1994年对全世界215个湖泊和水库的调查发现,各区域存在富营养化问题的湖泊和水库的百分比分别是:亚太地区54%、欧洲53%、非洲28%、北美48%以及南美41%(UNEP,1994)。这些数据足以说明全球淡水体富营养化问题已非常普遍,同时还显示出水体富营养化问题不但波及范围广,而且形势非常严峻。

在自然状态下,未受污染的淡水中,总磷浓度低于 25 μg(P)/L。然而,通常认为只有总磷浓度超过 50 μg(P)/L 才是人为影响造成的。地表水中磷浓度升高有时是自然因素引起的,但更多的情况是因土壤侵蚀、农业径流、生活污水和工业废水排放等造成。例如,污水中含有人类排放的磷(每人每天约排放 2 g)以及洗涤剂、餐厨垃圾、食品添加剂等中的磷。而向水体排放磷数量的多寡取决于当地人口密度以及污水处理程度。农业磷排放则取决于耕种方式、农作物类型、气候等因素,而最主要的是磷肥的使用量。世界各地磷肥使用量不同,这与当地人口密度以及经济发展状况有着密切关系,如表 2.8 所示,当前,欧洲以及其他发达国家磷肥使用量锐减,但发展中国家的使用量呈上升趋势,如图 2.11 所示。

表 2.8 2000 年世界不同地区磷肥用量

地区	磷肥用量(Mt)
非洲	954 921
亚洲	17 686 320
欧洲	4 115 326
拉丁美洲和加勒比海	3 912 686
北美洲	4 738 719
大洋洲	1 562 006

来源:UNEP,2000

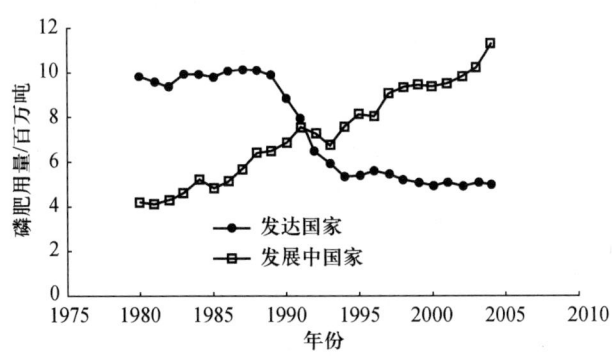

图 2.11 过去 25 年内发达国家和发展中国家磷肥用量
(数据来源:http://www.fertilizer.org/ifa.statistics.asp)

在自然条件下,随着河流夹带冲击物和水生生物残骸在湖底不断沉降淤积,湖泊会从平营养湖过渡为富营养湖,进而演变为沼泽和陆地,但这是一个极为缓慢的过程。但由于人类活动,将大量工业废水和生活污水以及农田径流中的植物营养物质排入湖泊、水库、河口、海湾等缓流水体后,水生生物特别是藻类会大量繁殖,使生物量的种群、种类、数量发生改变,破坏了水体的生态平衡。大量死亡的水生生物沉积到湖底,被微生物分解,消耗大量溶解氧,使水体溶解氧含量急剧降低,水质恶化,以致影响到鱼类的生存,大大加速了水体的富营养化过程。水体出现富营养化现象时,由于浮游生物大量繁殖,往往使水体呈现蓝色、红色、棕色、乳白色等颜色,这种现象在江、河、湖泊等淡水水域被称作"水华",而在海水水域被称作"赤潮"。在发生富营养化的海域里,一些浮游生物暴发性繁殖,使水变成红色,海洋富营养化因此而得名"赤潮"。这些藻类带有腥臭味,有些还有毒,鱼类往往不能完全消纳。此外,藻类遮蔽阳光,使水底水生植物因光合作用受阻而死亡;藻类腐败后放出氮、磷等植物性营养元素,再被藻类利用,引发更大规模的水华或赤潮。如此这般,会造成水体或海洋生态恶性循环,大量的繁殖藻类不仅引起水质恶化,更会导致鱼类大面积死亡。

显然,磷污染是全球性问题。本节对欧盟、美国、澳大利亚、日本、东南亚及中国等国家和地区的磷污染情况分别予以简述。

2.3.1 欧盟

欧盟环保署(European Environment Agency,EEA)1994年和1998年发布的报告均表明欧洲全境地表淡水中磷的浓度呈上升趋势(EEA,1994,1998)。北欧河流中磷的浓度最低,约有91%的采样点的磷浓度平均值低于30 μg P/L;约有50%采样点的磷浓度低于4 μg P/L,这是因为该地区人口稀少,土壤风化速度慢,而且营养物质贫瘠。而中欧狭长地带(从英格兰南部到罗马尼亚)的河流中磷浓度较高。尽管南欧一些监测点也显示出磷浓度较高,但总体来讲,相对于中欧和东欧,磷浓度还是较低,主要是因为该部分地区将相当数量的市政污水直接排放到了海洋中。

欧盟环保署1998年对欧洲境内河流进行调查,结果显示,在1 000个监测点中,有相当数量的监测点磷浓度超过50 μg P/L。事实上,仅有10%的监测点平均磷浓度低于50 μgP/L。欧盟部分成员国河流中磷浓度数据如表2.9和表2.10所示。

北欧和阿尔卑斯地区湖泊中磷的浓度相对较低。然而,欧洲大部分湖泊都饱受磷富营养化的困扰,这是很难彻底解决的问题,因为磷可能沉积于底泥中。有时,尽管磷污染源已经得以控制,但沉积在底泥中的磷仍然可能会因为气候变化、鱼类活动等因素而被再次释放到水体中,从而使水体到富营养化状态。要彻底解决这一问题,就需要投入巨资治理底泥及湖泊生态。

表 2.9　1990—1998 年西欧部分国家河流监测点正磷酸盐年平均浓度
（μg(P)/L）；国家后括号内为监测点数量

国家	1990	1991	1992	1993	1994	1995	1996	1997	1998
丹麦(30)	133	106	93	79	84	78	87	75	71
芬兰(52)	12	12	10	12	11	12	11	11	11
法国(254)	141	121	105	102	84	95	100	91	78
德国(89)	155	120	97	89	68	68	76	73	73
英国(89)	109	87	74	63	60	60	79	83	68

来源：EEA，1998

表 2.10　近期欧盟成员国河流监测点数量及总磷浓度分布情况（μg(P)/L）

国家	日期	<25	25~50	50~125	125~250	250~500	>500
奥地利	1998	56	53	93	28	7	3
比利时	1995	0	0	0	1	4	7
丹麦	1998	0	1	15	17	3	1
芬兰	1998	87	25	34	11	2	0
法国	1998	1	9	100	181	81	35
德国	1998	4	4	27	65	32	3
希腊	1998	10	4	4	8	6	11
意大利	1992	4	3	6	4	3	3
荷兰	1998	0	0	7	18	8	2
西班牙	1996	7	10	20	16	6	4
瑞典	1997	37	19	20	4	0	0
英国	1998	0	3	9	1	1	1

来源：EEA，2001

20 世纪 80 年代和 90 年代，欧洲地面水体中磷的浓度（包括总磷和可溶磷）普遍呈下降趋势。在很多国家，通过增加城市和工业污水处理程度并减少农业施肥量等措施来改善磷污染状况。有些湖泊磷污染状况已得到很大改观，但仍有部分湖泊遭受严重磷污染的困扰。

海洋环境中的磷浓度变化较大，北海、地中海、波罗的海以及黑海等区域的磷浓度偏高。其他海域的磷浓度相对稳定，但是，向北海区域排放的磷正在持续增加。

2.3.1.1 来自市政污水磷污染

磷污染源头诸多,在欧洲,包括市政污水处理厂、工业和一些农业等点源排放的磷超过磷总排放量的一半。市政污水中的磷主要来自人类排泄物;在未禁磷国家,污水中的磷还来自洗衣粉等化学洗涤剂;欧洲地表水磷的来源贡献比例如图 2.12 所示。从 20 世纪 80 年代中期开始,整个欧洲境内,从污水排入地表水的磷总量降低了 30%~60%(EEA,1998)。然而,下降的幅度在欧洲的各个国家参差不齐。例如,在荷兰和丹麦,由于加大力度进行污水处理,降低的幅度可达 70%~90%。

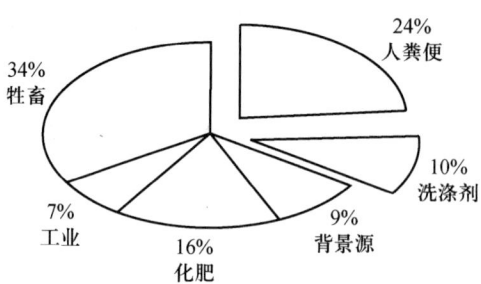

图 2.12 欧洲地表水磷的来源贡献比例(Morse,1993)

污水处理厂收集污水,并进行不同程度的处理:有的仅简单地去除污水中的颗粒物,而有些需要经过复杂的过程去除其中氮、磷等营养物质。欧盟城市污水处理法令要求在 1998 年底前,对已富营养化或可能出现富营养化的水体不再排放营养物质。对此,欧盟成员国可采取下列两种选择之一:① 对指定的富营养化敏感水体,凡处理当量人口超过 10 000 的污水处理厂除磷率需达 80%,并/或除氮率达 70%(根据潜在影响而定),或氮、磷总去除率分别达到 75%;② 将欧盟成员国全部水域均视作为敏感区域,其境内所有污水处理厂氮、磷去除率均需达到 75%。2001 年 11 月,欧盟委员会发布指南,旨在详细说明如何执行上述这些要求。欧盟委员会发现在执行这一法令时存在着较大差异。

有些成员国将整个国家水域均视作为敏感区域,例如,丹麦、荷兰和瑞典;有些成员国则将大部分水域指定为敏感区域,例如,德国。在这些国家,污水中磷的去除任务已基本完成,当然还存在一些特殊情况。

相对而言,其他一些成员国(例如,法国、爱尔兰和西班牙)仅将有限的水域列为敏感区域。欧盟委员会一直敦促这些国家应该指定更多的敏感区域。还有些成员国(例如,希腊以及英国)迟迟不指定敏感区域,他们已经拖延了执行法令的时间。意大利同样指定了非常有限的敏感区域,其做出的应对措施是增加了 187 个敏感区域,而每个区域的污水处理规模都不超过 10 000 人口当量。当出现显著富营养化现象时,这种做法便显得毫无意义。总体而言,上述故意或者因其他原因造成的延迟行动均会拖延投资进度,从而限制了环境改善区域的不断扩大。

总之,各成员国在执行减少磷污染的行动方面存在差异。有些北欧和中欧成员国已经积极开始行动,主要是因为他们的磷去除任务艰巨。然而,对于南欧那些成员国来说,要控制磷污染,就意味着要增加更多的国家投资。

2.3.1.2 农业面源污染

在欧洲,农业面源磷污染也是非常突出的问题,但各个成员国这种面源污染的突出程度不尽相同。据欧盟环保署 2005 年的统计数据,欧盟农业面源每年向水体贡献的磷约占总磷量的 50%(变化范围为 25%~75%)。在那些点源污染控制较好的国家,面源排放的磷所占比例更高一些。农田磷迁移的控制是实现欧盟制定的在 2015 年之前获得良好生态环境目标的关键性因素之一。

在 20 世纪 90 年代早期之前,欧盟在农田径流中磷迁移方面的基础研究甚少。1997 年 7 月,欧盟 COST 832 计划(量化农业对水体富营养化的贡献)得以制定,旨在加强人们对农田径流中的磷向水体迁移的认识,并量化了磷用量、循环、迁移及影响等过程之间的关系。该计划涉及奥地利、比利时、丹麦、芬兰、法国、德国、希腊、匈牙利、爱尔兰、意大利、挪威、波兰、罗马尼亚、西班牙、瑞典、瑞士、荷兰和英国等 18 个国家。COST 计划采用了 Haygarth 等提出的连续磷迁移模式,包括磷进入农业生产(源头)、农田磷释放(流失)、磷从农田向河流迁移(迁移)以及进入不同水体的磷所产生的影响(影响),如图 2.13 所示。以下内容将就欧盟一些国家就农业面源磷污染的控制措施进行简要介绍。

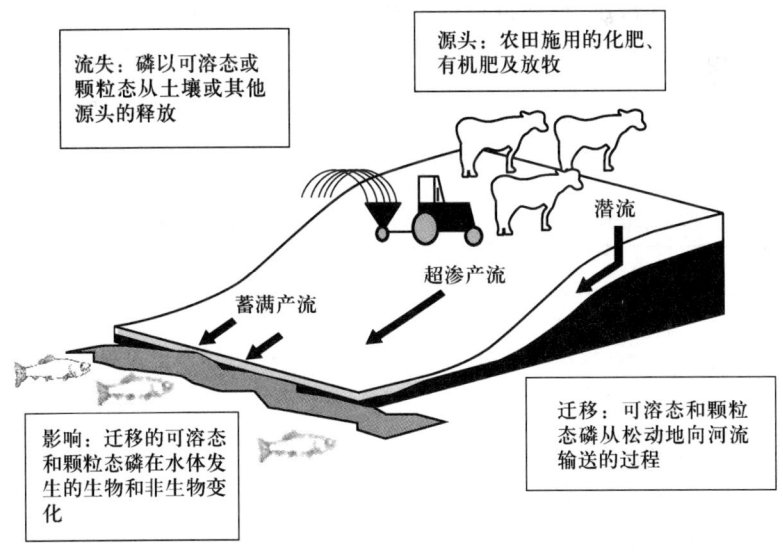

图 2.13　磷从农田向水体的连续迁移(源头—流失—迁移—影响)示意图(Withers 等,2007)

挪威、瑞典、英国和爱尔兰位于欧洲的西北部。这 4 个国家的磷污染主要是由于集约化农业生产造成的。这些国家境内的湖泊(例如,挪威的 Vansjø 湖、瑞典灵湖(Ringsjön)以及爱尔兰内伊(Lough Neagh)湖)已经出现了富营养化现象。研究表明,在这4个国家中,农业是内陆和沿海区域水体中磷的主要源头。上述4个国家的农业生产模式存在着差异。在爱尔兰,90%的农田永久种植草坪和放牧用的草地,而在其他3个国家有相当比例的耕地用于种植谷类作物。

1950—1980年间,为了增加产量,挪威和瑞典向耕地中施入了大量无机磷肥,此外,有些耕地还使用了难以计算磷含量的有机肥。1935—1970年间,由于牲畜喂养规模扩大和施用无机肥,英国磷肥使用量从 7 kg/($hm^2 \cdot a$)增长到 20 kg/($hm^2 \cdot a$)。但之后,使用量开始持续下降。在20世纪60年代到90年代晚期,爱尔兰也曾大量使用磷肥。

挪威、瑞典、英国和爱尔兰这4个国家均具有规模化畜禽养殖场。在挪威西南部的畜禽养殖场,平均存栏密度为1.5家畜单位(live stock unit)/hm^2。瑞典南部畜禽养殖场的平均存栏密度与此相当。英国西南部地区畜禽养殖场平均存栏密度为1.8~2.5家畜单位/hm^2,沉积在该地区土壤中的磷超过了20 kg/($hm^2 \cdot a$)。爱尔兰规模化畜禽养殖场集中在东南部地区,平均存栏密度为1.5家畜单位/hm^2。

在挪威,由于耕地施用磷肥而产生的平均磷过剩量为8 kg/($hm^2 \cdot a$),而在规模化畜禽养殖场区域的磷过剩量高达20 kg/($hm^2 \cdot a$)。目前,挪威磷过剩情况基本稳定。由于农场收入降低以及化肥成本升高,英国的磷肥使用量在减少,导致在过去20~25年时间内,英国磷过剩量降低了约50%。在爱尔兰,尽管矿物磷肥的使用量在减少,但磷过剩量仍然保持在20 kg/($hm^2 \cdot a$)的水平上。如果在爱尔兰污水处理厂开始执行欧盟市政污水处理法令时仍无相应措施去减少农业磷排放,那么,农业磷排放的比例将会继续增加。表2.11列出了上述4国磷的相关信息。

表2.11 挪威、瑞典、英国和爱尔兰等4国耕地、土壤磷平衡情况(Ulen等,2007)

	挪威	瑞典	英国	爱尔兰
农田				
农田比例(%)	3	8	77	59
耕地比例(%)	1	6	19	6
土壤磷进出平衡与浓度				
施有机肥引入的磷 kg/($hm^2 \cdot a$)	12	6	9	20[①]
矿物磷肥 kg/($hm^2 \cdot a$)	13	5	17	10
污泥中的磷 kg/($hm^2 \cdot a$)	1.2[②]	0.2	0.4	0.4
大气沉降	0.3	0.3	0.3	0.5
农田磷盈余 kg/($hm^2 \cdot a$)	+8	+2	+6	+8

续表

	挪威	瑞典	英国	爱尔兰
规模化畜禽养殖场磷盈余 kg/(hm²·a)	+20	+8	+20	—
磷排放				
农业向水体排放的总磷 kg/(hm²·a)	0.3~2.6	0.4	0.5	0.5
水体中溶解磷比例(%)	9~23	20~80	20~60	20~80

① 65%的粪肥来自牲畜。
② 假定污泥中的磷含量为3%。

　　葡萄牙、西班牙、法国、意大利、前南斯拉夫、阿尔巴尼亚、希腊等南欧国家均受地中海气候的影响,农田较为湿润。在这些国家中,法国是欧盟最大的农业生产国,出产整个欧盟约1/4的农副产品,其耕地约占国土面积的55%。1/3的农田用于种植牧草(用于养牛),其余2/3用于种植农作物。农业的集约化和现代化带来了一些环境问题,当然,不同区域以及不同农场类型带来的影响各异。例如,牲畜养殖是影响法国大部分地区水体的污染源,其中,西北部的布列塔尼是一个典型地区。法国农民组织1991年开展了自愿行动,将肥料("Ferti-Mieux")和植物保护剂("Phyto-Mieux")结合起来使用。这次活动的目的在于减少硝酸盐和磷的污染。另一个在1993年建立的"农业污染控制项目"旨在控制畜禽舍渗出的硝酸盐。

　　除了法国,南欧受地中海气候影响的其他国家大多数农田较为湿润,并且在过去几十年间内磷肥的使用量趋于稳定,如表2.12所示。与1961—2002年间的平均使用量相比,葡萄牙、西班牙和希腊的使用量略有增加,增幅为20%~40%,而在法国和意大利用量则减少了40%~50%。

表2.12 欧洲部分国家耕地磷肥使用量

国别	1990年农田数量($10^6 hm^2$)	磷肥使用量 [kg(P)/(hm²·a)]	国别	1990年农田数量($10^6 hm^2$)	磷肥使用量 [kg(P)/(hm²·a)]
葡萄牙	3.96	7.6	前南斯拉夫	14.08	5.2
西班牙	30.47	6.7	阿尔巴尼亚	1.12	5.4
法国	30.57	20.2	希腊	9.22	6.7
意大利	16.84	14.6			

数据来源:FAO,2005

　　丹麦国土面积的62%为农业耕地。有相当数量的土地用于种植谷类作物,特别是饲养牲畜、奶牛以及养猪用的大麦。在丹麦,农业营养物质对地表水和地下水影响方面问题非常突出。丹麦270条河流中52%的磷负荷是由非点源污染引起的。从20世纪80年代初开始,丹麦在农业污染方面的压力开始减小,这是因为他们的肥料用量减少了36%,而钾肥和磷肥的用量减少了62%。同时,在1983年4月至1998年9月期间,丹麦农业用地减少了13.5%。丹麦政府在4~5年时间内采取了数个国家级污染物减排计划,从而取得了这些成果。最初,他们的计划着重于控制硝酸盐,现在已经着眼于制定整个国家的磷减排计划。

在德国,农业耕地占国土面积的50%,其中,用于种植农作物的耕地占2/3,其余耕地用于种草。德国北部低地草区、中部和南部丘陵以及阿尔卑斯山地区乳牛业非常发达。东部大部分土地用于大规模种植农作物。最为肥沃的西部地区也是农作物种植区。在西北沿海地区,进行集约化和专业化的牲畜养殖。德国2%的农业耕地为有机种植,是欧盟最大的有机种植地。

德国农业不像荷兰等国家那么集约化和工业化,但是德国北部地区农业投入相对较大,牲畜密度也很高。德国水资源联合委员会报告表明,很多淡水水体磷污染较为严重。联邦环保机构记录显示,在1993—1997年间,农业径流向地下水和地表水排放的磷占点源和面源磷总排放量的66%。

荷兰尽管国土面积小,但是欧洲农业最集约化的国家之一,也是世界第三大农副产品出口国,出口量仅次于美国和法国。荷兰主要农产品为花卉、蔬菜、家禽、猪、牛、羊及牛奶制品;牲畜养殖主要集中在南部和东部地区,约占荷兰农业产品的60%;耕地集中在北部和东南部,主要生产大麦、饲料、糖用甜菜、蔬菜及鲜花。

因为集约化的农业生产和大量养殖牲畜,荷兰是欧洲受污染困扰最为严重的国家之一。荷兰农业非点源排放的总磷占水环境磷污染总量的40%~50%。荷兰政府曾一度难以采取有效措施解决污染问题,从而背负巨大国内外舆论压力。最为突出的问题是淡水中硝酸盐和磷的浓度偏高,这主要是因为集约化牲畜养殖场产生了大量的动物粪便所致。据估计,荷兰每公顷土地产生的动物粪便远远高于欧洲其他国家,大概是欧盟平均排放量的5倍。

大量动物粪便和市政污泥被泼洒到田里,进而渗透到地表水体系中,甚至有些土壤的磷已饱和。据估算,农业因施用有机肥或无机矿物肥对地表水的污染占了总磷污染的40%。荷兰当局已经采取了一些措施来降低水污染,例如,动物粪便管理政策日益严格、肥料登记体制逐渐完善以及国家猪存栏量消减20%。

目前已经有一系列研究旨在评估非点源向欧洲河流排放磷的比例。Macleod和Haygarth(2003)对现有数据进行了总结,如表2.13所示。结果显示,在欧洲不同地区和不同时间段内,非点源向河流中排放的磷所占的百分比有很大差异。例如,20世纪90年代非点源向易北河排放的磷比例呈上升趋势,因为这期间对点源控制较为严格。这也充分说明需要采取有效的措施跟踪非点源污染物排放情况。

表 2.13 非点源向欧洲不同河流排放的磷百分比（Macleod 和 Haygarth，2003）

河流	日期	来自非点源的磷(%)
意大利波河	20 世纪 90 年代初	22~25
莱茵河	20 世纪 90 年代初	13~21
易北河	20 世纪 90 年代初	11~16
莱茵河	1993—1997	42
易北河	1993—1997	44
多瑙河	1996	44
英国弗洛姆河	1998	60
英国泰晤士河	1996	15
英国泰晤士河	1999	36~53
斯洛文尼亚克尔卡河	1996—1997	41
英国肯尼特河	1997	2
英国肯尼特河	1998—1999	29~45
英国雅芳河	2000—2001	24

2.3.1.3 案例分析——莱茵河

不同国家单独考虑本国点源和面源磷污染问题是必要的，同时，也应该就某条河流域综合考虑这一问题。本节将着重介绍莱茵河磷污染源及水体磷浓度的变化情况。莱茵河是欧洲最为重要的河流，流域人口密度大，工农业发达。莱茵河污染防治国际保护委员会分别于 1985 年和 1996 年对莱茵河磷输入现状进行了两次详尽调查。磷污染源既有点源污染，也有面源污染。点源污染包括污水处理厂及工业排放，而面源污染包括农业及其他地面径流和排污等。表 2.14 数据显示，1985 年向莱茵河排放的总磷量中，约 75% 来自点源，其中，市政污水是工业废水的 2 倍。到 1996 年，尽管市政污水和工业废水向莱茵河贡献的磷和 1985 年情况类似，但是，点源和面源向莱茵河排放的磷基本持平。从 1985 年到 1996 年间，人类活动所产生的磷从 72 400 t(P)/a 减少到了 25 400 t(P)/a，即减少了 65%，超额实现了莱茵河行动计划制定目标（1995 年之前减少 50%）。具体来说，市政点源污染减少了 77%，工业点源污染减少了 76%，而农业面源污染仅减少了 26%，如图 2.14 所示。

表 2.14　1985 年和 1996 年向莱茵河排放的磷　　　　　　　　　　(t/a)

国家	面源		生活污水点源		工业点源		自然源		合计	
	1985	1996	1985	1996	1985	1996	1985	1996	1985	1996
瑞士	448	449	2 300	900	150	35	98	138	2 996	1 522
德国	8 987	6 452	25 970	4 925	3 370	590	625	605	38 952	12 572
法国	2 190	1 527	3 520	830	1 280	410	108	108	7 098	2 875
荷兰	5 430	4 229	6 749	2 071	11 989	3 000	524	524	24 692	9 824
合计	17 055	12 657	38 539	8 726	16 789	4 035	1 355	1 375	73 738	26 793

数据来源：Farmer 和 Braun，2003

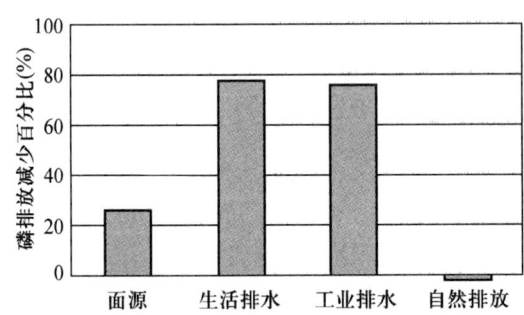

图 2.14　1985 年和 1996 年向莱茵河排放磷的减少百分比，其中自然
排放的磷量呈增加趋势（Farmer 和 Braun，2003）

1985 年，莱茵河受纳总磷中有超过 1/3 的负荷来自于德国市政污水，而到了 1996 年，由此而产生的磷减少了 81%，这对莱茵河磷污染的改善贡献很大。多年来，莱茵河沿岸有很多监测点监测水质，总磷浓度呈急剧下降趋势。如图 2.15 所示，整条河流磷浓度控制目标基本实现。这种下降趋势在 20 世纪 70 年代莱茵河中下游以及 20 世纪 80 年代上游（事实上，上游磷浓度基本接近目标浓度）监测点均有体现。莱茵河水体中的磷浓度变化情况和进入河流磷总量的变化吻合。磷排放大幅度降低使得水体质量得到改善。

总之，数据表明，河流磷浓度降低源于工业、市政以及农业等磷排放量的下降。尽管全国从磷含量这一角度看莱茵河的水质目标已基本实现，但是，为实现莱茵河汇入北海的环境目标还需要持续减少污染物的排放，尤其是农业面源排放。

图 2.15　1973—2000 年莱茵河 3 个监测点的磷浓度变化(Farmer 和 Braun,2003)

2.3.2　美国

2.3.2.1　水体中的磷

整个美国水体中有关磷含量方面的数据尚不完整。尽管全国监测站数量逐渐增加,但是东南部地区仍然捉襟见肘。Litke(1999)在 20 世纪末对当时仅有的信息进行了整理和归纳,分析数据显示:① 在 1999 年之前的 50 年时间内,地表水中的磷浓度呈较大上升趋势;② 1974—1981 年间,有 50 个监测点数据表明,磷浓度呈下降趋势,主要分布在五大湖以及密西西比河上游,但 43 个监测点呈上升趋势,而 288 个监测点无变化趋势报告;③ 1982—1989 年间,92 个监测点报告下降趋势,19 个监测点报告上升趋势,而 299 个监测点无变化趋势报告。

磷浓度超过生态环境所能承受的程度催生了相关政策的制定。美国环境保护署(U.S. Environmental Protection Agency,USEPA)推荐的总磷浓度为 0.1 mg/L。1982—1989 年间,410 个监测点数据表明,年平均磷浓度超过推荐值的监测点的数目从 54% 下降到 42%。1990—1995 年数据表明,32% 的水文站报告其 50% 的总磷观测浓度超过了推荐值;另有 44% 的水文站报告其 10%~50% 的总磷观测值超过推荐值。这些数据清晰地表明,当时美国境内地表水中磷浓度可能引发大规模生态问题。20 世纪 70 年代早期,USEPA 开展了河流和湖泊富营养化调查;结果显示,美国 10%~20% 的湖泊和水库存在富营养现象,并且在 67% 被调查的湖泊中磷为限制性营养物质。美国 1996 年相关调查数据列于表 2.15。

表 2.15 1996 年美国河流、湖泊和港湾营养物质调查数据

水体种类	百分比(%)	受营养物质影响的百分比(%)	受农业污染源影响的百分比(%)	受市政污水处理厂影响的百分比(%)
河流	19	14	25	5
湖泊	20	20	19	7
港湾	72	22	10	17

数据来源:USEPA,1997

2.3.2.2 磷的点源控制

美国对水体点源污染控制源于联邦水污染控制法,为此,在 1972—1991 年间,总共有 3 540 亿美元投资用于支持污水处理厂建设和运营,其中大部分资金用于更新既有处理工艺和设备,例如,从一级污水处理升级到三级污水处理。得到的相应回报是:市政污水每年向伊利湖排放的磷从 1972 年的 14 000 t 降低到 1990 年的 2 000 t,而点源污染向切萨皮克海湾排放的磷从 1985 年的 5 100 t 减少到 1996 年的 2 500 t。但总的来说,磷污染仍然是本世纪初困扰美国大部分地区的主要环境问题。

例如,底特律污水处理厂是向伊利湖排放磷的最大点源。该污水处理厂建于 1940 年,处理 76 个社区、超过 300 万人产生的生活污水,日污水处理量达 700 百万加仑/d(约 265 万 t/d,1 加仑 = 3.7854 L)。

底特律污水处理厂从 1970 年开始通过使用酸洗液及聚合物等手段去除磷,以满足大型污水处理厂(日污水处理量 >100 百万加仑)的排放标准(1 mg(P)/L)。当时酸洗液(含氯化亚铁)从当地一家钢铁厂获得,通过重力作用被传送到污水截留管中,而此时聚合物被注射到通往初沉池的管道中。二级处理所用的曝气装置建造于 1973—1976 年。在此过程中,氯化亚铁被转化成氯化铁,后者能更有效地沉淀磷。在 1979—1980 年间,底特律污水处理厂采用了另一种污泥处理工艺,这不仅增加了污泥处理量,同时还直接增加了除磷能力。1981 年该厂增建了二级处理装置。

1971 年,密歇根州颁布了一项限磷令,将所有清洗剂中的磷重量百分比控制在低于 8.7%。密歇根州含磷洗涤粉禁令从 1977 年开始实施,限制家用洗涤粉中的磷含量不得超过 0.5%(重量百分比)。图 2.16 和图 2.17 显示了采取磷控制措施后的效果。从图中可以看出,底特律污水处理厂排水中的磷浓度和磷负荷减少了 90%。在其他污水处理厂,排水中的磷也有大幅下降,但是,由于底特律污水处理厂日处理量非常之大,所以,其对伊利湖的影响也非常大。20 世纪 70 年代到 80 年代期间,底特律污水处理厂的排水是伊利湖出现富营养化的最主要原因。

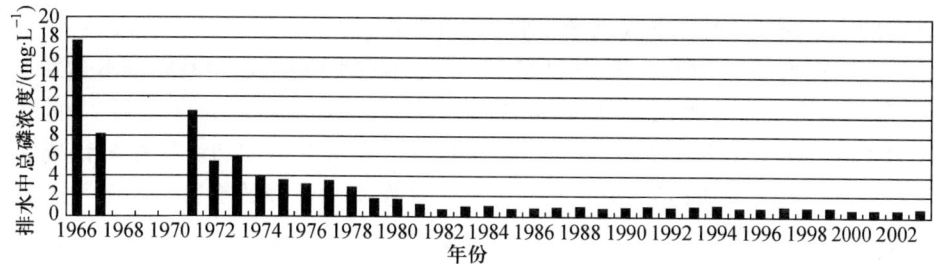

图 2.16　1966—2003 年底特律污水处理厂排水中的总磷浓度
(http://www.epa.gov/med/grosseile_site/indicators/sos/dwwtp.pdf)

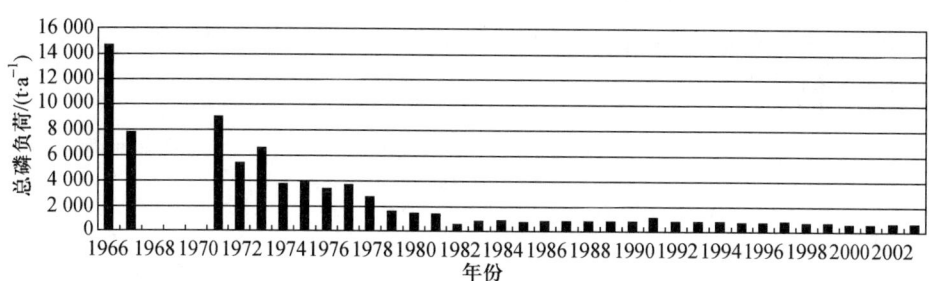

图 2.17　1966—2003 年底特律污水处理厂排水中的总磷负荷
(http://www.epa.gov/med/grosseile_site/indicators/sos/dwwtp.pdf)

2.3.2.3　美国伊利湖磷污染治理

伊利湖(Lake Erie)是美国五大湖中最浅的湖,春天和夏天温度上升很快,秋天降温也很快,冬季大部分湖面结冰。伊利湖的生产力为五大湖之最。伊利湖西部、中部和东部的平均深度分别为 7.4、18 和 24 m,最大深度 64 m。其 80% 水来自底特律河,11% 来自降雨。伊利湖流域人口约 1 160 万,包括 17 个人口大于 5 万人的城市。流域农业发达,侵蚀严重,带来了大量沉淀物。西部湖区浑浊,很多沉淀物逐渐都转移进入中部和东部湖区;由于伊利湖较浅,湖底覆盖的细小颗粒很容易被风浪搅动而上浮(EPA,2008)。

20 世纪 50 年代,伊利湖营养盐负荷增加,生产力大幅增加,导致出现严重的富营养化,藻类水华频繁发生,水面充斥蓝藻和绿藻,浊度增加,绿色的刚毛藻覆盖着湖面。藻类死亡沉入水底,又引起湖底缺氧。中部湖底夏季分层,含氧低,容易缺氧。当溶解氧低于 1 mg/L 时,缺氧环境改变了水底化学过程,磷很容易从沉淀物中释放出来而参与湖内水循环。富营养化在 20 世纪 50—70 年代期间加速,中部湖区很多地方缺氧,其中,磷含量过多是主要原因。美国、加拿大两国签订协议,以共同减少污水处理厂出水磷含量、减少洗涤粉中磷含量、治理农业面源污染中的磷。此外,20世纪80年代末,外来水生生物斑马贝明显改变了湖内的生态系统。斑马贝是滤食动物,大量生长,估计滤食了26%的藻类,使水体透光深度增加了77%。从20世纪80年代中期到90年代,伊利湖基本达到了美、加两国协议制定的控磷、消除富营养化目标,溶解氧浓度一度达到20世纪50年代初的水平。但是最近10年,湖内总磷浓度又有所增加。虽然统计资料没有显示明显的增加趋势,但它几乎颠覆了前期湖泊治理的努力。大多数研究认为,斑马贝和条纹贝改变了近岸区营养盐动力学。通常,磷沉降到湖底,使水中磷减小,但湖底沉淀物中磷却增加。贝类活动使近岸湖底磷循环进入水中,增加了水中磷浓度。此外,过去几年发生的几次强降雨,增加了流域雨水径流中的磷。过去10年,排入伊利湖西部主要河流污染物浓度监测结果显示,溶解磷浓度明显增加。图2.18和图2.19列出了1975—2004年伊利湖西部4条河流向其输送的总磷和溶解磷。表2.16列出了1996—2002年间点源和非点源向伊利湖排放磷的情况。

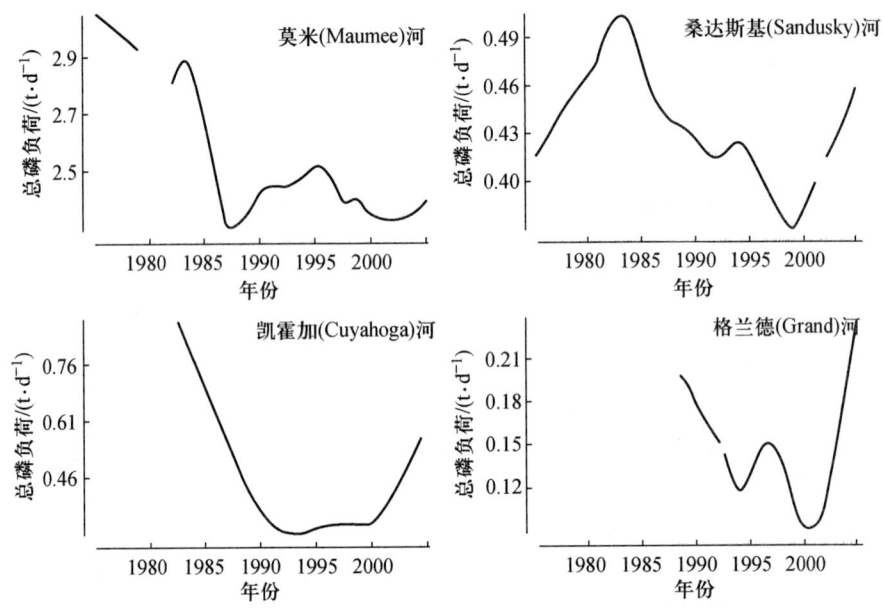

图2.18 1975—2004年伊利湖西部流域4条河流向其排放的总磷负荷(USEPA,2009)

图2.18显示,除莫米(Maumee)河中总磷负荷上升趋势不明显外,其他河流都有明显增加趋势。溶解性磷具有很强的生物有效性,是富营养化管理中非常重要参数。溶解性磷的增加对伊利湖生态系统影响很大。图2.19显示,近10年上述4条河流向伊利湖排放的溶解性磷持续增加;虽然磷排放与流量增加有关,但是,也存在浓度明显增加的现象,这表明流域内情况有所变化。

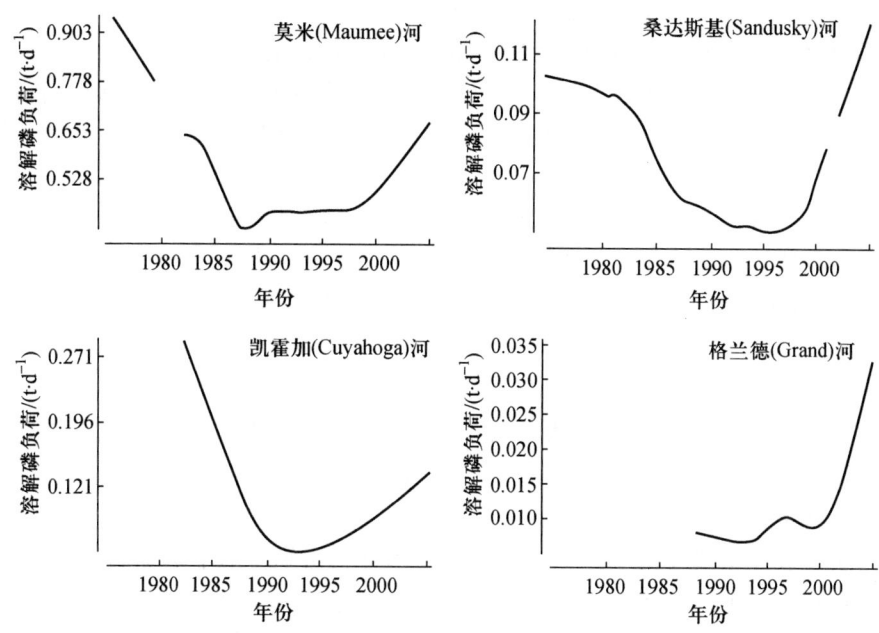

图 2.19　1975—2004 年伊利湖西部流域 4 条河流向其排放的溶解磷负荷（USEPA，2009）

表 2.16　点源和非点源向伊利湖排放的磷（1996—2002）　　　（t·a^{-1}）

	1996	1997	1998	1999	2000	2001	2002
点源							
工业直接排放	68	59	54	49	47	53	57
工业间接排放	32	27	25	24	26	17	24
市政直接排放	1 266	1 741	1 489	1 370	1 522	1 282	1 399
市政间接排放	631	535	507	505	452	437	512
点源合计	1 997	2 362	2 075	1 948	2 047	1 789	1 992
非点源	7 991	12 891	8 861	3 095	4 541	3 927	5 967

数据来源：Dolan 和 McGunagle，2005

　　美国环境保护署资料显示，1983—2000 年，伊利湖营养指数不断下降，每年总磷浓度约下降 0.2 μg/L，但最近 10 年（最早为 1995 年），在春季，营养盐反而呈现上升趋势。这个变化与最近几年进入湖泊磷的数量增长有关，其原因可能是暴雨增加而带来的洪水和侵蚀。数据显示，近几年，从尼加拉河出水中带走的磷量大于从上游河流进入伊利湖的磷量。

　　20 世纪 80 年代，人们将湖内水质与排入伊利湖外来磷负荷关系定义为总磷负荷。点源排放的磷可以被生物直接利用,而面源污染中磷大部分却不能被生物直接利用。因此,总磷不是控制湖泊营养盐负荷的最佳参数。面源污染中磷大都存在于悬浮固体之中,仅有25%~30%能被藻类所利用。这部分磷被生物利用,死亡后沉降到湖底,而溶解性磷能够完全被藻类利用,能够被传输到湖水中。

最近对俄亥俄州流域内排入伊利湖的磷负荷研究显示,溶解性磷负荷特点与颗粒态磷负荷特点显著不同。面源治理通过控制土壤侵蚀、使用缓冲带沉降等方式,着重减少颗粒态磷,并取得了良好效果。溶解性磷早在20世纪90年代中期之前也得到了较好控制。但从那以后,溶解性磷迅速增加,回到20世纪70年代末和80年代初的水平。伊利湖内藻类生长趋势与总磷或颗粒态磷存在某种关系,但与溶解性磷趋势更为一致。2007年3月俄亥俄州建立伊利湖磷研究组,旨在研究和识别潜在的磷来源,提出了政策或管理措施,以有效减少排入伊利湖的溶解性磷。

由于农业是俄亥俄州主要土地用途,研究组首先研究农业来源的影响,包括磷如何从土壤进入天然水体。通过讨论表明,需要大量的数据来理解农业用水及雨水径流释放土壤磷的途径与机理。目前缺少很多资料,如肥料加到土壤中营养盐变化、土壤背景、分层、雨水径流化学成分等。

五大湖保护基金资助海德堡学院水质研究中心研究农业面源中溶解性磷增加的原因,以减少径流中溶解性磷从桑达斯基(Sandusky)河流域进入伊利湖。在农业面源污染的治理过程中,在减少颗粒态磷的同时,溶解性磷却在增加。径流中增加溶解性磷的原因之一是未耕种和部分耕种的农田减少了颗粒磷,但溶解磷却在增加。未耕种期间,土壤表面积累了磷,而部分积累来源于施用的肥料。作物常通过根部从地下深处吸取磷。落叶固然可留在表面保护土壤不受侵蚀,但它们最终会分解,沉积大量的磷到土壤表面。过去犁地可将它们埋入地下,现在由于免耕,磷不断在地表积累。初步研究结果表明,磷主要累积在地表约5 cm土壤内。地表积累的磷导致雨水径流中溶解性磷不断增加。

2.3.3 澳大利亚

澳大利亚局部地区水体富营养化现象非常严重,从而引发了一系列问题,例如,外来亚热带生物(如水葫芦)的侵入以及赤潮的产生。在1988—1994年间,维多利亚发生的赤潮中84%是由蓝绿藻所引起的,而75%的赤潮中包含潜在有毒藻类物种。

在澳大利亚,点源向水体中排放的营养物质大概占了总排放量的5%~35%,但由于其排放持续,并且可能富集,所以,其产生的危害相当严重。因为受季节性变化,面源排放的磷浮动性较大。面源污染包括使用磷肥而产生的磷排放,而最为主要的原因是气候变化以及水源地附近放牧引起的土壤侵蚀。因受侵蚀,每年约有 16 亿吨土壤流失,其中,60% 的水土流失发生在乡间牧场。

目前尚缺乏点源磷排放的综合数据,图 2.20 显示了 2000 年各地区市政污水处理厂磷排放情况。数据显示,磷排放数量和人口规模有关,其中,新南威尔士州的污水中磷含量最高。昆士兰和维多利亚污水排放量相当,但昆士兰污水处理厂排放的磷约是维多利亚的 3 倍,这说明澳大利亚各地对污水的处理程度存在差异。在维多利亚,75% 的污水处理厂进行三级磷去除,而在昆士兰仅有 5% 的污水处理厂采取磷去除工艺(Ball,2001)。所以,澳大利亚每年受纳总磷超过 30 t 的河流分别是马兰比季(Murrumbidgee)河、霍克斯伯里(Hawkesbury) - 尼皮恩(Nepean)河、纳莫伊(Namoi)河和猎人(Hunter)河。

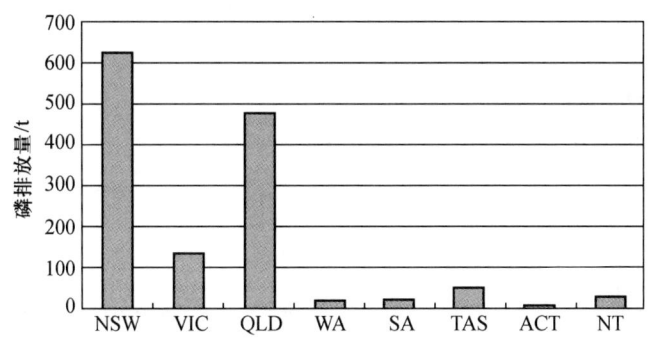

图 2.20　澳大利亚 2000 年内陆污水处理厂磷排放量
(Environment Australia,2001)
NSW:新南威尔士;VIC:维多利亚;QLD:昆士兰;WA:西澳大利亚;SA:南澳大利亚;
TAS:塔斯曼尼亚;ACT:澳大利亚首都特区;NT:北领地

2.3.4　日本

长期以来,日本就饱受富营养化的困扰,在湖泊和封闭海域尤为突出,最为著名的是濑户内海。目前,已经采取了多种政策及措施消除富营养化。在 20 世纪 80 年代早期,日本第一次设定了磷的环境质量标准,并推广到不同水体使用。这使得能够通过比对实际水体质量和环境质量目标后根据实际情况制定污染控制措施,表 2.17 列出了一些具体实例。

濑户内海是非常典型的富营养化地区,该地区被日本南部岛屿围绕而处于半封闭状态,并且人口密度大,农业活动频繁。20 世纪 70 年代早期濑户内海富营养化致使赤潮次数增加,70 年代后期达到最高潮;之后,由于控制营养物质排放而逐渐稳定。1973 年制定了首部保护濑户内海的法律,并于 1978 年进行修订。

对磷污染控制重点应针对污水处理厂制定排放限值。所以从 1985 年开始,日本制定了统一的排放限值,并在 1 066 个湖泊和水库的磷控制过程中加以应用。1993 年制定了向海洋排放磷限值的法案。这一法案规定在 88 个指定海域执行,其中,包括夏季赤潮较为严重的东京湾、伊势湾以及大阪湾。

表 2.17 1994 年日本部分湖泊和水库总磷浓度和环境质量目标

(绝大多数已于 2000 年前实现)

湖泊	1994 年总磷浓度/mg	目标总磷浓度/mg
釜房(Kamahusa)湖	0.017	0.013
霞浦(Kasumigaura)湖	0.14	0.10
印幡(Inbanuna)湖	0.15	0.098
手贺(Teganuma)湖	0.49	0.37
诹访(Suwa)湖	0.11	0.072
野尻(Nojiri)湖	0.004	0.005
琵琶(Biwa)湖	0.008	—
中海(Nakaumi)	0.10	0.069
宍道(Shinji)湖	0.053	0.040
儿岛(Kojima)湖	0.21	0.17

数据来源:日本环保省,2001

2.3.4.1 霞浦湖

霞浦湖是流经关东平原的利根川河系的一个内陆海湖,位于利根川下游左岸的茨城县东南低地处,是日本仅次于琵琶湖的第二大湖泊。湖泊的蓄水量达到 8.5 亿 m^3,比利根川上游已建成的多功能大坝的总蓄水量还要大。霞浦湖因其巨大的可用水资源量而发挥着重要作用,并被用于多种水源,如灌溉、生活、工业、内陆渔业和休闲等。不过由于富营养化,霞浦湖的水污染呈加剧的趋势,这和当地的自然状况有关;该湖非常狭长、水浅、湖水滞留时间很长(约 200 天),相比湖水量而言其流域面积很大。

霞浦湖流域面积 2 135 km^2,流域人口 964 000 人,平均湖水滞留时间 200 天,涉及 21 个城市、小镇和乡村。每百万 m^3 蓄水量人口密度为 1 126 人,流域内人口密度为 448 人/km^2。湖水用于生活供水、灌溉用水、工业用水、渔业、垂钓和划船等。从 1972 年到 2003 年,霞浦湖每年总磷浓度变化如图 2.21 所示。日本《湖泊和沼泽水质保护计划》的环境标准为:COD = 3 mg/L,总氮 = 0.4 mg N/L,总磷 = 0.03 mg P/L。但是,1996 年的水质情况为:在西浦,COD = 10 mg/L,总氮 = 1.1 mg N/L,总磷 = 0.14 mg P/L;在北浦,COD = 8.7 mg/L,总氮 = 0.71 mg N/L,总磷 = 0.086 mg P/L;在日本利根川,COD = 8.8 mg/L,总氮 = 0.75 mg N/L,总磷 = 0.09 mg P/L。该湖曾是旅游点,但在 1973 年由于水污染加剧而被迫关闭。作为日本湖泊研究的对象之一,霞浦湖水质和有机物得到了多年研究,但这还远远不够。最近研究人员重点研究形成水华的藻类变化问题。过去,每年夏季的水华主要是由于微囊藻和鱼腥藻过度增殖引起,但近几年颤藻和席藻属成为主要原因。这种变化原因目前还不是很清楚,但可以肯定的是,污染负荷的改变影响了这种变化。

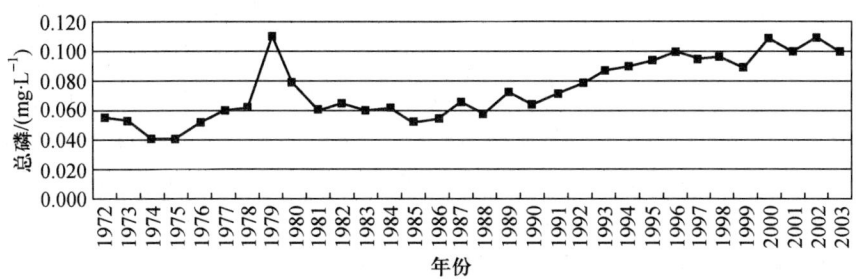

图 2.21　日本霞浦湖总磷浓度年平均变化(1972—2003)(水落元之,2006)

湖泊和沼泽水质保护措施项目包括霞浦湖净化的启动项目、民用下水管道净化方法推广项目、水华处理措施项目和河流环境改善项目、霞浦湖泊流域地区稻田自净功能改善项目、家畜环境保护指导项目和霞浦与北浦湖净化措施项目。另外,在土浦港建立了土浦生物园,作为水体净化和连接居民与湖畔的场所。

2.3.4.2　琵琶湖

琵琶湖是滋贺县管辖的一个天然湖泊,水域面积 670.5 km², 蓄水量 275 亿 m³, 最大水深 130.6 m, 平均水深 41.2 m, 流域面积 3 174 km², 流域人口 121.9 万人,湖水平均滞留时间 5.5 年,涉及 21 个市镇,如大津市。每百万 m³ 蓄水量的人口为 44 人,流域内人口密度为 381 人/km²。湖水主要用于生活、灌溉、工业、渔业、游泳、垂钓、观光、划船和天然环境保护。《湖泊和沼泽水质保护计划》要求的环境标准为:COD = 1 mg/L,总氮 = 0.2 mg N/L,总磷 = 0.01 mg P/L,但 1996 年,在北湖,COD = 2.5 mg/L,总氮 = 0.34 mg N/L,总磷 = 0.007 mg P/L;在南湖,COD = 3.0 mg/L,总氮 = 0.42 mg N/L,总磷 = 0.018 mg P/L。每年夏季都会出现赤潮和水华现象,给用水和景观带来了不利影响。

2.3.4.3　诹访湖

诹访湖是长野县管辖的天然湖泊,水域面积为 13.3 km², 蓄水量为 6290 万 m³, 最大深度 7.2 m, 平均深度 4.7 m, 流域面积为 531.8 km², 流域人口 18.2 万,湖水平均滞留时间为 39 天,地点位于诹访市。每百万 m³ 蓄水量的人口密度为 2 905 人,内流域人口密度为 344 人/km²。湖水用于灌溉供水、渔业用水、垂钓和划船。《湖泊和沼泽水质保护计划》规定的环境标准为:COD = 3 mg/L,总氮 = 0.6 mg N/L,总磷 = 0.05 mg P/L,但 1996 年水质情况为:COD = 11 mg/L,总氮 = 1.0 mg N/L,总磷 = 0.094 mg P/L。每年夏季都会爆发藻类水华,导致景观遭到破坏和水质恶化。

2.3.4.4 三方五湖

三方五湖属福井县管辖,组成该湖湖泊群情况分别为:日向湖水域面积 0.9 km²,平均水深 14.3 m,蓄水量为 1 287 万 m³,流域面积 2.2 km²;三方五湖水域面积 1.4 km²,平均水深 1.8 m,蓄水量为 252 万 m³,流域面积为 15.8 km²;水月湖水域面积 4.3 km²,平均水深 14.3 m,蓄水量 7436 万 m³,流域面积 4.3 km²;三方五湖水域面积 3.6 km²,平均水深 1.3 m,蓄水量 468 万 m³,流域面积 60.3 km²。在整个三方五湖中,水域面积 10.1 km²,最大水深 33.7 m,平均水深 10.6 m,蓄水量 1.07 亿 m³,流域面积 84.2 km²,流域人口 11 300,湖水平均滞留时间 290 天。该湖位于三方五町和美滨町之间,1996 年水质情况为:COD = 5.0 mg/L;总氮 = 0.64 mg N/L;总磷 = 0.056 mg P/L。每年的 6—9 月会爆发藻类水华,并造成景观的破坏和用水问题。造成水华的藻类种类为 4 种:微囊藻类、鱼腥藻类、颤藻类和束丝藻类。

2.3.4.5 小岛湖

小岛湖是冈山县管辖的一个人工湖泊,水域面积 10.9 km²,蓄水量 2610 万 m³,最大水深 9 m,平均水深 1.8 m,流域面积 543.6 km²,流域人口 624 000 人,湖水平均滞留时间 12 天,面向 8 个市镇乡村,如冈山市、仓敷市、玉野市、总社市、滩崎町、早岛町、山手村和加悦町。每百万 m³ 蓄水量人口密度为 23 895 人,流域内人口密度为 1 146 人/km²。湖水主要用于灌溉和渔业。湖泊和沼泽水质保护计划的环境标准为:COD = 5 mg/L,总氮 = 1 mg N/L,总磷 = 0.1 mg P/L。但是,1996 年湖泊水质情况为:COD = 10 mg/L,总氮 = 1.8 mg N/L,总磷 = 0.21 mg P/L。

排入流域 COD 的来源中,城市化进程带来的生活污水占 51.6%,森林、土壤和家畜占 31.4%,工商业占 17.0%。总氮和总磷的情况和 COD 相似。由于受这些污染源的影响,水质 COD 超过环境标准(5 mg/L)的 1 倍,环境标准舒适率为 0,水污染情况严重,因此,小岛湖于 1997 年成为日本第五大污染湖。由于采用的是 V 类水质标准,即,总氮 = 1 mg N/L,总磷 = 0.1 mg P/L,湖泊中的总氮和总磷与 COD 一样都超标 1 倍左右。由于小岛湾的闭合,小岛湖变为一个封闭的水域,氮、磷浓度很高。由于藻类水华、赤潮、水葫芦和水莴苣的大量生长导致了水生生物大量繁殖,从而发生了典型的富营养化情况。这些水生生物包括:浮游生物、水生植物、底栖生物、鱼类/甲壳动物。从 1994 年起血红裸藻引起的淡水赤潮开始在流域内的灌溉管道中出现水华,这意味着有机污染加剧,并且在小岛湖中由铜绿微囊藻和螺旋鱼腥藻引起的水华和富营养化问题也随之加剧。

2.3.4.6 野尻湖

野尻湖是长野县管辖的天然湖泊,水域面积 4.56 km²,蓄水量 960 万 m³,最大水深 38.5 m,平均水深 21 m,流域面积 185.3 km²,流域人口 2 500 人,湖水平均滞留时间 738 天,其位于上水内郡的信浓町内。每百万 m^3 蓄水量人口密度为 26 人,流域内人口密度为 1 人/km^2。湖水主要用于生活用水、灌溉用水、水力发电用水、渔业和景观用水。该湖水质情况比平均水平要好,1988 年出现了淡水水华,富营养化问题从此受到关注。因此,在 1994 年该湖被《湖泊和沼泽水质保护特殊措施法令》定为目标湖,加强了综合净化措施。湖泊和沼泽水质保护计划环境标准为:COD = 1 mg/L,总磷 = 0.005 mg P/L,但 1996 年的实际水质为:COD = 2.1 mg/L,总磷 = 0.005 mg P/L。

2.3.4.7　手贺湖

手贺湖是千叶县管辖的天然湖泊,水域面积 6.5 km^2,蓄水量 560 万 m^3,最大水深 3.8 m,平均水深 0.8 m,流域面积 150.2 km^2,流域人口 465 000 人,湖水平均滞留时间为 13.9 天,涉及 5 座城镇。每百万 m^3 蓄水量人口为 83 036 人,流域内人口密度为 3 096 人/km^2。湖水主要用于灌溉、渔业、垂钓和划船等。水域面积曾经达 12 km^2,但是由于 1954—1968 年围垦计划,现存面积仅为 6.5 km^2。湖泊和沼泽水质保护计划的环境标准为:COD = 5 mg/L,总氮 = 1 mg N/L,总磷 = 0.1 mg P/L,但是,1996 年的水质为:COD = 24 mg/L,总氮 = 4.5 mg N/L,总磷 = 0.49 mg P/L。每年的 6—10 月间铜绿微囊藻和近缘鱼腥藻会导致藻类水华,破坏当地景观,从而对休闲娱乐很不利。

2.3.4.8　中海湖/宍道湖

中海湖是鸟取县和岛根县管辖的天然湖泊,水域面积 86.2 km^2,蓄水量 5.21 亿 m^3,最大水深 8.4 m,平均水深 5.4 m,流域面积 590.1 km^2,流域地区人口 161 200 人,湖水平均滞留时间 146 天,涉及 7 座城镇。每百万 m^3 蓄水量人口为 300 人,流域内人口密度为 265 人/km^2。湖水用于渔业、工业、景观和垂钓等。1973 年以来,随着社会经济活动增加,湖泊水质环境标准就不能得到保证。湖泊和沼泽水质保护计划确定的该湖环境标准为:COD = 3 mg/L,总氮 = 0.4 mg N/L,总磷 = 0.03 mg P/L。但是,1996 年的水质情况为:COD = 7.5 mg/L,总氮 = 1.0 mg N/L,总磷 = 0.1 mg P/L。宍道湖是岛根县管辖的天然湖泊,水域面积 80.3 km^2,蓄水量 3.66 亿 m^3,最大水深 6.4 m,平均水深 4.5 m,流域面积 1 289.1 km^2,流域内人口 271 800 人,湖水平均滞留时间 11 天,涉及 5 座城镇。每百万 m^3 蓄水量人口为 743 人,人口密度 211 人/km^2。湖水用于渔业、工业、景观和垂钓等。随着社会经济活动的进行,自 1973 年起就不能达到保证水质的环境标准,湖泊和沼泽水质保护计划的环境标准为:COD = 3 mg/L,总氮 = 0.4 mg N/L,总磷 = 0.03 mg P/L。但是 1996 年的水质情况为:COD = 4.7 mg/L,总氮 = 0.56 mg N/L,总磷 = 0.053 mg P/L。

2.3.4.9　釜房大坝(水库)

釜房大坝(水库)是宫城县管辖的人工湖泊,水域面积 3.9 km^2,蓄水量 390 万 m^3,最大水深 43.6 m,平均水深 11.6 m,流域面积 191.4 km^2,流域地区人口 8 900 人,湖水平均滞留时间 47.5 天。湖泊和沼泽水质保护计划规定的环境标准为:COD = 1 mg/L,总磷 = 0.01 mg P/L,但是,1996 年的水质实际情况为:COD = 2.4 mg/L,总磷 = 0.017 mg P/L。从最近几年水质变化情况看,平均高锰酸钾消耗量 4.3 mg/L,该数值在夏季到冬季特别高。在大坝修建之后这种趋势并没有改变。NO_3 - N 平均为 0.58 mg N/L,总磷为 0.015 mg P/L。Forsberg - Ryding 的判定结果表明,α - 胡萝卜素和透明度为富营养状况,总氮和总磷为中营养。此外,釜房大坝(水库)位于东北町行政区境内,由于其不仅在夏季,甚至在冬季也会使生活用水带有一种难闻的气味,造成了霉味问题,成为一个臭名昭著的大坝湖泊。

2.3.4.10 谏早湾调节水库

谏早湾归属长崎县,水域面积 123.58 km^2,其入流在正常水位时水量为 2.493 亿 m^3,湖水平均滞留时间为 23 天,湖面降雨量为 6 478 万 m^3。基于谏早湾口闭合当年的水质监测结果,由于盐的浓度下降,防洪堤内水域脱盐效果明显;也就是说从闭合之前的 17 000 mg Cl^-/L 降到了闭合 3 个月后的 4 000 mg Cl^-/L。另外从平均值看,尤其是表征有机污染的 COD 和表征营养盐的总氮、总磷,从 1998 年开始上升。闭合前的 COD、总氮和总磷分别由 3、0.2 和 0.03 mg/L 上升到了 6~8、1.5~2.0 和 0.2 mg/L。

2.3.5 东南亚

和欧盟、美国及澳大利亚等发达国家相比,东南亚地区国家在磷污染控制方面差别较大。对于很多东南亚国家而言,人口密度较大,而污水收集能力十分有限。即便将污水收集起来,也基本仅仅是进行简单处理而排放。东南亚地区农业生产活动频繁,肥料使用量因农民购买能力不同而异。值得注意的是,由于该地区一些国家经济发展速度较快而凸显出一些严重问题,例如,污染控制措施相对滞后。

在 1961—1997 年间,东亚和东南亚肥料使用量每年增加 8.9%,平均使用量为 147 kg/hm^2,而发展中国家肥料平均用量为 90 kg/hm^2。中国肥料使用量最大,约占涉及地区肥料使用总量的 73%,而该地区其余国家的肥料平均使用量为 93 kg/hm^2。在 2030 年之前,肥料使用量的增长率会逐渐放慢,最终维持在中国平均使用量为 180 kg/hm^2,其他国家平均使用量为 106 kg/hm^2。表 2.18 列出了涉及地区不同国家水稻种植区的肥料使用情况。

南亚肥料使用量在逐渐增加。1970 年,平均使用量为 3 kg/hm^2,但是,到 20 世纪 90 年代中期肥料使用量上升到 79 kg/hm^2。在印度,由于政府放开了磷肥价格,农民购买肥料存在压力,所以,土壤中磷肥含量逐渐减少,这样不但降低了土地产能,而且还减少了向水体中排放的磷。

表 2.18　中国及中国南海周边国家肥料使用情况（Sien 和 Kirkman,2000）

国别	稻田(1 000 hm²)	肥料用量(t/a)
柬埔寨	1 800	>40 000
中国	3 400	3 640 000
印度尼西亚	5 000	>5 600 000
菲律宾	1 200	181 000
泰国	8 600	—
越南	1 500	110 000

东南亚地区点源磷排放的准确数据较难获得，但可考虑当地人口情况及污水排放过程生物化学需氧量（BOD）。表 2.19 列出了一些国家向中国南海排放污水的数据。从数据可以看出，多数国家水处理过程中 BOD 降低幅度极小，据此可以推断，污水处理过程中水中的磷几乎未被去除。表 2.19 亦显示，这一地区人口增长较快，意味着地表水会越来越多地接纳来自污水的磷。

表 2.19　中国南海周边国家人口及 BOD 产生和去除情况（Sien 和 Kirkman,2000）

国别	人口（千人）	城市人口比例	人口增长率(%)	BOD 产生量(1 000 t/a)	污水处理厂 BOD 去除量(1 000 t/a)
柬埔寨	1 985	89	2.7	36.2	未处理
中国	59 694	35	1.6	1 089.4	<109
印度尼西亚	105 217	48	2.9	1 920.2	364
马来西亚	10 336	15	3.3	188.6	53
菲律宾	23 633	27	2.1	431.3	149
泰国	37 142	—	1.4	677.8	89
越南	75 124	3	1.6	1 371.0	—
合计	313 131	>27	1.4	5 714.5	655

2.3.5.1　泰国农汉湖

农汉湖位于泰国沙功那空府内，在泰国东北的伊桑境内，距曼谷（东北）650 km。该湖为人工湖泊，建于 1946 年，水域面积 135.2 km²，平均深度 2 m，最大深度 3 m，最大蓄水量 2 677 万 m³，流域面积大约 1 653 km²。湖面海拔 156 m，湖岸长度 115.6 km。湖泊北面和南面有 4 条入湖河流，出湖水流在东边。该湖泊为农田提供灌溉用水，是当地的渔业养殖基地。

农汉湖富营养化主要是由于色军府生活污水排放所致，排放总污染负荷估计为每年 87.4 t 氮和 24.6 t 磷,其中约 70% 污染负荷未经处理就排入该湖。此外,流域内家畜污水中氮为 613 t/a、磷为 456 t/a,其中,10% 的污水没有经过处理直接排入湖中。因此,入湖的污染总负荷大约为氮 129 t/a,磷 64.8 t/a。

总体来说,农汉湖是一个浅湖,尤其是其北部。因此,大量沉水和挺水植物在湖泊北部水底生长茂盛。该湖也有大量漂浮植物,主要为水葫芦。这些水生植物年产量大约是:沉水植物 785 600 t,漂浮植物 714 950 t。农汉湖富营养化导致了湖面藻类水华发生。该湖鱼类生物量大概是 32.3 kg/hm^2。其中,肉食性鱼类的比率最大,占了总生物量的 37.8%。

2.3.5.2 泰国 KwanPhayao 湖

KwanPhayao 湖位于泰国帕尧府,距首都曼谷北部 730 km。该湖是 1938 年在一个 2 km^2 池沼上修建而成的人工湖,面积 23.46 km^2,平均深度 2.03 m,最大深度 4.5 m,最大蓄水量 476.8 万 m^3。满蓄时,湖面海拔 391.5 m,湖岸长 25.3 km。湖水主要用于农田灌溉和养鱼。主要污染源是流域家畜污水排放和帕尧的生活污水。城市带来的污染负荷总量中,氮约为 82.6 t/a,磷约为 23.2 t/a。由于流域内(包括帕尧)缺乏污水处理设施,导致总负荷的 10% 未经处理就直接排入湖中。此外,家畜污水污染负荷为氮 171 t/a,磷 129 t/a。其中,有 10% 未经处理就直接排入湖泊。湖泊总污染负荷为:氮 77.4 t/a、磷 29.9 t/a。

KwanPhayao 湖很浅,底部为圆锥形。这种形状使大量沉水和挺水植物在湖底生长茂盛,并且从湖岸向湖心发展。该湖有大量的漂浮植物,主要为水葫芦。水生植物的年产量为:沉水植物 67 670 t,漂浮植物 34 000 t。该湖的鱼类生物量大概为 166 kg/hm^2。其中,草食性鱼类占了大部分,达 55.7%。

2.3.5.3 泰国 BungBoraped 湖

BungBoraped 湖位于泰国那空沙旺府,距曼谷东北部大约 250 km。该湖是 1926 年建成的人工湖,为东西向的狭长湖泊,主要提供农田灌溉用水,是鱼类产卵场。

该湖大部分面积用来种植莲藕。莲藕种植需要大量喷洒杀虫剂,会对水质产生不利影响并破坏鱼类资源。该湖周围的居民只有 6 800 人,流域人口密度仅有 92.2 人/km^2。生活污水负荷为:氮 21.8 t/a,磷 6.1 t/a,其中,大约有 10% 的污水未经处理直接排入湖泊。此外,根据总污染负荷估算,家畜废水中,氮为 149 t/a,磷为 107 t/a。因此,入湖总污染负荷为:氮 14.9 t/a,磷 10.7 t/a。

湖的东部是入水处,浅而狭窄,底部向西缓缓倾斜;中部为湖水区;西部靠近水闸并有大量的沉水植物。东部湖区有大量的滨水植物,而中部和靠近水闸的西部主要有沉水植物和大叶漂浮植物。该湖也有大量漂浮植物,主要是水葫芦。水生植物的年产量为:沉水植物 529 000 t,漂浮植物 325 620 t,挺水植物 200 800 t。年总产量达到 1 190 420 t。鱼类产量为 84.2 kg/ha。食虫性鱼类占了总量的大部分,达58.0%。

2.3.5.4 菲律宾内湖

内湖位于菲律宾吕宋岛中部的黎刹省和内湖省之间的马尼拉湾东部,距首都马尼拉东南40 km,是菲律宾最大的湖泊。目前该湖是一个混合了海水的咸水湖,有21条大小不同的河流(如帕西河经由首都马尼拉)流入内湖。流域面积3820 km^2,其中,41%为天然植物,如森林;52%为农田;其他占6.5%。湖泊主要提供农田灌溉用水,是当地鱼类的产卵场。内湖污染负荷40%来自农业,30%来源于工厂和其他商业活动,30%来自生活污水。包括马尼拉经由帕西河排放的生活污水、其他湖周城市(如北部的帕西和东南部的圣克鲁斯)排放的生活污水逐年增加。工业污染源主要是食品加工企业、养猪场、屠宰场、纺织厂和纸浆厂。鱼类(如罗非鱼)喂养过程所带来的污染也正受到关注。据估计2000年污染负荷为:61 200 t来自生活污水,92 200 t来自工业污染。流域内有1 481个企业,其中,只有695个配备了污水处理设施,其余的都是直接排放。每年排入湖泊的氮和磷总量分别为3 942 t和942 t。内湖的水质如下:COD_{Cr} 5.3~32.7 mg/L,NO_3—N 0.02~0.4 mg/L,溶解PO_4—P 0.1~1.0 mg/L。

2.3.6 非洲

非洲地表水富营养化呈区域化分布,在一些地区情况非常严重。相对于世界其他地区来说,非洲总体肥料使用量较少。尽管如此,一些地区农业磷污染仍然非常严重。当地污水收集能力和处理程度欠佳,这就意味着大城市附近的港湾和海滨都容易遭受磷污染的影响。在非洲,尚无对这一问题的综合性研究成果,仅有一些零星研究实例和如下基本信息可供参考:

(1)在莫桑比克,只有首都马普托才拥有污水收集系统,而收集到的污水只有50%接受一定种程度处理;

(2)从桑给巴尔岛排放的污水所引起的富营养化被认为是珊瑚礁遭到破坏的原因之一;

(3)在坦桑尼亚,水稻生产过程中大量施用肥料是鲁菲吉河三角洲遭到污染的原因之一;

(4)在不能进行污水收集的地区可以使用化粪池,但马达加斯加岛的习俗禁止储存人粪便。

2.3.7 大洋洲

尽管相对于世界其他地区而言,大洋洲的磷污染情况不是很严重,但问题依然存在。大洋洲的湖泊为数不多,但作用重大。大洋洲人口稀少,但人类活动依然带来了富营养化问题。例如,尔马赫绿洲的格鲁波科湖受纳俄罗斯新拉扎列夫站排放的高磷污水。好在这几年该站的科研活动减少,磷污染问题得以缓解

(UNEP,2000)。值得提及的是,并非所有的磷污染都是人为因素造成的,例如,最近几年由于海洋营养物质迁移到湖泊造成南奥克尼群岛的湖泊经历了快速的富营养化现象。

2.3.8 中国

现代农业正在设法为人类提供丰富的食物,以供给日益增加的人口。增加粮食产量的途径有二,增加耕地面积或增加土地单位面积产量。为提高粮食单产,中国农田化肥使用量从20世纪60年代至今逐年增加,如图2.22所示。中国目前已经成为全世界最大的化肥生产国和消费国。2004年全国化肥用量为4 629万t,2005年为4 766万t,2006年为4 927万t,2007年全国消耗化肥5 108万t,均超过世界总使用量的1/3,位居世界之首。

目前在我国,化肥养分的投入量已经占到农田养分总投入量的2/3,化肥使用量位居世界第一。粮食产量随着化肥使用量的增加而增加,如果不考虑其他因素,则增产效果的60%归功于化肥。但是,我国肥料的利用率偏低。其中,化学合成氮肥的当季利用率约为30%~40%,磷肥约为10%~20%,钾肥35%~50%。这样就带来了一系列环境问题,例如,对大气环境的影响、淡水系统的酸化以及水体的富营养化等等。

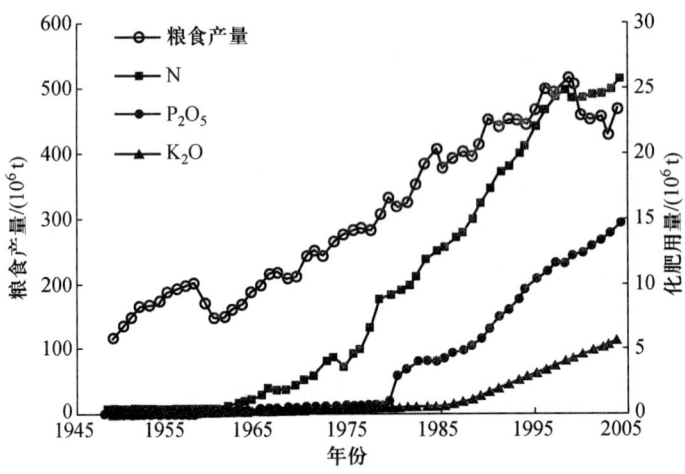

图2.22 我国粮食总产量和化肥使用量的增长(1949—2002年)(朱兆良,2006)

2.3.8.1 中国湖泊(水库)富营养化现状

我国目前有大小湖泊4 880余个,总面积达83 400 km²,约占国土总面积的0.8%。由于人口数量激增,经济发展迅猛以及湖泊利用强度加大,而对湖泊水污染控制和保护措施滞后,使得湖泊水污染,特别是富营养化成为一个严重的环境问题,主要表现在湖泊富营养化迅速上升、城市湖泊富营养化程度严重、大型淡水湖泊富营养化程度严重。显然,湖泊营养化程度与水体中磷的含量密切相关。20 世纪 80 年代对湖泊(水库)水体富营养化调查结果表明,在中国东部地区,被调查湖泊大多数已进入富营养化状态(如巢湖、太湖、洪泽湖、南四湖等),少数水库处于富营养化边缘,众多城市湖泊已达严重富营养化程度(如南京玄武湖、杭州西湖、九江甘棠湖、广州东山湖、武汉墨水湖等),形成了一个宽带状分布,洞庭湖和鄱阳湖已具备了发生富营养化的营养盐条件;云南高原地区湖泊水交换能力弱,一旦入湖营养盐负荷超标,则富营养化发展速度快,是中国湖泊富营养化的易发区和敏感区,如滇池、异龙湖、杞麓湖的营养状态相当高,特别是滇池富营养化问题尤为严重;东北、蒙新、青藏地区的湖泊富营养状态相对较低,一般处于中营养状态。2000 年对全国 131 个湖泊营养程度的评价表明,61 个湖泊富营养化(占被调查湖泊数的 51.2%,面积占 42.3%),54 个湖泊中度营养化(占被调查湖泊数的 41.2%,面积占 43.1%)。大型淡水湖泊和城市湖泊均为中度污染,75% 以上的湖泊富营养化加剧,特别是长江中下游和云贵高原的湖泊。中国主要淡水湖泊/水库的磷含量如表 2.20 所示。

表 2.20　中国主要淡水湖泊/水库的磷含量(Jin,2005)

湖泊/水库名称	TP/(mg/L)	湖泊/水库名称	TP/(mg/L)	湖泊/水库名称	TP/(mg/L)
五大湖		**水库**		星云湖(2003)	0.215
鄱阳湖(2000.7)	0.102	密云水库(1990)	0.0175	异龙湖(1988)	0.122
洞庭湖(2001.8)	0.336	大伙房水库(1988—1990)	0.06	杞麓湖(1997)	0.04
太湖(2001)	0.126	于桥水库(1999)	0.14	抚仙湖(1998)	0.02
洪泽湖(2004)	0.103	官厅水库(2000)	0.047	博斯腾湖(1996)	0.005
巢湖(1999)	0.193	山仔水库(2001.5)	0.05	兴凯湖(1997)	0.024
市区湖泊		**中型或市郊湖泊**		镜泊湖(2001)	0.1
杭州西湖[①]	0.17	千岛湖(1998)	<0.025	五大连池(2003)	0.419
武汉东湖[①]	0.125	淀山湖(2004.12)	0.356		
南京玄武湖[①]	0.478	东钱湖(2003)	0.086		
九江甘棠湖[①]	0.24	长荡湖(1999)	0.065		
长春南湖[①]	0.529	滇池(1999)	0.489		
惠州西湖(2003)	0.124	洱海(2002)	0.03		

① 引自 Jin,2003

2008年中国环境状况公报表明,28个国控重点湖(库)中,满足Ⅱ类水质的4个,占14.3%;Ⅲ类的2个,占7.1%;Ⅳ类的6个,占21.4%;Ⅴ类的5个,占17.9%;劣Ⅴ类的11个,占39.3%。主要污染指标为总氮和总磷。在监测营养状态的26个湖(库)中,重度富营养的1个,占3.8%;中度富营养的5个,占19.2%;轻度富营养的6个,占23.0%。

2.3.8.2 太湖

太湖是我国第三大淡水湖,面积为2 338 km²,属于浅水湖泊,平均水深不足2 m。太湖是我国最大的存在严重蓝藻水华的湖泊,是国务院指定重点治理的富营养化水域之一。20世纪50年代至80年代,太湖水质较好,以Ⅱ类为主,完全符合饮用水源地标准,水体以中营养和轻度富营养为主。据记录,1980年以前,太湖很少出现大面积的蓝藻。从20世纪80年代初到90年代中期,因受有机污染影响,太湖水质的类别下降了1个等级,全湖平均由原来的以Ⅱ类水为主变到以Ⅲ类水为主,Ⅳ、Ⅴ类污染水域不断扩大。太湖水体营养状况上升了2个等级,上升到目前以中度富营养为主,个别水域已达重富营养化。1987年太湖水质高锰酸盐指数(COD_{Mn})、总磷(TP)、总氮(TN)平均质量浓度分别为3.30 mg/L、0.29 mg/L、1.54 mg/L,至2000年分别上升为5.28 mg/L、0.10 mg/L、2.54 mg/L,短短13年间分别上升了60%、245%、65%。

2009年1月国家环保部公布的《全国地表水水质月报》表明,太湖湖体共监测21个点位,湖体监测断面水质类别列于表2.21。东部沿岸区为Ⅳ类水质,五里湖和湖心区为Ⅴ类水质,梅梁湖和西部沿岸区为劣Ⅴ类水质,全湖为Ⅴ类水质。主要污染指标为总磷和总氮。营养状态评价表明,东部沿岸区为中营养状态,五里湖、梅梁湖和湖心区为轻度富营养状态,西部沿岸区为中度富营养状态,全湖平均为轻度富营养状态。图2.23为太湖梅梁湾及湖心区夏季水体总磷浓度长期变化趋势。

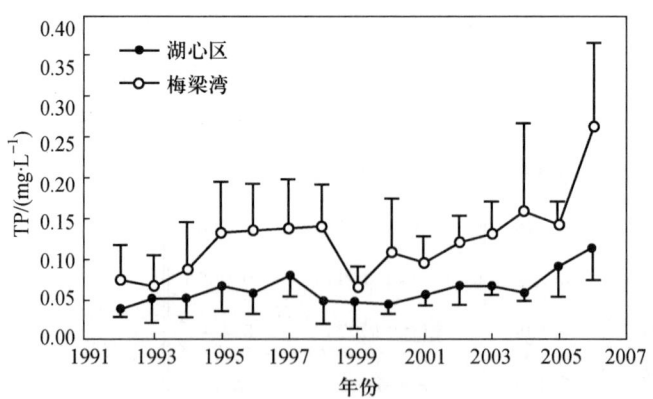

图2.23 梅梁湾及湖心区夏季水体总磷浓度长期变化趋势
(中国环境监测总站,2009)

表 2.21 2009 年 1 月太湖湖体各监测断面水质类别（中国环境监测总站，2009）

序号	断面名称	断面水质			主要污染指标
		本月	上月	去年同期	
1	四号灯标	V	IV	III	总磷、总氮
2	泽山	IV	III	IV	总磷
3	胥口	IV	III	IV	总磷
4	平台山	劣 V	IV	II	总氮、总磷
5	大雷山	V	III	IV	总磷、总氮
6	椒山	劣 V	劣 V	劣 V	总氮、总磷
7	乌龟山	劣 V	劣 V	IV	总氮
8	漫山	IV	III	—	总磷
9	拖山	IV	IV	V	总氮
10	小湾里	劣 V	劣 V	劣 V	总氮、总磷
11	闾江口	劣 V	劣 V	劣 V	总氮、总磷
12	沙墩港	III	IV	V	—
13	沙渚	IV	V	劣 V	总氮
14	百渎口	劣 V	劣 V	劣 V	总氮、氨氮、总磷
15	沙塘港	劣 V	劣 V	劣 V	总磷、总氮、高锰酸盐指数
16	大浦口 1	劣 V	劣 V	劣 V	总氮、总磷、氨氮
17	新塘港	V	劣 V	III	总磷
18	小梅口	V	III	IV	总磷
19	新港口	劣 V	III	III	总磷、总氮
20	五里湖心	III	IV	IV	—
21	犊山口	劣 V	劣 V	劣 V	总氮、BOD$_5$、总磷

2.3.8.3 滇池

滇池位于云贵高原,在中国云南省内,海拔 1 887 m,流域面积 2 920 km²,是中国第六大湖。滇池呈南北向狭长形,长 114 km,平均宽度 25.6 km,最大蓄水量 15.931 亿 m³。平均水深 5.1 m,最大水深 11.3 m。流域人口密度为 690 人/km²。有 14 条主要大河流入滇池,年入湖总水量达到 6.96 亿 m³。

通常将滇池分为北部狭长的草海(内湖)和南部宽形的外湖。昆明市区排放的污水是滇池主要的污染负荷源,污水首先经大关河流入内湖,然后进入外湖。因此，内湖的富营养化程度比外湖要严重得多。实际上，草海是一个营养过度的湖泊。整个滇池都有藻类水华现象，尤其是内湖表面都覆盖了一层厚厚的蓝藻垫。内湖和外湖的水质数据分别为：COD = 15.7 mg/L 和 6.5 mg/L；BOD = 12 mg/L 和 3.4 mg/L；TOC = 12.4 mg/L 和 8.3 mg/L；总氮 = 8.7 mg N/L 和 1.2 mg N/L；总磷 = 0.97 mg P/L 和 0.09 mg P/L。内湖中蓝藻（铜绿微囊藻）大量繁殖，浓度可以达 395 万个/L。在内湖和外湖中，共确认有 39 个科的 87 种浮游植物，其中绝大多数为蓝藻，其生物量在内湖为 6 467 万个/L，外湖 1 364.9 万个/L，内湖是外湖的 4.7 倍。

2009 年，滇池湖体共选取 10 个监测点位，湖体各监测断面水质类别列于表 2.22。草海和外海为劣 V 类水质，全湖为劣 V 类水质。主要污染指标为 pH、氨氮和总磷。营养状态评价表明，外海为中度富营养状态，草海为重度富营养状态，全湖平均为重度富营养状态。

表 2.22　2009 年 1 月滇池湖体各监测断面水质类别（中国环境监测总站，2009）

序号	湖区名称	断面名称	所在地区	断面水质			主要污染指标
				本月	上月	去年同期	
1	外海	罗家营	云南省昆明市	劣 V	劣 V	劣 V	pH、高锰酸盐指数、总磷
2		观音山东		劣 V	劣 V	劣 V	pH、总氮、总磷
3		海口西		劣 V	劣 V	劣 V	pH、总氮、高锰酸盐指数
4		滇池南		劣 V	劣 V	劣 V	pH、总氮、总磷
5		白鱼口		劣 V	劣 V	劣 V	pH、总磷、总氮
6		观音山中		劣 V	劣 V	劣 V	pH、高锰酸盐指数、总磷
7		灰湾中		劣 V	劣 V	劣 V	pH、总磷、总氮
8		观音山西		劣 V	劣 V	劣 V	pH、总磷、总氮
9	草海	断桥		劣 V	劣 V	劣 V	BOD_5、氨氮、总磷
10		草海中心		劣 V	劣 V	劣 V	氨氮、总磷、总氮

2.3.8.4　巢湖

巢湖位于安徽省中部，是我国五大淡水湖泊之一。巢湖流域处于长江和淮河两大河流之间，境内入湖河流众多，独特的流域地理环境、巨大的流域环境生态功能以及丰富的资源利用条件，使得巢湖为流域社会经济的发展起着极为重要的作用。近年来，随着巢湖流域工业化及城市化的迅猛发展，巢湖水体呈现严重富营养化状况，湖中蓝藻暴发所引发的水质恶化、湖体生态系统衰退等一系列生态环境问题已引起国家高度重视，国家决定将巢湖水污染治理作为"九五"及今后一个时期"三河三湖"重点治理的对象之一。巢湖富营养化引起水质恶化的主要来源中,生活污染和面源污染超越工业污染上升为头号"敌人",成为巢湖富营养化的最大负荷。1999年影响巢湖富营养化的主要指标总磷、总氮中,面源和生活污染合计分别占85.2%和80.1%,其中,生活污染中的总磷、总氮含量分别占44.9%和47.0%,面源污染分别占40.3%和33.1%。因此,巢湖的富营养化治理的重点是在进一步巩固工业污染成果的同时,加强面源和生活污染的控制。

巢湖流域的富营养化现状,主要与城市营养盐的排放有很大关系。从表2.23和表2.24可看出,合肥市总磷、总氮和COD分别占流域排放总量的55.9%、74.0%和63.2%,其中,生活点源三项污染物分别占流域生活点源的62.0%、79.4%和57.1%,面源分别占47.1%、63.79%和40.6%。可见,合肥市是流域水污染治理的重点地区。

区间地表径流入湖的污染物较多,总磷和总氮分别占总入湖量的21.9%和9.7%。从河流入湖河道来看,合肥市的南淝河(含店埠河)、派河,六安地区舒城县的杭埠河污染物入湖量相对较大,其中,最大的为南淝河,总磷、总氮和COD分别占总入湖量的26.9%、36.4%和40.1%。

表2.23　1999年巢湖流域主要污染物排放量及其分布(安徽省环境保护厅,2009)

地、市		废水排放量/(万 t/a)	TP/(t/a)	比例/%	TN/(t/a)	比例/%	COD_{Cr}/(t/a)	比例/%
合肥	工业	11 198	159.76	13.3	2 644.99	15.0	23 710.14	50.1
	生活	10 829	600.32	49.8	8 854.49	50.4	21 986.18	46.4
	面源	4 248	409.12	33.9	4 999.72	28.5	1 639.46	3.5
	不可控源		36.2	3.0	1 071.8	6.1		
	小计	26 275	1 205.4		17 571.0		47 335.8	
巢湖	工业	2 191	65.01	10.8	476.00	11.9	6 826.46	30
	生活	4 745	246.12	41.0	1 568.00	39.2	14 235.4	62.6
	面源	1 518	271.27	45.1	1 704.00	42.6	1 688.57	7.4
	不可控源		18.6	3.1	252.00	6.3		
	小计	8 454	601.0		4 000.0		22 750.4	
六安	工业	820	27.50	7.9	141.00	6.5	1 794.41	37.4
	生活	565	122.30	34.9	733.54	33.9	2 296.42	47.8
	面源	652	187.95	53.7	1 141.07	52.7	709.2	14.8
	不可控源		12.25	3.5	149.39	6.9		
	小计	2 037	350.0		2 165.0		4 800.0	

续表

地、市		废水排放量 /(万 t/a)	TP /(t/a)	比例 /%	TN /(t/a)	比例 /%	COD$_{Cr}$ /(t/a)	比例 /%
巢湖流域	工业	14 209	252.27	11.7	3 261.99	13.7	32 331.41	43.2
	生活	16 139	968.74	44.9	11 156.03	47.0	38 517.6	51.4
	面源	6 418	868.34	40.3	7 844.79	33.1	4 037.23	5.4
	不可控源		67.0	3.1	1 473.2	6.2		
总 计		36 766	2 156.4		23 736		74 886.2	

表 2.24 1999 年巢湖流域主要污染物入湖量分布统计(安徽省环境保护厅,2009)

途径		污染物入湖量/(t/a)		
		TP	TN	COD$_{Cr}$
入湖河道	1. 南淝河－店埠河	336.8	6 215.1	19 195.1
	2. 派河	87.7	1 556.3	5 555.1
	3. 丰乐河－杭埠河	236.2	2 610.1	11 108.2
	4. 白石山河	59.4	649.7	3 097.6
	5. 兆河(马尾河)	78.1	1 065.9	4 543.1
	6. 柘皋河	55.2	750.2	3 655.3
	7. 十五里河	3.1	298.9	681.8
	小 计	856.5	13 146.3	47 836.2
	区间地表径流	273.5	1 659.7	
	湖面降水	23.1	640.7	
	农业回归水	69.6	615.2	
	地下水	27.5	1 041.2	
	总 计	1 250.3	17 089.9	

2009 年 1 月国家环保局公布的《全国地表水水质月报》,巢湖湖体共监测 12 个点位。东半湖为Ⅳ类水质,西半湖为Ⅴ类水质,全湖为Ⅴ类水质。主要污染指标为总磷和总氮。营养状态评价表明,东半湖为轻度富营养状态,西半湖为中度富营养状态,全湖平均为轻度富营养状态,如表 2.25 所示。

表 2.25　2009 年 1 月巢湖湖体各监测断面水质类别（中国环境监测总站,2009）

序号	湖区名称	断面名称	所在地区	断面水质			主要污染指标
				本月	上月	去年同期	
1	西半湖	南淝河入湖区	合肥市	V	劣V	劣V	总磷、总氮
2		十五里河入湖		劣V	劣V	劣V	总磷、总氮
3		塘西		劣V	劣V	V	总磷、总氮、高锰酸盐指数
4		派河入湖区		V	劣V	V	总磷、石油类、总氮
5		新河入湖区		V	劣V	V	总磷、总氮
6		西半湖湖心		劣V	V	劣V	总磷、总氮、氨氮
7	东半湖	巢湖坝口	巢湖市	IV	劣V	IV	总磷、总氮
8		巢湖船厂		IV	V	IV	总磷、总氮
9		中垾乡		IV	IV	IV	总磷、总氮
10		东半湖湖心		IV	IV	IV	总磷、总氮
11		忠庙		IV	V	IV	总磷、总氮
12		兆河入湖区		IV	IV	IV	总磷、总氮

2.4　现存磷矿资源与潜在的磷危机

2.4.1　世界磷矿资源分布概况

磷矿资源在地域上分布集中且不均衡,主要分布在非洲、北美、南美、亚洲及中东的 60 多个国家和地区,其中超过 80% 的储量集中分布在摩洛哥和西撒哈拉、南非共和国、美国、中国、约旦和俄罗斯(USGS,2010)。据美国地质调查局(以下简称 USGS)最新统计资料,截至 2010 年 1 月,世界磷矿经济储量 160 亿 t,基础储量 470 亿 t,经济储量占基础储量的 34.04%。按经济储量排序,摩洛哥(包括西撒哈拉)居第一位,中国第二,其次为南非、约旦和美国(USGS,2010)。

非洲磷矿资源最为丰富,其中摩洛哥和西撒哈拉是世界磷矿资源最丰富的地区,几乎占到了世界磷储量的 50%。摩洛哥磷矿资源主要分布在乌拉德、阿布顿高原和干图尔高原及梅斯卡拉,总资源量超过 400 亿 t。西撒哈拉著名的布克拉磷酸盐岩矿床储量达 17 亿 t。另外,突尼斯的加夫萨、塞内加尔的泰巴和帕洛、多哥的哈霍托—阿库马佩、埃及红海区域的萨法加和库塞尔、南非的帕拉博拉矿床等也是非洲非常著名的磷矿(中国化学矿业协会,2008)。

亚洲和太平洋地区磷矿资源也较为丰富,沙特阿拉伯东北部磷酸盐岩中的磷矿资源达 17 亿 t,以色列的内格夫沙漠也是磷矿资源丰富的地区,知名矿山有奥隆矿和纳哈尔金磷酸盐岩矿。澳大利亚最大的浅海相磷酸盐岩矿床的磷酸盐岩资源量约 20 亿 t,而最大的陆地磷酸盐岩矿床位于西北磷酸盐岩丘陵,探测结果证实储量 2 350 万 t,P_2O_5 含量为 24.2%,储量达 6 560 万 t,P_2O_5 含量为 24.1%(中国化学矿业协会,2008)。

美洲磷矿资源主要分布在美国、巴西和秘鲁。美国磷酸盐岩资源量超过 90 亿 t,其中佛罗里达州就占约 45%,其余集中在北卡罗来纳、爱达荷州和犹他州等(USGS,2010)。巴西已发现塔皮拉、阿拉萨和雅库皮兰卡等大型矿床。秘鲁塞丘拉矿床的磷酸盐岩资源达 100 亿 t,贝奥瓦(Bayovar)矿床磷酸盐岩储量为 8.16 亿 t(中国化学矿业协会,2008)。

欧洲磷矿资源主要分布在俄罗斯和哈萨克斯坦,其中科拉半岛(Kola)的特大型磷酸盐岩矿床,是磷酸盐岩与霞石正长岩复合矿体,估计磷资源量为 32 亿 t。

经探测表明,大量磷酸盐岩资源蕴藏在太平洋和大西洋海底,加利福尼亚浅海磷矿带、秘鲁—智利浅海磷矿带、美国东南部大陆架磷酸盐岩矿带、摩洛哥—加纳陆棚磷酸盐岩矿带以及纳米比亚—南非浅海磷矿带为已知 5 个成矿带。但是目前的技术水平尚不能经济开采利用(USGS,2010)。

截至 2007 年,世界磷灰石储量 180 亿 t,储量基础 500 亿 t。世界主要国家和地区磷灰石储量和储量基础列于表 2.26。

表 2.26 世界部分国家的磷灰石储量和储量基础

国家或地区	储量[①]/(10^8 t)	储量基础[②]/(10^8 t)	国家或地区	储量/(10^8 t)	储量基础/(10^8 t)
美国	12	34	摩洛哥	57	210
澳大利亚	0.77	12	俄罗斯	2	10
巴西	2.6	3.7	塞尔维亚	0.5	1.6
加拿大	0.25	2	南非	15	25
中国	66	130	叙利亚	1	8
以色列	1	7.6	多哥	0.3	0.6
埃及	1.8	8	突尼斯	1	6
约旦	9	17	其他	8.9	22

① 储量(Reserve):又称经济储量,美国地质调查局(USGS)定义的经济储量是指开采成本低于 \$35/t 的磷矿。

② 储量基础(Reserve base):USGS 定义的储量基础指开采成本低于 \$100/t 的磷矿。

数据来源:Mineral Commodity Summaries,2008

2.4.2 中国磷矿资源概况

2.4.2.1 中国磷矿分布情况

中国磷矿资源丰富,但富矿较少,已经探明磷矿资源分布在 27 个省、自治区,其中鄂、湘、川、贵、滇是磷矿富集区,上述 5 省份的磷矿已查明资源储量(矿石量)135 亿 t,占全国总量的 76.7%,按矿区矿石平均品位计算,5 省份磷矿资源储量(P_2O_5 量)28.66 亿 t,占全国的 90.4%。磷矿资源储量情况如表 2.27 所示。

表 2.27 中国磷矿资源储量情况(中国化学矿业协会,2008)

省份	磷矿资源储量/(10^8 t)	P_2O_5 量/(10^8 t)	平均品位/%
滇	40.2	8.94	22.2
鄂	30.4	6.8	22.34
贵	27.8	6.2	22.3
川	16	3.5	21.2
湘	20	3.25	16

中国已查明的磷矿区有 280 处已开发利用,矿区拥有的查明资源储量约占总量的 65%。已查明的磷矿区有 51 处可以规划开发利用,矿区拥有资源储量约占总量的 16%。西南地区滇、贵、川 3 省磷矿资源储量矿石量 85 亿 t,P_2O_5 量 18.6 亿 t,平均 P_2O_5 品位 22%。中原地区豫、鄂、湘、粤、桂、琼等 6 省、自治区磷矿资源储量矿石量 52 亿 t,P_2O_5 量 10.2 亿 t,平均 P_2O_5 品位 19.6%。华东地区苏、浙、皖、闽、赣、鲁等 6 省磷矿资源储量矿石量 9.6 亿 t,P_2O_5 量 0.9 亿 t,平均 P_2O_5 品位 10.1%。西北陕、甘、青、宁、新等 5 省、自治区磷矿已查明资源储量矿石量 13 亿 t,P_2O_5 量 0.88 亿 t,平均 P_2O_5 品位 6.59%。东三省和华北地区冀、内蒙古、晋等 6 省、自治区磷矿资源储量矿石量 16.4 亿 t,P_2O_5 量 1 亿 t,平均 P_2O_5 品位 6.3%(中国化学矿业协会,2008)。

2.4.2.2 中国磷矿质量分布

中国将磷矿石分为三个等级,分别是 Ⅰ 级磷矿($P_2O_5 \geq 30\%$)、Ⅱ 级磷矿(P_2O_5 为 25%~30%)和 Ⅲ 级磷矿(P_2O_5 为 12%~25%)。

中国已探明的 Ⅰ 级磷矿资源储量矿石量约 16.57 亿 t,占矿石总量的 9.4%,折合为 P_2O_5 的量为 5.3 亿 t,占 P_2O_5 总量的 16.7%,主要分布在云、贵、鄂、川、新、苏、浙等 7 个省、自治区,其中,95.5%(以 P_2O_5 量计)分布在云、贵、鄂三省。云南省 Ⅰ 级磷矿资源储量矿石量 7.28 亿 t,含 P_2O_5 量 2.19 亿 t,其中,云南省会泽县梨树坪磷矿区是特大型富磷矿,资源储量矿石量超过 7 亿 t,P_2O_5 量超过 2

亿 t，矿石 P_2O_5 含量平均30%。贵州省Ⅰ级磷矿资源储量矿石量3.67亿 t，含 P_2O_5 量1.26亿 t，集中分布在开阳磷矿洋水矿区；湖北省Ⅰ级磷矿资源储量矿石量4.89亿 t，含 P_2O_5 量1.61亿 t，集中分布在湖北省宜昌杉树垭磷矿和挑水河磷矿（中国化学矿业协会，2008；尹丽文，2009）。

Ⅱ级磷矿（P_2O_5 为25%~30%）资源储量矿石量21.2亿 t，占矿石总量的12%，折标（P_2O_5）量为5.74亿 t，占 P_2O_5 总量的18.1%，分布在云、贵、川、鄂、湘、甘、冀和内蒙古等8个省、自治区，其中，97%（以 P_2O_5 量计）分布在云、贵、川和鄂。云南省Ⅱ级磷矿资源储量主要分布在晋宁磷矿和昆阳磷矿；贵州省Ⅱ级磷矿主要分布在瓮福磷矿白岩矿区和瓮安磷矿高坪矿区；四川Ⅱ级磷矿主要分布在马边县和绵竹地区；湖北Ⅱ级磷矿主要分布在湖北省兴-神磷矿瓦屋矿区、保康磷矿和兴山县树崆坪磷矿区（中国化学矿业协会，2008；尹丽文，2009）。

Ⅲ级磷矿（P_2O_5 为12%~25%）资源储量矿石量105.2亿 t（占矿石总量59.6%），折标（P_2O_5）量为19亿 t（占 P_2O_5 总量60%），云、贵、川、鄂、湘等5省Ⅲ级磷矿资源储量中 P_2O_5 量占17.5亿 t，占全国Ⅲ级磷矿 P_2O_5 量的92%，如表2.28所示。

表2.28 主要Ⅲ级矿分布情况（中国化学矿业协会，2008；尹丽文，2009）

矿区	资源储量矿石量/(10^8 t)	P_2O_5 量/(10^8 t)	平均品位（P_2O_5）/%
云南省安宁县安宁矿区	>5	>1	18.53
贵州省织金县新华磷矿区	>14	>2.5	17.22
四川省马边磷矿老河坝矿区	>2.8	0.6742	23.5
湖南省石门县东山峰磷矿	>14	>2.2亿	15.6
湖北省钟祥市荆襄磷矿	>8	1.45	17.9

中国磷矿品位（P_2O_5）小于12%的磷矿区有94个，资源量矿石量33.4亿 t（占19%）折标（P_2O_5）量为1.68亿 t（占5.3%），矿区矿石量超过1亿 t 并且 P_2O_5 量超过1 000万 t 的矿区有：云南省江川县云岩寺磷矿区，湖北省孝感磷矿黄麦岭矿区，内蒙古达茂旗布龙土磷矿区，陕西省凤县九子沟磷灰石矿，青海省湟中县上庄磷矿区（中国化学矿业协会，2008；尹丽文，2009）。不同品味磷矿资源储量如表2.29所示。

2.4.2.3 我国磷矿矿石类型

我国磷矿矿石类型主要有硅钙（镁）质磷块岩、硅质磷块岩，钙（镁）质磷块岩和磷灰石。硅钙（镁）质磷块岩资源储量约占我国磷矿资源储量的50%（2007年全国矿产储量数据库）。我国不同矿石类型磷矿资源储量及中国主要磷矿石的化学组成分别列于表2.30和表2.31。

表 2.29 不同品位磷矿资源储量

平均品位	资源储量(矿石量)		资源储量(P_2O_5量)	
	10^8 t	比例/%	10^8 t	比例/%
$P_2O_5 \geqslant 30\%$	16.6	9.39	5.3	16.67
P_2O_5 25%~30%	21.2	12.02	5.7	18.11
P_2O_5 20%~25%	27.3	15.48	6.1	19.22
P_2O_5 15%~20%	60.1	34.09	10.5	33.04
P_2O_5 10%~15%	21.9	12.45	2.9	9.13
P_2O_5 5%~10%	4.8	2.74	0.4	1.23
P_2O_5 2%~5%	24.4	13.83	0.8	2.60

数据来源:2007 年全国矿产储量数据库

表 2.30 中国不同矿石类型磷矿资源储量

矿石类型	资源储量(矿石量)		资源储量(P_2O_5量)	
	10^8 t	比例/%	10^8 t	比例/%
钙(镁)质磷块岩	19.1	10.82	4.6	14.4
硅钙(镁)质磷块岩矿	80.5	45.64	15.7	49.57
硅质磷块岩	22.3	12.4	5	15.75
磷灰石	32.6	18.52	2.2	7.05
未分类型磷块岩	21.8	12.62	4.2	13.23

数据来源:2007 年全国矿产储量数据库

表 2.31 中国主要磷矿石的化学组成概况

矿石类型	成岩变种	化学组成/(%)								典型矿山
		P_2O_5	SiO_2	CaO	MgO	Fe_2O_3	Al_2O_3	CO_2	F	
磷块岩	沉积型硅质	16.45	43.02	24.64	1.33	4.26	1.83	3.64	1.36	宁夏贺兰山
	沉积型钙质	30.20	3.39	46.33	3.72	0.79	0.29	9.57	2.63	贵州瓮福
	沉积型硅-钙质	15.26	27.49	30.72	6.15	1.52	1.06	14.89	1.63	湖北王集
	变质型硅-钙质	9.20	19.03	28.76	10.28	2.17	3.21	23.03		江苏锦屏
磷灰石	岩浆岩型	P_2O_5	TiO_2	TFe	V_2O_5	CoO				河北马营
		6.46~6.60	4.30~6.40	18.16~22.45	0.14~0.21	0.0073~0.0085				

数据来源:2007 年全国矿产储量数据库

2.4.3 磷矿资源开发概况

世界上产磷国大约有 40 个,2005—2007 年世界年平均产磷矿石 1.46 亿 t,其中美国、中国、摩洛哥(包括西撒哈拉)、约旦、突尼斯等 15 个国家和地区的产量占世界总产量的 95% 以上,见表 2.33。根据表 2.33 数据可知,世界磷矿石产量逐年递增,但增长速度缓慢,年平均增幅约 3%(常苏娟,2010)。自 2006 年,中国磷酸盐岩产量超过美国,居世界第一。中国、美国和摩洛哥磷矿产量合计占世界 2/3。世界部分国家磷酸盐岩产量列于表 2.32。

表 2.32 世界部分国家磷酸盐岩产量(单位:磷酸盐岩矿石万 t)

国家/地区	2005	2006	2007	2008	2009	2010
美国	3 610	3 070	2 970	3 020	2 640	2 610
澳大利亚	220	230	220	280	280	280
巴西	549	580	600	620	635	550
加拿大	90	55	50	95	70	70
中国	3 040	3 070	3 500	5 070	6 020	6 500
以色列	324	295	300	300	270	270
埃及	214	220	230	300	500	500
约旦	638	581	570	627	528	600
摩洛哥	2 879	2 700	2 800	2 500	2 300	2 600
俄罗斯	1 100	1 100	1 100	1 040	1 000	1 000
塞尔维亚	158	60	80	70	65	65
南非	258	260	270	229	224	230
叙利亚	385	385	380	322	247	280
多哥	102	100	100	80	85	80
突尼斯	822	800	770	800	740	760
其他	771	774	800	744	862	950

数据来源:Mineral Commodity Summaries,2008,2009,2010,2011

非洲磷矿年生产能力 5 200 万 t,其中摩洛哥是非洲第一大磷矿开发国,磷矿生产能力居世界第三,摩洛哥磷业公司(OCP Group)经营、管理该国的磷矿开发及生产。2005 年磷矿矿石产量达历史最高为 2 879 万 t,2007 年回落到 2 700 万 t(U.S. geological survey minerals yearbook,2007)。摩洛哥磷业公司与中国石化公司、巴西化肥公司(Bunge)和巴基斯坦发吉公司(Fauji)签订多项协议,合资合作兴建磷酸生产厂(中国化学矿业学会,2008)。

美国是世界上最大的产磷国之一,磷矿石主要由 6 家公司的 12 个矿山生产。20 世纪 90 年代,美国磷矿石开发能力强盛,到 1997 年达到最大值 4 590 万 t,其中约 85% 的磷矿石产于佛罗里达州和北卡罗来纳州,其余产于爱达荷州和犹他州。2000 年后美国磷矿石产量锐减,平均年产量 3 331 万 t,2002 年以来美国磷矿石产量一直比较平稳(USGS,2010;常苏娟,2010)。2005 年磷矿石生产能力 4 000 万 t,到 2006 年就下降为 3 470 万 t,而 2007 年美国磷矿产量下降到近 40 年来的最低水平,为 2 970 万 t。2008 年、2009 年和 2010 年美国的磷矿石产量分别为 3 020、2 640 和 2 610 万 t(Mineral Commodity Summaries,2010,2011)。

美国佛罗里达州有 7 座磷矿,其生产能力占美国的 66%。美国美盛公司(Mosaic)经营 5 座磷矿,CF 工业公司和 PCS 磷酸盐公司各经营 1 座磷矿。美盛公司是美国最大的磷酸盐开发公司,磷酸生产能力超过全国总生产能力一半。美国开始限制磷矿石生产和出口后,该公司于 2005 年终止了与 USAC(中国石化子公司)的磷酸盐岩供应合同,同时于 2006 年 5 月关闭了位于福柯(Folk)镇的福特格林(Fort Green)矿山。位于北卡罗来纳州波弗特(Beaufort)镇的 PCS 公司建造了一个大型磷酸盐岩开发 - 生产一体化的工厂,包括 1 个磷矿山、1 个动物饲料厂、1 个肥料厂以及 1 个磷酸厂。在爱达荷州有 3 座磷矿,其中位于卡里布(Caribou)镇的磷矿由 Nu-West 工业公司开发(Mineral Commodity Summaries,2010;中国化学矿业协会,2008)。

欧洲和俄罗斯磷矿年生产能力 1 450 万 t。俄罗斯磷矿生产能力居世界第四,2006 年磷矿产量 1 100 万 t,而 2010 年降低至 1 000 万 t(Mineral Commodity Summaries,2011)。俄罗斯磷矿开发主产地在科拉半岛。Phosagro 公司开发科拉半岛磷灰石矿,EuroChem 公司开发科夫多尔铁矿伴生磷灰石矿和金吉谢普磷块岩矿。

拉丁美洲和加拿大磷矿生产能力 780 万 t/a。2005 年挪威 Yara ASA 公司与巴西 Bunge 公司各出资 50% 合作研究开发巴西南部 Anitapolis 磷酸盐岩矿床。巴西 CRAD 公司竞拍取得秘鲁北部 Bayovar 磷酸盐岩矿床勘探和开发权,估计储量 8.16 亿 t,可建规模为年产 300 万 t。巴西 2009 年和 2010 年的磷矿石产量分别为 635 万 t 和 550 万 t(Mineral Commodity Summaries,2011)。加拿大在 2006 年减少了磷矿产量,主要是加阳(Agrium)公司减少 3 对安大略省 Kapuskasing 矿的开采,原因是矿石铁含量较高,增加了磷酸生产成本。加拿大 2009 年和 2010 年的磷矿石产量均为 70 万 t(Mineral Commodity Summaries,2011)。

大洋洲磷矿年生产能力约 300 万 t。2007 年澳大利亚磷矿产量 220 万 t,而 2009 年和 2010 年磷矿产量提高到了 280 万 t(Mineral Commodity Summaries,2011)。澳大利亚 Incitec Pivot 有限公司有磷矿山、磷肥厂和磷酸厂,年平均磷矿生产能力280万t。

中东地区磷矿年生产能力1 500万t,其中约旦磷矿产量600万t左右,见表2.32。

2009年,亚洲磷矿年生产能力为7 783万t(IFA,2009),其中中国占了很大份额,平均年产量约为6 020万t(Mineral Commodity Summaries,2010)。2010年中国磷矿产量再创新高,达到6 500万t(Mineral Commodity Summaries,2011)。

2.4.4 全球磷矿消耗概况

磷矿石用途较广,主要应用于农业领域生产磷肥,其消费总量占世界磷矿石生产总量的90%(USGS,2008),其余用于加工动物饲料、洗涤剂及其他磷化工产品。全球磷的消费结构如图2.24所示。磷化工产品在工业、国防、尖端科学和人民生活中已被普遍应用。除了在农业中用作磷肥、含磷农药、家禽和牲畜的饲料以外,在洗涤剂、冶金、机械、选矿、钻井、电镀、颜料、涂料、纺织、印染、制革、医药、食品、玻璃、陶瓷、搪瓷、水处理、耐火材料、建筑材料、日用化工、造纸、弹药、阻燃及灭火等方面广泛使用。随着科技的发展,高纯度及特种功能磷化工产品在尖端科学、国防工业等方面被进一步的推广应用,出现了大量新产品,如电子电气材料、传感元件材料、离子交换剂、催化剂、人工生物材料、太阳能电池材料、光学材料,等等。由于磷化工产品不断向更多的产业部门渗透,特别是在尖端科学和新兴产业部门中的应用,使磷化工成为国民经济中的一个重要的产业。磷化工产品在人们的衣、食、住、行各个领域,发挥着越来越重要的作用。磷在水中燃烧而生产高纯磷酸的工艺为热酸法,其生产成本相对较低,没有有害废物排放。世界高纯磷酸生产工艺目前逐渐向热酸法转移,其生产份额为65%(中国化学矿业协会,2008)。

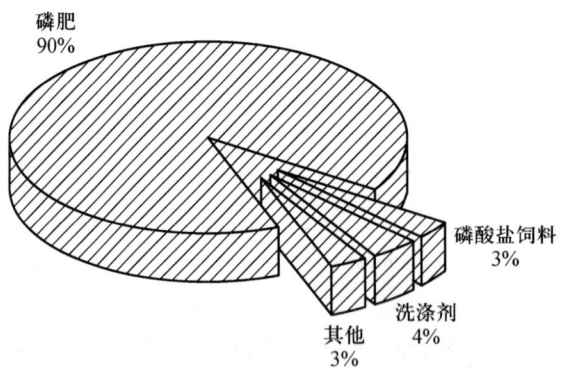

图2.24 全球磷的消费结构示意图(USGS,2009)

当前,磷矿资源以空前需求量倍增,而磷矿石和近海磷矿含有大量杂质,开采成本较大。因此,全球磷矿资源不能按照磷矿基础储量计算,而应该按照可被人类利用的、易开采的磷矿石计算。根据美国地质勘探局(USGS)的估计,全球磷酸盐的储量为 620 亿 t。其中,150 亿 t 是目前可开发利用的,其余部分则因为伴生镉等有毒金属或位于远离陆地的海底,尚不具备开发条件。根据 USGS 尚未发表的最新数据,2008 年全球磷矿开采量为 1.61 万 t。美国地质勘探局磷矿石商品专家斯蒂芬认为,在未来 5 年里,磷肥需求量预计将以每年 2.5%~3% 的速度增长。如果保持这样的增长速度,全球磷矿储量将在 125 年左右耗尽(Gilbert,2009)。

巴黎国际肥料行业协会囊括了全球 90% 的肥料生产商。该协会生产与国际贸易委员会的执行秘书长迈克尔认为,今后肥料的需求预计将缓慢增长,甚至比 20 世纪中期还要慢。这就使得磷矿储量可以再至少持续 100 年。但也有一些科学家认为,今后对肥料的需求是快速增长的,这将使得磷酸盐矿石储量在短时间内耗竭。而这种快速增长的需求部分来自于全球人口的日益增长。根据世界粮农组织(FAO)的数据,到 2050 年,全球人口增长导致粮食需求量翻倍,这将成为驱动磷肥需求量上升的原因(Gilbert,2009)。

瑞典斯德哥尔摩水资源研究专家 Rosemarin 也推测,如果按照每年对磷矿需求有 3% 的增长量计算,全球可以经济开采的清洁磷矿将会在 50 年内将消耗殆尽(Gilbert,2009)!如果各国政府和社会能意识到磷资源如此匮乏的这一现实,人们马上会觉醒——当今以化石燃料为基础的世界经济将即刻转向以磷资源为主导的全球经济。不夸张地说,今后谁主宰磷矿资源,谁就主宰了人类的食物来源!

有科学家用 Hubbert 曲线预计了全球磷产量的峰值。Hubbert 磷酸盐产量曲线下面所包围的区域即全球磷矿总量,包括已经开采消耗和当今磷矿储量,两者之和大概为 3 212 百万 t(以 P 计)。从 Hubbert 磷酸盐产量曲线可以看出,到 2034 年全球磷矿产量达到峰值 28 百万 t。磷矿产量峰值出现的年份可以随数据可靠性、石油等原材料价格和市场对磷酸盐需求变化而变化(White,2009)。

近年来,世界磷矿消费呈曲折上升趋势。2006 年消费量为 5 204 万 t(以 P_2O_5 计,下同)。东亚地区磷酸盐岩消费逐年增加,自 2001 年消费量超过北美洲,2006 年消费量 1 846 万 t,为世界第一大消费区;北美洲消费量波折减少,2006 年消费量 984 万 t,为第二大消费区,非洲为第三大消费区,消费量 773 万 t;欧洲和中亚消费量 731 万 t;拉丁美洲消费量 309 万 t;中东消费量 231 万 t;南亚消费量 235 万 t;大洋洲消费量 93 万 t(中国化学矿业协会,2008)。

美国是世界上最大的磷矿消费国。2007 年美国磷酸盐岩矿产品消费量 3 380 万 t,95% 多用于湿法工艺生产磷酸制取磷肥,磷肥主要是磷酸二铵和磷酸铵。美国所有磷矿开发公司拥有一个或多个磷肥厂,一般均位于矿山附近。美盛公司磷酸生产能力约占 57%,美国有 3 家公司(Agrifos、Mississippi 和 PCS)从摩洛哥进口磷酸盐岩生产磷酸和磷肥，Agrifos 和 Mississippi 公司生产磷肥供国内消费或出口，PCS 公司生产磷酸销售给 Innophos 公司，经其再加工后生产高纯磷酸。Monsanto 公司经营元素磷生产厂，以元素磷为原料生产三氯化磷，三氯化磷为生产草甘膦基除草剂的中间化合物。美国磷肥市场比较稳定，近十年消费量 400 万 t 多（以 P_2O_5 计量），2007 年磷肥消费量 430 万 t（中国化学矿业协会，2008）。

2.4.5 磷矿国际贸易概况

1999 年到 2007 年之间世界磷矿贸易量在 1 000 万 t（以 P_2O_5 计量，下同）左右，如表 2.33 所示。主要出口国是摩洛哥、突尼斯、约旦和以色列，而主要进口国是美国、巴西、法国、西班牙、印度和日本。非洲磷酸盐岩出口量居世界第一，2006 年出口 601 万 t；中东第二，出口量 209 万 t；东欧和中亚第三，出口 103 万 t。美国从 2001 年起大幅度减少磷酸盐岩出口量，2004 年起停止出口。最近 10 年美国磷酸盐岩进口量逐年增加，2007 年进口 280 万 t（矿石）。

表 2.33　世界磷矿进出口量　　　　　　　　（10^4 t）

年份	1999	2000	2001	2002	2003	2004	2005	2006	2007
出口量	1096.0	1001.0	1011.8	988.6	956.5	1009.4	1010.5	964.7	982.9
进口量	1096.1	1001.2	1011.8	988.6	956.5	1009.4	1010.4	964.7	982.9

数据来源：Fertilizer International，2009

目前，为保护国内磷矿资源，很多产磷国都制定了限制磷矿出口的政策。美国从 20 世纪 80 年代就对其磷矿出口加以限制，出口量自 1980 年后逐步减少，其在 1999 年和 2000 年分别出口了 27.7 万 t 和 17.9 万 t。从 2001 年起大幅度减少磷酸盐岩出口量，2004 年起停止出口。最近 10 年美国磷酸盐岩进口量逐年增加，2007 年进口 280 万 t 磷矿石矿石。

中国也公布了对磷资源及其产品非常严格的出口政策，多次调整其出口关税。2008 年 5 月 19 日，《海关总署公告 2008 年第 33 号（关于对磷产品征收特别出口关税）》规定：自 2008 年 5 月 20 日起至 12 月 31 日止，对所有贸易形式、地区和企业出口的磷产品，在现行出口税率的基础上，以海关审定的出口完税价格为基础，加征 100% 的特别出口关税。至此，中国整体磷产品的出口关税保持在 110%~130% 的水平（Fertilizer International，2009）。

最近几年，除非洲（主要为摩洛哥）出口略微增加之外，主要产磷国的出口都呈现下降趋势。非洲（主要为摩洛哥）2004 年、2005 年、2006 年的出口量分别为 1 618 万 t、1 774 万 t 和 1 861 万 t。可以预测，随着摩洛哥磷化工产业的发展,其磷矿出口也将逐渐缩减。

中国磷矿的出口量也在快速下降,2001年为490万t,2006年降低至100万t,下降了79.3%。而在严格的出口政策下,中国磷矿石出口量增加的可能性不大。

由于主要产磷国减少出口,世界磷矿石出口量呈现下降趋势。1999年为3 278万t,2006年下降至2 965万t,下降了9.5%。

总之,世界磷矿资源正在逐步走向贫瘠化。磷矿是各国重要战略资源,它既是制作磷肥、保障粮食安全的重要战略物资,又是精细磷化工生产的物质基础,具有不可替代性、不可再生性。美国、印度和俄罗斯等国已经启动了应急研究工作,试图以多种工艺方法获得磷酸(刘代俊,2005)。中国列入国家统计的磷矿石储量133亿t,但大多数磷矿难以开采利用,$w(P_2O_5)$大于30%的富矿只有11.2亿t。中国中低品位的磷矿约占90%,$w(P_2O_5)$为26%以下的低品位磷矿约占50%。这些磷矿因含大量杂质,采用常规工艺难以获得优质磷酸。目前不少企业在采矿中存在弃贫采富、资源利用率低的现象,在使用上也存在着高矿低用的问题,如照此下去,中国富磷矿将在20年左右时间内消耗殆尽,而开采的磷矿资源最多也就能维持60~70年时间。其实,我们将与世界同步而出现"磷荒"。"磷荒"的结果直接导致人类赖以生存的食物没了来源!这一预言绝非危言耸听,而是全球有识之士几乎已经看到的事实(郝晓地,2010)!

本书第1章内容已经表明,磷在自然界几乎不存在陆地与海洋之间的大循环,只在局部范围存在着某些磷的小循环(如土地与人类之间),而且这些小循环往往还要依靠人类的帮助。因此,磷的可持续利用问题已急迫地摆在了世人面前。人类除了要继续维持远古时代便与土地之间建立起的营养元素循环之原生态文明习惯,而且还需要从生产、生活的各个细微环节尽可能去实现磷的人工循环再利用。这一话题已成为近年来资源与环境管理方面的国际热点研究课题。就污水、废物处理而言,变传统的"处理"方式为现代有意识的"回收"模式越来越得到各国学者与政府的高度重视。为此,从污水、废物中回收磷,发掘"第二磷矿"的构想业已开始在全球范围内研究并付诸实施(郝晓地,2010)。

参 考 文 献

安卫红.张淑民.石灰性土壤无机磷的分级及其有效性的研究[J].土壤通报,1991,22(1):34-37.

曹海峰,刘季昂,庄亚辉.环境中磷化氢的源及厌氧条件下前驱物类型的研究[J].中国科学(B辑),2000,30(1):63-68.

常苏娟,朱杰勇,刘益,等.世界磷矿资源形式分析[J].化工矿物与加工,2010,(9):1-5.

陈刚才,甘露,王仕禄.土壤中元素磷的地球化学[J].地质地球化学,2001,29(2):86-92.

陈靖宇.国际磷矿与磷肥生产贸易的变化及思考[J].化肥工业,2008,35(3):15-22.

陈天乙.生态学基础教程[M].天津:南开大学出版社,1995:176-178.

陈英旭.农业环境保护[M].北京:化学工业出版社,2007.

邓焕广,陈振楼,张兴正.沉积物中磷的研究进展[J].广州环境科学,2004,19(1):8-10.

董元杰,史衍玺.美国有关流域内磷元素管理措施的比较[J].水土保持科技情报,2002,(4):16-18.

丰茂武,吴云海,龚春生.玄武湖沉积物中磷的形态分布特征[J].环境监测管理与技术,2007,19(2):19-22.

冯跃华,张杨珠.土壤有机磷分级研究进展[J].湖南农业大学学报(自然科学版),2002,28(3):259-264.

付永清,周易勇.沉积物磷形态的分级分离及其生态学意义[J].湖泊科学,1999,11(4):376-381.

高丽,杨浩,周健民.湖泊沉积物中磷释放的研究进展[J].土壤,2004,36(1):12-15.

郭夏丽,郑平.磷化氢的生物合成[J].中国沼气,2002,20(4):17-20.

郝晓地,衣兰凯,王崇臣,等.磷回收技术的研发现状及发展趋势[J].环境科学学报,2010,30(5):897-907.

何强,井文涌,王翊亭.环境学导论[M].北京:清华大学出版社,1994:282-285.

黄宇,张海伟,范业宽,等.土壤有机磷组分及其生物有效性[J].磷肥与复肥,2008,23(4):46-48.

姜祖辉,王俊,唐启升.菲律宾蛤仔生理生态学研究Ⅰ.温度、体重及摄食状态对耗氧率及排氨率的影响[J].海洋水产研究,1999,1:40-44.

蒋柏藩,顾益初.石灰性土壤无机磷分级体系研究[J].中国农业科学,1989,22(3):58-66.

金根东.我国湖泊富营养化研究现状[J].现代农业科技,2008,(16):334-336.

金相灿,朱萱.我国主要湖泊和水库水体的营养特征及其变化[J].环境科学研究,1991,4(1):11-20.

鞠莉.沉积物中重金属的形态分析及生物有效性的研究[D].山东大学,2007.

雷衍之.养殖水环境化学[M].北京:中国农业出版社,2004.

李丹,付玉嫔,杨卫,等.不同氮磷水平对云南松幼苗光合生理及生物量的影响[J].安徽农业科学,2010,38(6):3217-3219.

李锐,乌大年,薛永先.底泥中不同形态磷提取方法的改进及其环境地球化学意义[J].海洋环境科学,1998,17(1):15-20.

李文光.我国磷矿资源的分布[J].地图.2000,(1):41.

刘代俊,蒋少志,罗洪波,等.中国磷矿资源贫化危机与挑战[J].无机盐工业,2005,37(5):1-4.

刘代俊,蒋绍志,罗洪波,等.我国磷矿资源贫化趋势与对策探讨[J].磷肥与复肥,2005,20(1):6-9.

刘建雄.我国磷矿资源分析与开发利用[J].化肥工业,2009,36(6):27-31.

刘建雄.我国磷矿资源开发利用趋势分析与展望[J].磷肥与复肥,2009,24(2):1-4.

刘建雄.我国磷矿资源特点及开发利用建议[J].化工矿物与加工,2009,(3):36-39.

刘乃福.湖北磷矿开采现状与展望[J].化工矿物与加工,2004,(9):1-3.

刘小虎,邹德乙,刘新华,等.长期轮作施肥对棕壤有机磷组分及其动态变化的影响[J].土壤通报,1999,30(4):178-180.

刘兆孝,吴国平,涂建峰.日本主要湖泊富营养化状况及治理[J].水利水电快报,2007,28(11):5-11.

柳正.我国磷矿资源的开发利用现状及发展战略(续)[J].中国非金属矿工业导刊,2006,(2):7-9.

柳正.我国磷矿资源的开发利用现状及发展战略[J].中国非金属矿工业导刊,2006,(1):21-23.

鲁如坤.我国的磷矿资源和磷肥生产消费——Ⅰ.磷矿资源和磷肥生产[J].土壤,2004,36(1):1-4.

秦胜金,刘景双,王国平.影响土壤磷有效性变化作用机理[J].土壤通报,2006,37(5):1 012-1 016.

任清宇,姚金蕊.中国磷矿资源的特点与开发策略[J].矿业快报,2006,(2):1-4.

邵绪新,赫英斌.国际磷矿工业发展趋势[J].化工矿物与加工,2001,(11):1-4.

沈国英,施并章编著.海洋生态学(第二版).北京:科学出版社,2008.12.

世界磷矿供需形势分析.http://chemsino.com/化工在线.

水落元之.2006.http://www.cjw.gov.cn/news/detail/20060626/20060622223509XRWFIK.doc.

司友斌,王慎强,陈怀满.农田氮、磷的流失与水体富营养化[J].土壤,2000(4):188-193.

孙海国,张福锁,杨军芳.缺磷胁迫对小麦根细胞周期蛋白基因cyc1At表达的影响.植物生理学报,2000,26(5):441-445.

孙海国,张福锁.小麦根系生长对缺磷胁迫的反应.植物学报,2000,42(9):913-919.

孙洪丽,刘全军,林文军.我国磷矿发展现状及可持续性发展[J].云南冶金,2006,35(4):13-15.

陶大钧,龚娴芙,朱本兴.废水和地表水中磷的形态分析[J].环境监测管理与技术,6(3),1994,21-24.

田升平.中国磷矿基本特征及分布规律[J].化工矿产地质,2003,22(1):11-16.

王福德,荣蓉.农作物营养元素缺乏症状及防治措施[J].农村实用科技信息,2010,3:33.

王庆仁,李继云,李振声.高效利用土壤磷素的植物营养学研究[J].生态学报,1999,19(3):417-421.

王邵东,张红映.中国磷矿资源和磷肥生产与消费[J].化工矿物与加工,2007,(9):30-32.

王云立.应合理利用磷矿资源[J].化工矿物与加工,2009,(2):24.

韦伟,张可方,张朝生,等.磷化氢在水处理中的研究现状[J].中国给水排水,2009,25(12):20-23.

翁焕新.河流沉积物中的磷的结合状态及其地球化学意义[J].科学通报,1993,38(13):1219-1222.

徐青,吴怡,廖梦霞,等.水环境中氮磷形态分析方法研究进展[J].盐矿测试,2008,27(2):137-145.

杨丽,杜文渊.沉积物磷的分级提取方法及提取相的共性分析[J].宁波工程学院学报,2006,18(4):45-48.

杨林军,张允湘,钟本和.湖北磷矿的特性研究[J].磷肥与复肥,16(4),2001,16(4):9-11.

尹丽文.我国磷矿资源开发利用现状及对有关问题的建议[J].国土资源情报,2004,(10):

37-39.

尹丽文.中国磷矿资源分布及开发建议[J].资源与人居环境,2009,(10):26-27.

尹丽文.最新世界磷矿资源开发利用概况[EB/OL].http://www.lrn.cn/资源网 2008 年 5 月 4 日.

于群英,李孝良.土壤有机磷组分动态变化和剖面分布[J].安徽技术师范学院学报,2003, 17(3):225-227.

张凡,袁澍,雷韬,等.大量元素缺乏对小麦光合、呼吸作用和生理特性的影响[J].四川大学学报,2009,46(2):462-468.

张悦,施和平.培养基磷缺乏对黄瓜毛状根生长、抗氧化酶活性及氮源利用的影响[J].生物工程学报,2008,24(9):1604-1612.

章婷曦,王晓蓉,金相灿.太湖不同营养水平湖区沉积物中磷形态的分布特征[J].农业环境科学学报,2007,26(4):1207-1213.

赵少华,宇万太,张璐,等.土壤有机磷研究进展[J].应用生态学报.2004,12(11):2189-2194.

朱兆良,Norse D,孙波.中国农业面源污染控制对策[M].北京:中国环境科学出版社,2008.

Amer F, Bouldin D R, Black C A, et al. Characterisation of soil phosphorus by anion exchange resin adsorption and 32p equilibrium[J]. Plant Soil, 1955, (6): 391-408.

Anderson G. The role of phosphorus in agriculture[J]. American Society of Agronomy, 1980(115): 411-431.

Ball J. State of the Environment Australia 2001. Inland waters theme report. CSIRO Publishing, Canberra, 2001.

Bariola P A, Howard C J, Taylor C P, et al. The Arabidopsis ribonuclease gene RNS1 is tightly controlled in response to Pi limitation[J]. Plant J, 1994, 6: 673-658.

Barrenscheen H and Beckh-Widmannstetter H. Uber bakterielle reduktion organisch gebundener phosphorsaure[J]. Biochem. Z. 1923, 140: 279-283.

Barrow N J and Shaw T C. The slow reactions between soil and anions. 2. The effects of time and temperature on the decrease in isotopically exchangeable phosphorus[J]. Soil Sci, 1975, 119: 190-197.

Barrow N J. A mechanistic model for describing the sorption and desorption of phosphate by soil[J]. J Soil Sci, 1983, (34): 733-750.

Blake L, Johnston A E, Poulton P R, et al. Changes in soil phosphorus fractions following positive and negative phosphorus balances for long periods[J]. Plant Soil, 2003, 254(2): 245-261.

Bowman A and Cole C V. An exploratory method for fractionation of organic phosphorus from grassland[J]. Soil Sci. 1978, 25: 49-54.

Bray R H and Kurtz T L. Determination of total, organic and available forms of phosphorus in soils [J]. Soil Sci, 1945, 59: 39-45.

Broecker W S and Peng T H. Tracers in the Sea[M]. Eldigio Press, Palisades, NY.

Brookes P C, Powlson D S, Jenkinson D S. Phosphorus in the soil microbial biomass[J]. Soil Biol Biochem, 1984, (16): 169-175.

Chang S C and Jackson M L. Fractionation of sediment-phosphate[J]. Soil Sci, 1957, 84: 133-144.

Ciereszko I, Henrik J, Leszek A K. Interactive effects of phosphate deficiency, sucrose and light/dark conditions on gene expression of UDP-glucose pyrophosphorylase in Arabidopsis[J]. J Plant Physiol,2005,162:343-353.

Corbridge,D E C. Phosphorus 2000:Chemistry,Biochemistry & Technology[M]. Elsevier,1258.

Csatho P,Sisak I, Radimszky L. Agriculture as a source of phosphorus causing eutrophication in Central and Eastern Europe[J]. Soil Use and Management. 2007,23 (Suppl. 1),36-53.

Dolan D and McGunagle K P. Lake Erie total phosphorus loads,1996—2000. J. Great Lake Res. 2005. 31(Supplement 2):11-22.

Donald Scavial, Suzanne B. Bricker. Coastal eutrophication assessment in the United States [J]. Biogeochemistry,2006,79:187-208

Driver J, Lijmbach D and Steén I. Why recover phosphorus for recycling and how? [J]. Environ Technol,1999,(20):651-662.

EEA. Europe's environment:The second assessment. European environment agency, Copenhagen, 1998.

EEA. European rivers and lakes: Assessment of their environmental state. EEA environmental monographs:1. European environment agency, Copenhagen,1994.

EFMA (2000), Phosphorus: Essential Element for Food Production, European Fertilizer Manufacturers Association (EFMA) Brussels.

Evans T D and Syers J K. Application of autoradiography to study the fate of ^{33}P labelled orthophosphate added to soil crumbs[J]. Soil Sci. Soc. Am. Proc,1971,(35):906-909.

Fareed A. Khan, Abid Ali Ansar. Eutrophication:An ecological vision [J]. The Botanical Review, 2005,71(4):449-482.

Farmer A M and Braun M. Fifty years of the Rhine commission: A success story in nutrient reduction. SCOPE Newsletter No. 47,2003, CEEP, Brussels.

Fertilizer International. China reaches a turning point: Fertilizer international, no. 430, May – June 2009,66 – 73

Follmi K B. The phosphorus cycle, phosphogenesis and marine phosphate-rich deposits[J]. Earth-Science Review,1996,40:55-124.

Froelich P N. Kinetic control of dissolved phosphate concentrations in rivers and estuaries:A primer on the phosphate buffer mechanism[J]. Limnol. Oceanogr. 1988,33:649-668.

Fukuda T, Saito A, Wasaki J, et al. Metabolic alterations proposed by proteome in rice roots grown under low P and high Al concentration under low pH[J]. Plant Sci,2007,172:1157-1165.

Gassmann G and Glindemann I. Phosphane (PH_3) in the biosphere[J]. Angew Chem Int Edit, 1993,32:761-763.

Gassmann G. Phosphine in the fluvial and marine hydrosphere[J]. Mar Chem,1994,45:197-205.

Gassmann G, Van Beusekom J E E and Glindemann D. Offshore atmospheric PH_3 [J]. Naturwissenschaften,1996,83(3):129-131.

Gburek W J, Sharpley A N, Heathwaite L, et al. Phosphorus management at the watershed scale: A modification of the phosphorus index [J]. J. Environ. Qual. ,2000,29:130-144.

Gilbert N. Environment:The disappearing nutrient[J]. Nature,2009,461:716-718.

Glindemann D, Eismann F, Bergmann A, et al. Phosphine by biocorrosion of phosphide rich iron[J]. Environ Sci Pollut Res,1998,5:71-74.

Golterman H L. Fractionation of sediment phosphate with chelating compounds: A simplification, and comparison with other methods[J]. Hydrobiologia,1996,335:87-95.

Gunnars A. Exchange of phosphorus and silicon over the sediment- water interface positive redox turnover: The role of iron and manganese[J]. ChemCommun,1990,4:51.

Heathwaite L, Sharpley A N, Gburek W J. A conceptual approach for integrating phosphorus and nitrogen management at watershed scales [J]. J. Environ. Qual. ,2000,29:158-166.

Hieltjes A H M and Lijklema L. Fractionation of inorganic phosphates in calcareous sediments[J]. J Environ Qual,1980,(9):405-407.

Hislop J and Cooke J J. Anion exchange resin as a means of assessing soil phosphate status: A laboratory technique[J]. Soil Sci,1968,105:8-11.

Holford I C R and Mattingly G E G. Phosphate sorption by Jurassic oolitic limestones [J]. Geoderma,1975,(13):257-264.

Holford I C R and Mattingly G E G. The high- and low-energy phosphate adsorbing surfaces in calcareous soils[J]. J Soil Sci,1975,(26):407-417.

Holford I C R. Effects of phosphate sorptivity on long-term plant recovery and effectiveness of fertilizer phosphate in soils[J]. Plant Soil,1982,64:225-236.

http://cfpub. epa. gov/eroe/index. cfm? fuseaction = detail. viewInd&showQues = Ecological%20Condition&lShowInd = 0,274&subtop = 315&lv = list. listByQues&r = 163712#intro#intro.

http://cfpub. epa. gov/eroe/index. cfm? fuseaction = detail. viewInd&showQues = Water&ch = 46,47,48,49,50&lShowInd = 200,201,202,203,205,208,209,210,211,225,228,246,274,281,312,313,315,341,342,343,381,405&subtop = 200&lv = list. listByQues&r = 163733#intro#intro.

http://epa. gov/greatlakes/lamp/le_2008/index. html.

http://epa. gov/greatlakes/lamp/le_2008/index. html.

http://minerals. usgs. gov/minerals/pubs/mcs/2008/mcs2008. pdf.

http://minerals. usgs. gov/minerals/pubs/mcs/2009/mcs2009. pdf.

http://minerals. usgs. gov/minerals/pubs/mcs/2010/mcs2010. pdf.

http://minerals. usgs. gov/minerals/pubs/mcs/2011/mcs2011. pdf.

http://phosphorusfutures. net/peak-phosphorus.

http://www. fertilizer. org/ifa. statistics. asp.

http://www. fertilizer. org/ifa/content/download/15678/226160/file/2009 _ phosphate _ rock _ public. xls.

http://www. fertilizer. org/ifa/Home-Page/STATISTICS/Fertilizer-supply-statistics.

http://www. sdzdfy. com/view. asp? id = 500.

J. Torrent, E. Barberis, F. Gil-Sotres. Agriculture as a source of phosphorus for eutrophication in southern Europe[J]. Soil Use and Management,2007,23 (Suppl. 1),25-35.

Jenkins R O, Morris T A, Craig P J, et al. Phosphine generation by mixed and monosep ticcultures of anaerobic bacteria[J]. Sci Total Environ,2000,250:73-81.

Jin Xiangcan, Xu Qiujin, Huang Changzhu. Current status and future tendency of lake eutrophication in China [J]. Science in China Ser. C Life Science,2005,48(special issue):948-954.

Jin Xiangcan. Analysis of Eutrophication state and trend for lakes in China [J]. Journal of Limnology,2003,62(2):60-66.

Johnston A E, Lane P W, Mattingly G E G, et al. Effects of soil and fertilizer P on yields of potatoes, sugar beet, barley and winter wheat on a sandt clay loam soil at Saxmundham, Suffolk[J]. J Agri Sci Cambridge,1986,106:155-167.

Johnston A E, Richards I R. Effectiveness of the water-insoluble component of triple superphosphate for yield and phosphorus uptake by plants[J]. J Agri Sci 2003,140:267-274

Leigh R A and Johnston A E. An investigation of the usefulness of phosphorus concentrations in tissue water as indicators of the phosphorus status of field grown spring barley[J]. J Agri Sci Cambridge,1986,107:329-333.

Litke D W. Review of phosphorus control measures in the United States and their effects on water quality. Water Resources Investigations Reports 99-4007,1999,1-43.

Macleod C and Haygarth P. A review of the significance of non-point source agricultural phosphorus to surface water. CEEP, Brussels,2003.

Malboobi M L and Lefebvre D D. A phosphate-starvation inducible β-glucosidase gene(psr. 3.2) isolated from Arabidopsis thaliana is a member of a distinct subfamily of the BGA family [J]. Plant Mol Biol,1997,34:57-68.

McGrath S P, Zhao F J, Blake-Kalff M M A. (2002) Sulphur in soils: Processes, behaviour and measurements. Proceedings No. 499, The International Fertilizer Society, York, UK. 28.

Morton S C, Glindemann D, EdwardsM A. Phosphate, phosphites, and phosphides in environmental samples[J]. Environ Sci Technol,2003,37:1169-1174.

Mudryk Z J. Decomposition of organic and solubilisation of inorganic phosphorus compounds by bacteria isolated from a marine sandy beach[J] . Marine Biology,2004(145):1227-1234.

Papelis D, Hayes K. F, Leckie J O. 1988. HYDRAQL: A programme for the computation of chemical equilibrium composition of aqueous batch systems including surface complexation modelling of ion adsorption at the oxide/solution interface. Technical Report 306. Department of Civil Engineering, Stanford University, Stanford, CA..

Petterson K and Istvonavics V. Sediment phosphorus in Lake Balaton: Forms and mobility[J]. Arch Hydrobiol Beilh Ergenbn Limnol,1988,30:25-41.

Pierzynski G M. The chemistry and biology of phosphorus in excessively fertilized soils[J]. Crit Rev Environ Con,1991,21:265-295.

Redfield A C, Smith H P and Ketchum B. The cycle of organic phosphorus in the Gulf of Maine[J]. Biol. Bull. 1937,73:421-443.

Rothbaum H P, McGaveston D A, Wall T, et al. Uranium accumulation in soils from long continued applications of surperphosphate[J]. J Soil Sci,1979,30:147-153.

Ruban V. Quevauviller harmonized protocol and certified reference material for the determination of extractable contents of phosphorus in freshwater sediments: A synthesis of recent works [J]. Fresenius J Anal Chem,2001,370:224-228.

Rudakov K I. Die reduktion der mineralischen phosphate auf biologischem wege[J]. Zentbl. Bakt.

ParasitKde, Abt. II. 1927, 70: 202-214.

Rudolf Gade. Eutrophication problems in coastal waters[J]. Water and Waste, 2008, 13-16.

Rutherford P J, Dudas M J, Samek R A. Environmental impacts of phosphogypsum[J]. Sci Total Environ, 1994, 149: 1-38.

Ruttenburg K. Development of a sequential extraction method for different forms of P in marine sediments [J]. Limnol. Oceanogr, 1992, 37: 1460-1482.

Saunders W M H and Williams E B. Distribution of phosphorus in profiles and particle-size fractions of some Scottish soils [J]. J. Soil Sci. 1956, 7: 90-108.

Scholten L C and Timmermans C W M. National radioactivity in phosphate fertilizers[J]. Fertil Res, 1996, 43: 103-107.

Sharpley A N, Foy B, Withers P. Practical and innovative measures for the control of agricultural phosphorus losses to water: An overview [J]. J. Environ. Qual, 2000, 29: 1-9.

Sharpley A N, Smith S J, Steward B A, et al. Forms of phosphorus in soil receiving cattle feedlot waste[J]. J. Environ. Qual. 1984, 13: 211 – 251.

Shiu-Cheung Lung and Boon Lim L. Assimilation of phytatephosphorus by the extracellular phytase activity of tobacco is affected by the availability of soluble phytate[J]. Plant and Soil, 2006, 279: 187-199.

Sien C L and Kirkman H. Overview on land-based sources and activities affecting the marine environment in East Asian Seas. UNEP regional seas reports and studies No. 173. United Nations Environment Programme, Nairobi, 1994.

Sikora F J and Giordano P M. Future directions for agricultural phosphorus research[J]. Fertil Res, 1995, 41: 167-178.

Smith K A and Chambers B J. Muck: From waste to resource: Utilisation: The impacts and implications[J]. Agri. Eng. 1995, 50: 33-38.

Stewart J W B and Sharpley A N. Controls on dynamics of soil and fertilizer phosphorus and sulfur [A]//Soil fertility and organic matter as critical components of production systems[C]. SSSA Spec. Publ. No. 19, American Society of Agronomy. Madison, Wisconsin, 1987: 101-121.

Stumm, W. The acceleration of the hydrogeochemical cycling of phosphorus[J]. Water Research, 1973, 7: 131-144.

Tarafdar J C and Classen N. Organic phosphorus compounds as a phosphorus source for higher plants through the activity of phosphatase produced by plants root and microorganisms [J]. Biol Fertil Soils, 1988(3): 199-204.

Tinker P B. The role of microorganisms in mediating and facilitating uptake of plant nutrients from soil[J]. Plant Soil, 1984, 76: 77-91.

U. S. Geological Survey. Phosphate Rock Statistics and Information. http://minerals. usgs. gov

Ulen B, Bechmann M, Folster J. Agriculture as a phosphorus source for eutrophication in the northwest European countries, Norway, Sweden, United Kingdom and Ireland: A review [J]. Soil Use and Management. 2007, 23 (Suppl. 1), 5-15.

UNEP. Global environmental outlook 2000. United Nations Environment programmeProtection Agency, Wahinton.

Ure AM. Single extraction schemes for soil analysis and related applications [J]. The Science of the Total Environment,1996,12 (2):36-42.

USEPA. National water quality inventory. Report EPA-841-R-97-008. United States Environmental Protection Agency,Washington,1997.

Vollenweider R A. Input-output models with special reference to the phosphorus loading concept of limnology. Schweizerische Zeitschrift fur Hydrologie-Swiss Journal of Hydrology, 1975, 37: 53-84.

Walker T W and Syers J K. The fate of phosphorus during pedogenesis[J]. Geoderma,1976,15: 1-9.

White S and Cordell D. Peak Phosphorus: the sequel to Peak Oil. Global Phosphorus Research Initiative (GPRI). http://phosphorusfutures. net/peak-phosphorus. Retrieved 2009-12-11.

Whitledge T E and Packard T T. Nutrient excretion by anchovies and zooplankton in Pacific upwelling regions. Invest. Pesq,1971,35:243-250.

Williams J D H,J K Syers D,T W Walter. Fractionation of soil inorganic phosphate by a modification of Chang and Jackson procedure[J]. Soil Sci Soc Amer Proc,1967,31:736-739.

Withers P J A and Haygarth P M Agriculture,phosphorus and eutrophication:A Europeanperspective [J]. Soil Use and Management,2007,23 (Suppl. 1),1-4.

Zalba P and Peinemann N. Phosphorus content in soil in relation to fulvic acid carbon fraction[J]. Communication Soil Science Plan,2002,33:3737-3744.

第3章

磷回收技术方法、基础理论与工程应用

前面各章已述及，磷（P）是组成生命物质不可缺少且不能替代的元素之一。人类牙齿、骨骼、动物饲料添加剂、洗涤剂、食品添加剂、金属表面处理、半导体材料、催化剂和化肥等，都需要有磷元素的介入。此外，磷元素还是构成核酸和腺苷三磷酸（ATP）的重要元素，直接参与生命体的能量循环。可以说，磷元素是组成生命物质和参与能量循环最主要的元素之一。换句话说，磷是地球一切生命体的重要营养元素，没有磷元素，地球上就不可能存在生命!

磷广泛分布于土壤、水体、矿物岩石等环境中，其中，以矿物岩石形式的储量居多。虽然磷的储存形式多种多样，但其总量十分有限。人类主要从地壳磷矿石中提取磷，致使磷矿石储量目前急剧下降。另一方面，由于有毒重金属（镉、铅等）、开采深度等因素的影响，逐渐加大了磷矿石开采难度。如前所述，如果以现在的开采速度，易开采、且有利用价值的磷矿石将仅能维持人类100年左右的时间。即使是从现在起采取有效措施，并将难开采、不易利用的磷矿石也一并计算，现有磷矿石储量最多也还能维持人类开采250年左右的时间。

前已述及，磷在自然界几乎不存在自然循环途径，其基本转移路径是起始于陆地、终止于海底的直流式运动，以至于形成了地球磷资源奇缺而海洋沉积层磷丰富的现象（荆肇乾等，2005；郝晓地，2006）。因为磷元素是人类不可缺少的营养物之一，所以，磷矿石被开采后约有80%被用于磷肥生产。磷肥被施于农田后，最多一半能被作物吸收，另一半或残留于土壤，或随雨水冲刷等径流进入地面水体，形成所谓"面源"污染。即使是人类从食物摄入人体的磷，也仅有少量被吸收，绝大部分会随尿液和粪便排泄到污水中；如果没有适当的源分离或末端治理技术，这部分磷便会形成所谓"点源"污染，进而对水体生态环境构成威胁。

由此可见,无论是面源还是点源,磷的归宿最后都将进入地面水体,直至海洋。显然,磷由陆地向海洋迁移的过程中会诱发水体"富营养化"现象,轻者在内陆湖泊中导致"水华",重者致使近海发生"赤潮"。

全球出现磷"地上少、水中多"的现象,必然促使人们认真考虑磷的可持续利用问题。如前所述,磷在自然界中几乎不存在自然循环,而随径流进入水体的农业面源又难以回收、利用。因此,由点源入手,从人类生产、生活中各个环节中收集污水、动/植物粪便、秸秆,人工回收其中所含的磷元素(即,所谓磷的人工循环)便成了资源与环境管理方面的国际热点研究课题。就污水处理而言,变传统的"磷去除"为当今的"磷回收"越来越得到世界各国学者与政府的高度重视。

有关从污水/废物中回收磷的国际会议到目前为止已召开了 4 届。从 1998 年 5 月在英国召开的第 1 届起到 2001 年 3 月在荷兰召开的第 2 届止,不到 3 年时间里,各国学者已从单纯的基本概念迅速转向应用研究或实际应用。2004 年 6 月在英国举办的围绕以鸟粪石形式回收磷的第 3 次国际会议,讨论了鸟粪石从理论研究到工程运用中的一系列问题。于 2009 年 5 月在加拿大温哥华召开的第 4 届"从污水中回收营养物"国际会议,进一步使各国学者、政要达成一致共识,在地球磷资源日益匮乏的今天,将污水/废物中所含的磷元素加以回收利用不仅仅是未雨绸缪之国际研究热点,更应迅速将其转变为付诸实施的切实行动。

本章以国内外有关磷回收技术研发进展为主线,重点论述磷回收的土地回用、化学沉淀、吸附/解吸、结晶、强化生物除磷与化学方法相结合的磷回收技术方法及其理论。在此基础上,详述化学沉淀、吸附/解吸、生物磷去除/回收以及结晶磷回收方法的研究现状及发展趋势。结合工程应用,介绍污水处理、动物粪便、尿液源分离等磷回收思路及工艺研发应用现状和污水化学磷回收强化生物磷去除作用试验演示,展示世界各国有关磷回收的工程化应用实例。世界各国有关回收磷政策及经济效益方面的内容也将予以概括。

3.1 磷回收基本技术方法与理论

磷回收方法主要有土地直接利用(land utilization)、化学沉淀(chemical precipitation)、生物磷去除/回收(biological phosphate removal/recovery)、吸附/解吸(adsorption/desorption)、结晶(crystallization)、共沉淀(coprecipitation)、电渗析(electrodialysis)和反渗透(reverse osmosis,RO)等各种方法。本节重点讨论土地直接利用、化学沉淀、生物磷去除/回收、吸附/解吸和结晶等磷回收方法及其理论。

3.1.1 土地直接利用磷作用机制

土地直接利用法就是将污水、动物粪尿、剩余污泥等直接应用于农田或城市绿化,以灌溉、施肥等方式使其中所含的磷元素以土壤肥料形式实现人工循环。实际上,土地直接利用这种人工循环方式是一种较为古老的营养元素生态循环方式,我们祖先创造的农家肥返田之农业习惯其实就是最好的磷元素利用实例,称得上是一种"原生态文明"习惯。

近代,污水灌溉实际上在很多地方有意无意地已经成为了对水资源以及营养元素的一种直接利用形式。到1983年时,我国污水灌溉面积就已达到140亿m^2;目前在我国华北、西北和东北等干旱地区,许多城市生活污水和有机废水仍然是农田灌溉的主要水源之一。在以色列,适当处理后的污水用于棉花灌溉取得了理想的经济效果。但需要指出的是,一般并不提倡将污水用于灌溉蔬菜类作物。

污泥中也含有大量有机物和氮、磷等营养元素,利用污泥作为肥料亦可以充分利用其中所含营养物质,维持氮、磷自然平衡,达到作物增产的目的。在欧洲,大约53%的污泥目前被用作肥料直接回用于农田;英国污泥土地直接利用磷酸盐量占其国内消耗磷矿石总量的15%。

污水、污泥土地利用无疑是一种经济、简便的磷回收利用方法,但同时也存在一些需要注意的问题。一般来讲,土壤具有一定自净能力,有机物对土壤造成的污染在一定时间内可以通过微生物降解而消除。但是,土壤的这种自净能力是有限的,大量污水长期灌溉势必会造成其他污染物累积,特别是重金属累积。被污染后的土壤还会进一步导致地下水污染。由于剩余污泥来源于污水,而污水水质由自然因素和人为因素共同决定,所以,污泥从重金属和病原微生物等性质来看具有一定的不安全性。因此,污水、动物粪尿、剩余污泥中磷的农业利用应该是在保证卫生学指标的前提下进行的。随着人们对环保意识的不断提高,再加上城市周边可利用土地资源存在压力,或许今后污水、动物粪尿、剩余污泥直接返田这种人工循环途径将逐渐受到阻碍。

3.1.2 化学沉淀磷回收机制

磷的化学沉淀,是指向富含溶解性磷酸盐溶液中投加大量2价或3价金属盐化合物,在溶液中形成具有低溶解度的磷酸盐化合物,经沉淀、气浮、过滤等工艺将其进行固-液分离,从而达到回收磷的目的。

一般来说,Fe^{2+}、Fe^{3+}、Al^{3+}是最常见的3种金属沉淀离子。其他化学沉淀剂,如石灰(CaO)也有应用实例,但因投加量大、产生的化学污泥量大等缺陷使其在污水处理中的应用受到了一定限制。

Recht和Ghassemi早在20世纪70年代时便指出,磷酸盐很可能被吸附或沉淀在铁盐或铝盐化合物表面,所以,搞清楚化学沉淀法磷回收具体反应机制和条件非常重要,这将对磷回收实践起到事半功倍的效果(Valsami-Jones,2004)。影响磷回收效果主要因素包括:原水水质(pH、悬浮物 SS、溶解性有机物等)、沉淀剂种类与投加量、沉淀剂投加位置、混合强度、工艺布置和出水水质要求等。

在污水处理磷化学沉淀过程中,一个非常重要的因素就是化学药剂在整个工艺流程中的投加位置。一般来说,主要有 4 种药剂投加点:

① 沉淀剂可以直接投加到初次沉淀池中,即预沉淀;
② 沉淀剂投加到曝气池或二沉池入流口,即共沉淀;
③ 沉淀剂也可以投加到三级处理后的固 – 液分离构筑物(如过滤池、沉淀池)中,即后沉淀;
④ 有时可根据具体处理构筑物、水质、操作难易程度等因素选择多处投加点的位置,即多点投加。

各种药剂投加方式选择主要视污水处理厂各构筑物布置情况、化学药剂成本和出水水质要求等综合因素而定。

(1) 铁盐沉淀

铁盐(Fe^{2+} 和 Fe^{3+})是污水处理厂进行化学磷回收最常用的化学药剂之一(刘召平等,2003)。铁盐除磷机制是向富磷溶液投加铁盐后水解,形成多核羟基络合物(如 $Fe_2(OH)_2^{4+}$、$Fe_3(OH)_4^{5+}$、$Fe_6(OH)_{12}^{6+}$ 等);这些含铁的羟基络合物能有效降低和消除溶液中胶体 ξ 电位进而使胶体凝聚;最后,通过沉淀、分离,将铁的磷酸盐化合物予以回收。常用的铁盐有氯化铁($FeCl_3$)、硫酸亚铁($FeSO_4$)、聚铁盐(Polymer Ferric Salt)等。

铁盐化学性质决定了它们必然会导致对污水管道的腐蚀作用,使处理后的出水带有颜色。3 价铁盐与 2 价铁盐相比,因为铁盐地理分布的差异,3 价铁盐运输成本高于 2 价铁盐 2 倍之多,所以,工程应用中大多采用 2 价铁盐用作磷回收金属沉淀剂。

3 价铁盐与 2 价铁盐主要以氯化物和硫酸盐化合物形式被用作沉淀剂,反应方程如式(3.1)~式(3.3)。

$$FeCl_3 + PO_4^{3-} \longrightarrow FePO_4 + 3Cl^- \tag{3.1}$$

$$3FeCl_2 + 2PO_4^{3-} \longrightarrow Fe_3(PO_4)_2 + 6Cl^- \tag{3.2}$$

$$3FeSO_4 + 2PO_4^{3-} \longrightarrow Fe_3(PO_4)_2 + 3SO_4^{2-} \tag{3.3}$$

由式(3.1)可知,铁与磷的摩尔比是 1:1,即,163.3 g 的 $FeCl_3$ 与 95 g 的 PO_4^{3-} 发生反应可生成 150.8 g $FePO_4$;Fe 与 P 的质量比是 1.8:1,$FeCl_3$ 与 P 的质量比为 5.2:1。由式(3.2)和式(3.3)可看出,Fe^{2+} 与 P 的摩尔比是 3:2,质量比是 3.2:1。以上各式是简单表明了各反应组分之间的摩尔比例,精确的反应机制远比以上反应方程式复杂得多。

实验结果显示,OH^- 与 PO_4^{3-} 存在对 Fe^{3+} 竞争现象,所以,实际操作过程中 3

价铁盐投加量一般会远远超过按照化学计量系数所确定的值,这样才能稳定 $FePO_4$ 和其他胶体(如分散的微生物)。据报道,Fe^{2+} 与 P 的最佳摩尔比在 1~7.5 之间。1987 年美国环境保护署(EPA)建议,若要达到 97% 以上的磷回收效果,Fe^{3+} 与 P 的质量比应在 3 以上。

Fe^{3+} 与 PO_4^{3-} 反应的最佳 pH 范围是 4.5~5.0,在该范围内 pH 越高可回收磷的量越多。然而,对于 Fe^{2+} 来说,最佳 pH 范围在 8 左右,介于 7~8 之间时磷沉淀效果较好。当铁盐投加到污水中时,金属离子将会与大量水分子反应形成水解产物。如果这些水解产物逐渐靠近正磷酸根(PO_4^{3-})离子,沉淀反应就会发生;若这些水解产物与正磷酸根离子没有充分接近,那么它们将形成金属氢氧化物,且 pH 越高,形成氢氧化物的可能性越大。这些氢氧化物的形成会严重影响磷回收效果,实践中应该尽量避免这种现象。适度搅拌可以加快水解产物和磷酸根离子的靠近概率,从而提高磷回收效果。

除了溶液 pH、搅拌强度等因素外,溶解氧(DO)、氧化还原电位(ORP)等也会影响铁盐除磷效果。Thistleton 等人研究表明,在较低氧化还原电位下,30 min 内只有 32.4% 的转化率;在较高 DO 条件下,可达到 72.3% 转化率。

总之,选择适宜反应条件,可使铁盐除磷效果高达 95% 以上。

(2) 铝盐沉淀

铝盐沉淀机制与 3 价铁盐类似。铝盐起主要混凝作用的是 $Al_{13}(OH)_{34}^{5+}$,而碱式氯化铝($Al_2(OH)_nCl_{6-n}$)等溶液中就富含 $Al_{13}(OH)_{34}^{5+}$ 等成分,故能与液体中悬浮物和胶体等迅速发生吸附架桥、卷扫及夹杂等混凝作用,最终生成网状 $[Al(OH)_3]_m$ 沉淀,达到净化污水的目的。

铝盐同样可以以预沉淀、共沉淀、后沉淀方式投加;如果选择合适的 pH,将会取得较好的处理效果。但如果 pH 过高,就像 3 价铁盐一样会产生氢氧化物沉淀,要想达到较好的处理效果,必须加入比理论计算量要多的铝盐。铝盐与 PO_4^{3-} 发生反应的方程式如式(3.4)所示。

$$Al^{3+} + H_nPO_4^{(3-n)-} \longrightarrow AlPO_4\downarrow + nH^+ \qquad (3.4)$$

虽然对铝盐除磷的定量研究比铁盐要少,在投加量控制方面也没有精确的数值,但是,根据经验,一般认为污水水质(尤其是有机物)对铁盐沉淀的影响远比铝盐大。进水有机物过多,使用铁盐沉淀会形成"薄雾"现象,降低沉淀物的沉降性能,从而导致出水中磷酸根含量过高,不能满足出水水质要求。此现象与铁、铝的化学性质有关。铁元素是过渡性元素,而铝元素是主族元素,过渡性元素在形成化合物后非常稳定。尽管铁盐在条件适宜时处理污水的效果非常好,但是如果进水中含有大量的有机物,它们会与铁盐形成较稳定的化合物,从而降低铁盐对污水中磷酸盐的去除效果。

(3) 钙离子沉淀

由于钙盐价格低廉、操作简单,所以钙盐已经成为一种被广泛应用的污水除磷方法。在第2届国际磷回收会议上欧洲磷工业界认为,从污/废水中回收的磷酸钙将会成为磷工业生产中磷矿石原料的第二来源。

应用时,采用的钙盐原料一般是价格低廉的氢氧化钙($Ca(OH)_2$)或氧化钙(CaO),将其投加到污/废水中会生成磷酸钙类沉淀。虽然存在副反应发生并消耗一定量的钙离子(Ca^{2+}),但生成的碳酸钙($CaCO_3$)可以作为增重剂,有助于沉淀。磷酸钙类沉淀并不是一种分子,它可能是羟基磷灰石($Ca_5OH(PO_4)_3$,HAP)、二水磷酸钙($CaHPO_4 \cdot 2H_2O$,DCPD)、磷酸三钙($Ca_3(PO_4)_2$,TCP)和磷酸八钙($Ca_8H_2(PO_4) \cdot 6.5H_2O$,OCP)等含有不同量结晶水的化合物;各含水化合物溶解度不尽相同。在含钙污/废水中,磷酸根在Ca^{2+}和OH^-加入的同时,由于pH升高,可产生不同的化合物沉淀。一般是先形成$CaHPO_4 \cdot 2H_2O$,而后形成较稳定的$Ca_5OH(PO_4)_3$。

Ca^{2+}作为沉淀剂与磷酸根特征反应如式(3.5)、(3.6)所示。

$$主反应:5Ca^{2+} + 7OH^- + 3H_2PO_4^- \longrightarrow Ca_5OH(PO_4)_3 + 6H_2O \quad (3.5)$$

$$副反应:Ca^{2+} + CO_3^{2-} \longrightarrow CaCO_3 \quad (3.6)$$

磷酸钙溶解度随pH升高而降低,所以,升高溶液pH会促进磷酸钙结晶沉淀,但pH高于10后,对回收率的影响较小。最优pH为10时,投加石灰回收磷后的高碱性废水排放或进一步处理回用时需要调节pH。溶液中Ca^{2+}浓度及Ca^{2+}与PO_4^{3-}的比率也会影响磷的回收率,磷酸钙含有不同量结晶水的化合物中Ca/P摩尔比都在1~1.7之间。

化学沉淀法回收污水中的磷,具有可靠性好、操作灵活等优点。当投加适当的化学药剂,适度搅拌,合理选取投加方式(预沉淀、共沉淀、后沉淀和多点投加)等条件,将会降低污水处理成本。但是,化学沉淀会给后续生物处理和污泥处理工艺产生负面影响,如降低污泥容积指数(sludge volume index,SVI)、降低氨氮去除效率、对系统中微生物产生影响等,所以,这些负面影响有待于进一步研究。化学沉淀回收磷工艺由于占地面积小、能非常容易地将污水中磷从高浓度降低到低浓度。所以,化学沉淀法常常与生物回收磷工艺一并考虑使用。

3.1.3 吸附/解吸法回收磷机制

吸附/解吸是通过选择合适的吸附剂对富含磷酸根溶液进行磷回收的一种方法。简单的吸附/解吸过程即通过向污/废水中投加固体吸附剂,瞬间发生表面络合或晶体空隙中的配位基互换作用,形成非溶解性磷酸盐沉淀物或共沉淀物;然后,用碱性溶液进行解吸附;最后,向解吸附后的富磷溶液中加入钙盐或镁盐,最终形成磷回收终产物。显然,吸附/解吸过程是一种简单的物理化学过程。

污/废水中磷主要以正磷酸根、聚磷酸根和有机磷酸根形式存在。聚磷酸根在酸性环境下可以缓慢水解成正磷酸根,有机磷酸根在微生物酶的生化作用下最终转化成正磷酸根。正磷酸根在水中可以水解成H_3PO_4、$H_2PO_4^-$、HPO_4^{2-}和

PO_4^{3-}，这些离子存在状态由污水的 pH 决定。吸附/解吸过程就是吸附剂与上述离子发生反应形成磷酸根沉淀物的过程。

目前简单吸附/解吸法回收磷工艺广泛应用于各种污水处理、饮用水处理和人工湿地处理系统。常见的固体吸附剂主要有土壤天然矿物（如铁的氧化物、氢氧化物等）、具有吸附能力的天然土壤或沙粒、矿物沉淀、实验或工业生产的矿物质、黏土聚合物和具有吸附磷酸盐潜力的工业废料等。

无论使用何种固体吸附剂，都应该对其进行实验研究，评估其影响效果、磷吸附能力、经济成本计算等，以便为工业化生产做好基础性准备。

3.1.4　生物磷去除/回收机制

1955 年 Greenberg 等人发现在一定条件下活性污泥具有超量吸磷的现象后，后续研究陆续展开，各种强化生物除磷（enhanced biological phosphate removal，EBPR）工艺相继开发。1965 年 Levin 和 Shapiro 两位研究人员报道了在没有外加化学沉淀剂情况下，污/废水中去除的磷量比微生物自身需要量要高很多的现象。据报道，聚磷微生物摄磷量可达到普通活性污泥的 3~7 倍！这再次证明活性污泥中的微生物具有"超量摄磷"作用。直到 20 世纪 80 年代初，荷兰研究人员 Rensink 才首次报道了好氧摄磷与厌氧放磷过程之间存在着某种必然联系。在此基础上，生物除磷的一个完整代谢模型才由后续一些科学家完善、定型。这种微生物即为聚磷菌（PAOs），其生物除磷代谢模型如图 3.1 所示。

强化生物除磷工艺是通过合理布置污水处理构筑物，使其形成厌氧/缺氧/好氧环境，以有利于微生物发挥"超量摄磷"作用，从而去除污水中的磷。在厌氧环境下，微生物通过生物选择作用，能利用发酵产物——短链脂肪酸，如乙酸（$C_2H_4O_2$）、醇类等作为碳源形成胞内聚合物（intracellular polymers）储存在体内。这些聚合物主要是聚 - β - 羟基 - 链烷酸酯（PHA）、聚 - β - 羟基 - 丁酸酯（PHB）、聚 - β - 羟基 - 戊酸酯（PHV）等，其中，PHB 含量居多。厌氧条件下合成 PHB 所需能量主要来源于好氧阶段形成的聚磷酸盐（poly - P）分解释放出的能量。Kulaev 等研究人员研究表明，这种聚磷酸盐是由短链的正磷酸盐组成，从几个到上千个之多。

厌氧环境下，细胞内聚磷酸盐中的高能磷酸键断裂、分解，该过程释放出的能量供给细胞合成 PHB 等细胞聚合物。结果，因聚磷酸盐断裂而形成的磷酸根（PO_4^{3-}）被释放到细胞外的溶液中，此过程即为"厌氧释磷"过程。强化生物除磷工艺缺/好氧段中接近 30% 胞内 PHB 分解产生能量，供细胞吸收环境中的 PO_4^{3-}，再次形成胞内聚磷酸盐，这种聚磷酸盐通常被称为异染颗粒，这一环节即为"缺/好氧摄磷"过程。缺/好氧之后，随着剩余污泥排放，PO_4^{3-} 以细胞形式被排放。

了解生物除磷机制后，就应该尽量创造条件以提高生物除磷效果。强化生

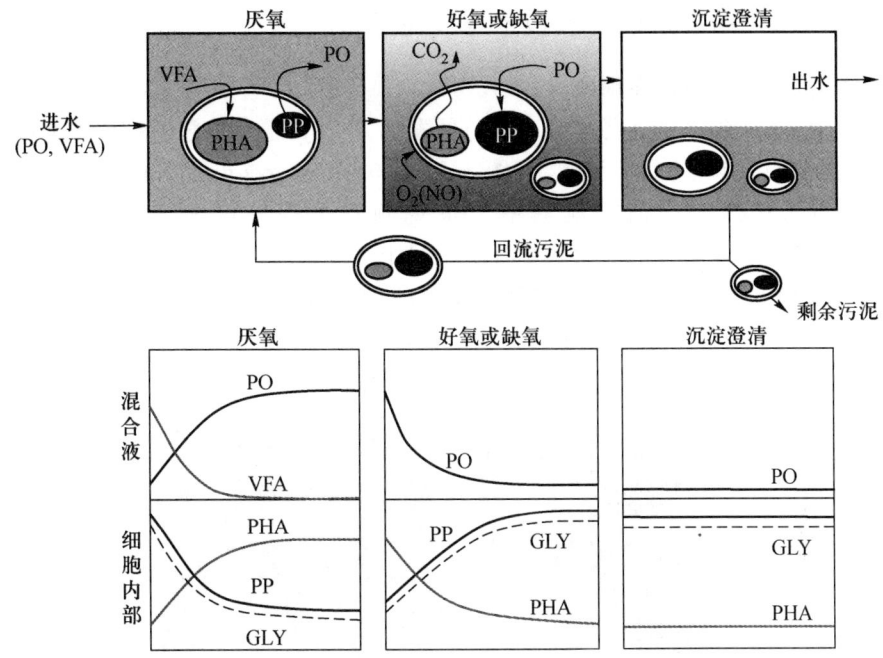

图 3.1　生物除磷代谢模型图（郝晓地,2006）

物除磷工艺要想达到较好的处理效果,主要是控制厌氧段中的硝酸盐浓度,这是因为含氮化合物是腺苷酸催化酶的抑制剂,如果存在大量含氮化合物,将影响聚磷菌放磷,进而影响 PHB 的形成;另一方面,硝酸盐的存在将会诱发常规异养反硝化菌（OHO）与聚磷菌竞争有机碳源,导致聚磷菌竞争失利。厌氧段中可溶解性有机碳源是生物除磷的必要条件。欧洲、北美、南非等国家污水中 C/P 较高（BOD/P 大于 20）,PHB 形成较多,除磷效果较好。一些国家根据自己污水特点开发了多种强化生物除磷工艺,如侧流除磷工艺（Phostrip、BCFS® 工艺）、主流除磷工艺（UCT、A/O^2、Badenpho 工艺等）。

传统活性污泥工艺只能去除污水中 20% ~ 40% 的 PO_4^{3-},而强化生物除磷工艺在适宜水质、运行条件下除磷效率可达 80% ~ 90%。因系统中的磷主要以富磷污泥形式排出,所以,可以考虑从以下几种方式进行磷回收:① 主流厌氧池;② 污泥消化液;③ 污泥脱水上清液;④ 剩余干污泥;⑤ 污泥焚烧灰分。具体工艺将在 3.3 节中详细介绍。

生物除磷工艺一方面可省去化学药剂的使用、不产生化学污泥,因而也就减少了污泥处理、处置工作量,降低了运行成本。另一方面,生物除磷工艺可有效降低出水中磷的浓度。

3.1.5 结晶法磷回收技术与理论

3.1.5.1 结晶沉淀现象

早在1937年Rawn(佟娟等,2007)便发现,在污泥消化上清液管线中可形成一种被称为鸟粪石的晶体沉淀,见图3.2。1963年,Borgerding等在美国洛杉矶Hyperion污水处理厂消化池侧壁上也观测到了许多沉淀,直至1972年,Borgerding等才证实该沉淀为鸟粪石结晶沉淀。为此,鸟粪石结晶带来的许多实际问题才得到一定关注。通过稀释污泥处理后的消化液,沉淀得到了暂时性的解决。5年后,正常情况下靠重力流输送的消化污泥管线因沉淀结壳阻塞,使输送能力大幅度降低,污水处理厂才不得不考虑加设污泥泵输送。

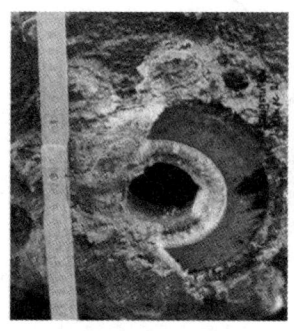

图3.2 磷酸盐晶体沉淀阻塞管道(Heinzmann等,2003)

德国柏林Waβmannsdorf污水处理厂从污泥消化池到污泥离心浓缩池的管道中常形成较厚的晶体,导致管道结壳,因此不得不每两个星期机械清洗一次。Waβmannsdorf污水处理厂污泥处理管道中所出现的晶体结壳现象之罪魁祸首也是因为在管道中结晶形成了鸟粪石。

管道中鸟粪石结晶将会堵塞管道、污泥泵,浪费能量,损坏离心机、曝气设备。为此,污水处理过程中晶体沉淀引起了广泛关注,而解决结晶带来的问题最好的办法是回收磷,变被动堵塞为主动回收的结晶磷回收工艺研发也就应运而生。

3.1.5.2 晶体形成过程与机制

晶体形成一般经历两个过程:① 晶核形成;② 晶体成长(郭杰,2006)。在第一个过程中,原子积聚成核;在第二个过程中,晶核进一步通过凝聚和二次成核作用逐渐长大成为沉淀物。结晶过程如图3.3所示。

晶体成核机制可分为初次成核和二次成核两类。初次成核指与溶液中存在的其他悬浮晶粒无关的新晶核形成的过程,也称为自发成核,初次成核需要较高的过饱和度。二次成核机制比较复杂,包含了晶核聚并、破损、磨蚀以及枝晶断裂等;与初次成核相比,二次成核需要的过饱和度较小。

按照晶核产生方式,初次成核还可细分为均相成核和异相成核。构晶离子在过饱和溶液中聚集自发形成晶核的过程称均相成核。溶液中混有固体杂质,诱导构晶离子在杂质表面沉积形成晶核,这种成核过程称为异相成核。由于污/废水中含有较多的杂质,因此,污/废水过程中回收鸟粪石晶体机制大多属于异相成核。晶核形成后,溶液中构晶离子在晶核上沉积并逐渐长大成沉淀微粒。微粒聚集长大有两种发展趋势:一种是构晶离子继续按一定晶格定向有序排列,成长为大颗粒晶形沉淀;另一种是沉淀微粒来不及定向排列就以较快速度无序聚集长大,形成无定形沉淀。这两种不同趋势主要取决于成核速度、聚集速度和定向排列速度相对大小(图3.4)。

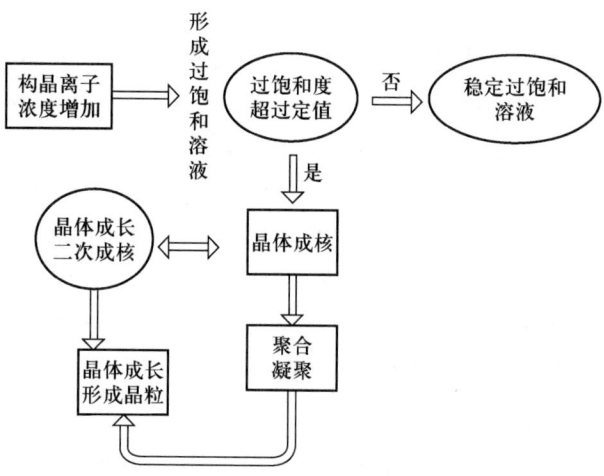

图3.3 结晶过程示意图(邹雪,2007)

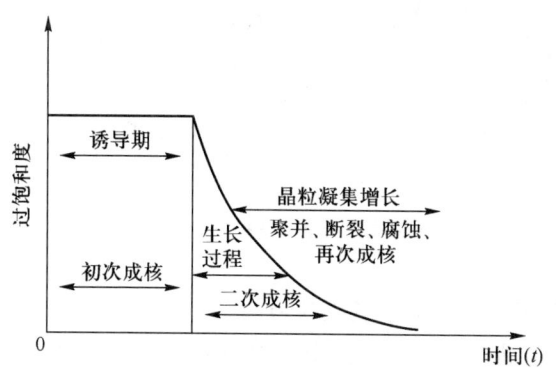

图3.4 过饱和度曲线(邹雪,2007)

3.1.5.3 磷酸盐在溶液中的平衡

磷酸盐在溶液中存在以下平衡：

$$H_3PO_4 + H_2O \longrightarrow H_3O^+ + H_2PO_4^- \qquad pK_{a1} = 2.12 \qquad (3.7)$$

$$H_2PO_4^- + H_2O \longrightarrow H_3O^+ + HPO_4^{2-} \qquad pK_{a2} = 7.21 \qquad (3.8)$$

$$HPO_4^{2-} + H_2O \longrightarrow H_3O^+ + PO_4^{3-} \qquad pK_{a3} = 12.67 \qquad (3.9)$$

式中：K_{a1} = H_3PO_4 电离常数；K_{a2} = $H_2PO_4^-$ 电离常数；K_{a3} = HPO_4^{2-} 电离常数。

某种形式磷酸盐在溶液中平衡浓度与总浓度之间的关系可以用分布系数来描述。分布系数是某种形式磷酸盐平衡浓度与总浓度之比，以 α 表示。α_0、α_1、α_2、α_3 分别表示 PO_4^{3-}、HPO_4^{2-}、$H_2PO_4^-$、H_3PO_4 的分布系数，则在水溶液中存在如式(3.10)、式(3.11)、式(3.12)、式(3.13)所示的关系。

$$\alpha_0 = K_{a1}K_{a2}K_{a3}/\{[H^+]^3 + [H^+]^2 + K_{a1}K_{a2}[H^+] + K_{a1}K_{a2}K_{a3}\} \quad (3.10)$$

$$\alpha_1 = K_{a1}K_{a2}[H^+]/\{[H^+]^3 + [H^+]^2 + K_{a1}K_{a2}[H^+] + K_{a1}K_{a2}K_{a3}\} \quad (3.11)$$

$$\alpha_2 = K_{a1}[H^+]^2/\{[H^+]^3 + [H^+]^2 + K_{a1}K_{a2}[H^+] + K_{a1}K_{a2}K_{a3}\} \quad (3.12)$$

$$\alpha_3 = [H^+]^3/\{[H^+]^3 + [H^+]^2 + K_{a1}K_{a2}[H^+] + K_{a1}K_{a2}K_{a3}\} \quad (3.13)$$

磷酸根在溶液中的存在形式与 pH 之间关系可用分布曲线表示，如图 3.5 所示。当 pH>7.5 时，磷酸根的存在形式以 HPO_4^{2-} 为主。随着 pH 增加，α_1 也在增大；当 pH 为 9.7 时，HPO_4^{2-} 分布系数 α_1 最大为 0.995；随后则逐渐减小。当 pH>10 时，溶液中才开始有 PO_4^{3-} 出现；随着 pH 增加，α_0 开始增大；当 pH 为 14 时，α_0 最大为 0.978。

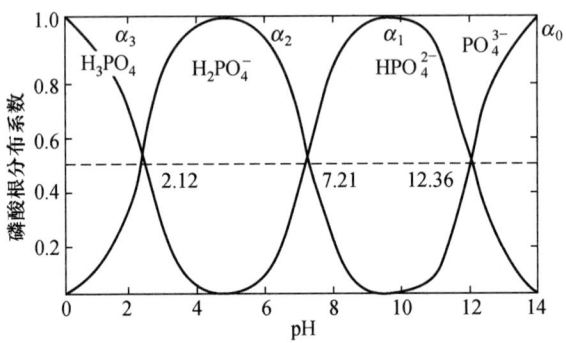

图 3.5 各种磷酸根与 pH 关系曲线(李文化等,1997)

3.1.5.4 两类重要晶体及其推动力

在污水处理结晶法回收磷工艺中主要有两种晶体产物：① 鸟粪石，化学分子式为六水磷酸铵镁 $MgNH_4PO_4 \cdot 6H_2O$，缩写为 MAP，英文为 struvite；② 羟基磷灰石，化学分子式为 $Ca_{10}(OH)_2(PO_4)_6$，英文缩写为 HAP。

鸟粪石是一种难溶于水的白色晶体，见图 3.6，正菱形晶体结构；摩尔质量为 245.43 g/mol;密度为1.711 g/cm³;0℃时在水中的溶解度极低仅为 0.023 g/L;常温下,在水中的溶度积为 $2.5\times10^{-13.26}$;鸟粪石中 P_2O_5 折标含量约为 58%(杨宏等,2006),是一种极好的缓释肥,它在自然界中的储量极少。

图 3.6　鸟粪石结晶(Global Phosphate Forum,2007)

鸟粪石的反应方程式为:

$$Mg^{2+} + PO_4^{3-} + NH_4^+ + 6H_2O \longrightarrow MgNH_4PO_4 \cdot 6H_2O \downarrow \quad (3.14)$$

$$Mg^{2+} + NH_4^+ + HPO_4^{2-} + 6H_2O \longrightarrow MgNH_4PO_4 \cdot 6H_2O \downarrow + H^+ \quad (3.15)$$

$$Mg^{2+} + NH_4^+ + H_2PO_4^- + 6H_2O \longrightarrow MgNH_4PO_4 \cdot 6H_2O \downarrow + 2H^+ \quad (3.16)$$

羟基磷灰石反应方程式如下:

$$10Ca^{2+} + 2OH^- + 6PO_4^{3-} \longrightarrow [Ca_{10}(OH)_2(PO_4)_6] \downarrow \quad (3.17)$$

晶体形成分为两个阶段,即成核和生长。在成核阶段组成晶体的各种离子形成晶胚。在成长阶段,构晶离子不断聚集到晶胚上,晶体逐渐长大,最后达到平衡。而溶液达到平衡时的化学位势(μ_∞)与溶液过饱和时的化学位势(μ_s)之差($\Delta\mu$)是生成晶体的推动力。对于鸟粪石而言:

$$\Delta\mu = \mu_\infty - \mu_s = [\mu_\infty^0 - kT\ln(\alpha_{Mg^{2+}} \times \alpha_{NH_4^+} \times \alpha_{PO_4^{3-}})_\infty^{1/3}]$$
$$- [\mu_s^0 + kT\ln(\alpha_{Mg^{2+}} \times \alpha_{NH_4^+} \times \alpha_{PO_4^{3-}})_s^{1/3}] \quad (3.18)$$

式中:k = 玻尔兹曼常数,T = 热力学温度,α = 离子活度,μ_∞^0 = 溶液达到平衡时的标准化学电势,μ_s^0 = 溶液过饱和时的标准化学电势。

假设平衡时标准化学电势和过饱和时标准化学电势相等,即 $\mu_\infty^0 = \mu_s^0$,则

$$\Delta\mu = kT\ln \frac{(\alpha_{Mg^{2+}} \times \alpha_{NH_4^+} \times \alpha_{PO_4^{3-}})_s^{1/3}}{(\alpha_{Mg^{2+}} \times \alpha_{NH_4^+} \times \alpha_{PO_4^{3-}})_\infty^{1/3}} = -\frac{kT}{3}\ln\Omega \quad (3.19)$$

式中:Ω = 过饱和度。

3.1.5.5　影响结晶过程因素

(1) 过饱和度

过饱和度是指处于过饱和状态的离子在溶液中浓度与晶体浓度积常数之比(Doyle,2002;Regy 等,2001):

$$\Omega = \frac{\alpha_\infty\{Mg^{2+}\} \times \alpha_\infty\{NH_4^+\} \times \alpha_\infty\{PO_4^{3-}\}}{K_{sp}} \tag{3.20}$$

$$K_{sp} = \alpha_s\{Mg^{2+}\} \times \alpha_s\{NH_4^+\} \times \alpha_s\{PO_4^{3-}\} \tag{3.21}$$

式中：$\alpha_\infty\{Mg^{2+}\}$、$\alpha_\infty\{NH_4^+\}$、$\alpha_\infty\{PO_4^{3-}\}$是过饱和状态下相应离子的活度；$\alpha_s\{Mg^{2+}\}$、$\alpha_s\{NH_4^+\}$、$\alpha_s\{PO_4^{3-}\}$是反应达到平衡状态时相应离子的活度；$K_{sp}$是晶体浓度积常数，即反应达到平衡时离子活度乘积。

显然，过饱和度是大于 1 的常数，过饱和度对成晶过程影响较大。Bouropoulos 等(2000)研究表明，过饱和度大于 2 时，成核机制由异相成核转为均相成核，结晶速率也受过饱和度的影响；过饱和度为 2 时在不锈钢上的结晶速率为 5.6 g/(m²·d)，而当过饱和度为 5 时结晶速率为 48 g/(m²·d)。

许多研究者对鸟粪石的浓度积常数做了研究(Le Corre 等,2009)，其成果参见表 3.1。

表 3.1 鸟粪石浓度积及其相关离子浓度

K_{sp}	pK_{sp}①	Mg^{2+} /(mg·L^{-1})	NH_4^+ /(mg·L^{-1})	PO_4^{3-} /(mg·L^{-1})	参考文献
2.50×10^{-13}	12.60	1.51	1.13	5.98	Bube (1910)
7.10×10^{-14}	13.15	0.99	0.74	3.93	Taylor 等(1963)
3.90×10^{-10}	9.40	17.53	13.15	69.40	Borgerding (1972)
7.50×10^{-14}	13.12	1.01	0.76	4.01	Burns、Finlayson(1982)
2.50×10^{-13}	12.60	1.51	1.13	5.98	Loewenthal 等(1994)
4.32×10^{-13}	12.36	1.81	1.36	7.18	Buchanan 等(1994)
1.15×10^{-13}	12.94	1.17	0.87	4.62	Aage 等(1997)
5.49×10^{-14}	13.26	0.91	0.68	3.61	Ohlinger 等(1998)

① pK_{sp} = 浓度积的负对数

用成核速率来描述晶体的形成速度，即单位时间单位体积所形成的晶体颗粒多少，用 J 表示，单位为个/(s·m³)。根据成核理论，成核速率公式如式(3.22)：

$$J = A\exp\left[-\frac{16\pi\gamma^3 v^2}{3k^3T^3(\ln\Omega)^2}\right] \tag{3.22}$$

式中：A 为反应动力学常数，通常假设为 10^{17} 个晶核/cm³；k 为玻尔兹曼常数，1.38×10^{-23} J/K；Ω 为溶液过饱和度；γ 为晶体与溶液之间的界面张力，mJ/m²；v 为摩尔体积，cm³；T 为热力学温度，K。

(2) pH

pH是影响结晶过程的重要影响因素(邹雪等,2007)。溶液pH的大小影响晶体形成及成长速度、晶体颗粒大小和晶体的纯度。鸟粪石晶体溶解度会随着pH增加而增加,但当pH超过9后,由于铵根离子在溶液中减少而导致鸟粪石溶解度升高。Babić认为,沉淀的主要成分与pH有很大关系;pH<6.0,产物多为羟基磷灰石;6.05<pH<6.4,产物为鸟粪石和镁磷石($MgHPO_4 \cdot 3H_2O$)的混合物;pH>6.4,产物主要为鸟粪石。系统初始pH=7.4时,当反应物混合后,pH降至6.02;虽然刚开始反应的第1 min内主要生成磷镁石,但很快鸟粪石就大量生成。原因主要在于鸟粪石成核速率大于磷镁石成核速率。

pH对鸟粪石形成具有重要作用,绝大多数研究者在这问题上具有一致共识,但是,对于鸟粪石的最佳pH形成条件,不同研究者有不同的结论。大多数人认为,生活污水的pH接近中性,因此,通过加碱或曝气吹脱水体中的CO_2,升高pH就能生成鸟粪石。Battistoni等(2002)研究发现,通过曝气吹脱水中的CO_2,在150 min内能将污泥厌氧消化上清液的pH从7.9升至8.3~8.6。北京建筑工程学院郝晓地等人将鸟粪石纯度>90%、磷回收率>90%作为鸟粪石生成的最佳反应条件,分别以超纯水和自来水为溶剂进行实验分析。结果表明,以超纯水作为溶剂时鸟粪石生成的最佳pH范围在7.5~9.0;而以自来水为溶剂时,获得相同鸟粪石纯度最佳pH范围则是7.0~7.5;由于真实污水中含有一定数量的Ca^{2+},所以,在pH>8.0条件下几乎不可能获得高纯度的鸟粪石。表3.2为文献资料中所得出的获得相应磷回收产物的最佳pH范围。

表3.2 文献资料中所报道的最佳pH范围

最佳pH	主要研究内容
9.0	续批式反应器处理厌氧上清液,最佳pH磷去除率达97% (Jaffer等,2002)
8.5	续批式反应器处理养猪场废液(Burns等,2003)
8.5~9.5	废水和污泥(Schulze,1991)
9.0	实验规模反应器处理厌氧消化上清液(Munch等,2001)
8.5~9.0	续批式反应器处理厌氧消化上清液,最佳pH下氨氮去除率达到最大值(Çelen等,2001)
9.0	牲畜废液(Buchanan等,1994)
9.0	处理厌氧上清液的小试和中试实验研究(Siegrist,1996)
9.0~9.5	从厌氧上清液回收营养元素,最佳pH下氨氮回收率超过88% (Miles等,2001)
9.4~9.7	从人体尿液中回收磷(Harada等,2006)

续表

最佳 pH	主要研究内容
8.6~10.6	废水中的磷回收,最佳 pH 能维持过饱和的亚稳定状态(Janus 等,1997)
8.3~8.6	通过添加化学物质从厌氧消化液中除磷,根据磷去除率获得最佳 pH (Battistoni 等,1997)
8.5~10.0	从污水中回收磷(Booker 等,1999)
8.5~10.0	鸟粪石形成的影响因素(Stratful 等,2001)
9.5	污水中的磷回收(Janus 等,1997)
7.0~7.5	自来水作为溶剂,鸟粪石形成的最优条件研究(郝晓地等,2009)

尽管 X 线衍射(X ray diffraction,XRD)可以用于检测鸟粪石的存在,但是该方法并不能定量分析鸟粪石的纯度。为此,郝晓地等(2009)采用 X 线衍射和基于氢离子元素分析法对鸟粪石纯度进行定量检测,发现鸟粪石的纯度受构晶溶液、pH 和钙离子浓度影响。当采用不含钙、镁离子的超纯水作为构晶离子溶剂时,超纯水反应体系中随着 pH 从 7.5 升高到 10.5,沉淀物中鸟粪石纯度逐渐降低,其中,鸟粪石纯度 > 90% 的最佳 pH 是 7.5~9.0,而 pH > 10.5 后,纯度则急剧下降。当采用含钙、镁离子自来水作为构晶离子溶剂时,pH 低于 8.5 钙离子在沉淀晶体中接近零;但 pH 大于 8.5 时,钙离子出现在沉淀晶体中。这很可能是由于随溶液碱性的增强,磷酸钙($Ca_3(PO_4)_2$)、磷酸氢钙($CaHPO_4$)、磷酸镁($Mg_3(PO_4)_2$)和氢氧化镁($Mg(OH)_2$)等杂质开始形成,这些杂质严重阻碍了鸟粪石的结晶沉淀过程。纯水鸟粪石结晶实验表明,pH 为 7.0 和 7.5 时,其纯度分别是 96.8% 和 95.7%,而当 pH 大于 7.5 时,鸟粪石的纯度开始下降,当构晶溶液 pH 为 10.0 时鸟粪石纯度下降到 15.5%,在更高的 pH(> 10.0)下,鸟粪石纯度几乎接近零。

(3)可利用有机碳源

在生物营养物去除工艺(biological nutrient removal,BNR)中,充足的有机物用来满足微生物除磷需要特别重要。在污水处理厂中存在两种主要有机碳源:① 污水内部(内源)转化的碳源。② 向系统内添加(外源)挥发性脂肪酸(volatile fatty acid,VFA)或易生物降解的有机物(readily biodegradable chemical oxygen demand,RBCOD)。污水内部碳源转化主要是指通过发酵污泥而得到短链挥发性有机酸,将上清液再重新回流到污水处理厂进水处,以提高进水的易生物降解的有机物;外加碳源主要是加入甲醇或乙酸等易降解有机物或利用新技术将城市固体废物进行发酵而得到有机物。

(4)温度

温度对结晶并没有像 pH 和过饱和度一样重要,但是,温度也会影响晶体的溶解度。当温度升高时,晶体溶度积增大,溶液相应的过饱和度将降低,从而降低晶体颗粒尺寸和纯度。一般来讲,鸟粪石形成的最佳温度在 25～35℃。Burns 等(2002)在不同温度下研究鸟粪石的溶度积,发现25℃和45℃下鸟粪石溶度积从 0.7×10^{14} 增加到 1.45×10^{14}。Frost 等(2004)通过慢速低温加热,发现鸟粪石分解温度低于40℃。也就是说,如果合成鸟粪石过程中采用超过40℃的温度,即使有鸟粪石生成,也会慢慢发生分解,最终得到的产品并不是鸟粪石。因此,控制反应温度十分重要。

(5) 反应时间

鸟粪石形成是一种化学反应过程,在过饱和溶液中鸟粪石结晶形成晶核的诱导时间非常短(李金页等,2004),之后反应在亚稳态区进入晶体的二次成核阶段。所以,鸟粪石在较短的时间内就可以形成。诱导时间是指在富含构晶离子的溶液中成核并长大初次形成能够检测到晶体的时间。诱导时间 t 可以用下式(3.23)求得。

$$t = t_N + t_G \tag{3.23}$$

式中,t_N 为晶核形成所需要的时间,t_G 为晶体成长所需要的时间。

诱导时间除了与晶核形成和晶体成长所需要的时间以外,还与反应的动力学及搅拌强度等有关系。Bouropoulos 和 Koutsoukos 等(2000)发现诱导时间与溶液过饱和度有重要关系,而且成反比。诱导时间的测量方法主要有微光检测法、比浊和电导率监测法、pH 监测法和吸光度监测法等。表 3.3 为鸟粪石晶体的诱导时间监测结果。

表 3.3 鸟粪石晶体诱导时间实验监测结果(Le Corre 等,2009)

实验配水成分	诱导时间监测方法	溶液过饱和度(Ω)	诱导时间	实验条件	参考文献
$MgSO_4 \cdot H_2O$ + $NH_4H_2PO_4$	pH 监测法	1.4 2.5 $12 < \Omega < 25$	24 h 1 min 1 min	无搅拌	Abbona 和 Boistelle(1985)
$MgCl_2 \cdot 7H_2O$ + $NH_4H_2PO_4$	微光检测法	1.6 2.1 3.1	38 min 1 min 0.25 min	搅拌速度 570 rpm	Ohlinger 等(1999)
$MgCl_2 \cdot H_2O$ + $NH_4H_2PO_4$	pH 监测法	1.13 2.27 3.33	125 min 45 min 6 min	絮凝沉淀 磁力搅拌	Bouropoulos 和 Koutsoukos(2000)

实验配水成分	诱导时间监测方法	溶液过饱和度（Ω）	诱导时间	实验条件	参考文献
$MgCl_2 \cdot 6H_2O$ + $NH_4H_2PO_4$	微光检测法、比浊和电导率监测法、吸光度监测法	2.346	14 min	絮凝沉淀	Kabdasli 等 (2004)
		3.209	3.5 min	磁力搅拌	
$MgSO_4 \cdot 7H_2O$ + $NH_4H_2PO_4$	pH 监测法	2.1	24.7 min	絮凝沉淀	Konfina 和 Koutsoukos(2005)
		3.0	4.2 min	磁力搅拌	

研究表明,在反应不到 1 min 的情况下,溶解性磷就能达到平衡,之后延长反应时间对磷的去除率影响不大,但时间会影响鸟粪石的产量,随着反应时间延长,产量有所提高,但时间过长,又会使鸟粪石纯度降低。

(6) 构晶离子比例

从鸟粪石化学组成上看,理想的镁、氨、磷酸根摩尔比是 1:1:1,但实际上,考虑到反应的充分性,往往其摩尔比较理想值要大,研究证明最佳镁、磷摩尔比为 1.3:1(陈瑶,2006)。镁源来源广泛,如高硬度泉水、含镁量较高的海水,另外也可以投加含镁的化学试剂,如氢氧化镁。一方面氢氧化镁可以提供镁源,而且还可以调节 pH,但其二者的比例不易控制。另外,氢氧化镁是沉淀物,需要较长的反应时间来溶解,这就需要较大的反应器。因此,有些污水处理厂也投加氯化镁($MgCl_2$)作为镁源,虽然其成本高于氢氧化镁,但其需要的反应器容积较小。除此之外,还有许多镁源正在研究和应用之中。

(7) 反应器

反应器材质、构造等都会影响其水利条件,进而影响其晶体生成速率。反应器表面粗糙、产生扰动、增强局部混合,晶体成长就快。结晶反应器一般是流化床反应器(fluidized bed reactor,FBR),反应器上升流速一般应大于其最小流态化速度,使晶体悬浮,与污水充分接触;另一方面,上升流速又不能太大,以防止小晶体颗粒随出水带走,发生所谓的"晶体流失"现象。搅拌速度也是设计反应器时需要考虑的重要因素,适宜的搅拌速度会增加晶体之间碰撞机会,有利于晶体快速凝聚;但是,搅拌速度又不能过强,搅动过强,产生的水力剪切力势必较大,将会打碎正在成长中的晶体。水中剪切后,加上局部的过饱和状态,会发生二次成核现象,晶核会在晶体种的表面形成。另外,二次成核现象还与晶体接触摩擦、晶体之间静电引力相互作用有关。

(8) 离子共沉淀

钙离子对工艺过程有两方面的作用:① 积极作用,磷酸钙可以作为鸟粪石的絮凝剂,促进鸟粪石晶体的絮凝和长大;② 消极作用,部分磷酸根离子与钙离子形成无定形磷酸钙随出水流出,影响出水水质,通常情况下其消极作用更会引起人们的关注。Quintana 等(2005)利用气提式三相分离器,实验装置建于滨海沿岸,利用就近的海水(含 1 250 mg Mg/L,400 mg Ca/L)作为镁源,以鸟粪石形式回收含高磷(平均 630 mg PO_4^{3-} – P/L)工业废水二级出水中的磷酸根。实验结果表明,采用海水作镁源,尽管钙离子对鸟粪石结晶过程的影响在所难免,但用氢氧化钠调节 pH 到 8.5~9.0,可获得 80% 以上高的磷回收率。该实验证实,海水作为镁源,不仅易得、价廉,而且对鸟粪石结晶过程影响不大。

以鸟粪石为主要形式磷回收技术不仅可以回收污水、污泥中的磷,而且还可以回收农业废水中的磷。但是,从农业废水中回收磷应当充分考虑废水中钙离子对鸟粪石形成的影响。钙离子对结晶反应的影响,不仅取决于其在磷酸盐溶液中浓度大小,而且主要取决于 Ca^{2+}/PO_4^{3-} 的比例。Moerman 等(2009)比较从土豆加工厂和乳品加工厂升流式厌氧污泥床工艺(up-flow anaerobic sludge bed,UASB)处理后排放水中回收磷,发现钙离子对鸟粪石的形成过程有重要影响;当 Ca^{2+}/PO_4^{3-} 摩尔比在 0.27 和 0.62 时除磷效果较好;但是,当 Ca^{2+}/PO_4^{3-} 摩尔比为 1.25 时,几乎没有鸟粪石形成。另一中试试验表明,当 Ca^{2+}/PO_4^{3-} 摩尔比 2.34 时,鸟粪石回收率仅仅 35%,而当 Ca^{2+}/PO_4^{3-} 摩尔比下降到 0.37 时回收率高达 91%。为此,为保证磷回收率,从废水中回收鸟粪石之 Ca^{2+}/PO_4^{3-} 摩尔比应小于 1.0。

(9) 晶种选择

加入晶种可使鸟粪石晶体成核时间进一步缩短,从而加快反应速度,同时,还可使鸟粪石附载在晶种上。晶种有多种类型,主要有微砂、磷矿石、骨炭、氧化镁炉渣、氢氧化锆、浮石、硼钛酸盐玻璃、石英砂、活性炭和母晶体(鸟粪石本身作为晶种)等。其中,微砂是最常见的晶种,具有来源广泛、价格低廉等优点。目前,荷兰 DHV 公司研发的结晶反应器正是采用微砂作为晶种。Battistoni 等(2002)将 0.21~0.35 mm 的微砂填充到流化床中作为鸟粪石结晶晶种。Le Corre 等以不锈钢材料制成的网筛作为鸟粪石晶种进行磷回收,实验结果表明,反应进行 2 h 后磷回收率达 81%,晶体形成速率为 7.6 g/($m^2 \cdot h$)。

(10) 其他因素

调节 pH 方式、重金属(黄颖,2008)、悬浮固体(SS)浓度及搅拌强度等都会影响成晶过程。

结晶法回收磷具有如下优点:

① 得到的鸟粪石沉淀是一种极好的缓释肥,其沉淀容易烘干,便于储存和

销售。

② 沉淀中所含重金属含量较天然矿石制成的市场化肥低许多(低2~3倍)。

③ 不必加入大量化学药剂,只需适量提供镁源,没有化学污泥产生,而且污泥量大大减少。

④ 回收磷效率较高,可达进水总磷的50%~80%。

⑤ 防止晶体沉淀阻塞污泥管道,损坏污泥泵、压滤机、离心机等处理设备。

⑥ 除磷回流液与进水混合,常规异养反硝化菌/聚磷菌进行反硝化或生物除磷具有充足有机物,进而提高反硝化或生物除磷效率,从而达到了强化脱氮除磷的目的。

⑦ 工业废料可以提供镁源,实现固体废物资源化。

尽管结晶法与化学沉淀和生物除磷法相比有其独到之处,但对其控制技术要求较高。如果反应器运行不当会造成反应器内局部形成过饱和状态,发生表面二次成核,大量磷酸盐晶体细颗粒会随水流流出,大大削弱磷回收效率。其次,由异相初次成核引起的反应器壁结壳或淤塞,同样是由于反应器混合强度不适宜所引起的局部过饱和而致。最后,提高pH所采取的气体(CO_2)吹脱,应该合理计算气体强度,以达到节能的目的。

在宏观上,将污水磷回收与除磷并举,客观上可达到有效控制水体富营养化和实现可持续发展或循环经济的双重作用。在微观上,利用化学除磷宏量效果好、生物除磷微量效果显著的特点,通过对厌氧单元上清液化学沉淀回收磷可以起到相对提高生物除磷所需COD/P比,达到强化生物除磷效果、改善出水水质,控制水体富营养化的目的。

3.2 磷回收技术研发现状及发展趋势

磷回收工艺多种多样,形式复杂多变,但归结起来磷回收工艺主要有化学沉淀法、吸附/解吸法、生物磷去除/回收、结晶磷回收等。本章将重点介绍这些磷回收技术在国内外研究现状及其发展趋势。

3.2.1 化学沉淀法

化学沉淀法能很容易将高浓度含磷废水中的磷降低到一定水平,具有除磷效率高、工艺简单、运行可靠、并能达到较低出水总磷等优点。目前主要采用的化学药剂有铝盐、铁盐和石灰。由于铁盐价格便宜,是微生物生长所必需的微量元素,同时,铁盐会导致活性污泥重量增加、可有效避免活性污泥膨胀并且能够刺激微生物活性、对微生物无毒害作用,所以,铁盐是良好的化学同步除磷药剂。

化学沉淀法在污水除磷工程中已经取得了广泛应用。以下分别介绍近年来国内外的技术应用情况。

目前,将工业生产副产品作为化学沉淀除磷的外投药剂研究已经取得了积极进展。Sakadevan 和 Bavor(1998)研究表明,钢铁工业中高炉鼓风副产品——炉渣具有良好的磷吸附能力。这种副产品以铁离子为主,并包含有钙离子、镁离子等,是一种混合物。将其投入含磷污水中时,释放出铁、钙、镁等金属离子并形成氢氧化物,从而产生多种磷酸盐沉淀混合物。通过硅砂、石灰石以及其他几种金属氧化物的对比实验发现,颗粒活性氧化铝和产自于钢铁工业的铁/钙氧化物对磷酸盐具有良好的亲和性。反应 1 h 之后,污水中有 99% 磷得以去除。

邢伟等(2006)究了铁盐除磷机制与过程。实验分别采用三氯化铁($FeCl_3 \cdot 6H_2O$)、硫酸亚铁($FeSO_4 \cdot 7H_2O$)、聚硫酸铁(PFS)、复合亚铁、聚氯化铝铁(PAFC)、聚硫酸氯化铝铁(PAFCS)、聚氯硫酸铁(PFCS)、聚硫酸铝铁(PAFS)和聚硅酸铝铁(PSAF)等试剂做了相关铁盐除磷条件的探讨。研究发现,铁盐溶于水后通过溶解和吸水发生强烈水解形成多羟基络合物,正铁离子除磷的最适宜 pH 为 4.5~5,对于亚铁离子最适宜 pH 则为 7~8。

刘召平等(2003)对铁盐化学同步除磷进行了研究。实验比较硫酸亚铁和氯化铁的除磷效果,污泥回流对除磷的影响。结果发现,采用铁盐化学同步除磷,絮凝作用主要是由活性污泥完成,而不是铁的氢氧化物来完成,更重要的是亚铁盐的磷沉析效果不低于 3 价铁盐,故可以用价格便宜的硫酸亚铁取代氯化铁进行同步除磷。污泥回流有利于充分利用化学药剂发生沉淀,减少了药剂的投加量。

王立立等(2002)以生活污水二级生物处理后的出水为研究对象,考察了铁盐对浓度在 2~4 mg/L 总磷的混凝去除效果及影响因素。结果表明,亚铁盐除磷最佳 pH 为 7.5~8;铁盐投加量较低时,适当提高 GT 值(G 为搅拌强度,T 为最佳搅拌时间)可使总磷去除率增加 15%~20%;在适当的混凝搅拌条件下,3 价铁盐和聚合硫酸铁对总磷的去除率均在 70% 以上,混凝后过滤可使出水中总磷降至 0.5 mg P/L 以下。

虽然化学沉淀法除磷具有许多优点,但是进一步降低污水中的磷需要投加的化学药剂量势必加倍,所产污泥量较大;此外,废水中碱度也会消耗一部分化学药品。所以,要想达到理想的除磷效果,往往需要向含磷废水中投入大量的化学药剂,导致处理总费用过高。如果化学药剂投加量过高,还会影响其出水色度,且从沉淀物中回收磷的难度较大。基于上述原因,单独使用化学沉淀法达到除磷并回收磷的目的有些得不偿失。所以,该工艺常常作为辅助强化措施与生物除磷联合应用,从而达到除磷并回收磷的目的。

3.2.2 吸附/解吸法回收磷

吸附/解吸磷回收技术是利用某些多孔或大比表面积固体物质对水中磷酸根离子的吸附亲和力,是通过选择合适的吸附剂对富磷溶液进行磷回收的一种物理化学过程。吸附/解吸法是一种高效低耗的分离过程,特别适合于稀溶液中溶质分离(丁文明等,2002),因此,对各种吸附剂的研究目前已成为热点。作为优质吸附剂,一般应该满足这样一些条件:① 具有高的吸附容量;② 对磷酸根离子有较高的选择性;③ 吸附速度快;④ 原料易得、廉价;⑤ 可抗其他离子干扰;⑥ 无毒害物溶出;⑦ 性质稳定。

此外,固体吸附剂的选择还取决于以下一些重要因素:

(1) 进水磷负荷及排放水质要求或受纳水体自净化能力

在敏感水域,为了防止水体中含磷过量(>1.5 μg P/L)而引发藻类大量繁殖诱发水体发生富营养化,在处理磷负荷极低的污水时,应选择一种对磷具有高吸附能力的固体吸附剂便显得格外重要(赵冰清等,2008)。例如,处理洗浴废水时可以考虑选用水滑石、水铝英石、氧化铝等固体吸附剂。

(2) 处理水体的氧化还原势

当选择一种特定固体吸附剂来处理特定污水时,要充分考虑吸附剂所适合的生化环境。例如,含铁固体吸附剂对氧化还原势相当敏感,处在还原条件较深(>5 m)的河湖水体中,水体中吸附磷的 3 价铁固体吸附剂会在微生物还原作用下被还原,非溶解性固体磷酸盐会立即释放到水体中,加之搅拌扰动作用,溶解性磷酸盐会上升到水体表面,从而引发藻类大量繁殖。

(3) pH 影响

一些固体吸附剂具有对磷吸附最佳 pH,如果 pH 改变,那么,对磷吸附能力将会发生改变。例如,水铝英石($Al_2O_3 \cdot SiO_2 \cdot 2.5H_2O$)具有广泛的 pH,在 4~8 之间;当水体中含有大量磷酸根时,为防止藻类大量繁殖,可以将 pH 调节至 8,投加水铝英石来修复水体。

(4) 公众健康意识

许多吸附剂是工业生产废料,考虑到工业废料吸附剂吸附效果和价格等优势往往会被采用。但是,其中含有的微量元素是否对人体产生不良影响,在复杂污水水质中会不会发生化学反应,是否生成对人体有害物质等,这些问题一直困扰着人们。吸附剂成本、对磷的吸附效果是选择吸附剂的重要考虑方面,同时,还要考虑所投加固体吸附剂对人体和生物健康的影响等。

传统吸附剂有水滑石、水铝英石、氧化铁、氧化铝和微砂等。常见固体吸附剂及其特征总结于表 3.4 中。

由于传统吸附剂吸附容量小,有的甚至具有毒害作用,所以限制了它们在污水磷回收中的应用,取而代之的是新型吸附剂雨后春笋般呈现,以下分别予以介绍。

表 3.4　几种磷吸附剂及其特性概括（Valsami-Jones, 2004）

吸附剂名称	化学/矿物学	来源	改良形式	磷的吸附效果	应用形式	成本
水滑石	镁铝或铁组成的双层氢氧化物	土壤或人工合成	转化成无碳化合物	较高，对pH的依赖性大	废水流、柱形	中高
水铝英石	铝硅的非晶形体	土壤或人工合成	无	高，但是对pH强依赖性	湿地、滤池	中低
氧化铁	氧化物	土壤或工业废料合成	更小颗粒更大表面积	较低	湿地、滤柱	较低
氧化铝	Al_2O_3	商业性生产	预处理后改善表面属性	高	圆柱、反应床	高
土壤、微砂	富含钙、铁、铝等矿物	自然形成	更小颗粒更大表面积	依赖化学矿物性质而有高低	湿地	低
矾土	铁铝的氧化物和氢氧化物	炼铝厂的废弃物	可用于海水修复	依预处理和形式而有高低	湿地、滤柱	中低
飞灰	若改性可制造多铝红柱石、铝矽酸盐玻璃、沸石	煤煅烧后的废弃物	高温处理可制造水滑石	依改良情况而有中低效果	湿地、滤柱	中低
黏土聚合体	煅烧黏土	工业煅烧而成	带孔聚合体	中低，与钙、铁离子浓度有关	湿地、滤池	中等
炉渣黏性聚合物	钙、铁氧化物矿石	工业副产物	筛滤以控制颗粒尺寸	中低，与钙、铁离子浓度有关	湿地、滤柱	低
改良稀有黏土	稀有黏土	预制泥浆合成	造粒、滤料	中高	滤池、格栅	中高
碳酸盐	$CaCO_3$、$MgCO_3$	自然或工业副产物	煅烧制造 CaO、MgO	依据表面情况低到高	滤池、格栅	中低

（1）酸性矿山排污废水污泥

当前，酸性矿山排污废水（acid mine drainage，AMD）严重污染水体，对其治理已引起了广泛关注(Wei 等,2008)。因此,环保部门鼓励建立浅塘或湿地对酸性矿山排污废水进行沉淀处理。酸性矿山排污废水处理过程中会产生大量沉淀物——赭石(Ochre),而赭石可有效对磷酸根超标水体进行除磷,达到生态修复的作用,其成本明显低廉。

赭石主要由 $Fe(OH)_3$ 和 $FeO \cdot OH$ 组成,其形成反应式如式(3.24)所示。

$$FeS_2 + \frac{15}{4}O_2 + \frac{7}{2}H_2O \longrightarrow Fe(OH)_3 \downarrow + 2SO_4^{2-} + 4H^+ \qquad (3.24)$$

为了防止酸性矿石排污废水对周边水体造成污染,矿山污水处理厂不得不采取措施将污水中的 2 价铁氧化为 3 价铁。因此,长时间累积,产生大量的 $Fe(OH)_3$ 和 $FeO \cdot OH$ 沉淀,从而形成了赭石。赭石含水率在 80%~95%;为方便运输,需要对其脱水干化,脱水干化后的赭石更容易作为水处理投加剂。赭石磷吸附机制是:磷酸根被快速吸附到赭石敏感区与铁石表面的羟基进行配位基交换;然后,磷酸根基团与铁原子形成双核共价化合物;较弱的配位基与较弱的敏感区继续反应,最终磷酸根通过空隙进入赭石晶体内部。实验结果表明,pH 对赭石吸磷效果影响不大,吸附磷酸根后的赭石稳定,不必考虑被赭石吸附的磷解吸到周边水体中。

含磷废水大量排放会引起水体富营养化进而使表面水体恶化,为此,美国出台了相应的污水排放标准,其中,要求在敏感水域磷排放量不能超过 0.1 mg P/L,常规二级污水处理工艺已经不能保证污水达标排放。因此,研究人员设计了大量新型深度处理工艺,进一步对污水处理厂二级出水进行除磷。Wei 等(2008)以酸性矿山排污废水污泥作为吸附剂,吸附回收污水处理厂二级出水溶解性磷酸根。酸性矿山排污废水污泥主要由铁和铝的氧化物和氢氧化物组成,湿式酸性矿山排污废水污泥含固率为 4.31%。干化处理酸性矿山排污废水污泥耗能耗时,因此,酸性矿山排污废水污泥通常不会进行干化处理,使用前用过氧化氢和无氨水处理,以提高其活性。研究结果表明,当投加酸性矿山排污废水污泥的量在 1.0 g/L 时,出水磷浓度为 1.02 mg P/L,除磷率可达 95%;吸附最佳 pH 在中性且偏酸性范围内;反应为吸热反应,增加温度有利于磷的吸附;吸附等温线符合 Freundlich 吸附等温线,如(3.25)方程式所示。

$$q_e = KC_e^{1/n} \qquad (3.25)$$

式中,C_e 为磷酸根在反应达到平衡时的浓度(mg P/L),q_e 为酸性矿山排污废水污泥的吸附容量(mg P/g),K、$1/n$ 为通过实验数据做回归拟合而得到的经验常数。

吸附后的酸性矿山排污废水可以填地处理,与土壤一起充当过滤层。该土壤对降雨过程产生的径流雨水中的磷具有较强的吸附能力(高达 30.5 mg P/g 酸性矿山排污废水),吸附饱和后可以充当缓释肥料,其所含重金属离子浓度在规定范围内,可以改良土壤,有利于农作物的增产。目前,使用赭石做土壤过滤层的研究正在进行,以期评估其经济和生态价值。

尽管利用湿污泥能充分利用其较大表面积和污泥颗粒活性,但在实际污水处理中利用酸性矿山排污废水污泥进行三级处理,剩余污泥产量过大,其运输成本代价过高,不切实际。因此,需要进行脱水干化处理后再将其外运。为了充分利用酸性矿山排污废水污泥进行磷回收,可以考虑与污水一起进行生化反应,充分搅拌混合,以下推荐两种主要工艺流程,如图 3.7 所示。

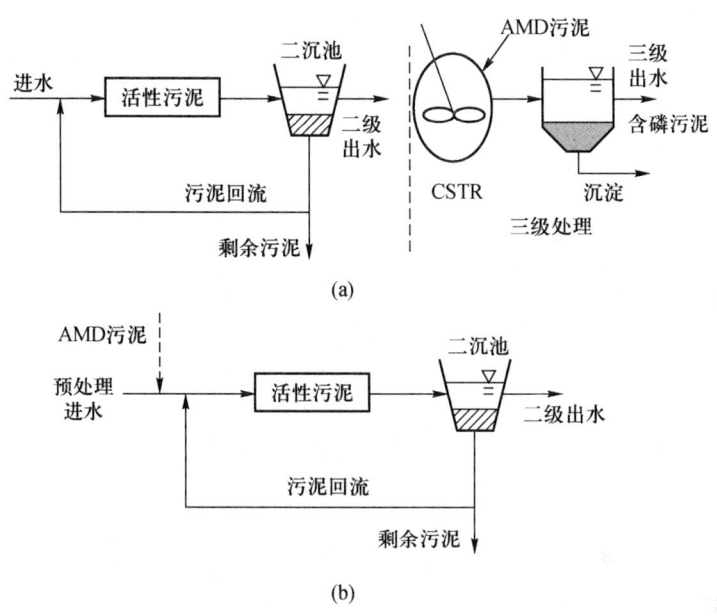

图 3.7 酸性矿山排污废水污泥进行磷回收推荐工艺(Li 等,2007)

酸性矿山排污废水污泥吸附磷可应用在污水处理、农业径流污染及富营养化水体的修复等方面,以改善水生态环境。吸附饱和后的酸性矿山排污废水污泥可以做缓释肥。这种磷回收方法不仅比其他化学药剂成本低,更重要的是用矿山废物治理污水,不仅可以防止矿山废水污染水体,而且可以治理富营养化,可谓一箭双雕,是治理富营养化水体的良药。

(2) 明矾污泥

明矾污泥指自来水处理厂中混凝污泥脱水后形成的干污泥,主要含有明矾等化合物,对磷具有极强的吸附能力。明矾污泥吸附机制是依靠其中 OH^-、Cl^-、SO_4^{2-} 和腐殖酸等活性基团与磷酸根离子发生化学沉淀反应,去除污水中的磷,后经酸或碱处理而回收其中的磷。这种明矾污泥饼可以去除污水中 90% 以上的总磷,吸附饱和后的富磷明矾污泥含磷量为 14.3 mg P/g(干明矾污泥)。明矾污泥吸附周期长,若用于生活污水吸附磷,可以使用 9~40 年,对于处理养殖场废水可以使用 2.5~3.7 年。

最近，Zhao 等(2009)利用人工湿地处理养殖场污水，采用明矾污泥作为吸附剂，对污水中的磷进行回收。从人工湿地提取饱和后的富磷明矾污泥，然后，加入酸或碱使其解吸附将磷释放到溶液中，主要发生的反应如式(3.26)和式(3.27)所示。

$$AlPO_4 + 3H^+ \longrightarrow Al^{3+} + H_3PO_4 \tag{3.26}$$

$$AlPO_4 + 4OH^- \longrightarrow Al(OH)_4^- + PO_4^{3-} \tag{3.27}$$

其 Al^{3+}/PO_4^{3-} 摩尔比大致在 2，然后，加入碱，将其 pH 从强酸调节至 5～7，使磷酸铝沉淀达到磷回收的目的，其沉淀率为 98%。该研究为了解吸附所需的酸或碱，分别研究了加入 HCl、HNO_3、H_2SO_4、NaOH 和 KOH 溶液，对富磷明矾污泥进行解吸附 60 min，实验结果如图 3.8 所示。

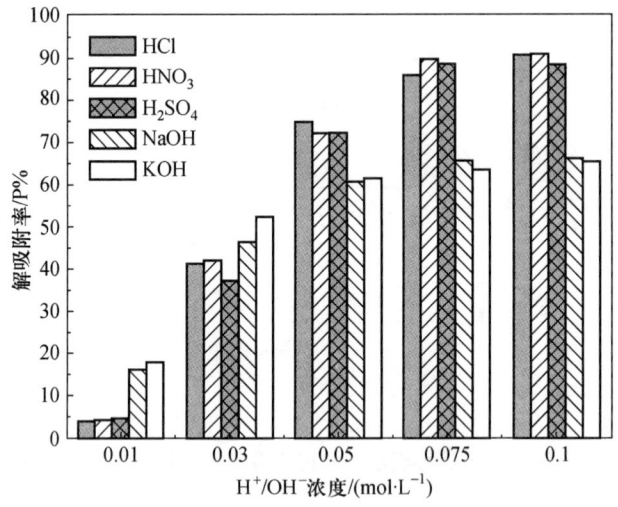

图 3.8　酸、碱在不同浓度下对明矾污泥的解吸附效果(Zhao 等，2009)

从实验结果可知，不同酸或碱对富磷明矾污泥解吸附作用基本相同，解吸效率随酸或碱溶液浓度的增加而增加；低浓度(小于 0.05 mol/L)下，碱解吸附效果比酸好，而处于高浓度(大于 0.075 mol/L)时，酸的解吸附效果比碱好，例如，浓度 0.075 mol/L 时，HNO_3 与 NaOH 的解吸附效率分别是 90% 和 65%。这是因为：处于低浓度时，絮凝过程中形成的 $Al(OH)_3$ 消耗酸或碱量有所不同，具体如反应式(3.28)和式(3.29)所示。

$$Al(OH)_3 + 3H^+ \longrightarrow Al^{3+} + 3H_2O \tag{3.28}$$

$$Al(OH)_3 + OH^- \longrightarrow AlO_2^- + 2H_2O \tag{3.29}$$

从以上反应式可以看出，处理相同量明矾污泥酸消耗量比碱要多。而在高浓度范围，主要发生解吸反应，污泥中腐殖酸会消耗部分碱溶液，从而使碱溶液解吸效率下降。鉴于上述原因，酸对污泥解吸作用较好。HCl、HNO_3 价格要高

于 H_2SO_4,而且 HCl、HNO_3 具有挥发性,操作不便。所以,通常情况下选用 H_2SO_4 对富磷明矾污泥进行解吸。

此工艺不仅解决了自来水厂污泥处理、处置问题,而且可以回收污水中的磷,防止水体因富营养化而恶化,既保护了环境,又实现了废弃物的资源化、无害化。

(3) 改性硅藻土

原生态硅藻土具有较大空隙,其主要组成成分为:$SiO_2 = 89.2\%$、$Al_2O_3 = 4\%$、$Fe_2O_3 = 1.5\%$、$CaO = 0.5\%$、$MgO = 0.3\%$ 以及 0.5% 其他氧化物。向原硅藻土中加入氢氧化钠溶液,在 85 ℃下反应 2 h 将硅离子溶解,后加入氯化亚铁溶液,在室温条件下搅拌一天,硅离子将与亚铁离子反应,生成稳定的 Si—O—Fe 化合键,沉淀到硅藻土的大孔隙中,最终形成含水铁石改性硅藻土。水铁石不仅能填充硅藻土大孔隙,而且还能够凝聚在硅藻土表面形成微孔结构,改性后的硅藻土比表面积高达 211.1 m^2/g,是原硅藻土(24.77 m^2/g)的 8.5 倍。

加拿大研究人员将硅藻土改性,发现改性后硅藻土比表面积增加大大提高了吸磷效果。pH = 4、8.5 时,改性硅藻土与原硅藻土相比,其吸附能力分别从 10.2 mg P/g、1.7 mg P/g 攀升至 37.3 mg P/g、13.6 mg P/g(Xiong 等,2008)。吸附等温线实验表明,改性硅藻土对磷吸附等温线更符合 Langmuir 吸附等温线,如式(3.30)所示。

$$q_e = \frac{K_L C_e}{1 + a_L C_e} \tag{3.30}$$

式中:q_e 为吸附容量(mg P/g);K_L、a_L 为 Langmuir 吸附等温线常量;C_e 为磷酸根在反应达到平衡时的浓度。

目前,含水铁石改性硅藻土粉末已经应用在污水生物处理出水中进一步除磷。颗粒态改性硅藻土还可以应用在固定床反应器中,但应充分考虑其磨损对处理效果的影响,以及最佳运行参数等。

(4) 硫酸锆介孔材料吸附剂

硫酸锆对磷具有较高吸附性能,其化学组成为 $Zr(HSO_4^-)(C_{19}H_{42}N)_{0.5}(OH)_{3.5} \cdot 2H_2O$,介孔结构材料(mesoporous structure material)利用表面活性溶胶离子作为模板而制成,其孔径因模板和反应条件不同而有所差异,在 20 ~ 500 nm 之间(Lee 等,2007)。通过 X 线衍射观察得知,硫酸锆介孔材料是规则六边形结构,其孔径在 40 ~ 50 Å(10 Å = 1 nm)。锆离子与磷具有较强亲和力,介孔材料上硫酸根和氢氧根离子与水溶液中磷酸根发生阴离子交换,其交换模型如图 3.9 所示。

Lee 等人实验结果表明,硫酸锆对磷的吸附等温线符合 Langmuir 公式,阴离子吸附量按下式(3.31)计算:

$$q_e = (C_0 - C_{eq}) \times V/M \tag{3.31}$$

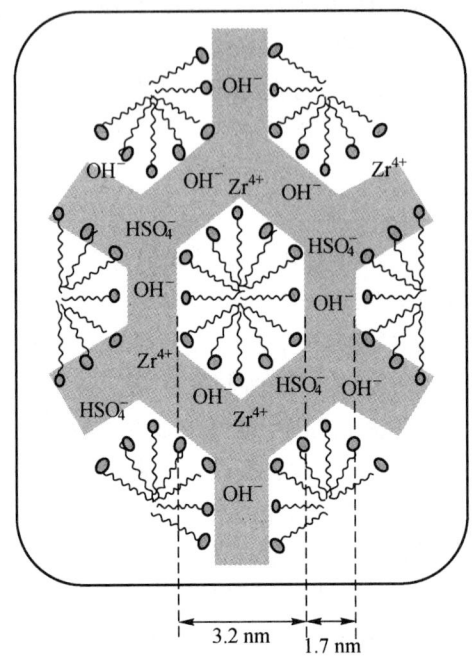

离子交换反应：

$$Zr(HSO_4^-)(C_{19}H_{42}N)_{0.5}(OH)_{3.5} \cdot 2H_2O + H_2PO_4^-$$

$$Zr(H_2SO_4)(C_{19}H_{42}N)_{0.5}(OH)_{3.5} \cdot 2H_2O + HPO_4^- + H_2PO_4^-$$

$$Zr(H_2SO_4)(C_{19}H_{42}N)_{0.5}(H_2PO_4^-)(OH)_{3.5} \cdot 2H_2O + OH^-$$

图3.9 硫酸锆离子交换模型（Lee 等，2007）

式中：q 为吸附容量（mg/g），C_0、C_{eq} 为溶液中磷酸根离子的起始浓度、平衡时浓度（mg/L），V 为溶液体积（L），M 为吸附剂质量（g）。

通过比较硫酸锆与氧化锆（ZrO_2），碳酸镧（$La_2(CO_3)_3$），氢氧化镧（$La(OH)_3$）对磷的吸附能力，发现硫酸锆吸附剂对磷的吸附能力最大，可达3.4 mmol P/g硫酸锆，说明硫酸锆是一种很有潜力的磷回收吸附剂。

日本利用家用生活污水处理一体化装置——净化槽技术（许春莲等，2008）

与锆吸附剂回收生活污水中的磷,工艺过程如图3.10所示。吸附剂浸入7%氢氧化钠溶液进行解吸附释放出磷,解吸附效率高达95%。采用1%硫酸溶液对吸附剂再生,再生后的吸附剂同新吸附剂一样具有高的磷酸根吸附容量。磷酸根以磷酸钠晶体形式回收,其中磷纯度高达90%;回收晶体可以用于高效肥料,实验运行过程中出水总磷浓度低于1 mg P/L,磷酸根回收率高于80%。

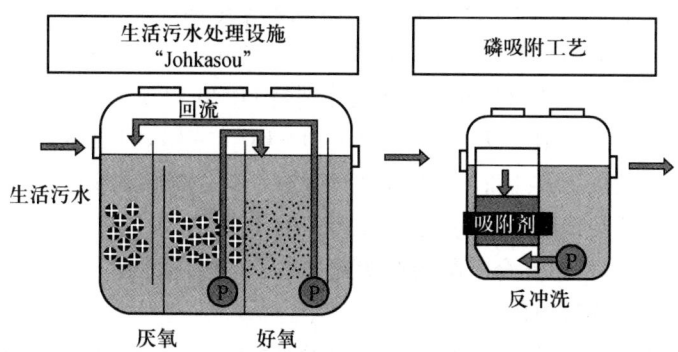

图3.10　日本生活污水净化槽技术与磷吸附工艺(Ebie等,2008)

一种主要由氢氧化锆与铁化合物构成的选择性吸附剂回收磷工艺正在日本研发。采用硫酸盐水解与热处理方法从污泥中提取溶解性磷酸根,吸附剂使用氢氧化钠再生产出89%的磷酸钠产品(17% P)作为磷酸工业原料。采用此工艺可以回收污泥中68%的磷。

(5) 复合吸附剂

单一组分天然吸附剂对磷的吸附容量较小,因此,开发高吸附容量的高效磷吸附剂势在必行。目前,一些新型复合吸附剂正处于实验研究阶段。

清华大学研究了铁-铈复合除磷剂,将氯化铁与氯化亚铁按摩尔比2∶1配制成铁盐混合液;加入一定量的硫酸铈($Ce(SO_4)_2$)和氢氧化钠溶液形成混合溶液恒温搅拌;发生水解共沉淀反应后,pH达到9~10,继续恒温搅拌30 min,使沉淀物分散,通过此结晶破碎过程制成铁-铈复合除磷剂。实验结果表明,吸附剂吸附磷的性能受到反应温度、金属盐溶液组成、沉淀滤出物干燥温度等因素影响,但受铈盐含量影响最大,当铈盐含量为22%时达到最大值;Ce^{4+}与Fe^{2+}氧化还原有利于吸附剂比表面积增加,从而提高铁-铈吸附剂对磷的吸附容量。铁-铈复合除磷剂对磷的高效吸附性主要在于对结晶的破碎,增大其表面积,从而使其对磷的吸附容量增大。

层状复合金属氢氧化物(layered double hydroxides,LDH)带有磁性,利用其磁性可以从污泥渗滤液中回收磷酸根。基于此原理,Zn-Al层状复合金属氢氧化物LDHs研发成功。实验表明,Zn/Al摩尔比为2时对磷酸根吸附效果最佳,在300 ℃煅烧4 h,所得层状复合金属氢氧化物吸附能力高达40.77 mg P/g

LDHs。由于氢氧化铝是两性物质,所以,强酸和强碱对其吸附能力有较大影响。对磷酸根吸附为吸热反应,吸附等温线符合朗缪尔吸附等温线。被 LDHs 吸附后的磷酸根可以用质量分数为 5% 的氢氧化钠溶液解吸附后再回收。

Xing 等(2008)使用镁、铝、碳酸根双层氢氧化物 $Mg-Al-CO_3^{2-}-LDHs$($Mg-Al-CO_3^{2-}-layered\ double\ hydroxides$)和其煅烧产物($Mg-Al-CO_3^{2-}-CLDH$)吸附水中磷酸根离子。实验结果表明,吸附剂对离子吸附顺序是 $HPO_4^{2-} > H_2PO_4^- > P_3O_{10}^{5-}$,吸附试验所得实验数据也符合 Langmuir 吸附等温线,吸附平衡时间分别是 120 min 和 180 min,活化能分别是 11.70 kJ/mol 和 98.40 kJ/mol;吸附过程吸热,最佳 pH 在 4.7~10.0;$Mg-Al-CO_3^{2-}-CLDH$ 比 $Mg-Al-CO_3^{2-}-LDHs$ 的最适宜 pH 要高;313 K 温度下 $Mg-Al-CO_3^{2-}-LDHs$ 与 $Mg-Al-CO_3^{2-}-CLDH$ 最大吸附容量分别是 38.00 mg $P_3O_{10}^{5-}$ g/L、132.92mg $P_3O_{10}^{5-}$ g/L。可以看出,这种镁-铝复合吸附剂对磷酸根离子的吸附性能非常强。

(6) 聚配合基交换树脂

聚配合基交换树脂(polymeric ligand exchanger,PLE)除磷机制不同于一般的离子交换树脂,它是利用镶嵌在聚合物中的金属离子与磷酸根离子发生复杂化学反应而得到目的产物(Kumar 等,2007)。PLE 树脂主要含有两种配位基交换树脂:负载铜离子的螯合树脂(Dow 3N Cu-loaded resin)和磷酸根选择性纳米树脂 $PhosX^{np}$(nano-particle impregnated phosphorus selective regin),离子吸附顺序为:$NO_3^- > HPO_4^{2-} > SO_4^{2-} > Cl^-$。其离子交换反应如式(3.32)和式(3.33)所示。

$$\overline{R-Cu^{2+}(2Cl^-)} + HPO_4^{2-} \Longleftrightarrow \overline{R-Cu^{2+}(HPO_4^{2-})} + 2Cl^- \quad (3.32)$$

再生反应:

$$\overline{R-Cu^{2+}(HPO_4^{2-})} + 2Cl^- + H^+ \Longleftrightarrow \overline{R-Cu^{2+}(2Cl^-)} + H_2PO_4^- \quad (3.33)$$

Kumar 等(2007)研究了利用聚配合基交换树脂处理含磷废水浓缩液。结果表明,$PhosX^{np}$ 比负载铜离子螯合树脂吸附效果好,在 $P:Mg^{2+}:NH_4^+$(摩尔比) = 1:1.5:1、pH = 9 的条件下,可以吸附 85% 的磷酸根,解吸附后 90% 磷酸根形成鸟粪石,所得鸟粪石可以作为缓释肥。

吸附法可以处理低浓度磷酸根溶液,而且具有工艺简单、控制方便、除磷效果显著、成本低、产生的污泥量少等优点。近年来,吸附去除废水中磷酸根的方法渐受关注。然而,污水中悬浮物浓度过高会累积并堵塞吸附剂床层,常规固定床吸附技术就不适于处理此类含磷废水,而只能采用流化床装置。于是,吸附剂回收又成为技术难点,所以,吸附法走向成功实际应用尚存一系列需要克服的难题。

3.2.3 生物磷去除与回收

强化生物磷去除工艺是在污水处理工艺升级、改造时不仅要满足脱氮除磷的要求,而且应尽可能降低工艺运行能源消耗量和化学药剂使用量的背景下应运而生。强化生物除磷技术关键是使活性污泥在厌氧-缺氧-好氧区之间形成动态循环。在此运行模式驯化作用下,活性污泥中的聚磷菌在厌氧环境中首先释磷,随后在缺氧/好氧环境下摄取磷。这种动态环境下的生物摄磷量将比普通活性污泥吸磷量高出 3~7 倍,这种现象被称为聚磷菌的过量摄磷。随着厌氧/缺氧/好氧过程的交替进行,聚磷菌可以在活性污泥中形成稳定种属,并占据较大优势进行过量摄磷,从而使磷以多聚磷酸根(Poly-P)形式聚集在活性污泥细胞之中,并达到非常高的程度,最后通过富磷污泥作为剩余污泥排放。生物除磷机制如图 3.11 所示。

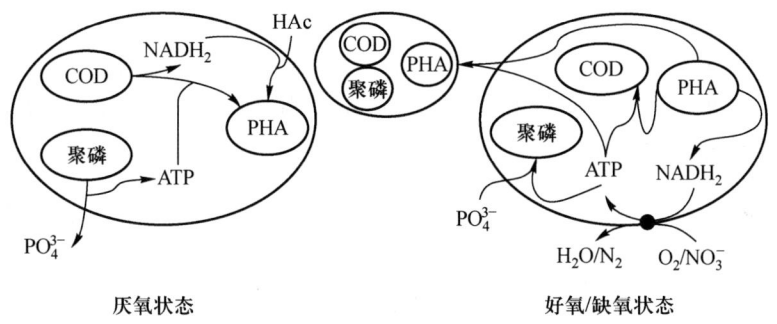

图 3.11　强化生物除磷机制(郝晓地,2006)

从污水中回收磷可以在主流厌氧池、污泥消化或离心上清液等处采取合理工程措施加以回收。从污水中回收磷工艺应用较早的是 20 世纪 60 年代的 Phostrip 磷回收工艺(Levlin 等,2003),其实质是生物除磷与化学除磷相结合的工艺。污水经过生物活性污泥处理后,二沉池中的部分含磷污泥进入厌氧除磷池并在此释放磷,静沉后脱磷污泥回流到主流曝气池中,含磷上清液经化学沉淀工艺最终得到含磷量较高的沉淀物,可用作肥料。

除 Phostrip 工艺外,正在发展中的强化生物除磷工艺也可以进行磷回收。自早期以单独除磷为目标的厌氧/好氧(A/O)工艺开始,强化生物除磷工艺向着实现同步脱氮除磷及节能高效的方向不断发展,出现了 Phoredox、A^2/O、改良氧化沟、UCT、Johannesburg、MUCT 和 BCFS® 等众多工艺。

A^2/O 工艺(图 3.12)发展虽然只有 20 多年,但其工艺简单,能兼顾脱氮除磷,并有较好的效果,所以,在国内外发展迅速,成为众多城市污水处理厂的首选工艺。但多年来的运行经验及实验研究表明,A^2/O 工艺存在固有缺欠,即硝化菌(AOB/NOB)、常规异养菌和聚磷菌在有机负荷、泥龄(sludge retention time,SRT)及碳源需求上存在着矛盾和竞争,其中,最突出的问题为常规异养菌和聚磷菌在碳源(挥发性有机酸)上的竞争。如图 3.12 所示,当回流污泥中含有一定浓度的 NO_3^- 时,进入厌氧池后常规异养菌就会优先消耗水中挥发性有机酸进行常规反硝化,从而抑制了聚磷菌摄取 COD 并进行厌氧释磷。

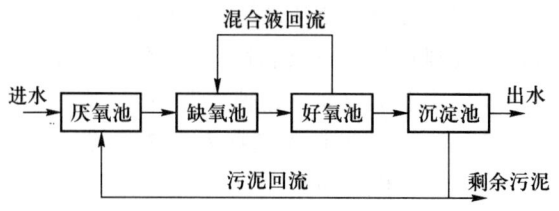

图 3.12　传统 A^2/O 工艺流程

为消除回流污泥中 NO_3^- 对厌氧释磷的干扰,1984 年 Ekama 等提出(University of Cape Town,UCT)工艺,如图 3.13 所示。UCT 工艺不是将污泥直接回流到厌氧池,而是首先回流到缺氧池,使污泥经反硝化后再回流到厌氧池,这样可在缺氧池内进行反硝化尽可能将 NO_3^- 去除。在 UCT 工艺运行实践中发现了反硝化除磷现象。

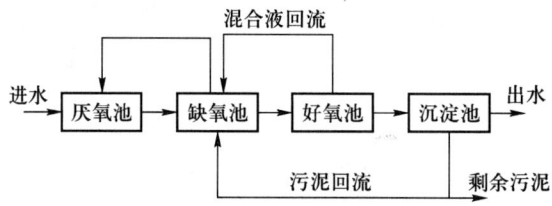

图 3.13　UCT 工艺流程

但是,当进水 TKN/COD 较高时,缺氧区无法实现完全脱氮,仍会有部分 NO_3^- 进入厌氧区。所以,将缺氧区一分为二,各尽其责,使工艺更加清晰有效,同时也避免了 UCT 工艺回流交叉现象,使工艺运行更加容易控制,这种工艺是对 UCT 工艺的改进,所以,称之为改良型 UCT 工艺(即 MUCT)(见图 3.14)。MUCT 工艺有两个缺氧池,前一个接受二沉池回流污泥,后一个接受好氧池硝化后的混合液,使污泥脱氮与混合液脱氮完全分开,进一步减少 NO_3^- 进入厌氧区的可能。

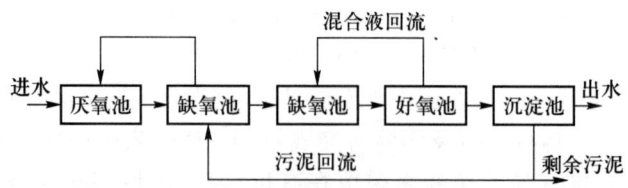

图 3.14　MUCT 工艺流程

在工程实践中,为最大限度地从工艺角度创造反硝化除磷菌(denitrifying phosphorus removing bacteria,DPB)富集条件,荷兰代尔夫特理工大学(TU Deflt)

研发出一种新型的 UCT 工艺——BCFS®（Barat 等,2006）。与 UCT 不同的是，BCFS® 工艺被扩展为 5 个反应单元、3 个内循环和一个侧流除磷单元（见图 3.15）。这种变型方式极大地改进了 UCT 工艺性能，而且较好地利用了从进水中可以获得的有机物质。从流程上看，BCFS® 工艺在主流线上较 UCT 工艺增加了 2 个反应池。第一个增加的反应池介于 UCT 工艺的厌氧池与缺氧池中间，即接触池起到生物选择池的作用。厌氧池出水中含少量溶解性 COD，仍可在后续好氧环境中为丝状菌生长创造机会，增加接触池后，回流污泥与来自于厌氧池的混合液充分混合，几乎吸附了所有厌氧出水中的残余 COD，从而最大限度地降低好氧池丝状菌膨胀发生的可能性。

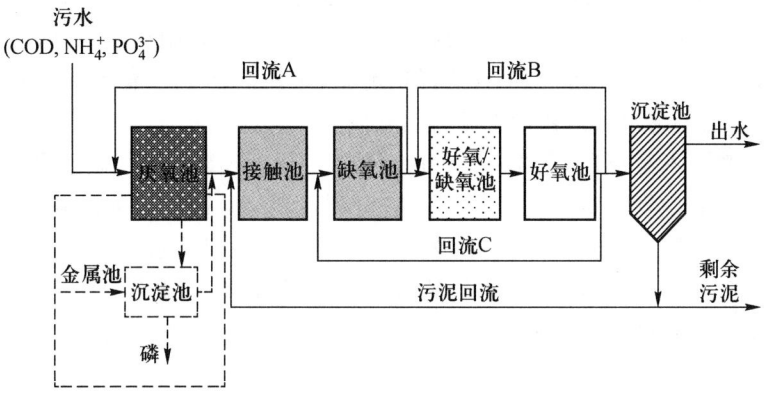

图 3.15　BCFS® 工艺流程

增加的第二个反应池是缺/好氧池，介于 UCT 工艺缺氧池和好氧池之间，目的是形成低氧环境以获得同时硝化与反硝化，从而保证出水含有较低的 TN 浓度。这个新增设的反应池体积约为全部反应池总体积的 1/3，仅在以下 3 种情况时适当曝气：① 好氧池溶解氧（DO）浓度太低。② 混合池中氧化还原电位（ORP）太低。③ 缺氧池中氧化还原电势太低。BCFS® 工艺对应增加了好氧池与混合池之间的混合液回流——内循环 B，以增加硝化或同时硝化反硝化的机会，为获得良好的出水氮浓度创造条件。

为了实现磷回收，BCFS® 工艺设置了一个厌氧池侧流离线磷沉淀单元（郝晓地等,2008）；通过侧流方式引出厌氧池上清液至磷沉淀池，沉淀反应后上清液回流至接触池参与后续生物反应。由于各反应器中厌氧池磷浓度最高（约 30 mg P/L），可投加少量化学药剂而获得较高的沉淀效率。离线操作方式避免了化学沉淀与生物固体混合，易于实现磷资源的回收。同时，通过化学沉淀方式去除一部分进水 TP，就相应降低了后续生物除磷负荷，相对提高了进水 C/P 比。因此，化学磷回收对生物除磷具有强化作用。

对于污水处理厂中进行磷回收,具体的磷回收区域及反应构筑物,郝晓地和 van Loosdrecht 建议(Hao 等,2006):① 在厌氧池末端设置一挡板,抽取少量富磷上清液,用一独立的反应器沉淀并回收磷,磷沉淀后的上清液继续流回后续缺氧/好氧反应池;② 将含高浓度磷酸根以及氨氮污泥消化液一并引入磷回收反应器进行磷回收,这样,可以避免因鸟粪石自然生成可能会堵塞污水处理工艺中各种管道的弊端。在独立反应器中可以充分利用磷浓度高的特点高效生成高纯度鸟粪石,此工艺即磷回收结晶工艺。

目前,我国大部分市政污水处理厂基本都面临污水不能达标排放这一难题。究其原因很多,但最重要的原因是我国市政污水碳源含量较低,且污水中易降解性有机物含量较少,导致厌氧段中的挥发性有机酸浓度低,使聚磷菌不能充分吸收挥发性有机酸并将其以胞内聚合物 PHA 的形式储存在胞内。这样,混合液到了好氧段,由于没有充足 PHA 分解提供能量,聚磷菌就不可能将摄磷的能力发挥到极致,结果出水总磷超标现象司空见惯。

针对碳源不足现象,主要有 3 种应对措施:① 外加碳源;② 通过化学磷回收相对提高后续生物除磷 COD/P 比;③ 充分利用反硝化除磷。外加碳源,不仅从经济上不切实际,还会增加剩余化学污泥产量。如果能从系统内实现化学磷回收,不仅能达到强化生物除磷的目的,而且还能同时减少曝气量和剩余污泥产量。反硝化除磷可以将反硝化和生物除磷合二为一,所以,反硝化除磷所需的 COD/P 比应该比彼此独立的反硝化和生物除磷要低得多。

面对我国市政污水水质情况,郝晓地等(2008)采用辅以化学除磷强化生物除磷工艺进行试验,通过模拟预测与实验室试验证实原污水低碳源抑制生物除磷问题可以借助于厌氧上清液侧流化学磷回收方式得到强化。根据试验结果可以得出以下结论:抽取部分厌氧上清液,以侧流方式实施化学磷回收可相对提高进水 COD/P 比值,与单纯靠增加外部碳源(COD)来提高 COD/P 比具有异曲同工的效果;厌氧上清液侧流化学磷回收可相对提高 COD/P 比,明显改善出水的水质。在厌氧池上清液中 PO_4^{3-} 为 16~18 mg P/L 情况下,经 30 min 沉淀反应,可以使上清液中的 PO_4^{3-} 降低至 0.5~3 mg P/L(取决于试验时环境温度),在 COD/P = 37.5 的工况下,当侧流比增加至 30% 时,出水中的 TP 浓度可以从碳源抑制时的 >6.0 mg P/L 下降至 ≤1.0 mg P/L;厌氧上清液侧流化学磷回收在操作上简单、易行。

对以地下水为主的城市污水来说,一般只需靠调节 pH 至 9.0 以上便可以在侧流厌氧上清液中短时间内形成沉淀(PO_4^{3-} 去除率可达 80%~90%),无需再额外投加金属化合物;当侧流比为 30% 时,出水中 TP 浓度显著改善的同时,化学磷回收作用可回收进水中磷负荷的 54%;经验证与校正后数学模型模拟预测有着与试验结果近乎一致的效果。因此,数学模拟技术完全有可能取代中间试验步骤而直接将小试结果放大至工程应用。这样的磷回收率对延缓自然界磷的匮乏速度有着非常积极促进作用。

生物除磷技术是磷回收利用的基础,所以,对强化生物除磷工艺原理良好理解和其微生物群落结构充分认识是必不可少的。但目前在微生物群落结构认识上遇到了一定困难。由于强化生物除磷工艺中一些微生物是无法通过纯培养获得的,所以,微生物传统驯化、培养技术无法取得有效效果。进一步研究需要更先进的微生物探测技术,如聚合酶链式反应技术(polymerase chain reaction, PCR)和荧光原位杂交技术(fluorescence in situ hybridization, FISH)等。

今后还应在以下方面继续开展深入研究和试验:① 继续对强化生物除磷工艺中可培育菌种进行分离,并利用分子技术对目前不可培育菌种进行探测,认识其特征和作用。完成对 PHA、糖原、乙酸、正磷酸以及污泥含磷量这些基本参数测定,或许会发现强化生物除磷工艺某一特征与已知菌种之间的某些联系。② 实现对决定聚磷代谢基因的操控,以提高基因表达效果。③ 开发经济高效污水鸟粪石、羟基磷灰石回收工艺。④ 对这两种具有潜在利用价值的肥料(鸟粪石和羟基磷灰石)及其工业加工附带产物进行土地肥效试验。⑤ 对磷酸盐溶解微生物同鸟粪石、羟基磷灰石结合使用的效果进行论证,分析出这些微生物能否代替通常的化学处理。

3.2.4 结晶反应器磷回收工艺现状

结晶磷回收产物可以用作缓释肥,在渗滤之前被植物有效吸收,充分发挥其作为营养物之功效;回收产物中重金属等杂质含量比市场化肥含量低很多,而且 N、P、Mg 等元素可同时满足植物需求。因此,结晶法磷回收技术是一种可持续处理技术。

3.2.4.1 结晶反应器

结晶法回收磷酸盐晶体反应器形式概括起来主要有完全混合式、气提式、流化床(FBR)。目前,各种反应器已经实现工程化。其中,流化床反应器居多,所以有必要对其设计要点加以总结。

(1) 流化床工艺一般采用垂直圆柱体,连续进料,内设搅拌器以加快反应物的接触速度。

(2) 进料点应远离搅拌叶轮,以最大限度防止对叶轮造成的污染和冲击;且进料点彼此应保持一定距离,以最低程度地减弱快速混合效应形成局部过饱和现象而影响晶体形成。

(3) 反应器可分为下部反应区和上部沉淀区,以保证晶体充分生长,当晶体足够大时就会沉降到反应器底部进行磷回收。沉淀区尺寸大小由晶体颗粒终沉速度决定,以保证小晶体颗粒在溶液中保持悬浮状态。

(4) 流体上升流速不能太小,以防止颗粒物质在池底堆积;上升流速不能过大,以防止结晶反应器中颗粒物与流体间摩擦力增大而增加水头损失。颗粒摩擦力与颗粒自身表观质量相等时,若进料流量继续增加,晶体颗粒将解体破碎而在反应器中游离,此时,流化床反应器处于流态化。当水头损失保持恒定时,流量增加将使得流化床处于膨胀状态,最终结果是晶体颗粒将随出水流失。

因此,流化床结晶反应器设计与选择应该遵循以下原则:

① 最小流态化速度。建议采用由 Ergun 等推导得到的最小流态化流速公式(3.34)计算。

$$U_{mf} = \frac{h_k}{2h_b}(1-e_{mf})\frac{\mu a_p}{\rho_F}\left[\sqrt{1+\left(\frac{4h_b}{h_k^2}\frac{e_{mf}^3}{(1-e_{mf})^2}\frac{\rho_F(\rho_s-\rho_F)g}{\mu^2 a_p^3}\right)^{-1}}\right] \quad (3.34)$$

式中:U_{mf} 为最小流态化速度(m/s);h_k 为 Kozeny 常数,对于球形颗粒其值为 4.5;h_b 为常量,0.3;e_{mf} 为流态化初期床体的所占的空间体积与总体积的百分数,对球形颗粒大约为 0.4;μ 为流体黏性系数(kg/m/s);ρ_F 为流体密度(kg/m³);ρ_s 为固体密度;g 为重力加速度(m/s²);a_p 为颗粒比表面积(m⁻¹)。

对于直径为 d_p 的球体,$a_p = 6/d_p$;为便于计算最小流态化速度,将 e_{mf} 用床体密实体积来近似表示:

$$e_{mf} = 1 - \rho_s/\rho_{pb} \quad (3.35)$$

式中:ρ_{pb} 为流化床表观密度,即流化床床体生物量(m_s)与床体表观体积($h_{pb} \times \Omega$)之比。

$$\rho_{pb} = m_s/(h_{pb} \times \Omega) \quad (3.36)$$

式中:h_{pb} 为床体高度,Ω 为过流断面有关。

② 颗粒终沉速度。颗粒终沉速度,即携带颗粒最大表面速度。表面速度(U)与反应器内没有颗粒物时的液体流速近似,它与总进水流量(Q)和过流断面有关(Ω):

$$U = Q/\Omega \quad (3.37)$$

最大表面速度计算与流体所处流体状态有关:

当雷诺数<1(层流)时,

$$U_{max} = \frac{gd_p^2(\rho_s-\rho_F)}{18\mu} \quad (3.38)$$

当 1<雷诺数<1 000(过渡态)时,

$$U_{max}^{1.4} = \frac{0.072gd_p^{1.6}(\rho_s-\rho_F)}{\rho_F^{0.4}\mu^{0.6}} \quad (3.39)$$

当 1 000<雷诺数<4×10⁵(紊流)时,

$$U_{max}^2 = \frac{3gd_p(\rho_s-\rho_F)}{\rho_F} \quad (3.40)$$

③ 床体膨胀度。流化床反应器中颗粒分离速度随流体表观速度增加而增加,表观速度与膨胀度(e)之间存在如下关系:

$$\frac{U}{U_{max}} = e^n \qquad (3.41)$$

式中:指数 n 在 4.6(层流)至 2.4(紊流)之间变化,也可进行实验得到 $\log U$ 与 $\log e$ 关系曲线,从中求得。床体有效高度(h)对流化床设计非常重要,可按下式计算:

$$h = \frac{m_s}{(1-e)\rho_s \Omega} \qquad (3.42)$$

④ 水头损失与能量消耗。按照能量守恒定律,流化床床体内水头损失(ΔP)与床体内单位面积上颗粒表观质量相等,即

$$\Delta P = h(1-e)(\rho_s - \rho_F)g \qquad (3.43)$$

水头损失是由于流体与颗粒之间产生摩擦作用而导致,这种现象表现为能量消耗 $\bar{\varepsilon}$:

$$\bar{\varepsilon} = \frac{U\Delta P}{\rho_F he} \qquad (3.44)$$

目前结晶反应器用于回收磷的试验装置比比皆是,并成功应用于工程实践。加拿大不列颠哥伦比亚大学研发了流化床结晶反应器,荷兰 DHV 开发出结晶反应器,南非开发出 CSIR 流化床,日本开发出 Kurita 结晶沉淀反应器、Phosnix 等。表 3.5 为结晶法回收磷的试验及工程实例。

表 3.5 结晶法回收磷的试验及工程实例

反应器类型	规模	磷酸盐来源	磷去除率/%	结晶形式	参考文献
离子交换床	工程化	消毒污水	≥90	MAP	Liberti 等(1986)
气动搅拌柱	小/中试	污泥消化上清液	60~70	MAP	Fujimoto 等(1991)
流化床	小试	屠宰场废水	90	MAP/HAP	Brett 等(1997)
DHV 反应器	工程化	二级处理出水	≥90	MAP	Giesen(1999)
流化床	小试	污泥压滤液	/	磷酸钙 CaP	Battistoni 等(2002)
流化床	小试	污泥离心液	97	MAP	Jaffer(2000)
流化床	中试	污泥储存上清液	≥80	MAP	Ohlinger 等(2000)
流化床	工程化	污泥脱水上清液	≥90	MAP	Ueno 等(2001)
气动搅拌柱	中试	污泥浓缩液	94	MAP	Von Münch 等(2001)
曝气柱	中试	猪粪尿	65	MAP/HAP	Suzuki 等(2002)
填沙砾烧杯	小试	污泥浓缩液	65~70	MAP	Wu 等(2003)
流化床	中试	人工配水	90	MAP	Adnan 等(2003)

续表

反应器类型	规模	磷酸盐来源	磷去除率/%	结晶形式	参考文献
流化床	工程化	主流厌氧上清液	62	MAP/HAP	Cecchi 等(2003)
气动搅拌柱	工程化	污泥离心液	60~80	MAP	Jaffer 等(2004)
流化床	工程化	污泥脱水上清液	≥90	MAP	Ishikawa 等(2004)
搅拌反应器	中试	污泥消化上清液	90	MAP/CaP	Seco 等(2004)
搅拌反应器	中试	人工配水	≥60	MAP	Mangin 等(2004)
搅拌反应器	中试	猪尿粪	90	MAP	Laridi 等(2005)
流化床	工程化	污泥压滤液	64~69	MAP/HAP	Battistoni 等(2002)

当前,结晶法回收富磷溶液中磷的工程实例大量涌现,备受世界各国青睐,下面是一些典型结晶反应器实验结果。

Shimamura 等(2008)采用如图 3.16 完全混合式结晶反应器装置回收污泥消化液中的磷,上清液回流到主流工艺中,以提高除磷效果。

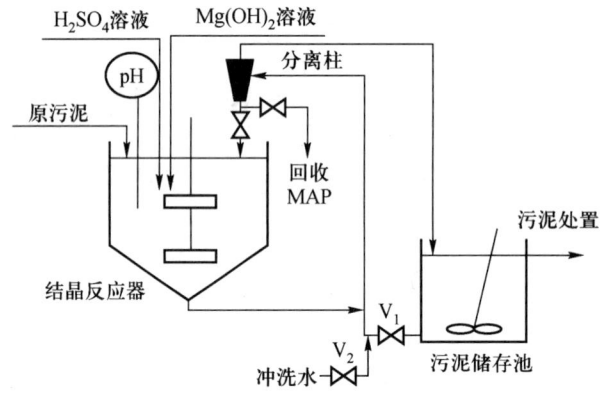

图 3.16　完全混合式结晶反应器(Shimamura 等,2008)

原污泥以 50 m³/d 流量进入结晶反应器,反应器搅拌速度是 100 rpm;使用氢氧化镁做镁源,硫酸溶液调节 pH 到 8 左右;细小晶体颗粒在反应器底部生长,与污泥分离后从低端进入分离柱,分离柱中的污泥从顶端溢流到污泥处理池,细小晶体颗粒将在分离柱中继续长大。关闭阀门 V_1、打开阀门 V_2,向分离柱中注入冲洗水,对浓缩后鸟粪石晶体进行清洗,冲洗后的鸟粪石(粒径在 0.3 mm 左右)从分离柱底部进行回收。采用此工艺处理原污泥(690 mg TP/L,268 mg PO_4^{3-}-P/L)结果表明,处理后污泥总磷为 464 mg TP/L,TP 回收效率 33%,正磷酸根降低到了 20 mg P/L,回收效率达 93%。对回收产物成分分析得知,所回收的鸟粪石含磷 26%(以 P_2O_5 计),而且重金属离子浓度低于农用化肥标准,回收鸟粪石完全可以用作缓释肥。

气提式结晶反应器对污泥消化液进行磷回收工艺正在德国研发,工艺如图 3.17 所示。气提式结晶反应器一大特点是利用气体吹脱提高 pH。实验采用氯化镁作为镁源,气体吹脱强度分别为 500 L/h、300 L/h、100 L/h。实验结果表明,在气体吹脱强度 500 L/h 下,可回收 80% 磷酸根为鸟粪石晶体,回收晶体在 25 ℃下干燥后分析,其尺寸在 90~150 μm。气体强度越低越有利形成较大晶体颗粒(200~300 μm),气体强度为 300 L/h 的情况下,反应时间对晶体成长速度研究表明,5 min 时晶体粒径为 30 μm,75 min 后晶体粒径为 300 μm。

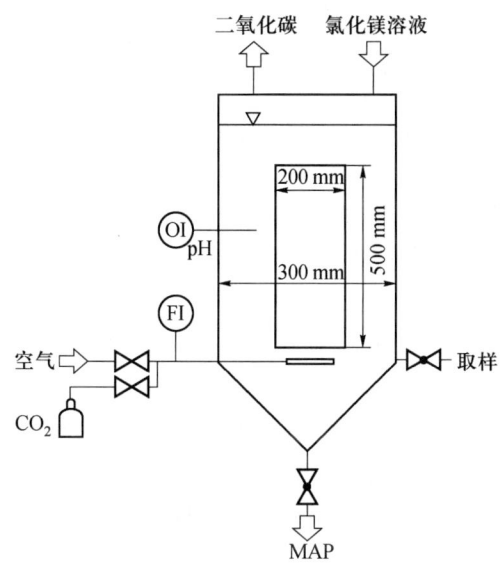

图 3.17 气提式结晶反应器

加拿大某污水处理厂采用 UBC(University of British Columbia)研发的结晶反应器进行磷回收(Fattah 等,2008),工艺如图 3.18 所示。根据直径大小不同,流化床反应器可以分成 4 个区域:回收区 A、活性反应区 B、晶体细颗粒区 C、沉淀区 D 或称晶体种储存区。厌氧离心消化液与反应器循环水一起从底部进入;通过喷嘴向反应器中投加氯化镁和氢氧化钠;晶体种从上部投入;反应器内流体在底部进料流速的冲击下处于流化状态,以保证晶体快速形成。由于底部过饱和度大于顶部,因此,底部晶体成长速度明显快于顶部,在反应器底部形成较大晶体颗粒进行回收。反应器自下而上采用渐扩型,直径改变处产生涡流为反应器提供相应混合梯度以利于流化床内形成晶体颗粒,最大晶体颗粒积聚在底部,被周期性回收。

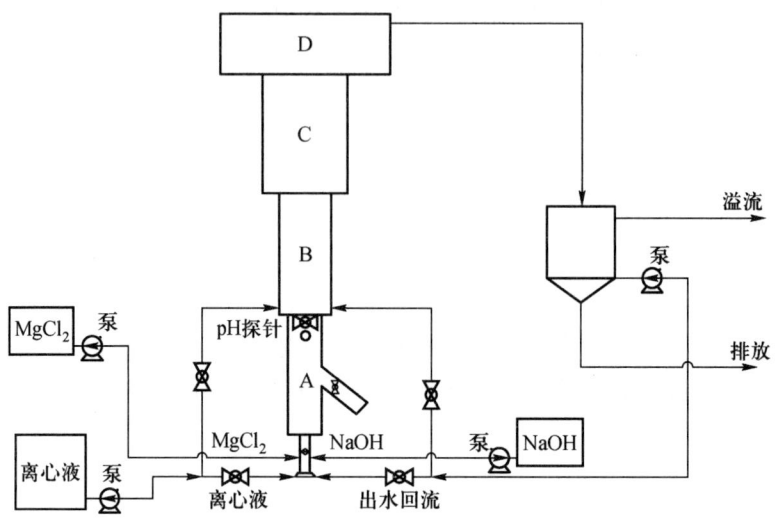

图 3.18　UBC 流化床结晶反应器

某实验室利用此反应器回收污泥浓缩上清液中的磷。污泥浓缩上清液 pH =7.8,温度 =27.3 ℃;所含主要成分:76.13 mg PO_4^{3-} - P/L、757.41 mg NH_4^+ - N /L、12.31 mg Mg^{2+}/L、19.13 mg Ca^{2+}/L、562.4 mg TOC/L。实验结果表明,使用蠕动泵精确添加氯化镁做镁源,使得镁:磷摩尔比大约维持在 1.3:1;添加氢氧化钠调节溶液 pH 至 8.1;底部表面上升流速为 400 ~410 cm/min;磷酸根回收率 75% ~85%;4.4 min 时发现成核和晶体成长;过饱和度对磷酸根的回收影响因 pH 而异,但是大多都在 2 ~6;回流比维持在 5 ~9 范围内;且发现反应器内总有机碳(total organic carbon,TOC)浓度在一定程度上阻止晶体长大,影响其磷回收效果。

澳大利亚布里斯班 Oxley Creek 污水厂,安装有鸟粪石沉淀装置。试验结果表明,94% 进水溶解性磷酸根能在 pH =8.5 的情况下沉淀。

意大利 Trivision 污水处理厂,在污泥脱水上清液线路上安装了生产鸟粪石结晶装置,采用吹脱法(脱除 CO_2 提高 pH)沉淀磷酸盐。初试结果表明,55% ~ 64% 进水磷酸盐能够沉淀到回收颗粒上。

日本岛根(Shimane)县污水处理厂,安装有 3 套已运行处理来自于该厂污泥消化液鸟粪石回收装置,$Mg(OH)_2$ 与 NaOH 以 1:1 摩尔比例投入污水消化液,以增加 pH 使鸟粪石以小颗粒状在流化床内沉淀;磷回收装置目前能实现 90% 的溶解性磷回收,保证生物除磷达标运行。

日本北九州(Hiagari)污水处理厂,安装有一个中试流化床鸟粪石沉淀反应器,处理污泥脱水上清液,使用海水作为鸟粪石沉淀的镁源;大约 70% 溶解性磷通过曝气可以在反应期内完成沉淀,不需要投加任何化学药剂。

日本大阪市 MinamiAEC 污水处理厂,安装有鸟粪石沉淀装置,pH 用氢氧化钠提高至 8.8,以污泥焚烧装置中气体脱出清洗液作为镁源,可在反应器中实现 50% 磷回收。

英国 Slough 污水处理厂安装有鸟粪石沉淀装置,处理污泥脱水上清液,反应器带有搅拌装置,靠曝气来完成,氢氧化镁被用来为鸟粪石沉淀提供镁源和 pH 提升。

荷兰 Geestmerambacht 污水处理厂,安装有回收磷酸钙的生产性流化床反应器(Crystallactor®)处理溶解性富磷上清液,靠投加氢氧化钙形成小颗粒状磷酸钙沉淀作为回收形式,3 套这样的生产性装置已在荷兰运行,回收的磷酸钙含磷量大约 11%。

德国柏林水务公司(Berliner Wasserbetriebe)为解决污泥管线中鸟粪石晶体结壳,对污泥厌氧消化池富磷上清液进行磷回收,采用气提式磷回收反应器;通过气体吹脱 CO_2 提高溶液 pH,加入氯化镁做镁源;调节气体充气速率得到适宜的气体速度,可以回收 90% 的磷。所回收的鸟粪石晶体颗粒粒径由晶体在反应器中停留时间的长短而有差异。当停留时间 3 h 时,晶体平均粒径 150 μm;当停留时间延长到 16 h 时,平均粒径增长到 250 μm。为防止晶体颗粒过小而被出水带出,导致晶体细颗粒流失现象发生,建议采用较长的晶体停留时间。

以上介绍了结晶法磷回收工程实例及其研究成果,这些年来对磷回收的实践探索积累了大量宝贵运行经验,尤其是对结晶反应器工艺参数积累了较为精确的数据。

3.2.4.2 工艺参数研究

工艺参数合理选择是结晶技术回收污水中磷的关键所在,有了理想的结晶反应场所——结晶反应器,再注重方法,才能起到事半功倍的效果。以下介绍国内外结晶反应工艺参数研究的主要成果。

王印忠(2005,2007)模拟污泥脱水滤液,研究鸟粪石生成效果。研究表明, PO_4^{3-}、Mg^{2+}、NH_4^+ 初始浓度为等化学计量比时,PO_4^{3-} 回收率随着 3 种离子初始浓度增大而提高,并与 PO_4^{3-} 初始浓度自然对数值呈线性关系。Mg^{2+} 初始浓度是回收 PO_4^{3-} 的关键性因子,相同反应条件下 Mg^{2+} 初始浓度不应低于 PO_4^{3-} 初始浓度。鸟粪石生成最佳 pH 为 10.24,NH_4^+ 和 PO_4^{3-} 初始浓度比在 2.0~2.2 时,生成沉淀中鸟粪石含量已达到了 95.0% 以上。搅拌转速在 50 rpm 到 350 rpm 时,PO_4^{3-}、Mg^{2+} 和 NH_4^+ 回收率基本不变。反应时间延长可以使鸟粪石晶体粒径变得更大,所以,应保证一定长度的反应时间。

在 PO_4^{3-}、Mg^{2+} 和 NH_4^+ 等初始浓度条件下对半实际污泥脱水滤液水质条件、间歇搅拌反应器运行参数及成核催化剂等进行了研究。实验结果表明,只有当 PO_4^{3-}、Mg^{2+} 和 NH_4^+ 初始浓度均在 5.00 mmol/L 以上时,PO_4^{3-} 回收率才能达到 90.0% 以上;在污泥脱水滤液中 PO_4^{3-}、Mg^{2+} 和 NH_4^+ 初始浓度均为 5.00 mmol/L

时,鸟粪石生成最佳 pH 条件仍为 10 左右;PO_4^{3-}、Mg^{2+} 和 NH_4^+ 等化学计量比反应无法使 90.0% 以上的 PO_4^{3-} 参与生成鸟粪石晶体。当保持 Mg^{2+} 和 PO_4^{3-} 均在 5.00 mmol/L,NH_4^+ 初始浓度为 12.00 mmol/L 时,约 90.0% 的 PO_4^{3-} 参与生成鸟粪石;Ca^{2+} 通过与 PO_4^{3-} 和 OH^- 结合,对鸟粪石生成产生抑制;在实际污泥脱水滤液中,搅拌转速仍然对 PO_4^{3-}、Mg^{2+} 和 NH_4^+ 的回收率影响不大;当以不同质量硅藻土作为成核催化剂时,PO_4^{3-}、Mg^{2+} 和 NH_4^+ 回收效果基本相同;当以不同质量鸟粪石作为成核催化剂时,PO_4^{3-}、Mg^{2+} 和 NH_4^+ 回收浓度并没有很大不同。但是,鸟粪石成核催化剂的投加会明显减小新生成鸟粪石的粒径。

研究实际污泥脱水滤液中鸟粪石生成效果后得知:仅对污泥脱水滤液施加搅拌作用就可使 pH 升高,但升高的 pH 不能使鸟粪石有效沉淀。Mg^{2+} 和 PO_4^{3-} 初始浓度以等化学计量比增加时,Mg^{2+}、PO_4^{3-} 和 NH_4^+ 回收浓度随之增加,初始浓度为 5.00 mmol/L 的 Mg^{2+} 既能够使 PO_4^{3-} 回收率达到 90% 以上,又能抑制 Ca^{2+} 与 PO_4^{3-} 结合。pH = 10.0 ~ 10.5 时,Mg^{2+}、PO_4^{3-} 和 NH_4^+ 回收效果最好,鸟粪石产量最高。污泥脱水滤液浊度越低越有利于鸟粪石沉淀。在搅拌转速为 50 ~ 250 rpm 范围内,NH_4^+、Mg^{2+} 和 PO_4^{3-} 回收浓度变化并不明显,但 NH_4^+ 回收浓度高于 Mg^{2+} 和 PO_4^{3-} 的回收浓度。鸟粪石反应时间以 40 ~ 80 min 为宜;剩余 PO_4^{3-} 和浊度随沉淀时间延长逐渐降低,沉淀时间不宜小于 20 min。鸟粪石成核催化剂一方面会使生成鸟粪石晶体粒径变小,另一方面则会提高鸟粪石沉淀性能。

邹雪(2007)利用鸟粪石沉淀法从含磷废水中回收磷。实验结果表明,维持反应体系稳恒的 pH 在 9.5 ~ 10 之间有利于鸟粪石沉淀反应进行,且磷回收率接近 50%。反应接触时间对沉淀反应影响不显著,3 种构晶离子在反应 5 min 内迅速成核形成沉淀;此后,3 种构晶离子去除率有一定变化,反应 30 min 时,去除率并无显著变化。初始铵根离子浓度同时影响磷回收率和沉淀产物组成。X 线衍射分析显示,当 $NH_4^+:PO_4^{3-}$ 摩尔比为 1:1、1.2:1 和 1.6:1 时,形成的沉淀主要为 $Mg(PO_4)_2·22H_2O$;当 $NH_4^+:PO_4^{3-}$ 为 2:1,形成的沉淀为 $Mg(PO_4)_2·22H_2O$ 和 $NH_4MgPO_4·6H_2O$ 的混合物;$NH_4^+:PO_4^{3-}$ 为 3:1 和 6:1 时,形成的沉淀主要为 $NH_4MgPO_4·6H_2O$。随着 $NH_4^+:PO_4^{3-}$ 从 1:1 增加到 6:1 时,磷回收率由 51.6% 增至 84.6%,较高初始铵根离子浓度有利于生成鸟粪石沉淀,从而提高磷酸根回收率。

正交实验结果表明,Mg:N:P = 1.4:4:1、pH = 9.5、反应时间 = 30 min 时,磷回收率可达 94%;X 线衍射分析检测结果显示,此时沉淀主要成分为鸟粪石,且适当提高溶液中 Mg:P 比有助于进一步提高磷的回收率。X 线衍射分析检测显示,控制 $Mg^{2+}:NH_4^+:PO_4^{3-}$ = 1.4:4:1、pH = 9.5 时,投加 Ca^{2+} 后磷回收率无显著变化。但当 Mg/Ca 比在 1:0.2 ~ 1:0.5 变化时,沉淀产物成分主要为鸟粪石;而当 Mg/Ca 比增至 1:0.8 时,沉淀产物显示出非定型态物质特征。

王燕群(2007)利用鸟粪石结晶法回收废水中磷。理论研究与实验结果皆得出最佳 pH 为 8~10;实验得出磷初始浓度小于 50 mg P/L 时 pH 为 9.5~10;磷初始浓度等于 50 mg P/L 时 pH = 9;磷初始浓度高于 50 mg P/L 时 pH 为 8.5~9。结晶条件对鸟粪石纯度影响理论研究表明,磷初始浓度和 N:P 配比越大,生成鸟粪石所需外加镁盐量越少。在理论最佳范围 pH 内,磷初始浓度较高时才能在理论 N:P 配比下优先生成鸟粪石;pH = 8 时,磷初始浓度需大于 130 mg P/L;pH = 8.5 时,磷初始浓度需大于 110 mg P/L;pH = 10 时,磷初始浓度则需大于 170 mg P/L。为了保证鸟粪石优先沉淀,磷初始浓度越低,所需 N:P 配比也越大;当 pH 为 8.5~9.5、磷初始浓度小于 10 mg P/L 时,所需 N:P ≥ 32;当磷初始浓度为 10~70 mg P/L 时,所需 N:P = 2~4;当磷初始浓度为 90~110 mg P/L 时,所需 N:P = 1~1.5;当磷初始浓度大于 110 mg P/L 时,所需 N:P = 1。

模拟废水正交实验结果表明,对于不同初始浓度含磷废水,磷初始浓度是影响磷回收率的主要因素。对于某一特定浓度的含磷废水,pH 是影响磷回收率的主要因素,其次为 Mg:P 和 N:P 配比。温度对磷回收率影响较小。模拟废水单因素实验结果表明,当镁盐和氨氮大大过量时,磷初始浓度与磷回收率成正比,且对残余磷浓度的影响较小,残余磷浓度可保持在 2 mg/L 左右,磷回收率随 Mg:P 和 N:P 配比增加而增大,并逐步趋于稳定。实验得出的最佳配比是:磷初始浓度 = 30 mg P/L 时,Mg:N:P = 2:8:1;磷初始浓度 50 mg P/L 时 Mg:N:P = 1.6:4:1;磷初始浓度 100 mg P/L 时,Mg:N:P = 1.4:3:1。鸟粪石结晶反应平衡时间很短,10 min 内基本可以达到平衡。

对 50 mg P/L 模拟含磷废水所得沉淀物纯度分析结果表明,按理论配比 1:1:1 反应,所得沉淀物不含或含少量鸟粪石,当 Mg:N:P = 1.6:4:1 时,pH ≤ 10 均可生成较纯净的鸟粪石。在 pH = 9.5 时,当 Mg:P = 1.6 时,N:P ≥ 3 时才会生成较纯的鸟粪石;当 N:P = 4 时,Mg:P = 2 是生成较纯鸟粪石的临界值,超过此比例则生成副产物。

鸟粪石作为磷回收最佳生成产物目前已成为国内外研究热点。但定量确定回收磷化合物中鸟粪石含量,并借此建立鸟粪石生成最佳反应条件似乎并没有相应的信息。郝晓地等(Hao,2009)通过合成污水磷组分,以鸟粪石沉淀法进行磷回收实验。通过 X 线衍射、显微镜拍照、傅里叶红外光谱(Fourier transform infrared spectrometer, FTIR)、热重(thermal gravimetric, TG)等分析方法对回收产物进行相应表征。同时,引入化学剖析法,利用酸溶液将回收产物溶解后进行相应元素分析,提出一种根据回收产物中 NH_4^+-N 含量间接确定鸟粪石含量的计算分析方法,实现了回收产物的定量分析,弥补了国内外目前普遍依靠 X 线衍射技术定性判断鸟粪石含量的缺陷。

此外,该研究还进行了鸟粪石生成反应条件及加速反应方法实验研究。将鸟粪石纯度>90%、磷回收率>90%作为鸟粪石生成的最佳反应条件,在不同pH、Ca^{2+}、反应时间和温度条件下对鸟粪石最佳生成工况进行了实验分析。结果表明,以超纯水作为溶剂时,鸟粪石生成的最佳pH在8.0~9.0;以自来水为溶剂时,获得相同鸟粪石纯度最佳pH则是7.0~7.5。Ca^{2+}会影响鸟粪石生成,主要是因为Ca^{2+}和Mg^{2+}形成了竞争,生成了磷酸钙或者其他含钙沉淀物。反应时间延长会增加回收产物产量,但当时间延长至一定值后,延长时间对鸟粪石沉淀并没有太大实际意义。综合考虑磷去除率、鸟粪石纯度及其生成量,在pH=7.5、8.0和8.5时,最佳反应时间分别为120、45和15 min。温度对鸟粪石生成影响主要体现在较高温度之时,当T>50℃,生成的鸟粪石会发生分解;在潮湿环境中分解温度趋于更低,因此,鸟粪石反应温度应采取恰当室温条件加以控制。实验表明,中性pH时虽然可以获得较高鸟粪石纯度,但是反应速率很慢。为了加速鸟粪石的生成,通过外加钾盐和钠盐,提高系统离子活度,可以促进反应速率的增加。

郝晓地等(郝晓地等,2003,2009;Hao等,2006)利用BCFS工艺通过模拟预测与实验室试验验证了原污水低碳源抑制生物除磷问题可以借助于厌氧上清液侧流化学磷沉淀方式得到强化。抽取部分厌氧上清液,以侧流方式实施化学磷沉淀可相对提高进水的COD/P比值,与单纯靠增加外部碳源(COD)来提高COD/P比具有异曲同工的效果。厌氧上清液侧流化学磷沉淀及相对提高的COD/P比可明显改进出水的P含量。在COD/P=37.5的工况下,当侧流比增加至30%时,出水中的TP浓度可从碳源抑制时的>6.0 mg P/L下降至≤1.0 mg P/L。厌氧上清液侧流化学磷沉淀在操作上简单、易行。

对以地下水为主的城市污水来说,一般只需靠调节pH至9.0以上便可以在侧流厌氧上清液中短时间内形成沉淀(PO_4^{3-}去除率可达80%~90%),无需再额外投加金属化合物。当侧流比为30%时,出水中TP浓度在显著改善的同时,化学磷沉淀作用可回收进水中P负荷的64%。经验证与校正后的TUD数学模型模拟预测有着与试验结果近乎一致的效果。因此,数学模拟技术完全有可能取代中间试验步骤而直接将小试结果放大至工程应用。

Rahaman等(2008)研究鸟粪石形成动力学时发现,过饱和度受溶液pH调节,在鸟粪石晶体沉淀动力学中起着重要作用。溶液中磷酸盐反应速率常数随过饱和度增加而增加,在镁、磷摩尔比1.3、温度20℃条件下,过饱和度9.64、4.83、2.44对应的反应速率常数分别是2.034、1.716、0.69 h^{-1}。磷酸盐反应速率常数还受镁、磷摩尔比影响,当镁、磷摩尔比在1.0~1.6之间变化时,反应速率常数随其增大而增大,镁、磷摩尔比1.0、1.3、1.6对应的速率常数分别为0.942、2.034、2.712 h^{-1}。实验研究还发现,不同搅拌强度对速率常数影响较小,当搅拌速度为100次/min、70次/min时,对应速率常数分别为2.034 h^{-1}和1.902 h^{-1}。

3.2.4.3 晶种选择

当溶液达到饱和直至某一特定过饱和度时仍然没有晶体产生,此时溶液所处状态为亚稳态。晶核形成是一耗能过程,没有晶体种的情况下,溶液必须达到某一特定过饱和度晶核才会形成;加入晶体种可以缩短晶体成核的诱导期,羟基磷酸盐或鸟粪石晶体形成通常是向处于亚稳态溶液中加入晶体种,使溶液中的构晶离子向晶体种表面富集,构晶离子会在淹没于过饱和溶液中晶体种表面富集形成晶胚,然后快速长大。因此,晶体种的作用主要是加快晶体成核及提高晶体成长速度。

微砂是目前普遍采用的晶体种,荷兰 DHV 结晶反应器采用的晶体种是微砂。尽管微砂作为晶体种具有价格低廉、材料来源广泛的优点。但实践经验表明,微砂具有本身静荷载大的缺点,因此,严重制约了其在工程中的应用。为此,新型晶体种浮石、强氧化锆、骨炭、氧化镁炉渣、方解石、水化硅酸钙、磷灰石(Apatite,AP)、侏罗纪岩石(Juraperle,JP)和改良侏罗纪岩石(M-JP)等正雨后春笋般呈现(Song 等,2007)。实验表明,磷灰石与侏罗纪岩石、改良侏罗纪岩石相比,磷灰石对碳酸盐抗性低,改良侏罗纪岩石是理想的结晶体。

Jang 等(2002)利用母牛骨骼做羟基磷灰石晶体种。韩国地区母牛骨骼含有大约57%羟基磷灰石和33%有机物,为了防止母牛骨骼造成污染,牛骨须在600℃下高温煅烧,煅烧后的产物可作为羟基磷灰石晶体种。在人工合成污水中(含 3.5 mg PO_4^{3-}-P/L 和 100 mg HCO_3^-/L),加入溶液总体积0.1%的骨骼晶体种,在各种钙离子浓度(50 mg/L、80 mg/L、120 mg/L)和pH(8~9.5)下,磷去除回收率可达到60%~90%。实验证实,牛骨这种天然羟基磷灰石可以作为羟基磷灰石的晶体种。

人造磷酸钙晶体种——水化硅酸钙(tobermorite),分子式为 $5CaO \cdot 6SiO_2 \cdot 5H_2O$,简写为CSH,利用硅土和含钙质的材料经过造粒、并在180℃下加压消毒而制成;控制造粒条件可使晶体种的粒径在0.8~2.4 mm不等(Berg 等,2006)。水化硅酸钙做晶体种有以下突出优势:

(1) 碳酸钙沉淀不会在晶体表面沉淀,因此,结晶过程中可以省去脱碳过程,降低了能量消耗与药剂使用量。

(2) 通常情况下污泥消化后富磷溶液含有较高有机物,生物膜和黏液层会在晶体种表面黏附,而水化硅酸钙可以避免这些问题。

(3) 所回收的磷酸钙晶体内包裹硅酸钙,与土壤亲和力较好,简单干化后即可作为农肥使用。

日本利用水化硅酸钙作为磷酸钙晶体种回收污泥处理后富磷(50 mg PO_4^{3-}/L)上清液中的磷酸根。实验结果表明,向上清液中投加石灰提供钙离子的同时调节溶液pH到8~8.5,磷回收率达80%。德国利用建筑废物作为水化硅酸钙原材料合成晶体种,采用 P-RoC 工艺(The Phosphorus Recovery From

Wastewater By Induced Crystallization of Calcium Phosphate)分别测试两种不同粒径 0.6~1.3 mm、0.5~1.5 mm 的水化硅酸钙磷回收效果。实验结果表明,两种粒径水化硅酸钙材料去除回收磷效果都比较好,回收晶体产物含磷量高达 13%,尤其是采用 0.5~1.5 mm 粒径水化硅酸钙所回收的晶体产物非常符合天然磷矿石组成,而且比天然磷矿石含镉和铀元素量少,更适合做缓释肥。

针对鸟粪石结晶技术回收成本较高、pH 没有明确、晶体细颗粒较难控制等问题,英国 Le Corre 等以不锈钢材料制成网筛做晶体种进行磷回收(Le Corre 等,2007,2009)。投加氢氧化钠调节污水的 pH 到 9 左右,以氯化镁作为镁源;不锈钢网筛孔径 1 mm,金属丝直径 0.35 mm,由 2 个筛网组成,外网(55×14 cm),内网(39×9 cm),构造如图 3.19 所示(A 是外网,B 是内网)。分别控制气体流量和回流液体流量为 3~4 L/min、1.35~1.5 L/min,以保证晶体颗粒能处于悬浮状态。实验结果表明,反应进行 2 h 时除磷率达到 81%,晶体形成速率达到了 7.6 g/(m^2·h),而且不锈钢网筛存在不会影响总氮和总磷去除。

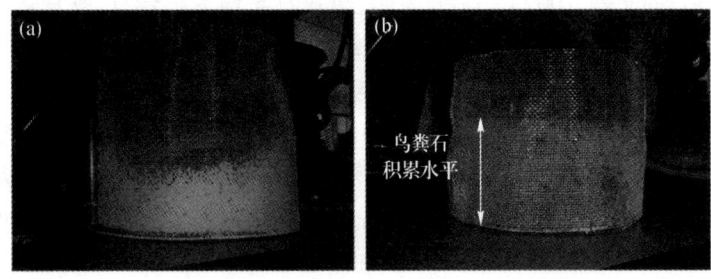

图 3.19 不锈钢筛网晶体种(Le Corre 等,2007,2009)

3.2.4.4 晶体细颗粒控制

在没有添加晶种的结晶反应器中,初期阶段鸟粪石晶体平均粒径在 50~100 μm,这与所回收晶体颗粒尺寸量级(mm)要小得多,这样的小晶体颗粒被称为晶体细颗粒。在流化床反应器强上升流作用和搅拌下,晶体细颗粒易随出水大量流失,从而影响出水水质和磷回收效率。为防止晶体细颗粒流失,进一步提高磷回收效率,可以采取以下几种工程措施:

(1) 外设一侧流反应器,使晶体细颗粒在此反应器内絮凝继续成长至粒径约 300 μm,再将其回流到流化床主反应器中,充当晶体种。

(2) 在流化床反应器后设置滤池将晶体细颗粒分离后再利用,以减少其流失量。

(3) 向流化床反应器中投加混凝剂或助凝剂。

向流化床反应器中投加混凝剂以减少晶体细颗粒的机制是:晶体离子 Zeta 电势为负值(当 pH 为 8.5、10.5 时,其 Zeta 电势分别是 -17.5±1.1 mV、-27.6±1.2 mV);晶体在反应器溶液环境中带负电荷,通过静电斥力晶体处于相对稳定状态;向溶液中投加混凝剂或助凝剂后,混凝剂水解产生金属离子,金属离子通过物理碰撞和剪切作用打破了晶体离子这种相对稳定的状态而凝聚成长。实验比较了铁盐、铝盐、含钙化合物和聚合物混凝效果。研究表明,聚合物对晶体细颗粒有较好的控制作用,在适宜条件下其粒径可从 79.7 μm 增长为 850.4 μm。

可以向反应器中增设不锈钢网筛而达到控制晶体细颗粒外溢问题。以前专家一直猜测晶体颗粒与金属器壁的黏附力大于与晶体种(如沙、方解石等)黏附力,而向流化床晶体反应器中增设不锈钢网筛并非基于以上原理。通过吸光率和悬浮物测定说明,在这种反应器中晶体黏附机制是网筛诱捕反应器中形成了细小晶体颗粒,这样就避免了大量细小晶体颗粒随出水大量外溢。

不断成熟的鸟粪石、羟基磷灰石结晶方法推动了磷回收技术发展。虽然化学沉淀法除磷有许多优点,但是进一步降低污水中的磷需要投加的化学药剂将加倍,单独使用化学沉淀法达到回收磷的目的显得得不偿失。吸附法具有工艺简单,控制方便,除磷效果显著,然而,污水中悬浮物浓度过高会累积并堵塞吸附剂床层,常规固定床吸附技术就不适于处理此类含磷废水,而只能采用流化床装置。于是,吸附剂回收又成为难点,吸附法走向成功的实际应用尚存在一系列需要克服的问题。最佳方法是把强化生物除磷工艺同结晶技术结合起来,这样可以节省沉淀反应所需药剂,减少反应器容积,高浓度低体积的磷酸盐溶液中实现磷回收,最终从根本上降低生产成本。

3.3 磷回收途径及其工艺研发与应用

目前磷资源紧缺现状促使磷回收成为世界各国高度关注的一大焦点,相应磷回收工艺出现了研发与应用并举的局面。当前磷回收工艺与工程应用实例在国内实属凤毛麟角,但是,站在全球各国发展角度看,磷回收工艺已经走向工程化,并取得了初步效果。磷回收思路归结起来包括直接从污水处理过程中进行磷回收和从动物粪便、骨肉焚烧灰和生物质残渣等非污水处理中进行磷回收。在回收过程中可以应用热化学处理、临界水氧化、臭氧氧化、离子交换、膜滤、纳米材料等技术处理富磷溶液,但从污水处理过程回收磷概括起来可以分为三大类,即污水磷回收、污泥处理后富磷溶液磷回收和污泥焚烧灰磷回收。

3.3.1 污水磷回收工艺

直接从污水中回收磷是将污水中磷酸盐采用化学沉淀、吸附或结晶等方法将其从污水中回收的方法。从磷酸根浓度较低的污水主流线上直接回收磷所用药剂量大,所以,有研究将厌氧池侧流富磷上清液中高浓度的磷酸根中进行磷回收。厌氧上清液中磷酸根浓度相对较高,使用药剂量较少,可以提高磷的回收效率。

3.3.1.1 后沉淀工艺

后沉淀(post precipitaton)污水磷回收工艺为主流线磷回收工艺,其工艺流程如图 3.20 所示。

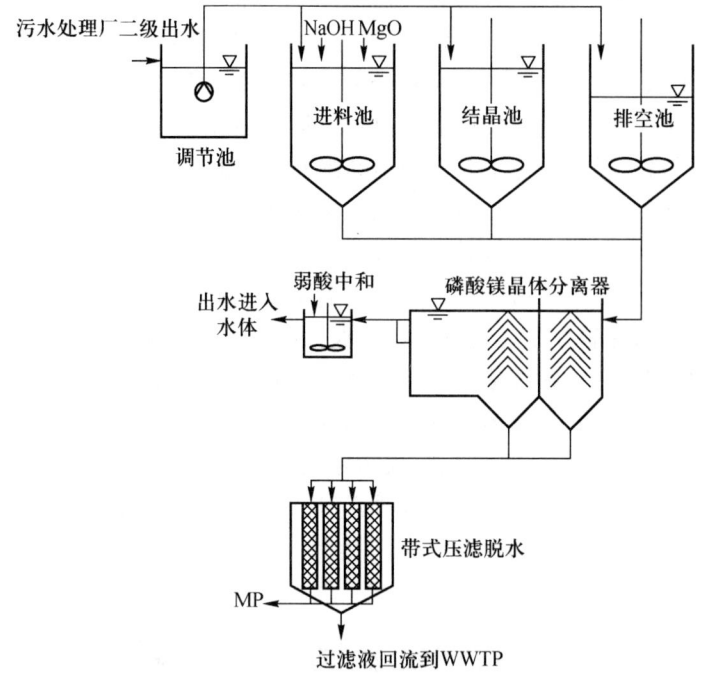

图 3.20 后沉淀污水磷回收工艺

该工艺由进料池、结晶池、排空池、晶体分离池、带式压滤和出水中和池组成。在进料池中加入氧化镁作为镁源,用氢氧化钠调节 pH,结晶池中可形成磷酸镁晶体;后排空进入晶体分离池,上清液由于呈碱性,所以,须用弱酸溶液进行中和;沉淀后的磷酸镁经过带式压滤脱水后回收,滤液则回流到污水处理厂进行处理。其中进料池、结晶池和排空池可以交替运行,以保证连续进料。

3.3.1.2 P-RoC 工艺

该工艺为侧流磷回收工艺(Berg 等,2005),工艺流程图如 3.21 所示。

荷兰 DHV 结晶反应器回收磷工艺在结晶之前须对溶液进行吹脱,以去除水中的 CO_2,使溶液 pH 增高;当结晶反应完成后,以保证出水呈中性再将 pH 调到中性。针对上述 pH 反复调节问题,P-RoC 工艺应运而生,利用水化硅酸钙(calcium silicate hydrate,CSH)做晶体种直接从污水中以磷酸钙形式产物回收磷。气浮池设置视污水中悬浮固体含量有所取舍,沉淀池视结晶效果而有所取

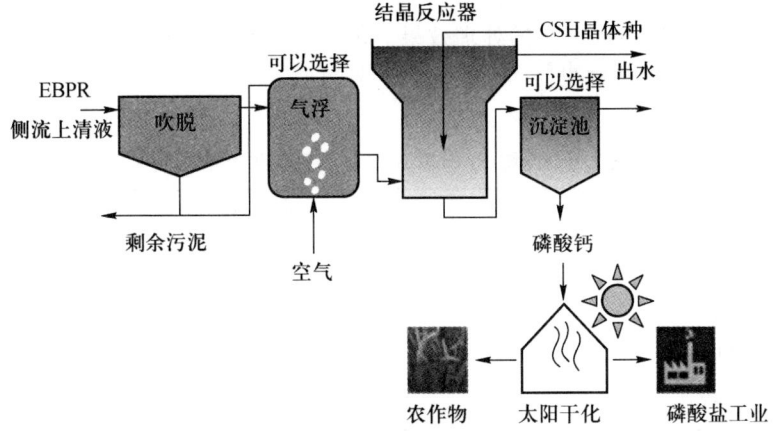

图 3.21　P-RoC 工艺流程图

舍,目的是防止晶体细颗粒随出水流失。德国研究人员利用 P-RoC 工艺回收磷,实验研究表明,进水总磷的 13% 得以回收,得到的磷酸钙沉淀物含 30% P_2O_5,镉与铀重金属含量比天然磷矿石低,是理想的磷酸盐工业原料。

3.3.1.3　污泥臭氧氧化/厌氧池侧流磷回收工艺

污泥臭氧氧化/厌氧池侧流磷回收工艺流程如图 3.22 所示。一部分回流污泥经臭氧氧化处理后产生大量可生物降解有机物,这些有机物能满足聚磷菌释磷需要,经臭氧氧化产生的磷也将与污泥一起回流到厌氧池,使得厌氧池磷浓度远远高于进水磷浓度。向厌氧池侧流富磷上清液投加镁离子或钙离子后会形成晶体沉淀,从而达到回收磷的目的。

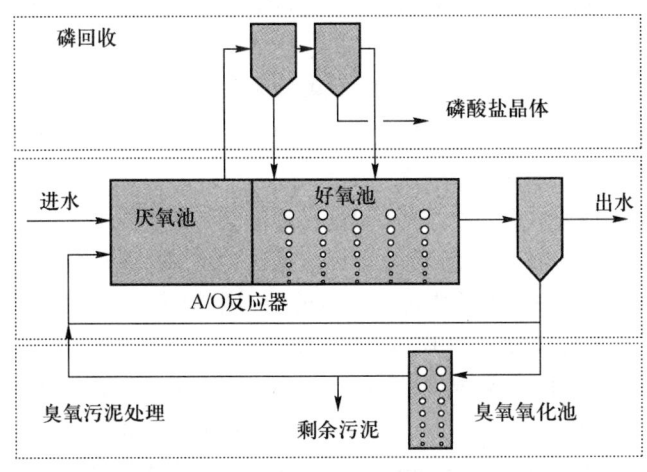

图 3.22　污泥臭氧氧化、厌氧池侧流磷回收工艺

日本 Saktaywin 等(2006)利用 A/O + 臭氧氧化工艺验证此工艺磷回收效果,比较了与传统 A/O 工艺的处理效果。表 3.6 显示了传统 A/O 工艺与 A/O + 臭氧氧化工艺的比较结果。

表 3.6　传统 A/O 与 A/O + 臭氧氧化效果比较

参数	单位	传统 A/O	A/O + 臭氧氧化
污水流量	L/d	225	225
污泥回流率	% 进水	33	33
剩余污泥排放量	% 进水	1.7	0.34
臭氧氧化的污泥量	% 进水	0	1.1

进入臭氧池中的污泥量是进水总量的 1.1%,所消耗的臭氧量为 30 ~ 40 mg O_3/gSS,产泥率为 0.34%,是传统 A/O 工艺的 0.2 倍,污泥量减少了 60%,可回收进水总磷的 70%。

3.3.1.4　MBR 工艺

生物膜反应器(membrane bio-reactor,MBR)在市政污水营养物去除方面具有独到之处。与传统沉淀池相比,生物膜反应器工艺可实现悬浮物零排放;此外,其占地面积较小的优势也受到了一些污水处理专家的青睐。因此,生物膜反应器工艺近年来在水处理行业中方兴未艾。基于上述原因,膜强化生物除磷工艺(membrane enhanced biological phosphorus process,MEBPR)应运而生。膜强化生物除磷工艺具有较高的污泥浓度、较短的水力停留时间(hydraulic retention time,HRT)以及较长污泥龄(SRT),但由此带来了膜污染这一棘手的运行问题。膜污染主要受膜临界通量(critical flux)、毛细吸附时间(capillary suction time,CST)、过滤时间(time to filter,TTF)和胞外聚合物(extracellular polymeric substances,EPS)等因素影响。加之,昂贵的处理成本使现阶段膜强化生物除磷工艺发展受到了一定程度的限制。

加拿大不列颠哥伦比亚大学(UBC)对 UCT 形式的膜强化生物除磷工艺磷回收效果进行了初步评估。侧流鸟粪石结晶法回收磷,富磷溶液取自膜强化生物除磷工艺厌氧池,并利用活性污泥 2 号模型与生物除磷模型(ASM2 - TUD)模拟验证,其工艺流程如图 3.23 所示。

主流采用 UCT 工艺,包括 3 个反应区:厌氧区、缺氧区和内嵌式膜组件好氧区,向侧流磷释放单元(phosphorus release unit,PRU)添加乙酸作为碳源并充分混合。在充足的挥发性有机酸(40 ~ 50 mg/L)浓度下,聚磷微生物厌氧释磷,经澄清池沉淀后得到侧流富磷上清液,进入 UBC 型流化床鸟粪石结晶反应器进行磷回收。研究结果表明,当膜强化生物除磷工艺 HRT = 10 h、SRT = 20 d,在磷释

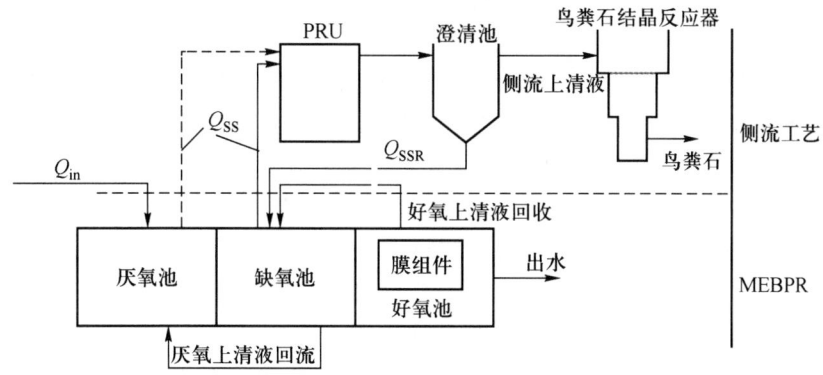

图 3.23 膜强化生物除磷工艺流程图

放单元中可以得到较好的磷释放效果;ASM2-TUD 生物除磷模型预测,可以回收 78% 磷,但当侧流比(Q_{ss}/Q_{in})大于 0.2 时,模型对膜强化生物除磷工艺运行效果预测失败;优化运行参数有望提高磷回收效率。

Lesjean 等(2003)利用 MBR 工艺强化磷回收;实验结果显示,利用 MBR 工艺可以提高除磷效果。取 SRT = 15 d 或 26 d,大约 9 mg P/L 磷很容易被去除;增加 SRT 会提高污泥中磷含量。污泥经稳定化后,含磷率达到 2.4%,甚至磷含量可以达到 6%,非常适合用作农业化肥。进水总磷为 9.1 mg P/L,出水中磷浓度低于 0.06 mg P/L,对 TP 去除率达 99%,此方法还大大降低了出水悬浮物。

3.3.1.5 分散式污水处理源头磷回收工艺

基于尿液分离的源头控制生态卫生概念近年来在欧洲一些国家兴起,这不仅可有效回收氮、磷等植物性营养元素,而且可简化后续污水处理工艺流程。研究显示,英国污水厂进水总磷浓度在 10 mg P/L,大约 2.4 g P/(人·d),而人体排泄的磷约为 1.2~1.6 g P/(人·d),市政污水处理厂每天接纳的磷约 143 t。尿液中含有的氮、磷、钾分别占污水相应负荷的 87%、50%、54%,所以,进行源分离回收磷的必要性不言而喻。

将尿液分离后直接、间接利用是目前欧洲一些国家(如瑞典、丹麦、德国、奥地利和荷兰等国)分散式污水处理(decentralized wastewater management,DWM)的一个热点研究方向。分散式污水处理涉及污水收集、处理和排放/回用,系统组成单元可包括污水收集、污水预处理、污水处理、出水回用与排放以及生物固体及化粪池污泥处置等。分散式污水处理具有如下特点:

(1) 改变了传统末端治理模式,从源头上控制,对废水进行分类收集、处理和回用,实现了水资源和营养元素的良性循环。

(2) 污水分质处理,降低了处理难度。

(3) 无需大量排水管网,可节约大量管道及维修费用。

(4) 在废水产生点附近进行就地(on-site)废水/废物处理,便于资源回收利用。

目前国际上集中式污水处理系统已占上风,在下水道设施完善的所有城市中几乎都采用了集中式污水处理方式。然而,在可持续发展思潮影响下,视污水为资源与能源载体的国际学术观点越来越受到重视。为此,不少学者和业内人士目前正在反思集中式污水处理这种末端处理存在的不足,继而将研发和应用的兴趣转向分散式处理,特别是源头控制。

典型的分散式污水处理系统是生态卫生系统(ECOlogical SANitation,ECOSAN),其概念首先在德国提出并很快在欧洲许多国家得到响应。生态卫生系统是以物质流闭合循环系统为核心的分散式废水管理系统;该系统以家庭为基本控制点从源头上进行污染物分类收集,以各种水处理回收利用技术为基本手段处理粪便以外的污水;通过水和营养物闭合循环实现水和营养物质的回收利用,从而达到可持续发展的目的(周律等,2009)。生态卫生系统集成了农业、废物管理、能源领域、卫生、健康、城镇规划和经济等各方面的内容,不仅仅是技术解决方案,同时也是环境污染防治与保护的综合管理解决方案。典型的生态卫生系统工艺流程如图3.24所示。

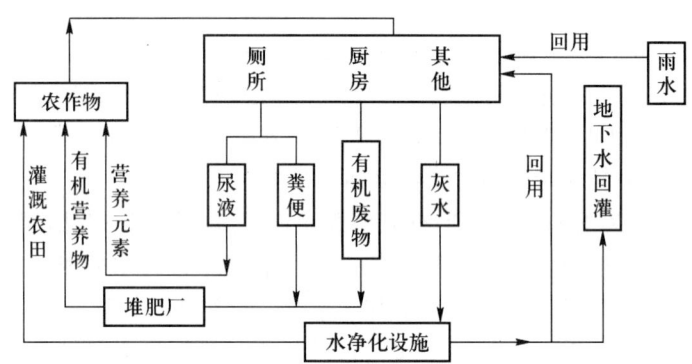

图 3.24 典型生态卫生系统工艺流程(唐贤春等,2005)

与传统集中式处理系统相比,生态卫生系统具有以下特点:
(1) 减少粪便病原体排入水体,改善卫生条件。
(2) 卫生、健康回收利用营养物质、痕量元素、水、能量。
(3) 水耗低,尿液、粪便代替化肥,减少水污染,节约资源。
(4) 使用分散式处理,经济实用。
(5) 保持土壤肥力。
(6) 改善农业生产,保证农产品食用安全性。
(7) 综合卫生、环保、农业、城镇规划等多学科知识。
(8) 形成了物质流循环。

为了解尿液分离对后续污水处理工艺的影响,荷兰研究人员作了一项数学模拟演示试验。以 BCFS® 作为参考工艺,同时设计一个尿液分离、营养物沉淀回收、后续污水处理相结合的推荐工艺,如图 3.25 所示。

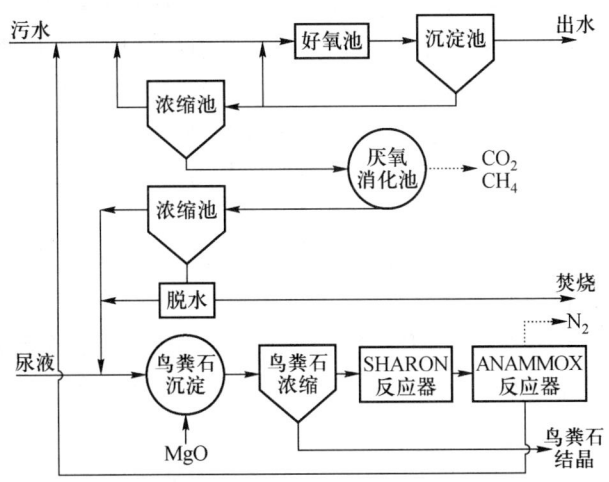

图 3.25　尿液分离、营养物沉淀回收、后续污水处理相结合推荐工艺(郝晓地,2006)

推荐工艺建立在尿液分离后回收营养物并同时处理后续污水的概念基础之上,按不同液流分别处理、处置尿液与污水,不能在鸟粪石中被沉淀的多余氮则以后续 SHARON、ANAMMOX 结合工艺进行自养脱氮处理。模拟试验结果表明,以去除氮、磷为目的的污水三级处理工艺确实可因尿液分离而受益。当分离 60% 左右尿液时,出水中的总氮能下降 2.5～7.5 mg N/L。进一步提高尿液分离比例,对出水氮的进一步下降不太明显;反之,可能会因太低的进水氨氮浓度而影响到细菌合成。当尿液分离比例为 60%～70% 时可使出水中氨氮、硝酸氮、磷酸根浓度均低于 1 mg N/L 或 1 mg P/L。

尿液分离可降低污水处理能量消耗,以去除氮、磷为目的的污水处理工艺 BCFS® 通常能耗为 6 W/(人·d),尿液分离以及转运尿液的能量消耗小于 7 W/(人·d),而推荐工艺可使能耗下降到 1 W/(人·d)。这主要是因为所产生的甲烷对能量贡献之故,另一重要原因是采用了低能耗脱氮工艺(SHARON、ANAMMOX)。尿液分离对生物除磷效果几乎没有影响,在推荐工艺中 40%～80% 的磷可被回收,这主要取决于在污泥消化池与管道中磷的沉淀程度。

尽管尿液经常被人们视为液体肥料,但是尿液具有难闻的气味、体积大、难以运输、需要较大的储存池、营养组成不确定等缺点。鸟粪石作为肥料恰如其反,具有无味、密实、体积小、便于运输、可以在冬季和旱季储存使用、营养组成恒定等优点,因此,从尿液中回收鸟粪石的理念受到世界水处理专家的追捧。

尼泊尔是一个农业国,所需农肥主要从印度进口,政府针对磷肥料价格日益攀升的问题,开始研发从人体尿液中以鸟粪石形式回收磷的技术,用以解决磷肥问题。据报道,尼泊尔加德满都有 481 个尿液分离干式厕所(urine-diverting dry toilets,UDDTs)。目前,尼泊尔加德满都 Siddhipur 镇有 100 多家拥有尿液分离干式厕所。此外,Siddhipur 镇还有另外三方面的原因使其尿液中回收鸟粪石成为可能:① 尼泊尔拥有自己的镁矿,可以为鸟粪石形成提供廉价的镁源,这就降低了鸟粪石的回收成本;② 据世界卫生组织(WHO)2008 年报告显示,尼泊尔民众基础卫生设施增加了 25%,农民愿意对当地生产鸟粪石作为缓释肥付出较高的价格;③ 鸟粪石出水可以用做高效氮肥和钾肥。因此,尼泊尔选择加德满都谷的 Siddhipur 镇作为示范开展相关研究并对其社区单元回收鸟粪石经济技术和社会接受度做了可行性研究。

瑞典研究人员采用 SPLITBOX 工艺(见图 3.26)处理尿液分离后的废水,其中,磷通过投加 MgO 使其 pH 在控制在 9 左右,形成鸟粪石进行回收,其中,氨氮通过沸石进行吸附。

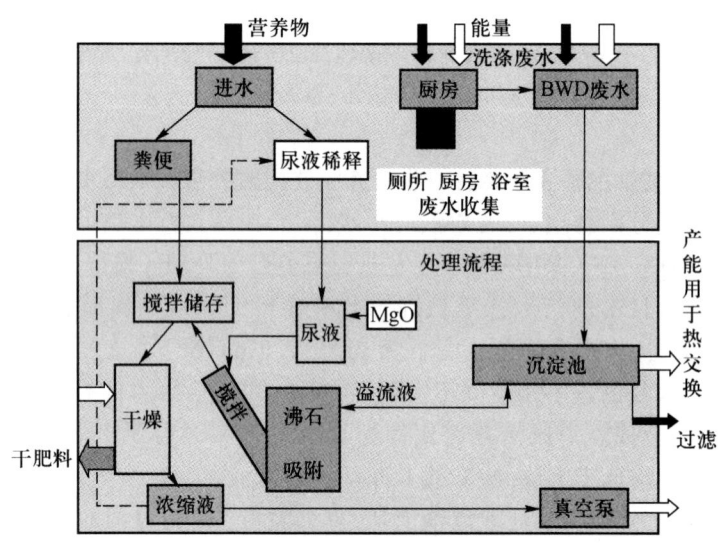

图 3.26　SPLITBOX 工艺流程

所回收产品其实是鸟粪石与吸附氨氮的沸石混合物。成分分析表明,回收产品是一种较好的氮、磷缓释肥。采用尿液分离厕所,磷的回收率为 90% ~ 98%,氮的回收率为 95% ~ 98%。

该种技术简单,便于维护,适用于家庭、工业建筑和没有接入市政管道的别墅等生活废水处理。系统所需能量来源于系统内部,降低了燃烧矿物燃料提供的动力消耗,从而减少了温室气体排放量。SPLITBOX 工艺对解决尿液分离后出现的问题具有较大潜力。

基于源分离的生态卫生技术所回收尿液已经用于土豆、菠菜和莴苣等农作物种植。从废水处理角度,尿液农用是对废水的净化处理;从农业的角度,尿液农用是肥料的载体。实验表明,尿液用于土壤-竹竿生态系统,不仅实现了营养物回收而且充当肥料促进了竹竿生长;结果显示,该土壤-竹竿生态系统可以去除91.9% TOC,对总氮和总磷回收效果十分显著,分别达到100%和97.9%。

尽管尿液分离后所得尿液用于农作物肥料的实例凤毛麟角,但是从上述研究可以看出土壤-农作物生态系统对废水中营养物质吸附效果较佳,尿液中既没有重金属离子,也没有病原微生物,因此,完全可以用于蔬菜和果树的肥料,真正实现污水可持续生态利用。

3.3.1.6 REM-NUT® 工艺

一种从污水处理主流线上以盐水再生离子交换(REM-NUT®)回收鸟粪石工艺已于20世纪80年代在意大利诞生,其流程如图3.27所示。该工艺接纳活性污泥或滴滤池二级出水,原理是基于沸石对铵根离子具有天然选择性,加入阴离子交换剂对磷酸根进行交换。两种离子交换剂通过0.6 mol/L氯化钠溶液再生,向再生后的溶液中加入镁离子,使得镁、铵、磷酸根离子的摩尔比为1:1:1,一段时间后即可产生鸟粪石沉淀。

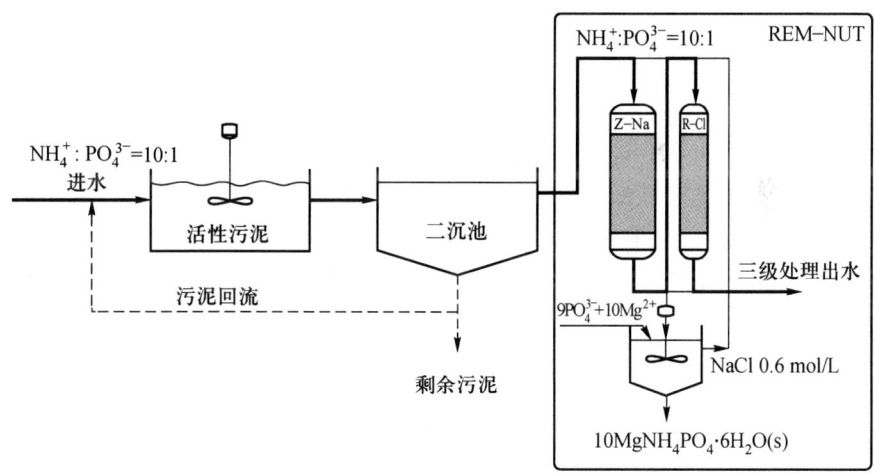

图3.27 REM-NUT® 污水磷回收工艺

尽管该工艺在欧盟和美国已经在试验上成功地处理了城市和动物粪便污水,但是REM-NUT® 还没有真正实现工程化。究其原因,可以总结如下:

(1)氮、磷比失衡(一般市政污水氮、磷比为5:1),需要额外添加磷和镁离子,以满足生成鸟粪石的构晶离子比例。

(2)在一些国家对污水处理厂磷酸根离子排放标准要求不严格,意大利为10~20 mg P/L,因此,民众对废水磷处理工艺不感兴趣。

经欧洲磷酸盐工业协会(CEEP)赞助,意大利巴里工艺大学对 REM-NUT® 工艺进行了改进,改进后的工艺如图 3.28 所示。该工艺主要采用离子交换和化学沉淀相结合方式进行磷回收,主要调节污水中磷酸根离子的量,使得氮、磷比为 1∶1,从而避免了向污水中添加额外磷酸根。二沉池前嵌入中间沉淀池对铵根离子吸附,进行生物硝化、反硝化脱氮。

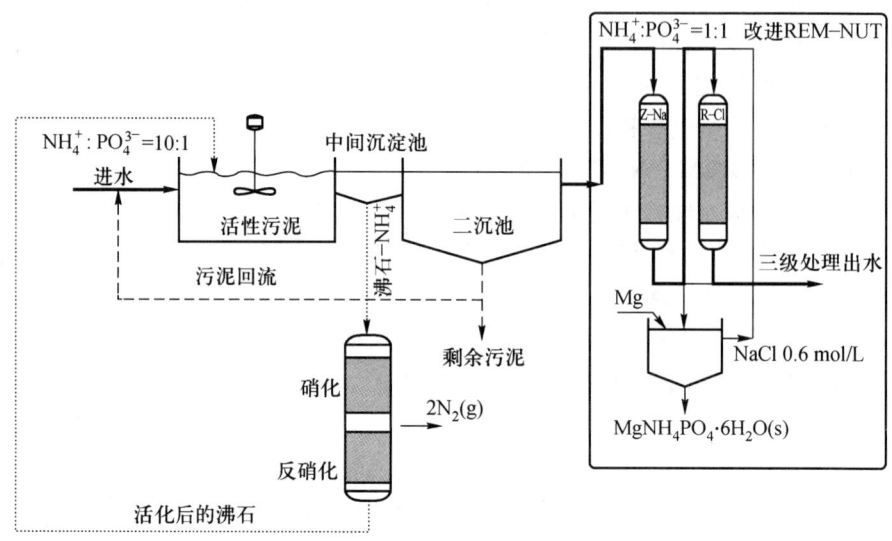

图 3.28　改进 REM-NUT® 污水磷回收工艺

离子交换树脂回收磷主要是通过选用新型树脂,并添加 Cu^{2+} 等提高树脂对磷酸根离子的亲和性,将磷从富磷浓缩液中去除,通过再生过程回收磷,回收效率较高。Bio-Con 工艺和上述 REM-NUT® 污水磷回收工艺在末端工艺中均采用离子交换法。

3.3.1.7　纳米技术

利用纳米技术将水合氧化铁颗粒固定在大孔径阴离子交换树脂表面,可形成具有可再生能力的吸附剂,其中,氧化铁颗粒对磷酸根可进行吸附。这种纳米吸附剂对磷酸根离子具有较强的亲和力,而 Cl^-、SO_4^{2-} 和 NO_3^- 对其干扰较小。此方法克服了传统化学沉淀进行磷回收产生化学污泥,消耗化学试剂和过滤沉淀等问题。这一新型吸附剂显著优点是可以再生使用、寿命长,很容易在碱性环境中再生,极大地降低了磷回收的经济成本。

PhosX 吸附剂便是通过聚合离子交换树脂原位内嵌纳米氧化铁颗粒而制成,其粒径为 300~1 200 μm。PhosX 吸附剂已成功应用于英国某污水处理厂生物滤池出水磷回收。结果显示,出水磷含量在规定范围以内。

3.3.2 污泥磷回收工艺

活性污泥工艺是目前世界上市政污水处理的主流生物处理工艺,而强化生物除磷工艺除磷是靠剩余污泥排放得以实现,因此,剩余污泥中必定含有大量的磷。污泥最终归宿包括农用、填埋、焚烧等;污泥中含有许多对人体健康有害的重金属等物质;另外,近年来污泥农用标准越来越加严格,使得污泥处理、处置成为污水处理厂的一大难题。例如,日本每年有 20 亿 t 剩余污泥需要处理,占其工业废弃物的 48%,而且该数据随城市人口的增加不断增加。尽管剩余污泥大量用于土壤修复或建筑材料,但这仅占污泥总量的 45%,其余部分将通过脱水、焚烧,然后填埋处理、处置。因此,从污泥中回收营养物质特别是磷,也是污泥资源化的具体体现。

3.3.2.1 PRISA 工艺

PRISA 污泥磷回收工艺是由德国亚琛工业大学(RWTH Aachen University)研发,用于回收污泥浓缩液中磷,其工艺原理图如图 3.29 所示。

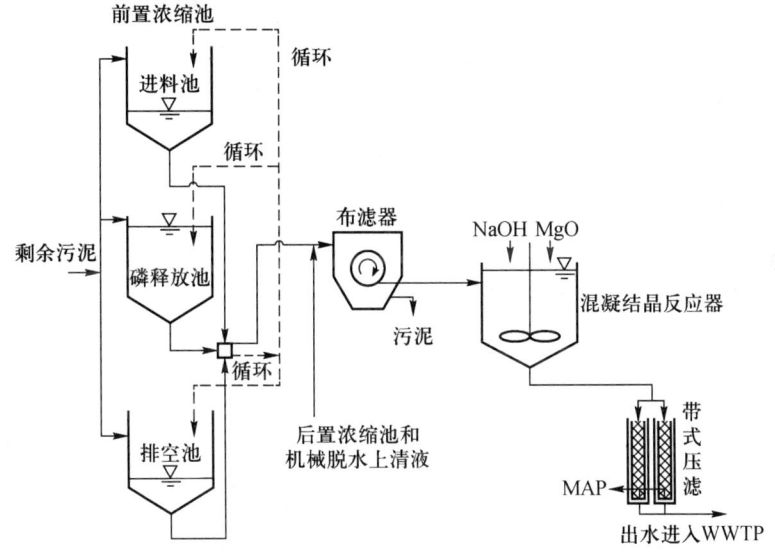

图 3.29 PRISA 污泥磷回收工艺

PRISA 污泥磷回收工艺嵌入在污水处理厂污泥处理工艺之中,来自强化生物除磷的剩余污泥首先经过前置浓缩池生物酸化处理,前置浓缩池采用较长的水力停留时间(HRT = 3 d,传统浓缩池 HRT = 1 ~ 1.5 d)后,在厌氧条件下充分释磷,产生的能量用于吸收溶液中的脂肪酸(主要是挥发性有机酸)形成 PHA。并列的 3 个前置浓缩池可以交替运行进行反应和浓缩,前置浓缩池和后置浓缩池机械脱水产生的上清液一起经过布滤器过滤后上清液进入结晶反应器;产生的污泥输送到厌氧消化池中进行稳定;向富磷上清液中加入氧化镁做镁源,氢氧化钠调节 pH 到 9 左右,就会产生鸟粪石晶体沉淀;最后,鸟粪石在带式压滤机的作用下脱水回收鸟粪石,鸟粪石脱水后的出水进入污水处理厂前端处理构筑物继续循环处理。

3.3.2.2　Aqua Reci 工艺

水在 374.2 ℃以上,压力在 22.1 MPa 以上时处于第 4 相——超临界相(图 3.30 所示),是介于气相和液相之间的相,处于临界相中的水称为超临界水(Stendahl 等,2003,2004)。超临界水氧化(supercritical water oxidation,SCWO)机制是处于超临界状态的水密度低,而传导率和离子活度高,所以,氧气非常容易溶解于超临界水中;在高温下,有机物在超临界水内几乎 100% 全部溶解,相反的是无机化合物溶解度降低(如图 3.31 所示)。利用此原理可以将污泥中的磷提取并回收。

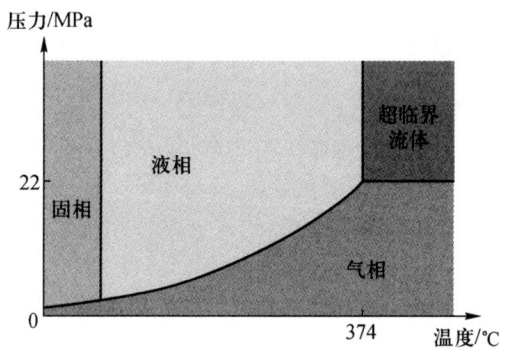

图 3.30　水的三相图

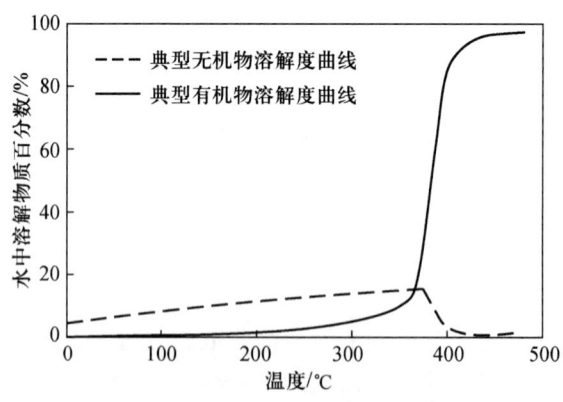

图 3.31　有机物和无机物在水中溶解度

在高压没有界面传递或扩散阻力情况下,有机物将会在 60 s 内完全溶解,SCWO 可以将有机碳完全氧化成 CO_2;将有机氮与无机氮转变为 N_2;将有机物和无机物形式卤化物与硫化物转变为相应的酸;金属离子被氧化到最高价态;磷以 P_2O_5 的形式存在。这些氧化反应均为放热反应,因此,一旦进料充足,反应产生的能量足以使反应器内发生反应。

污泥经 SCWO 处理后有两种方式均可以回收磷,一种是碱渗析,另一种是酸渗析。碱渗析是指向 SCWO 处理后的污泥中加入质量分数为 1% 的弱碱溶液,在 80~90 ℃ 温度下反应;在 60 s 短时间内 90% 的磷酸根可以从污泥中渗析到溶液中性成磷酸钠溶液;加入石灰产生羟基磷灰石沉底达到磷回收的目的。发生的反应如式(3.45)所示,示意图如图 3.32、图 3.33 所示。

$$3Na_3PO_4 + 5Ca(OH)_2 \longrightarrow Ca_5(PO_4)_3OH + 9NaOH \qquad (3.45)$$

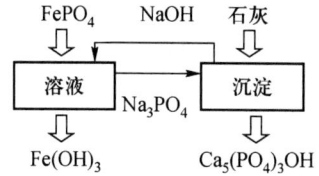
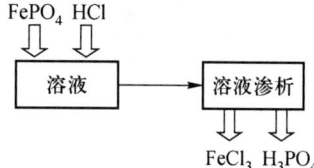

图 3.32 碱渗析回收磷示意图　　图 3.33 酸渗析回收磷示意图

通过碱渗析可以将磷酸根以羟基磷灰石形式从溶液中分离,氢氧化钠可以循环利用。

无机物在超临界水中非常活跃,金属离子和磷酸根可以较容易地溶解在酸性溶液中。酸渗析是指将 SCWO 处理后的污泥用酸处理得到磷酸铁。第一步将溶液的 pH 调到 1.3 左右,金属离子和磷酸根离子将全部溶解;第二步将 pH 调到 2,3 价铁离子将以磷酸铁($FePO_4$)形式从溶液中沉淀,而其他离子将依然留在溶液中,这样可以得到较为纯净的磷酸铁;第三步将 pH 调到 4.5,铝离子和剩余铁离子将以明矾石($KAl_3(SO_4)_2(OH)_6$)和黄钾铁矾($KFe_3(SO_4)_2(OH)_6$)沉淀形式进行过滤回收;第四步是将 pH 调到 7~8,使重金属离子沉淀。最终得到的产物是剩余污泥滤饼、磷酸铁沉淀、明矾石、黄钾铁矾和包含硫酸钙。

Aqua Reci 工艺(图 3.34)就是基于以上原理所设计,工艺由一个长管串联组成;前段是利用反应器中热量进行热交换的管道系统;后段是利用管道中放热反应产生的热量产生蒸汽或热水;在工艺末端开口的分离器中,二氧化碳、氮气、氧气被分离,整个反应的停留时间为 5 min。

瑞典研究人员采用碱浸析法 Aqua Reci 工艺(图 3.35 所示)回收磷。实验结果表明,99.9% 有机物在超临界水中氧化,90% 的磷以磷酸钠的形式分离,后加入石灰形成羟基磷灰石 HAP 回收磷。此工艺不仅回收了能量和磷,而且可以降低污泥处理、处置量的 90% 以上,其潜在价值将远远超过其运行成本,为污泥处理、处置与资源再利用开辟了新的途径。

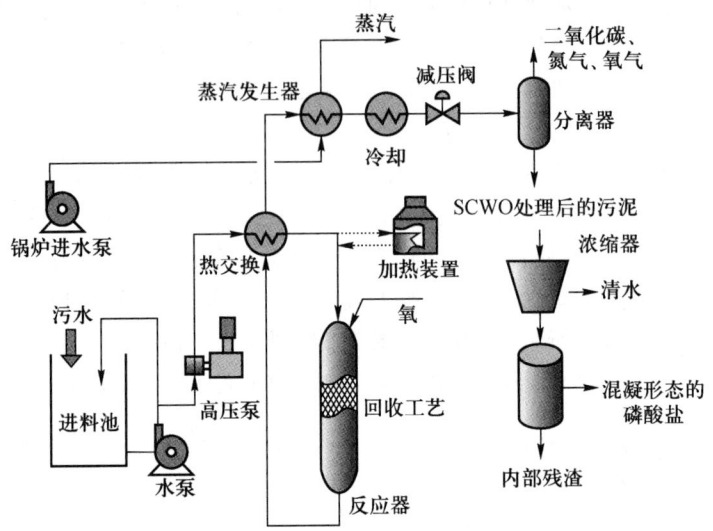

图 3.34 Aqua Reci 工艺原理图

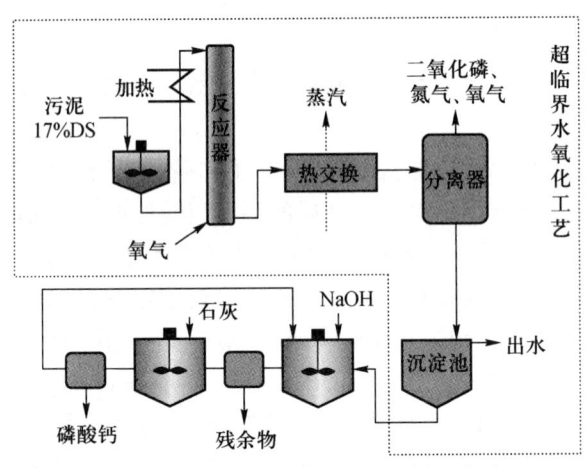

图 3.35 碱浸析法 Aqua Reci 工艺原理图

后来,日本研究人员发现了类似超临界水氧化的亚临界水氧化技术(Arakane 等,2006)。从图 3.36 水的三相图和饱和蒸汽压曲线,可以看出,亚临界反应发生在临界点下方,即 374.2 ℃和 22.1 MPa 下方区域。亚临界反应最大特点是,在酸和碱催化剂作用下水发生水解反应溶解固体物质。因此,利用亚临界水可以将剩余污泥高效水解,而且在亚临界区域不会发生临界点附近由于汽化和高温分解作用而阻止污泥大分子转变成小分子物质的现象。

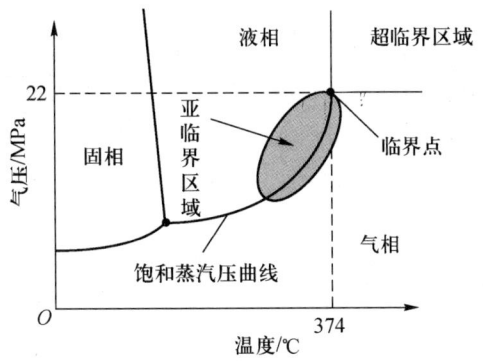

图 3.36　水的三相图和饱和蒸汽压曲线

在亚临界反应中,污泥中存在的各种有机化合物主要通过水解和氧化作用转化成低相对分子质量化合物,如糖类、氨基酸、脂肪酸、正磷酸和氨氮等,其溶解转化率按式(3.46)计算。

$$溶解转化率(\%) = 100 \times (a-b)/a \quad (3.46)$$

式中:a 为利用亚临界水处理之前的细胞量(MLSS),b 为利用亚临界水处理后的细胞量(MLSS)。

因此,亚临界反应能降解污泥中有机和无机固体物质,产生高浓度富磷溶液,以便回收磷。磷回收率计算式如(3.47)表示。

$$磷回收率(\%) = 100 \times (d-c)/d \quad (3.47)$$

式中:c 为结晶法回收磷工艺后的磷酸盐含量,d 为结晶法回收磷工艺前的磷酸盐含量。

基于亚临界水水解氧化,污泥磷回收概念工艺(图3.37)正在日本研发。反应器预热 30 min 使其温度达到某一特定值,在恒温下污泥经亚临界水处理 60 min 后在常温下冷却 30 min,将溶解后的污泥过滤,滤液进入后续鸟粪石结晶反应器,以 $Mg(OH)_2$ 作为镁源维持 pH 在 9.0 左右。

实验结果表明,温度大于 225 ℃,污泥溶解效率明显增加,当温度为 350 ℃ 时以后,溶解效率高达 90% 且基本不变。冷却 30 min 温度达到 180 ℃ 时,磷的回收率明显增加,当温度在 180~240 ℃ 时磷回收率基本保持在 95% 左右,但是,当温度继续增加,回收率将会下降。

3.3.2.3　Seaborne 工艺

德国为回收污泥中的磷,研发了如图 3.38 所示的 Seaborne 工艺(Berg 等,2005)。

向消化污泥中加入碱、重金属离子、磷酸盐和部分有机物将溶解,剩余高热值固体有机废物可以焚烧,灰分再循环到该工艺中。向溶解后的溶液通入消化气体,消化气体中的 H_2S 与重金属离子反应生成不溶性硫酸盐化学沉淀,经过过

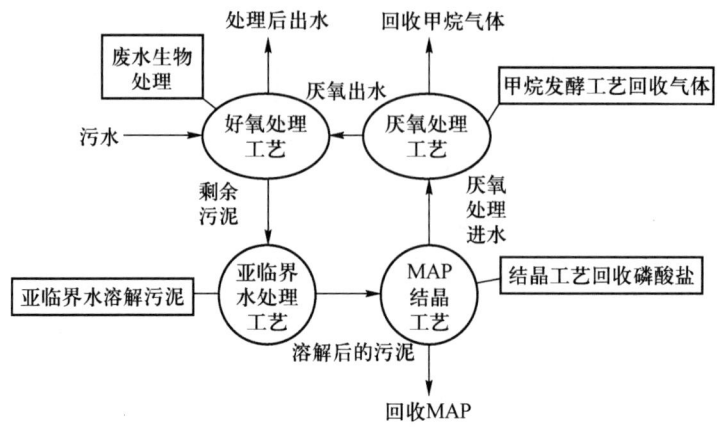

图 3.37　亚临界水氧化、水解污泥磷回收概念工艺

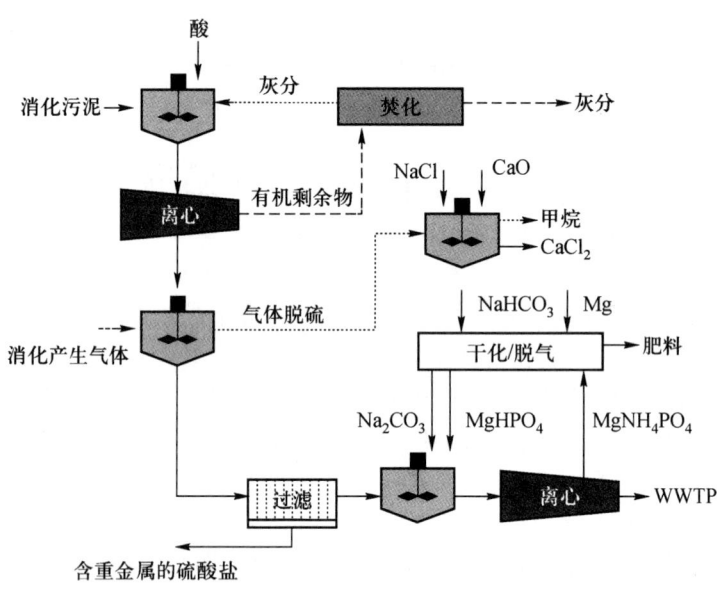

图 3.38　Seaborne 污泥磷回收工艺流程

滤从溶液中分离；向滤液中加入碳酸钠调节 pH，逐渐生成鸟粪石晶体沉淀；对鸟粪石干化/脱气过程中回收氨气(NH_3)和磷酸氢镁，碳酸氢钠在除 CO_2 气体过程中形成碳酸钠。氨气、磷酸氢镁和碳酸钠可以作为工业化肥合成原料。

Seaborne 工艺将污泥中所含有的重金属离子和有机污染物拒之门外。因此，可以说 Seaborne 工艺的最大优点是不仅产生了磷酸铵、磷酸二铵、磷酸钙二铵等工业化肥生产的安全无污染的原料，而且可以回收甲烷。2005 年 Seaborne

工艺已经在德国的 Gifhorn 污水处理厂实现了工程化,取得了初步结果。

3.3.2.4 KREPRO 工艺

KREPRO 工艺是由瑞典的 Kemira Kemwater 研制开发。该工艺的主要目的是减少污水处理产生的污泥量和磷回收。其工艺流程如图 3.39 所示。

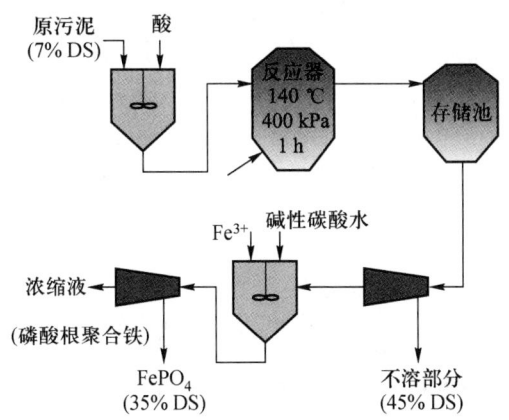

图 3.39　KREPRO 污泥磷回收工艺流程(Berg 等,2005)

KREPRO(Kemwater REcycling PROcess)工艺采用加热、加压和酸化使消化过的或未经消化的原污泥中磷酸盐、金属盐和大部分有机物溶出,将溶出的磷和沉淀剂——铁离子反应,生成可回用的 $FePO_4$。KREPRO 工艺由 7 个主要步骤组成:浓缩、酸化、加热水解、生物质燃料分离、磷酸盐沉淀、磷酸盐分离、沉淀剂和碳源循环。污泥被浓缩至含 5% ~7% 溶解性固体;然后,用硫酸酸化(pH = 1~3);凝聚物、重金属和磷酸盐在该过程中会部分溶解;悬浮有机物也会溶解一小部分。酸化过的污泥在压力容器中水解,保持池中 pH = 1.5,温度高于 150 ℃,压力 0.4 MPa,停留时间为 0.5~1 h;在水解酸化池中有 40% ~60% 有机物分解,75% 磷溶解;未能溶解的有机臭氧氧化污泥物质主要是纤维,已十分容易被离心机脱水。重金属等不溶性物质经脱水离心,形成含水率为 45% 的干污泥(DS);与常规脱水后的消化污泥相比,体积减小了 80%;这部分产物含有机物较高,燃烧值与木材相当,适合燃烧处理,这样就将重金属离子从污泥中分离。得到的混合液中含有大量有机物质、2 价铁离子、含氮化合物和溶解性磷;逐渐增加溶液 pH,磷酸铁 $FePO_4$ 在离心作用下就会从溶液中沉淀出来,产生含 35% 干物质的污泥,且重金属和有毒物含量非常低,可直接用作农肥,从而达到磷回收的目的。剩余污水含有高浓度的有机物,可以将其用于污水处理厂反硝化碳源。

KREPRO 工艺可以以磷酸铁形式回收污泥中约 75% 的磷,回收产品含重金属较少,而且到达了污泥减量的目的;90% 的沉淀剂可以再次使用。瑞典

Helsingborg 污水处理厂安装有最大处理量为 500 kg DS/h 的 KREPRO 污泥磷回收装置。

3.3.2.5 Cambi – KREPRO 工艺

Cambi – KREPRO 污泥磷回收工艺实际上是改进的 KREPRO 工艺(图 3.40)。脱水后的污泥在温度为 150 ℃、pH 为 1~2 条件下水解,残余污泥含有大量有机物,可用于焚烧。大部分重金属留在有机污泥中,小部分重金属在分离过程中以硫化物沉淀形式被去除。溶解态 Fe^{2+} 随后被氧化成 Fe^{3+},用以生成 $FePO_4$ 沉淀,其中一部分 Fe^{3+} 作为混凝剂被回收,溶解态有机物上清液可作为反硝化碳源。第一座 Cambi – KREPRO 磷回收系统 1996 年在挪威的 Habar 建成并投入运行。

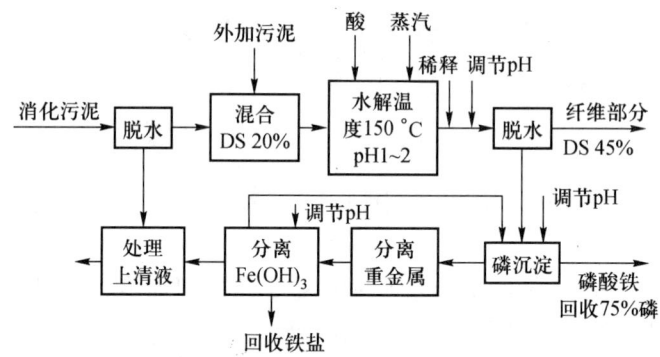

图 3.40　Cambi – KREPRO 工艺流程(孙博雅等,2007)

3.3.2.6 臭氧氧化污泥磷回收工艺

传统 BNR 工艺中 A^2/O 工艺靠硝化菌和反硝化菌脱氮、聚磷菌除磷,但反硝化菌与聚磷菌对有机物存在竞争作用而影响处理效果。旨在提高磷回收率和污泥减量的一套新工艺正在日本研发:厌氧 + 好氧 + 缺氧(A/O/A) + 臭氧氧化(ozonation) + 铁酸锆吸附(zirconium ferrite adsorbent)工艺。其工艺流程如图 3.41 所示。

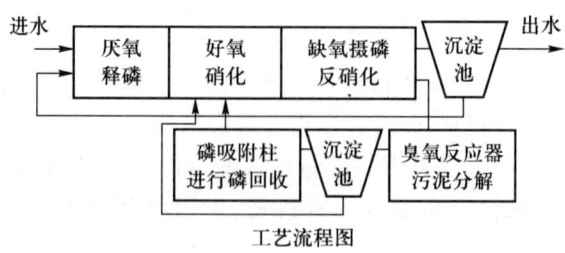

图 3.41　厌氧 + 好氧 + 缺氧 + 臭氧氧化 + 铁酸锆吸附工艺流程

厌氧+好氧+缺氧+臭氧氧化+铁酸锆吸附工艺充分发挥反硝化除磷作用,最后缺氧段中富集反硝化除磷菌(DPB)。研究结果表明,污泥经过臭氧氧化后污泥减量达37%～127%,80%的磷可以被铁酸锆吸附,TN、TP去处率可达70%和85%(Suzuki等,2006)。

3.3.2.7 HMBR工艺

HMBR(hybrid membrane bioreactor)磷回收工艺(图3.42)原理是原污泥经过预混凝产生凝聚态污泥,进入旋转式MBR厌氧消化池后充分消化;在此池中充分释磷,富磷上清液通过孔径为0.45 μm淹没式膜滤器过滤后,采用硫酸锆将磷吸附。硫酸锆对磷具有较高的吸附性能,最大吸附容量是3.3 mol P/g硫酸锆。然后解吸附出具有高纯度的磷酸根,最后,添加钙离子使其产生磷酸根晶体用于农肥。

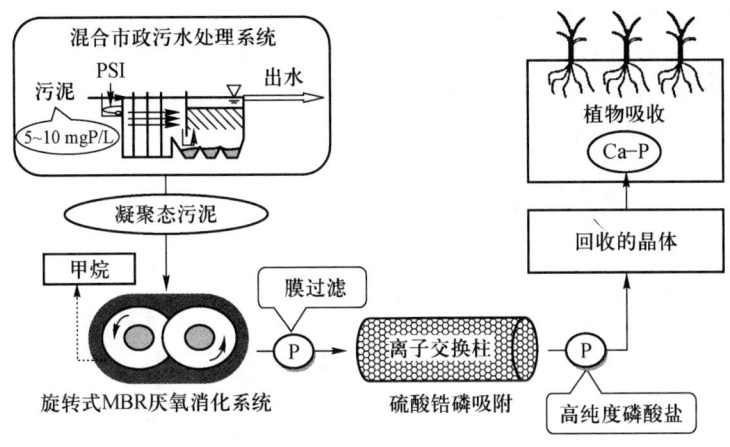

图3.42　HMBR回收磷工艺流程(Watanabe等,2006)

HMBR反应器中微生物浓度较高,可达20 000 mg/L,但是食物、微生物F/M比值较小,流体黏度较低,因此,HMBR比传统膜反应器被污染堵塞的程度低。通过聚合酶链式反应技术(PCR)和荧光原位杂交技术(FISH)分析发现,传统膜反应器中微生物绿色无硫细菌(*Chloroflexi bactetia*)含量比HMBR高4倍,比活性污泥法高2倍,而且当系统运行至60 d时随着温度升高,膜压力增加,糖类物质浓度升高,绿色无硫细菌浓度下降,膜出现被污染的征兆。可以预知,很可能是绿色无硫细菌凝集增加了混合液的黏度,加快了膜反应器的污染。

3.3.3　污泥焚烧灰磷回收工艺

剩余污泥是能源载体,对于污泥形式COD存在三种理论能源转化途径。第一种途径是对分离污泥直接焚烧进行发电;第二种途径是将污泥厌氧消化,将COD转化为能源物质——甲烷后发电利用,这实际上是一种传统COD能源转化方式;第三种途径是污泥厌氧消化产氢。对于传统污水生物处理工艺来说,从可持续角度看,处理过程中产生的剩余污泥不应成为一种负担,应尽可能将其转化为能源——CH_4,以减少消耗外部能源造成的 CO_2 排放。

污水处理厂污泥终极出路显然是焚烧,磷在焚烧灰中的含量占焚烧干重 4%~11%,即进水总磷负荷的 90%,这部分磷量较大,值得回收。

3.3.3.1 PRA 工艺

PRA 工艺(phosphorus recovery from ash)是一种从污泥焚烧灰中回收磷的工艺(图 3.43)。其工艺原理是污泥焚烧灰渗滤液首先经过盐酸处理约 60 min 后采用压滤将固体沉淀去除,磷酸根离子和铁等其他金属离子溶解形成混合液。要想分离磷酸根离子需要从混合溶液中去除铁离子和其他重金属离子。采用液—液萃取方法,向混合液添加有机萃取剂(三磷酸丁酯、三甲基丁醇和三碳菁)与柴油,萃取 15 min,溶解性磷不受萃取剂影响仍然保留在剩余残余液中,萃取液含有较高浓度的氯化铁。萃取后的残余液进入结晶反应器。用氢氧化钠调节 pH,可以得到磷酸铝沉淀(折标 P_2O_5 含量占 37%)。分离后的上清液中含有重金属离子需要进一步处理。

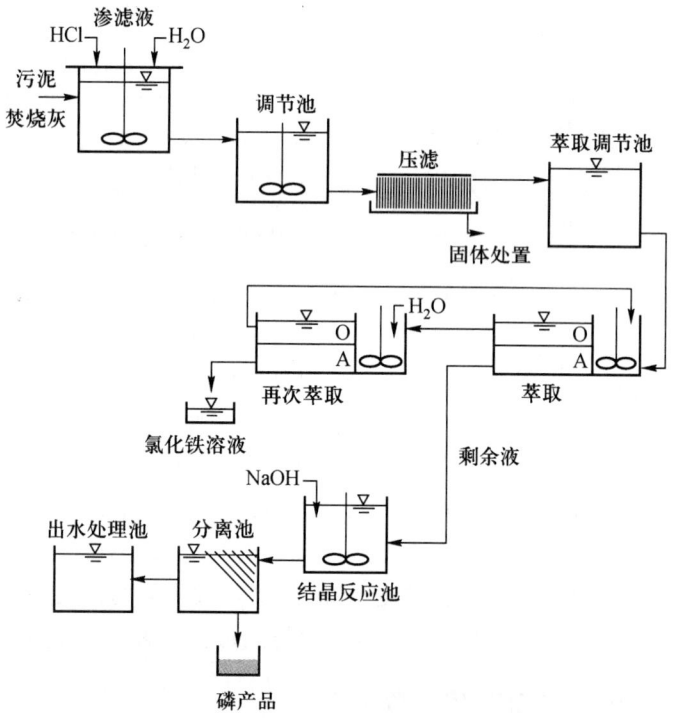

图 3.43 PRA 污泥磷回收工艺

3.3.3.2 BioCon 工艺

BioCon 工艺(王燕群,2007;Berg 等,2005)是丹麦 Bio‐Con 公司开发的一种可以回收磷、能量和沉淀剂的污泥焚烧工艺,包括 3 个步骤:干燥、焚烧和回收(图 3.44)。

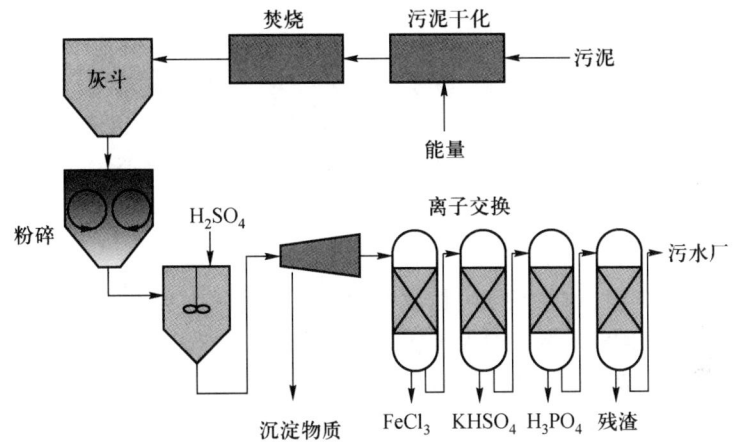

图 3.44 BioCon 工艺流程图

首先,污泥需处理经干化,干化后污泥含水率为 10%;然后,进入焚烧炉进行焚烧。焚烧产生的烟气经过净化后排放,焚烧产生的热量一部分回用于干燥过程,剩余热量用于社区供热。焚烧产生的灰和炉渣经过粉磨后用硫酸溶滤,使磷酸盐和大部分金属盐(硫酸钙和硫酸铅除外)溶解在溶液中,先后经过 4 个离子交换柱来分离溶液中的不同组分:第一个阳离子交换柱,经硫酸再生后可回收铁盐;第二个阴离子交换柱中硫酸盐以 $KHSO_4$ 形式被回收;第三个离子交换柱,经过盐酸再生后可回收磷酸,回收的磷酸产品是磷酸盐工业的优质原料;在第四个交换柱中,重金属被富集到滤渣中去,以便集中处理。

瑞典 Falun 市已经建立了 BioCon 工艺系统,实现了工程化,这是瑞典第一个可以从污泥焚烧灰中回收磷的污泥焚化场。经计算,该系统大约需要消耗化学药剂 500 kg/t DS,使用的化学药剂有硫酸、盐酸、氢氧化钠和氯化钾。与 Cambi‐KREPRO 工艺相比,BioCon 工艺回收磷的效率更高,可以回收 80% 的磷和 70% 的化学沉淀剂。但是,会排放大量必须处理的空气污染物,而两者的费用相差不大。两个工艺共同的缺点是,磷从污泥中浸出的同时大部分无机物也随之浸出,加入沉淀剂从污泥中分离和回收磷产品,会消耗较多的化学药剂。

3.3.3.3 SEPHOS 工艺

SEPHOS(sequential precipitation of phosphorus)污泥焚烧磷回收工艺(Schoum 等,2005),其工艺如图 3.45 所示。污泥焚烧灰经硫酸处理(pH < 1.5),大部分无机物和有机物被溶解,剩余不溶物(主要是微砂)过滤后被去除,

向滤后液中加碱调节 pH 至 3.5,将磷酸根和重金属离子分离。所得沉淀产物是磷酸铝,可用于磷酸盐工业的原料。

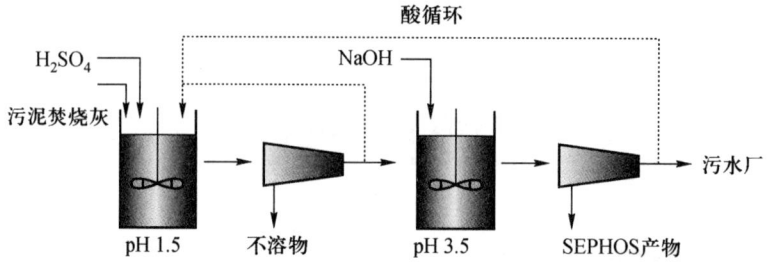

图 3.45　SEPHOS 污泥焚烧磷回收工艺流程

然而,回收产物(磷酸铝)对植物根系有损害作用,所以,不能直接用作农肥。可以向 SEPHOS 产物中加入碱使 pH 处于强碱性(>12);此时,磷酸铝会溶解,而其他重金属离子不易溶解;将重金属沉淀物过滤后向滤液中加入水化硅酸钙作为晶体种,溶液中就会产生磷酸钙晶体沉淀,含有铝离子的残余液是水处理较好的絮凝剂。这就是改良的 SEPHOS 工艺(Schoum 等,2005),其工艺原理如图 3.46。

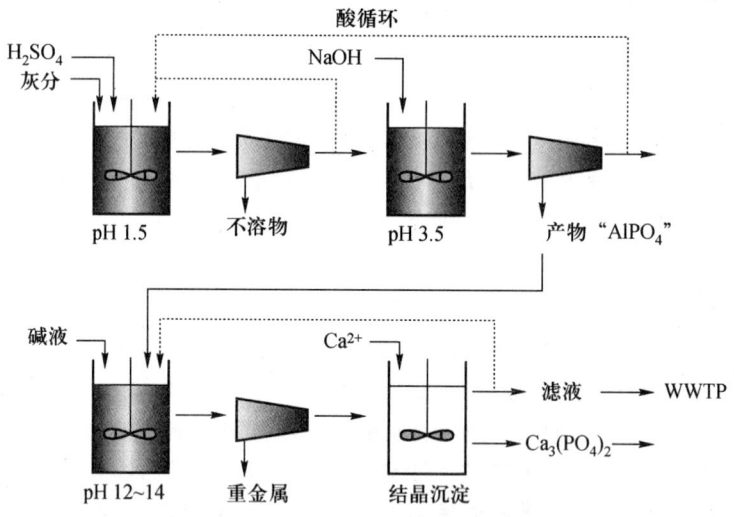

图 3.46　改良 SEPHOS 工艺流程

3.3.3.4　纳滤技术

纳滤(nanofiltration,NF)是一种介于反渗透(reverse osmosis,RO)和超滤(ultrafiltration,UF)之间的压力驱动膜分离技术(Niewersch 等,2008)。纳滤膜孔径在几个纳米左右;纳滤分离作为一项新型膜分离技术,其原理近似机械筛分,但是,纳滤膜本身带有电荷,这是它能在很低压力下仍具有较高脱盐性能和能截留相对分子质量为数百无机盐的重要原因。纳滤分离越来越广泛地应用于各种制造行业,诸如,超纯水制备、果汁高度浓缩、纳滤膜－生化反应器耦合等实际分离过程中。与超滤或反渗透相比,纳滤过程对单价离子和相对分子质量低于200的有机物截留能力较差,而对2价或多价离子及相对分子质量介于200～1 000之间的有机物有较高去除率。基于这一特性,纳滤在水处理过程中主要应用于水的软化脱除钙镁离子等硬度成分,以及应用于相对分子质量在百级的物质分离、分级和浓缩、脱色和去异味等。

随着对环境保护和资源综合利用认识的不断提高,人们希望纳滤技术能应用在治理污/废水的同时实现污/废水中营养物质的回收。物质转移受纳滤膜表面电荷影响,因为在酸性条件下,纳滤膜所处环境中 H^+ 浓度较大;纳滤膜带正电荷,当溶液 pH 较高时,纳滤膜带负电荷;所以,在酸性条件下,带正电荷或中性粒子很容易通过纳滤膜渗透。因此,纳滤膜回收污水中磷酸根离子往往使其 pH 在 2.0 以下。在酸性条件下(pH<2),磷酸根离子透过纳滤膜的量比其他多价态阳离子要多,污水中磷酸主要以中性 H_3PO_4 和 1 价的 $H_2PO_4^-$ 存在,而高价 Fe^{2+}、Fe^{3+}、Al^{3+} 和 Ca^{2+} 等能被纳滤膜截留,纳滤回收污水、污泥和污泥灰渗滤液中的磷即是基于上述原理。通常情况下纳滤用于处理污水包括 4 个过程:酸洗、超滤、纳滤和中和。酸洗过程经常采用具有强酸性硫酸以调节 pH,使溶液中磷酸根以分子和单价离子形式存在,超滤主要是截留溶液中的颗粒物质,用碱液中和纳滤出水。

Niewersch 等(2009)采用纳滤技术对污泥焚烧灰洗液进行磷回收,并对工艺进行了经济评估。实验结果证明了纳滤膜对磷酸根的选择性,将溶解性高价阳离子滞留在本体溶液中,但在高浓度高价离子溶液中纳滤膜对磷酸根的选择性受到一定程度的影响,尤其是 Al^{3+} 干扰。对纳滤膜回收磷工艺初评估发现,其成本主要与能量消耗、膜面积和所采用化学试剂有重要关系。

Niewersch 和 Koh(2008)采用 Desal 5DK、NP030 和 MPF34 三种型号纳滤膜分别对剩余污泥和污泥灰渣洗液进行磷回收。实验结果表明,pH 在 1.5 以下是最适宜的工艺条件,且 Desal 5DK 对磷回收效果最显著,当 pH 为 1.0、1.5 时磷回收产率分别是 57.1%、41.4%。

纳滤作为一项新颖技术有待进一步研究,尤其是如何克服膜污染问题,以发挥 NF 在污水营养物回收方面的优势。

3.3.4　动物粪便磷回收工艺

3.3.4.1　动物粪便直接磷回收工艺

在中国,随着城镇化和人民生活水平的提高,牲畜和家禽养殖业自从 20 世纪 90 年代就得到了迅猛发展(彭剑峰等,2007)。早在 2002 年,国家环保局已经提及农村和向城镇过渡的城镇牲畜和家禽饲养所排放的废水已经严重污染了水体环境(Szogi 等,2009),这无疑给水体富营养氧化问题雪上加霜。厌氧处理牲畜和家禽废水,从中提取甲烷气体从而降低污染负荷是当今处理动物粪便的主流工艺,但是,仅仅厌氧处理还不能满足动物养殖业污水排放标准。

动物粪便肥料过量使用于农业,会使土壤中磷富集。对于农作物营养需求平衡来讲,动物粪便中的氮元素满足植物营养需求时,动物粪便中的磷已经远远超过植物需求量。此外,大量动物粪便使用会造成农田面源污染,如遇到暴雨等极端天气形成地面径流,会带走土壤中营养元素进入河湖等水体,造成富营养化。所以说,动物粪便是对天然地表水体的一大威胁。图 3.47 是土壤中磷的循环模式图。

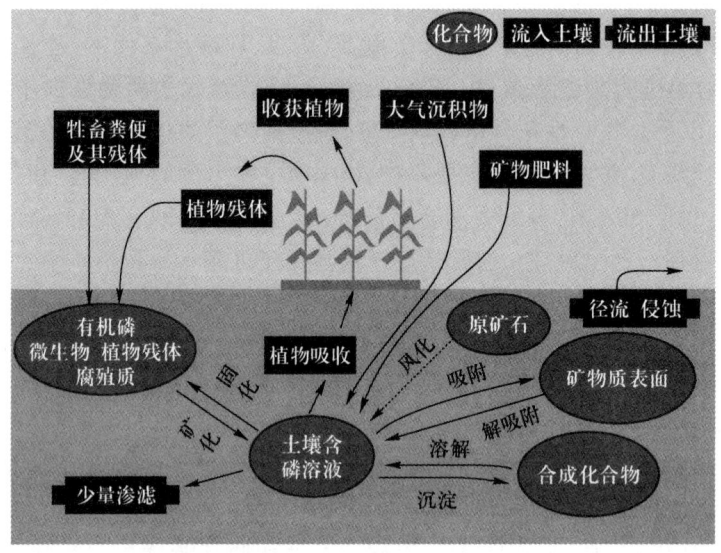

图 3.47　土壤中磷的循环模式图(Potash and Phosphate Institute,2004)

污水中回收营养物质尤其是磷资源,已经在 20 世纪末引起了全世界的关注,而鸟粪石结晶回收工艺是目前公认确实可行的氮、磷营养物回收工艺。动物粪便中的磷主要以鸟粪石结晶沉淀形式进行回收,这样可以将其中大部分磷在被直接用作农肥之前进行回收,减少了土壤中磷含量,回收的鸟粪石可以用做缓释肥以满足贫营养地区农作物生长需求。

针对上述问题,中国环境科学研究院采用在厌氧处理工艺对动物粪便处理后回收鸟粪石,达到营养物回收和环境保护的目的。实验研究表明,鸟粪石形成的最佳 pH 为 9.0~10.0,钙离子有利于提高磷去除效率,但是,却阻碍鸟粪石结晶过程。虽然鸟粪石结晶工艺能去除一部分氨氮,但实验结果表明,氨氮去除主要是通过 CO_2 吹脱导致溶液 pH 升高,以气体吹脱的方式去除。适当增加镁离子浓度有利于调高鸟粪石产率,当进水 PO_4^{3-} = 80 mg P/L、pH = 9.5、镁、磷摩尔比 = 1.4 时,磷的去除率高达97%,处理后的出水能达到国家排放标准。

动物粪便污水中以鸟粪石形式回收磷存在的主要问题是,污水中自身镁源不足,需要外加镁源,如氢氧化镁、氧化镁和氯化镁。Beal 等(1999)在实验室使用氧化镁作镁源,可使粪便污水磷去除90%(从 1 256 mg P/L 降低到 105 mg P/L)。以氧化镁作镁源,可以增加 pH,但是,氧化镁是一种不溶性沉淀物,会导致反应时间过长(20 min),且反应后剩余氧化镁仍然残留在溶液中。Burns 等(2003)利用氯化镁做镁源可以缩短反应时间,但是氯化镁呈酸性(pH = 5),所以,必须额外投加碱液调节 pH。实验结果显示,按照镁、磷摩尔比 1.6:1,不调节 pH 可以去除76%的溶解性磷(从 572 mg P/L 降低到 135 mg P/L);当用氢氧化钠溶液将 pH 调节到 9 时,可以去除溶解性磷91%(从 572 mg P/L 降到 50 mg P/L)。

3.3.4.2 动物粪便预处理磷回收工艺

对动物粪便实行固—液分离有利于提高动物粪便农肥效果,更重要的是可以保护周围水体免遭富营养化的危害;在进行固—液分离之前对其进行絮凝预处理可以提高磷分离效果。可向动物粪便中投加高分子有机物或絮凝剂($FeCl_3$ 和 $Al_2(SO_4)_3$),利用吸附架桥、表面电中和和网捕作用等原理将动物粪便中含磷颗粒以沉淀形式去除,从而改善动物原粪便过滤脱水性能,降低滤液浊度。所得固体干物质磷含量可从65%上升到95%。在添加絮凝剂进行絮凝过程中需严格控制搅拌强度,否则絮凝效果适得其反。

动物粪尿是水、尿、粪便混合物,含有较多尿素,尿素分解将产生氨氮和碳酸盐碱度,究其原因是动物尿液中发生如式(3.48)所示反应。

$$CO(NH_2)_2 + 2H_2O \longrightarrow 2NH_4^+ + CO_3^{2-} \qquad (3.48)$$

从动物粪尿中回收氮、磷营养元素,势必要求在高 pH 下进行。为此,须向粪便中加入碱性化合物,如 $Ca(OH)_2$ 和 $Mg(OH)_2$ 调节 pH,而高氨氮和碳酸盐碱度将与所加碱性化合物如式(3.49)、式(3.50)所示的反应,从而阻止动物粪尿溶液 pH 升高。

$$Ca(OH)_2 + Ca(HCO_3)_2 \longrightarrow 2CaCO_3 \downarrow + 2H_2O \qquad (3.49)$$

$$Ca(OH)_2 + 2NH_4^+ \longrightarrow 2NH_3 \uparrow + Ca^{2+} + 2H_2O \qquad (3.50)$$

当上述氨氮和碳酸盐碱度消耗殆尽后 pH 才上升,进而发生预期反应(式(3.51))。

$$5Ca^{2+} + 4OH^- + 3HPO_4^{2-} \longrightarrow Ca_5OH(PO_4)_3 \downarrow + 3H_2O \qquad (3.51)$$

为此,应该首先将原动物粪尿中氨氮和碳酸盐碱度消耗,再投加碱性溶液使 pH 升高后再进行磷回收。氨氮出路可以通过硝化使其转变为硝酸氮,该过程中产生酸度同时去除碳酸根,反应式如式(3.52)和式(3.53)。

$$NH_4^+ + 2O_2 \longrightarrow NO_3^- + 2H^+ + H_2O \qquad (3.52)$$

$$HCO_3^- + H^+ \longrightarrow CO_2 \uparrow + H_2O \qquad (3.53)$$

基于上述原理的动物粪尿回收磷工艺正在美国研发。其包括3个过程：① 生物硝化作用将粪尿中氨氮氧化为硝酸氮；② 去除溶液中天然存在的氨氮和碳酸盐缓冲作用；③ 投加生石灰以提高pH，产生磷酸钙沉淀回收磷。工艺流程如图3.48所示。

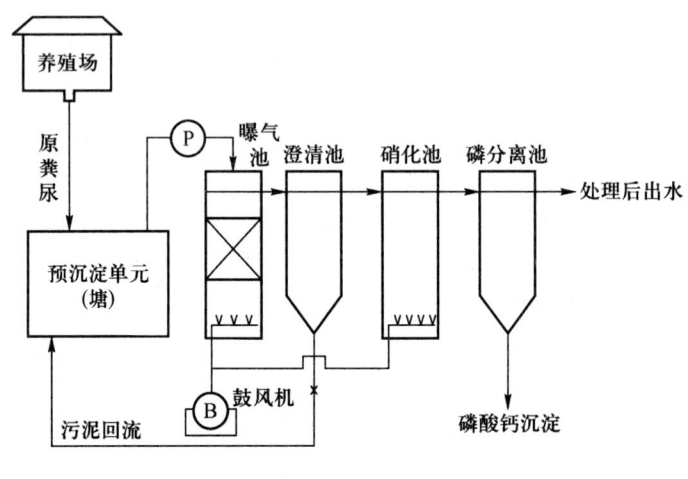

(a)

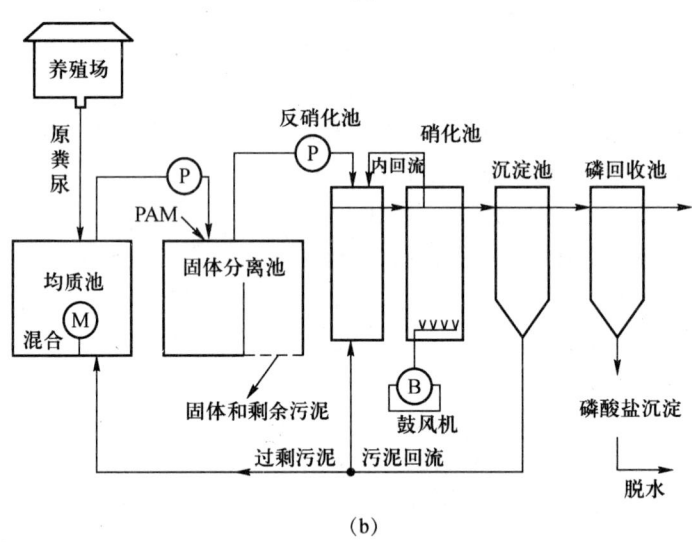

(b)

图3.48 猪粪尿废水磷回收工艺
(a) 为建有厌氧稳定塘预处理磷回收工艺；(b) 为没有厌氧稳定塘预处理磷回收工艺

图3.48a所示工艺在硝化池后接一个磷分离池，向其中投加氢氧化钙：一方面增加pH，另一方面增加溶液中的钙离子浓度，使得磷酸钙沉淀迅速形成。但该工艺出水中仍然含有较高硝酸氮，为降低总氮含量，建议在工艺末端增加反硝

化工艺。图 3.48b 所示工艺在反硝化脱氮方面有所改进,由于没有厌氧稳定塘处理,向其中投加絮凝剂聚丙烯酰胺(PAM)以去除较大固体颗粒,向充分硝化、反硝化后的污水中投加氢氧化钙,进行磷回收。与图 3.48a 所示工艺相比,出水中氮磷浓度得到了较大程度的降低。

上述工艺目前已在美国北卡罗来纳州实现工程化,两个大规模猪粪尿污水处理设施已经运行。所回收的磷酸钙化合物中能被植物利用的磷占 90% 以上,回收产品含磷量(以 P_2O_5 计)为 $(24.4\pm4.5)\%$,工程运行取得了理想效果。

废水中所含钙离子与磷酸根离子形成细颗粒悬浮于溶液会影响磷回收率。为降低钙离子对动物粪便结晶反应回收磷的负面影响,需要对养殖场废水进行预处理。采用盐酸酸化处理,降低溶液 pH,使得沉淀后的磷酸钙固体小颗粒重新释放到溶液中。实验表明,pH 在 5.5 以下时,磷释放效果较佳;硫酸取代盐酸不仅使用量大大降低节省经济成本,而且硫酸根离子与钙离子形成固体沉淀(石膏),减弱了钙离子对结晶反应的负面影响。基于螯合作用,加入乙二胺四乙酸(EDTA)将钙离子从磷酸钙沉淀中夺取,形成钙离子络合物,从而释放磷酸根离子进而回收,但 EDTA 经济成本较高,采用廉价的草酸也会起到异曲同工的效果。该工艺已在美国华盛顿某奶牛养殖场实现工程化,以流化床结晶法进行鸟粪石沉淀回收磷。

磷是一种十分有限的营养元素,化肥中缺少磷元素将导致农作物弱不禁风,产量大减,甚至颗粒无收!对人类生存构成危害。现在牲畜养殖已经专业化,大量动物粪便在养殖场堆积,其处理成本较高、管理困难,这与传统环境友好型动物粪便还田的理念背道而驰。大量粪便可以规模化处理,从动物粪便中可以回收能源和高价值的农肥产物,所以,寻求环境友好型可持续动物粪便处理、处置工艺显得十分必要。

3.3.5 剩余污泥、动物肉骨焚烧灰磷回收工艺

2008 年世界产量与贸易统计局统计结果显示,2006 年欧洲进口磷原料为 281.3 万 t(以 P_2O_5 计),其中,磷矿开采矿石原料仅占 31.3 万 t。面对磷矿石急剧匮乏的国际形势,欧洲各国致力于开发新型磷源。因为剩余污泥中含有大量重金属离子、荷尔蒙、抗生素和激素等有机污染物,使污泥直接农用的途径越走越窄。

从剩余污泥和动物肉骨焚烧灰中提取磷资源相关研究正处于起步阶段,其基本原理是热化学处理(Jin 等,2009)。剩余污泥和动物肉骨在焚烧炉中焚烧后有机污染物可被全部去除,焚烧残渣富含生物不可利用的磷和重金属离子。向残渣中投加氯化镁等氯化物添加剂,在 1 000 ℃ 温度下再次燃烧,重金属离子形成可挥发性的氯化物,以气态形式从残渣中脱离,与此同时,磷转化成可被植物利用的矿物磷。

在欧盟第六次联邦会议工程——市政污水处理厂剩余污泥营养物可持续安全性回收(European FP6-project SUSAN)推动下,欧盟27国打算利用热化学处理方法从剩余污泥和动物肉骨焚烧灰中提取磷,以代替25%的磷矿石。经过德国材料研发机构和植物研究中心、瑞士理工学院和奥地利维也纳理工大学5年的资助研究,已取得初步结果。对剩余污泥焚烧处理可得到含磷率大约为20%(以P_2O_5计)的磷肥原材料;热化学处理可以有效去除各种不同类型重金属;处理后所得矿物形式磷酸盐能够100%溶解;XRD分析显示,矿物磷酸盐产品是经过化学反应而生成,去除的重金属离子(主要包括铜、锌和铁)可采用液—液萃取方法提取,所得沉淀中含铜和锌干重分别为38%和23%,适合用作工业原材料。

ASH DEC公司2010年初将在德国南部Altenstadt市新建一座从剩余污泥和动物肉骨焚烧灰中提取磷的磷酸盐工业生产厂,预计产量在1 500 t/月。对泥浆形式粪便先进行回收生物能(CH_4)处理,固体粪便成分再进行焚烧处理,从中获得到磷肥原材料的技术已在丹麦等欧盟国家崭露头角。

3.3.6 生物磷回收新技术

自然界中存在许多能够"超量摄磷"的微生物,它们在磷回收方面潜力巨大。以下就已报道的一些生物磷回收新技术分别加以介绍。

3.3.6.1 生物萃取技术

众所周知,从污水、污泥中回收鸟粪石,不仅是回收废水中营养元素的最佳方法,而且所回收的鸟粪石可以用作缓释肥应用于农业生产。但是,生产鸟粪石过程中需要镁源作为构晶离子,这无形中增加了鸟粪石的回收成本。有鉴于此,各种降低鸟粪石回收成本策略被广泛研究。其中,较为新颖的是生物萃取技术(biological extraction)和开发新型廉价镁源。生物萃取技术原理是:厌氧条件下利用3价铁还原菌活化(remobilization)剩余活性污泥细菌细胞内磷酸盐,同时利用铁还原菌将磷酸铁沉淀中的3价铁还原为2价铁,使磷酸盐重新溶解,从而增加构晶溶液中磷酸根浓度。

Esemen等对生物萃取技术和新型镁源磷回收效果进行了相关性研究。在37~38℃条件下,向剩余污泥中投加外部碳源(蔗糖、乙酸、甲醇等),厌氧条件下发酵3.5 d,磷酸盐活化程度可达70%;没有外加碳源情况下,磷酸盐活化程度仅仅为48%。将海水(1 259 mg Mg/L)作为镁源,镁、磷比1:1,用于回收消化污泥脱水上清液中的磷,氢氧化钠调节pH到9.5,磷回收效率高达98%。用于回收尿液中的磷,在原始尿液pH(7.3~9.2)下,室温下反应48 h,磷回收率高达98%。使用苛性钾生产废水(28 g Mg/L)作为镁源,用于回收消化污泥中磷,调节pH=9.5,镁、磷摩尔比1:1.89,磷的回收率可达96%;调节pH=7.9,镁、磷摩尔比1:1.5,磷回收率可达80%。

上述结果表明,生物萃取技术可以提高厌氧消化污泥脱水上清液磷酸根浓度,进而提高鸟粪石回收效率,降低回收成本。海水和苛性钾生产废水作为新型镁源可以取得理想的鸟粪石回收效果。

3.3.6.2 引发泡沫上浮丝状聚磷微生物

丝状微生物在污水处理系统生物反应器和二沉池中经常引发泡沫问题,不仅影响视觉而且还给污水处理厂正常运行带来不便。泡沫上浮控制对策已引起污水处理专家的高度重视。通常的措施是控制平均污泥停留时间或污泥负荷,在某些个例中对回流污泥采取瞬时氯化消毒的治理方法对控制泡沫上浮问题也起到了一定作用。此外,投加铁盐和铝盐也是较为常用的方法。

尽管泡沫上浮带来了一系列问题,但最近波兰环境科学研究院对活性污泥系统中上浮泡沫进行研究发现,上浮泡沫丝状聚磷微生物在污水磷回收方面存在一定潜力,上浮泡沫丝状聚磷微生物是一把双刃剑。活性污泥中引发泡沫上浮的丝状菌中含有微丝菌(*Microthricx parvicella*)、诺卡士菌(*Nocardia amarae*)和乙酸钙不动杆菌(*Acinetobacter calcoaceticus*)等聚磷丝状菌,对污水营养物的去除起到一定作用,其机制与聚磷菌原理类似,厌氧条件下释磷,好氧条件下超量摄磷,以聚磷酸盐(异染颗粒)形式储存在细胞内。

研究发现,普通活性污泥微生物细胞内平均含磷 26 g P/kg MLSS,而引发泡沫上浮的丝状聚磷微生物含磷量高达 40.0 g P/kg MLSS,这表明丝状微生物对磷的去除能力可能与要高于普通的聚磷菌旗鼓相当!泡沫丝状聚磷微生物释磷可以通过泡沫破碎和厌氧消化两种方式释磷。分别对活性污泥和泡沫进行破碎处理,其释磷分别为 60 mg PO_4^{3-} - P/L 与 400 mg PO_4^{3-} - P/L(视具体污水处理厂而定)。一般来讲,泡沫丝状聚磷微生物释磷量为普通活性污泥释磷量的 2～8 倍!泡沫丝状聚磷微生物在 33 ℃厌氧消化处理 15 d 后泡沫丝状聚磷微生物,释磷量达 286 mg PO_4^{3-} - P/L;,尽管所得的富磷溶液中含有较低的氨氮(18 mg NH_4^+ - N/L),但经过足够长时间厌氧处理,氨氮浓度将增加到 110 mg NH_4^+ - N/L,这意味着仅仅投加镁源就可以得到鸟粪石回收产物。

由此可见,引发泡沫上浮丝状微生物也是一种理想的聚磷微生物,通过破碎和厌氧处理,磷酸根和氨氮浓度足以产生鸟粪石,进行磷回收。该过程不必加入铁盐及铝盐等化学试剂来控制泡沫上浮问题,降低了处理成本。

3.3.6.3 生物浸取、生物富集技术

污泥焚烧灰中回收磷通常采用酸洗法。但 Zimmermann(2009)等研究发现,在厌氧消化污泥中存在酸硫杆状菌属(*Acidithiobacillus spec.* strains),它们具有生物浸取(bioleaching)作用;利用酸硫杆状菌属和聚磷菌共生菌群通过生物浸取和生物富集(bioaccumulation)作用实现从污泥焚烧灰中回收磷的工艺已在研发之中。生物浸取原理为利用氧化菌 *A. ferrooxidans* 和 *A. thiooxidans*,可以将 2 价铁氧化为 3 价铁,金属硫化物氧化为硫酸盐,从中获取能量。此过程产酸可以降

低溶液 pH 增加金属离子溶解度,通过聚磷菌对溶解性磷进行生物富集作用而回收磷,分离金属离子。

德国亚琛工业大学正在研究该工艺磷回收效果。实验首先培养具有生物浸取作用酸硫杆状菌,后利用聚磷菌与酸硫杆状菌共生菌群实现从污泥焚烧灰中回收磷的目的。结果显示,污泥焚烧灰经酸硫杆状菌处理 11 d,其溶液 pH 为 2.0~2.3,培养的酸硫杆状菌属对磷酸根的浸取效率达 93%,共生菌群磷回收效率达 66%;酸硫杆状菌属对铝离子浸取效率为 61%,对锌、铜和钴的浸取效率在 20%~58%,对锰浸取效率在 67%~75%,对镉浸取效率 11%~13%;被共生菌群富集的磷酸根在 3 d 后观察到有磷释放现象。

与酸洗浸取法相比,利用上述生物浸取和生物富集原理回收污泥焚烧灰中的磷,不仅节省了大量化学药剂,而且磷回收效率大大提高;回收产物所含重金属离子浓度较低,可被植物吸收利用。该方法体现了经济、环境和生态和谐的理念,与可持续发展的思想不谋而合。

3.3.6.4 生物铁工艺

生物铁工艺(BioIronTech Process)广泛应用于富含脂肪废液厌氧处理、食品加工业废水处理、各种工业废水处理、水质修复和水质净化过程。其机制是在厌氧条件下,铁还原菌(iron-reducing bacteria, IRB)利用厌氧消化液中有机物将 3 价铁还原为 2 价铁,发生如式(3.54)所示反应。

$$4Fe_2O_3 + CH_3COO^- + 7H_2O \longrightarrow 8Fe^{2+} + 2HCO_3^- + 15OH^- \quad (3.54)$$

然后,厌氧过程中产生的 2 价铁离子将与污水中磷酸根发生如下式(3.55)所示反应。

$$Fe^{2+} + HPO_4^{2-} \longrightarrow FeHPO_4 \quad (3.55)$$

好氧条件下,上述产物将被氧化产生磷酸铁沉淀,发生如式(3.56)所示反应:

$$2FeHPO_4 + HPO_4^{2-} + 0.5O_2 + H_2O \longrightarrow Fe(HPO_4)_3 + 2OH^- \quad (3.56)$$

通常,流量虽小(约为进水流量的 1%~2%)但氮、磷含量较高的污泥厌氧消化液和污泥脱水浓缩液回流到污水处理厂的曝气池中(其中,氨氮浓度高达 200~1 500 mg N/L),磷酸根浓度高达 200 mg P/L。这就大大增加了污水处理厂氮、磷处理负荷量(氮负荷:10%~40%;磷负荷:10%~80%)。随着富营养化和磷资源匮乏,生物铁技术正在从污泥消化液等高磷溶液中回收磷中显示出一定优势。

实验研究表明,生物铁工艺与传统投加铁盐回收磷工艺相比,成本可以节省 7~10 倍!可回收污泥处理液中磷酸根达 73%。

3.3.6.5 生物质磷回收技术

从植物残体中提取生物质能(biomass energy)是获取能源的一种途径。据预测,到 2020 年生物质能产量将增加 3 倍。因此,提取生物质能后的残渣处理量也将与日俱增。生物质残渣是最古老的矿物肥料,可以用作农业肥料。

生物质残渣可以改善土壤中磷酸盐状况,提高植物对磷酸盐的吸收速度,但是,略微增加土壤 pH。Weinfurtner 等(2009)对回收的磷酸盐作出了生态评价,并得出了初步结果。由于有些生物质残渣溶解度极低、肥效慢,所以,不能直接使用在营养元素严重不足的土壤中,但可以用作土壤添加剂。2004 年德国教育科技部联合环保部、自然保护和核安全组织开展了植物营养物回收利用研究课题,以促进生物质磷回收研发进度。生物质残渣农田回用可以缓解磷资源短缺的现状和磷酸盐肥料价格较高的局势。

综上所述,各种工艺相继研发,磷回收技术已经逐渐走向成熟。相信未来磷回收将不再是技术问题,将变为观念、经济、政策等问题。表 3.7 简单列出了几种磷回收工艺特点。

表 3.7 磷回收工艺总结

工艺名称	成本及要求	主要优点	磷回收产物
污水厂主流磷回收工艺			
后沉淀工艺	经常使用的技术措施,需要添加化学药剂,成本较高	降低出水磷浓度	磷酸钙($Ca_3(PO_4)_2$)
结晶法	经常使用的技术措施;需要添加化学药剂调节 pH,添加晶体种;成本较高	降低出水磷浓度,大大减少了化学药剂的使用量	羟基磷灰石(HAP)、鸟粪石(MAP)
污泥磷回收工艺			
KREPRO 工艺	添加化学药剂除磷,需要对污泥进行加热	可回收沉淀试剂,减少了反硝化所需外部碳源,污泥大大减量	磷酸铁($FePO_4$)
Seaborne 工艺	需要化学试剂;工艺复杂	可回收磷肥或其原材料,产生甲烷气体,具有脱氮作用	鸟粪石
Aqua Reci 工艺	氧气消耗量高	无有机物	磷酸钙($Ca_3(PO_4)_2$)
污泥焚烧灰磷回收工艺			
BioCon 工艺	添加化学试剂除磷,焚烧污泥所需费用较高	可回收农肥、沉淀试剂	磷酸(H_3PO_4)
改良的 SEPHOS 工艺	需要使用酸和碱液调节 pH,酸可以循环使用	回收产品磷酸钙,避免了 SEPHOS 工艺产物磷酸铝对植物根系造成损害	磷酸钙($Ca_3(PO_4)_2$)

3.4 污水化学磷回收强化生物磷去除作用试验演示

3.4.1 磷回收与C/P比与对生物除磷系统影响试验

3.4.1.1 研究背景

污水中所含的N、P元素是导致江河、湖泊等水体富营养化的直接诱因(Lau 等,1997;Trépanier 等,2002),特别是P的含量对引起水体富营养化极其敏感,一般认为当地面水体中总磷(TP)含量达到0.015 mg/L时就足以导致水体富营养化。为尽可能控制污水中进入水体内的P含量,我国现行的污水排放标准对磷酸盐(PO_4^{3-})作出了更加严格的规定。污水除磷的工艺方法多种多样(Stratful 等,1999;Van Loosdrecht 等,1997),大体可分为化学沉淀方法和生物除磷方法,其中城市生活污水以强化生物除磷工艺为主。在实际工程中,污水生物除磷普遍面临碳源(COD)不足的问题,导致强化生物除磷功能不能充分发挥,出水磷指标达不到出水标准。另一方面,磷是十分宝贵而非常有限的自然资源。地壳中优质磷矿石($P_2O_5 > 15\%$)以目前开采速度计算,将在100年(Balmér,2004)之内耗至殆尽;中国磷矿产资源将在不到70年的时间内耗竭。

在此情况下,污水除磷中变单纯的"去除"为有意识的"回收"已受到各国专家的普遍关注。如果在污水生物处理系统中辅以化学磷沉淀,则既能从中回收一部分磷,又能相对提高污水生物除磷的C/P比,进而提高生物除磷效果。这一思想首先从理论上得到了验证,在污水处理工艺流程上回收磷的最佳位置也得到了试验确认(Ueno 等,2001;Yoshino 等,2003)。基于这些认识,荷兰代尔夫特理工大学研发出一种变型的UCT工艺——BCFS,旨在保证出水水质前提下最大限度地实现资源(P)回收、减少化学药剂消耗、减少剩余污泥产量和能源消耗,并已在10座升级或新建的污水处理厂中得到实际应用(Van Loosdrecht 等,1998)。磷回收的潜力及其对生物除磷的促进作用已得到深入研究。目前的焦点在于磷回收与脱氮除磷各生物过程的相互影响:磷回收与厌氧释磷、好氧吸磷的动态过程密切相关;磷是生物生长的限制性因素,磷的过量回收也可能造成对生物过程的抑制作用。这些相互作用已通过数学模型进行了评估。

本研究在实验室BCFS工艺动态试验基础上,通过改变进水C/P(COD/TP)比,考察不同C/P对出水水质的影响。在C源缺乏,生物除磷功能受到限制的情况下,通过引出厌氧池上清液(侧流)进行磷回收,进一步验证磷回收对生物除磷的促进作用,重点考察不同侧流比对BCFS系统生物营养物去除过程的影响并确定最佳侧流比与磷回收量。

3.4.1.2 试验材料与方法

（1）装置

试验 BCFS 工艺装置处理水量为 0.42 m³/d,工艺流程及运行参数如图 3.49 所示。厌氧池内部以一底部相通的隔板形成相对静止的沉淀区,用于分离厌氧上清液。当辅以化学磷回收时,加入一个厌氧上清液回流(Q_S),将经过侧流化学沉淀后的厌氧上清液回流至接触池。

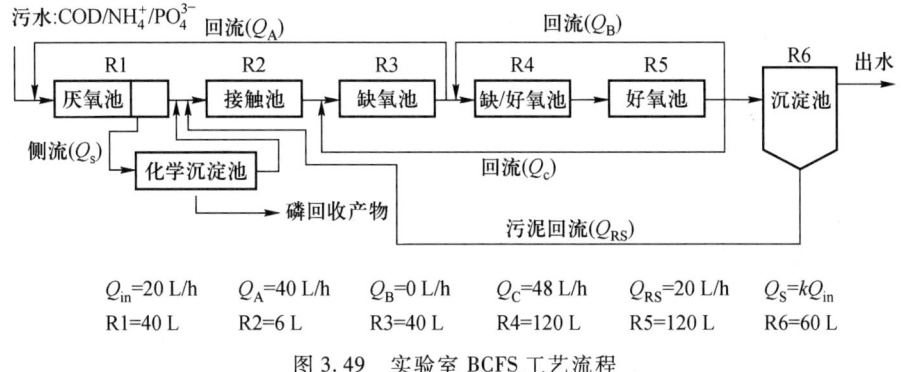

图 3.49 实验室 BCFS 工艺流程

（2）试验方法及数据采集

试验进水采用模拟城市生活污水的人工配水,配水成分见表 3.8。

表 3.8 配水成分表

项目	药剂及浓度/(mg·L^{-1})		投加量/(mg·L^{-1})
COD	牛肉蛋白胨	150	118.41
	牛肉浸膏		67.66
	葡萄糖	450	435.99
	($C_6H_{12}O_6 \cdot H_2O$)	270	261.60
		170	164.71
TP	磷酸二氢钾	8	35.12
	（KH_2PO_4）	15	65.85
TN	氯化铵（NH_4Cl）	20.41	78
	牛肉蛋白胨	15.39	118.41
	牛肉浸膏	8.80	67.66
K	KCl	10.37	19.83
微量元素	EDTA		3.0
	$FeCl_3 \cdot 6H_2O$		0.45

续表

项目	药剂及浓度/(mg·L^{-1})	投加量/(mg·L^{-1})
微量元素	H_3BO_3	0.05
	$CuSO_4 \cdot 5H_2O$	0.01
	KI	0.05
	$MnCl_2 \cdot 4H_2O$	0.04
	$Na_2MoO_4 \cdot 2H_2O$	0.02
	$ZnSO_4 \cdot 7H_2O$	0.04
	$CoCl_2 \cdot 6H_2O$	0.05

试验过程中通过改变进水 COD 和 TP 调整 COD/TP 比,考察不同 COD/P 比条件下系统运行情况。首先保持进水 TP 不变(约 8 mg/L),以 600 mg/L 为初始值,依次降低进水 COD 浓度,直至 COD 低至 320 mg/L。随后,保持 COD 不变,通过提高进水 TP 的方法来降低进水 COD/P 比值。进行化学磷回收时,将厌氧上清液引至化学沉淀池,调节 pH 至 10 后反应、沉淀 30 min。

每个工况下系统运行约 15 d 出水水质达到稳定,取样分析步骤随即进行。整个试验过程中,对 COD、TP、TN、NH_4^+、NO_3^-、VSS 和 SS 的测定按照《水和废水监测分析方法(第四版)》标准方法进行,DO 使用 YSI1700 溶氧仪测定,ORP 采用 WTW 便携式 ORP 仪进行测定。

(3) 试验条件与环境

由于 BCFS 工艺为同步脱氮除磷工艺,因此将污泥龄(SRT)控制在 15~20 d。通过每日排泥来控制 SRT,排泥量为 8~10 L/d(分两次进行)。主体反应器污泥浓度维持在 3 800~4 500 mg/L,污泥负荷相应为 0.2~0.6 g COD/(g MLSS·d);整个试验过程中 SVI 值保持在 100~130 mL/g。

厌氧池 ORP 维持在 -270~300 mV。缺/好池 DO 在 0.5 mg/L 左右。好氧池曝气量随温度变化进行相应调整,DO 维持在 2~4 mg/L。试验中共进行了三种侧流比条件对比试验:10%、20% 和 30%(相对进水流量)。

3.4.1.3 试验结果与分析

(1) 进水 C/P 比对营养物去除的影响

图 3.50 显示了不同进水 COD/P 比(分别为 76.3、52.6、41.8、23.3)对营养物去除效果的影响。

图 3.50a 显示,进水 COD/P 比对 COD 去除率影响不大,在 4 种工况下,去除率均能达到 92% 以上,最高可达 97%。出水 COD 均低于 25 mg/L。随着进水 COD 浓度降低,各反应器内溶解性 COD 随之下降;溶解性 COD 去除主要发生在厌氧池内,表观去除率为 70%~90%。

图 3.50a 亦显示,接触池内溶解性 COD 浓度明显较厌氧池要低。只有当进水 COD 浓度较高时,接触池内溶解性 COD 浓度略高(70 mg/L);而当进水 COD 浓度保持在正常城市污水 COD 浓度(≤400 mg/L)范围时,接触池内溶解性 COD 浓度均保持在 25 mg/L 左右。这说明经过 17 min 短暂水力停留时间(HRT),接触池能够去除厌氧池残留的溶解性 COD,有效防止残余 COD 进入好氧池(COD 保持在 20 mg/L 左右)诱发丝状菌繁殖而产生污泥膨胀。因此,接触池起到了选择器的作用。

试验 BCFS 工艺装置处理水量为 0.42 m³/d,工艺流程及运行参数如图 3.49 所示。厌氧池内部以一底部相通的隔板形成相对静止的沉淀区,用于分离厌氧上清液。当辅以化学磷回收时,加入一个厌氧上清液回流(Q_s),将经过侧流化学沉淀后的厌氧上清液回流至接触池。

图 3.50c 显示,进水 COD/P 比对 TN 的去除率影响也不大,在 4 种工况下,去除率均能达到 85% 以上。出水 TN 均低于 8 mg/L。

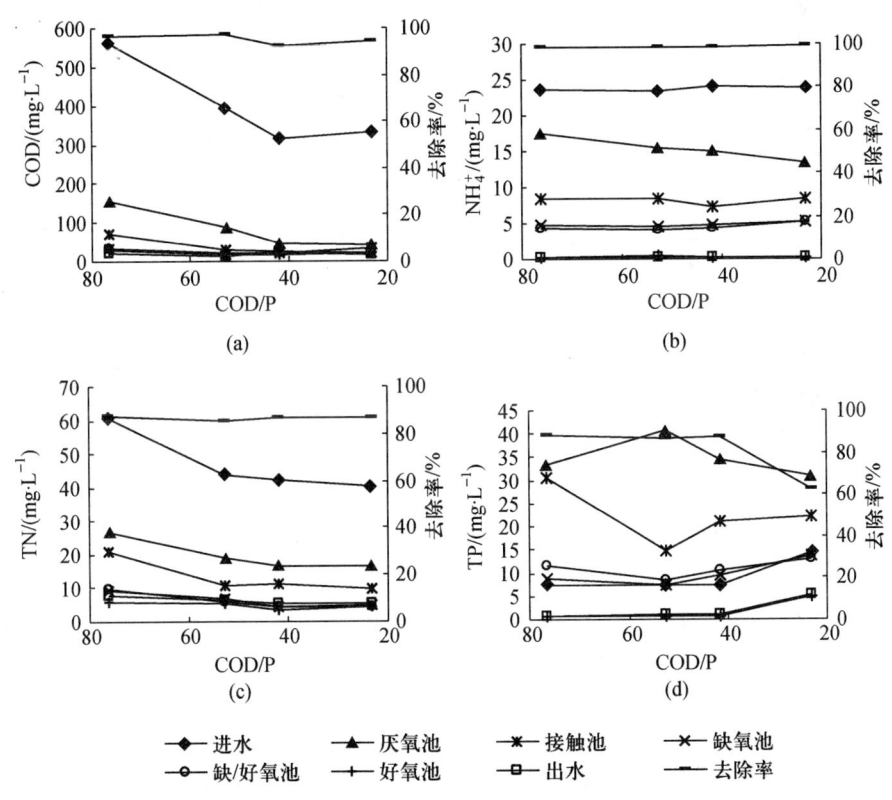

图 3.50 进水 COD/P 比对系统中营养物去除效果的影响

图 3.50d 显示,当碳源充足(COD/P 比为 76.3、52.6 和 41.8)时,TP 去除率基本保持不变,维持在 87% 左右。当进水 COD/P 比降至 23.3 时,由于 C 源不

足导致 TP 去除率及出水水质明显下降,去除率降至 62%,平均出水 TP 上升至 5.4 mg/L。

(2) 侧流比对系统营养物去除效果的影响

进水 COD/P 比降至 23.3 后出水 TP 出现恶化表明,进水中的 COD 含量已不足以满足生物处理的需要。此时,实施厌氧上清液磷回收试验,以验证磷回收对后续生物除磷的辅助作用。图 3.51 反映不同厌氧上清液侧流比(0%、10%、20%、30%)对系统内营养物去除效果的影响。整个试验过程中,系统各项进水负荷保持不变(COD/P=23.3),只改变厌氧上清液抽取比例(侧流比),考察不同侧流比条件下系统中营养物去除效果的差异,尤其是生物除磷效果的变化趋势。

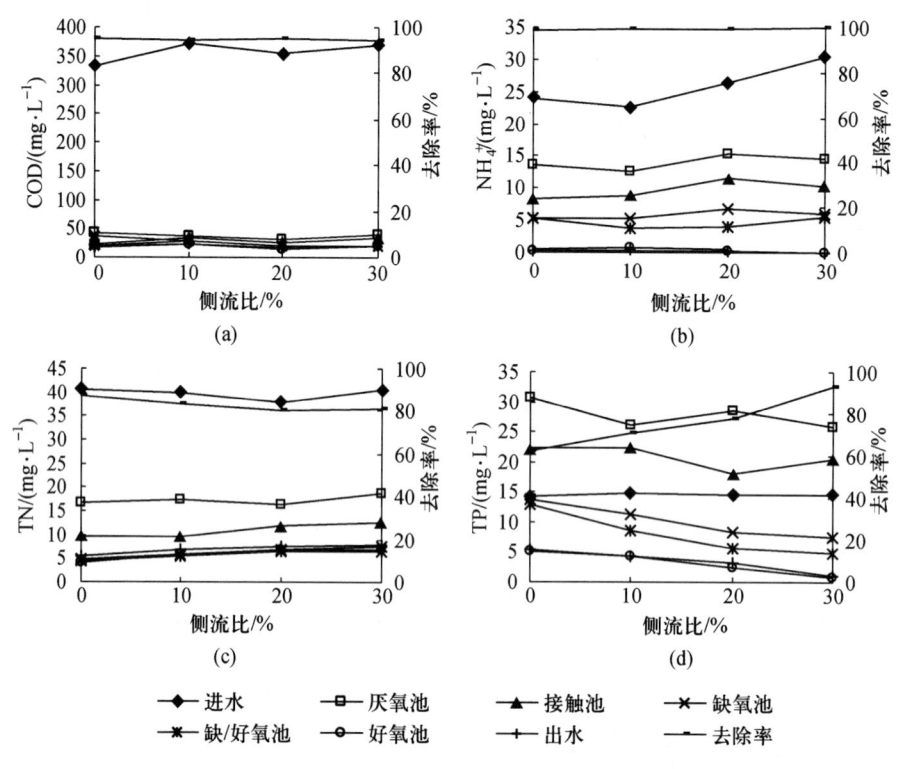

图 3.51 侧流比对系统中营养物去除效果的影响

图 3.51a 显示,当进水 COD 保持不变时,各反应器中溶解性 COD 浓度也大致相同,COD 总去除率稳定在 95% 左右(出水 COD 浓度最高为 22 mg/L)。这说明系统内各反应器中 COD 降解和总去除率不受厌氧侧流比影响。

图 3.51b 显示,侧流比对 NH_4^+ 的去除率影响也不是很大,在 4 种工况下,去除率均接近 100%,且各反应器内的 NH_4^+ 浓度基本保持稳定。出水 NH_4^+ 接近 0 mg/L(最高时为 0.3 mg/L)。

图 3.51c 显示,随侧流比增大 TN 的去除率逐渐降低。与此对应,好氧池和

出水中的 NO_3^- 随侧流比的增加而有递增趋势。可见,TN 去除率降低主要是由于 NO_3^- 去除率降低所致(图 3.52 所示)。

图 3.51d 显示,随侧流比升高,TP 的去除率呈线性上升趋势,出水中 PO_4^{3-} 浓度逐渐下降,厌氧池上清液中 PO_4^{3-} 的浓度也逐渐下降。当侧流比为 30% 时,平均出水 TP 浓度小于 1 mg/L,这种现象与理论分析非常吻合。

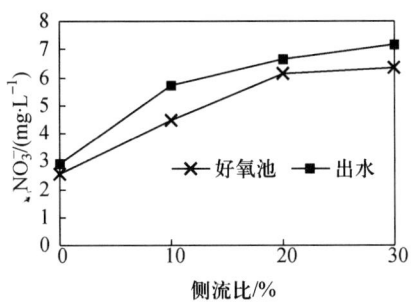

图 3.52 NO_3^- 浓度受侧流比的影响

3.4.1.4 试验结果讨论

(1) 进水 COD/P 比与 COD 组分对 TP 去除的影响

试验结果表明,进水 COD/P 比降至 23.3 时 C 源呈现不足,生物除磷作用恶化,平均出水 TP 上升至 5.4 mg/L,TP 去除率突降至 62%。而 Hao 等人的模拟结果显示,COD/P 比为 20 时,出水 TP 仍可以 ≤1 mg/L。这一差别主要与 COD 组分相关,进水 VFA 含量对生物除磷过程具有关键影响。模拟中 COD/P 比为 20 时,进水 VFA 含量为 70 mg/L;而本试验采用人工配水中不含 VFA,生物除磷所需的 VFA 全部依靠厌氧区水解发酵产生。因此,试验中造成出水水质恶化的进水 COD/P 比相对高于模拟情况。图 3.50d 也显示,当进水 COD/P 比最高时,厌氧池中 PO_4^{3-} 浓度并非最高,这可能与聚糖原菌(GAOs)在高 COD/P(>50)比下对碳源的竞争有关(Mitani 等,2003)。

(2) 侧流比对生物除磷作用的影响

随着侧流比的升高,厌氧池内溶解性 PO_4^{3-} 浓度首先呈缓慢下降趋势,至 30% 左右加速下降(图 3.51d),这与 Barat 等的模拟评价结论(30% ~40%,与污泥负荷有关)接近。这是由于 PAOs/DPB 厌氧释磷和缺氧或好氧吸磷是一对相辅相成的动态过程。通过化学沉淀去除的 PO_4^{3-} 越多,好氧条件下形成的胞内 Poly-P 量就越少,从而厌氧环境下释放的 PO_4^{3-} 就越少,也即化学除磷比例增高必然减弱生物除磷强度。这在图 3.53 中得到验证,随着侧流比增加,在化学作用下去除的 TP 量和去除率持续增加,而由生物作用所去除的 TP 量和去除率则呈下降趋势。

这一规律首先对确定最佳侧流比和最大回收率具有指导意义。受溶度积规则限制,化学除磷在高浓度时效果较好,浓度越低所需投加的化学药剂量就越大,否则就会大大延长沉淀反应时间。因此,最佳侧流比即为厌氧池浓度开始加速下降的转折点,此时对应得回收率即为最大回收率。对于本例研究通过化学除磷作用可最大回收进水负荷中 54% 的 TP(侧流比为 30%),同时使系统出水中 TP 浓度降至 1mg/L 以下,具有实现资源回收和促进生物除磷效果的双重作用。

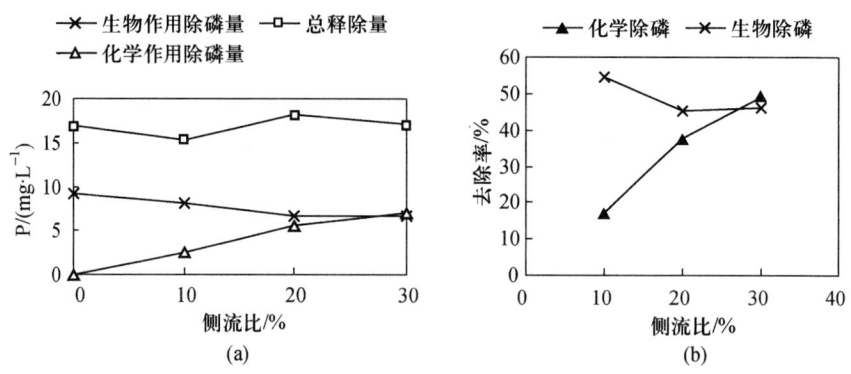

图 3.53　生物释磷、吸磷量及化学除磷量

化学除磷比率提高,生物除磷比率降低对实际运行也具有重要意义。因为在生物除磷功能正常的情况下,出水 TP 主要体现在生物体所含的 P 量上,PO_4^{3-} 对出水 TP 的贡献很小。通过磷回收降低生物体的含磷量就能显著降低出水 TP,这在出水 SS 较高的情况下尤为显著。

(3) 侧流比对硝化与反硝化作用的影响

Barat 等(2006)的模拟评价表明,出水 NH_4^+ 浓度随侧流比的增加而上升,侧流比达到一定值时(约 40%,与污泥负荷相关)NH_4^+ 浓度显著增大,并分析认为由于磷回收造成好氧区 PO_4^{3-} 浓度过低而成为自养菌生长的限制因素。但本例研究中侧流比对 NH_4^+ 的去除基本没有影响。这可能有两方面的原因:一是本例的侧流比最大为 30%,尚未达到转折点;二是 Barat 等的工艺模型中,磷对自养菌生长的半饱和系数有待进一步调整,因为模拟结果对这一参数极其敏感。

图 3.52 显示,出水 NO_3^- 浓度随侧流比增大而上升,这可能是由于进入缺氧池的 PO_4^{3+} 浓度降低造成反硝化除磷作用的减弱所导致。这一结论还有待进一步研究缺氧过程吸磷量的变化进行验证。

3.4.1.5　试验结论

(1) 进水 COD/P 比对 BCFS 系统中 COD、NH_4^+、TN 的去除基本没有影响。当进水 COD/P 比降至 23.3 时,C 源呈现不足,生物除磷作用恶化,平均出水 TP 上升至 5.4 mg/L,TP 去除率突降至 62%。

(2) 通过从厌氧池抽取富磷上清液辅以化学磷回收可在碳源缺乏的情况下

促进生物除磷作用。厌氧池 PO_4^{3-} 浓度随侧流比增大首先呈缓慢下降趋势,至 30% 左右加速下降,从而确定出最佳侧流比为 30%,对应最大回收率为 54%,同时使系统出水中 TP 浓度降至 1 mg/L 以下,具有实现资源回收和促进生物除磷效果的双重作用。

(3) 侧流比对硝化过程基本无影响,这与 Barat 模拟评价结果有很大差异;出水 NO_3^- 浓度随侧流比增大而上升,可能是由于进入缺氧池的 PO_4^{3-} 浓度降低造成反硝化除磷作用的减弱所导致,还有待进一步研究缺氧过程吸磷量的变化进行验证。

3.4.2 厌氧上清液侧流化学磷回收强化生物除磷作用模拟预测与试验验证

3.4.2.1 研究背景

原污水中碳源不足往往成为生物营养物去除(BNR)工艺工程应用的限制性因素。针对这一问题,技术上通常采取增加碳源的方式予以应对:① 投加外部碳源,如甲醇、酒糟等;② 释放内部碳源,如对初沉、剩余污泥水解酸化、裂解等方式释放内部有效碳源(Novak 等,2007)。投加外部碳源固然十分奏效,但运行成本与剩余污泥产量势必增加。取消初次沉淀池将原污水中颗粒性有机物予以水解/酸化可以释放一定量的挥发性脂肪酸(VFAs),但这并不会增加进水中总的有机物含量;只要进水中总的 COD/P(或 COD/N)比值已经成为限制性因子,水解/酸化对生物脱氮除磷的促进作用则十分有限。剩余污泥从理论上说是一种可以利用的内部有机碳源,正因为如此,剩余污泥通常被利用来进行厌氧消化产生甲烷(CH_4)。然而,由于细菌细胞在常规厌氧消化条件下不易裂解,所以,为增加 CH_4 产量不得不采取一些预处理措施。这样的预处理技术若应用于剩余污泥的水解/酸化,其设施投资和运行成本可能比外加碳源还要高昂,未必适合于强化生物营养物去除工艺。

实际上,提高进水中 COD/P 比值除了在分子项中增加 COD 绝对量方式以外,理论上亦可以通过降低 COD/P 比值中分母项 P 含量来实现。这就意味着需要从原污水中或生物营养物去除工艺系统内部有效分离出一部分 P 负荷。实现这样的目标采用化学磷沉淀方式显然较为简单。但是,对原污水实施化学磷沉淀一方面会因进水量大、磷浓度低而导致较低的 P 去除效率和高昂的运行成本,另一方面亦会导致原污水中部分 COD 因絮凝而被去除。这就需要从 BNR 工艺系统内部寻找更为有效的化学磷沉淀途径。研究与应用表明,BNR 工艺中厌氧池上清液因释磷量高(最高可达 40~50 mg/L(以 P 计))而非常适合于实施侧流化学磷沉淀(van Loosdrecht 等,1998;van Rensburg 等,2003)。

另一方面,磷是自然界一种非常有限的自然资源。在此情况下,污水处理中将磷单纯地"去除"转变为有意识的"回收"已受到国际社会的普遍重视。因此,对 BNR 工艺部分厌氧上清液实施侧流化学磷沉淀,不仅有助于相对提高 COD/P 比而强化生物除磷作用,而且还能回收一部分污水中的磷,使污水中营养物去除和磷回收有效合二为一。换句话说,这种侧流化学磷沉淀/回收技术方式具有一箭双雕的功能。

本研究在 BNR 工艺(BCFS)模拟预测与试验研究的基础上,分别以数学模拟与人工配水方式改变进水 COD/P 比,模拟预测并试验考察了低 COD/P 比对出水 P 浓度的影响。同时,在 COD/P 比降低至严重影响出水 P 浓度时,再次通过模拟预测和试验考察研究了厌氧池上清液侧流磷沉淀促进出水 P 浓度的效果及相关关系。最后,在获得模拟预测与试验结果相吻合的情况下,验证了数学模拟技术取代中间试验,将小试试验直接放大至实际工程设计的可行性,旨在为实现 BNR 工艺问题诊断及运行优化提供参考。

3.4.2.2 试验/模拟方法与材料

(1) 工艺流程及参数

试验中小试 BNR 工艺采用荷兰 BCFS 流程,成型装置处理水量按 $0.45 \text{ m}^3/\text{d}$ 设计,实验装置如上节图 3.49 所示。装置中各反应器及二沉池(底部锥形)用圆柱形有机玻璃加工而成,在厌氧池、接触池、缺氧池和缺/好氧池上端设有调速搅拌器,缺/好氧池和好氧池底端设有盘式曝气头。进水和各内、外回流通过蠕动计量泵提升实现,厌氧池泥水分离与上清液抽取通过一专利装置实现。当辅以化学磷沉淀/回收时,用蠕动计量泵按比例抽取厌氧上清液(Q_S)至化学沉淀单元,磷沉淀后的上清液再回流至接触池。

(2) 试验方法与分析项目

试验进水采用人工配水,以北京市自来水为配水水源,配方如上节表 3.8 所示。试验过程中通过改变进水 COD(进水 TP 保持在 8 mg/L(以 P 计))来调整 COD/P 比值。以 COD = 600 mg/L 作为进水初始值,以充分培养活性污泥(污泥取至北京某污水处理厂活性污泥工艺)。待污泥浓度达到预期范围(3 000 ~ 4 000 mg/L)且污泥性状良好(SVI = 100 ~ 130 ml/g)后,依次降低进水 COD 浓度,直至 COD 低至 300 mg/L。

当实施侧流化学磷沉淀/回收时,从厌氧池按 3 种侧流比:10%、20% 和 30% 引出上清液,投加 NaOH 调节 pH(> 9.0)后即可藉水中钙、镁离子(北京市自来水中 Ca^{2+} 平均浓度为 310 mg/L,Mg^{2+} 平均浓度为 150 mg/L)形成磷的沉淀混合物。

试验过程中日常监测项目主要包括两大类:化学分析与物理分析。化学分析及物理分析中对 SS、VSS 分析按照中国环境出版社出版的《水和废水监测分析方法》(第四版)中相关方法进行;物理分析项目借助相关仪器完成。其中物理分析包括 SS、VSS、SV、DO、ORP 的测定。SS 采用 103 ~ 105 ℃ 烘干后总残渣法测定,VSS 采用 550 ℃ 烘干后总残渣测定,SV 采用泥水混合样放入 100 mL 量筒静沉 30 min 后测定,DO 使用 YSI1700 溶氧仪测定,ORP 使用 WTW 便携式

ORP仪测定。化学分析包括COD、TP、PO_4^{3-}、TN、NH_4^+、NO_3^-、NO_2^-、VFAs的测定。COD采用重铬酸钾氧化法测定,TP采用过硫酸钾消解法测定,PO_4^{3-}采用钼锑抗分光光度法测定,TN采用过硫酸钾氧化-紫外分光光度法测定,NH_4^+采用水杨酸试剂光度法测定,NO_3^-采用紫外分光光度法测定,NO_2^-采用N-(1-萘基)-乙二胺光度法测定,VFAs采用五点pH滴定法测定。

(3) 试验条件与环境

由于BCFS®工艺具有氧化沟的特点,故将污泥龄(SRT)控制在30 d。好氧池溶解氧(DO)随温度变化进行相应调整,一般维持在2~4 mg/L;缺/好氧池DO一般固定于0.5 mg/L。厌氧池厌氧状态以氧化还原电位(ORP)衡量,ORP范围在-270~-300 mV之间。试验水温随季节变化在27~30 ℃范围之间。

(4) 模拟方法

利用已嵌入TUD联合模型(Smolders,1995;Smolders等,1995;van Veldhuizen等,1993)的AQUASIM2.0软件(Reichert,1998),并在对国内实际污水处理厂进行过实际模拟验证与校正的基础上建立工艺模型,在试验给定进水水质及工艺参数条件下对实际运行工况进行模拟预测。

3.4.2.3 模拟预测与试验结果

(1) 低COD/P比进水对出水P的影响

前期试验研究表明,COD/P≥50时,试验系统运行效果良好,出水水质一般为:TP = 0.5 mg/L(以P计)、TN = 10 mg/L(以N计)、COD = 25 mg/L。然而,我国城市生活污水中碳源普遍较低。以北京为例,原污水中COD/P比值大多低于50水平,且其中较多COD属不易降解和难降解的成分。这也是我国很多数污水处理厂脱氮除磷作用不能奏效的主要原因。

本研究中,当逐渐降低配水的COD/P比值至37.5时,在保持SRT为30 d不变的情况下,污泥浓度(MLSS)受进水低COD影响降低至3 000~3 500 mg/L (MLVSS/MLSS = 0.83),系统出水TP迅速攀升至>6 mg/L(表3.9)。与此同时,运用数学模拟手段得出了在该运行工况下相应模拟预测结果(表3.9)。试验系统各反应器沿程试验与模拟预测结果如图3.54所示。

表3.9 COD/P =37.5下的试验与模拟预测结果

	COD_{TOT}/ (mg·L^{-1})	COD_S/ (mg·L^{-1})	TN/ (mg·L^{-1})	NH_4^+/ (mg·L^{-1})	NO_3^-/ (mg·L^{-1})	TP/ (mg·L^{-1})	PO_4^{3-}/ (mg·L^{-1})
进水	296	203	46.5	38.9	1.9	9.7	7.9
出水	27	19	13.3	0.4	12.9	6.1	5.4
模拟出水	26	16	13.7	0.2	13.0	5.9	5.4

注:TN、NH_4^+、NO_3^-浓度以N计;TP、PO_4^{3-}以P计

试验结果与模拟预测基本吻合,说明验证/校正后的 TUD 模型对试验运行有着较好的预测能力,可以进一步用于后续试验的定向预测作用。试验及模拟均显示,在 COD/P = 37.5 这一工况下,调控各混合液回流已无法起到强化生物脱氮除磷的作用,即使减小 SRT 也不能起到强化生物除磷的作用,反而会进一步减小系统内的生物量。因此,必须在常规控制手段以外寻找针对低碳源情况的控制方法。于是,本研究通过侧流抽取厌氧上清液进行化学磷沉淀并强化生物除磷作用的后续试验与模拟预测。

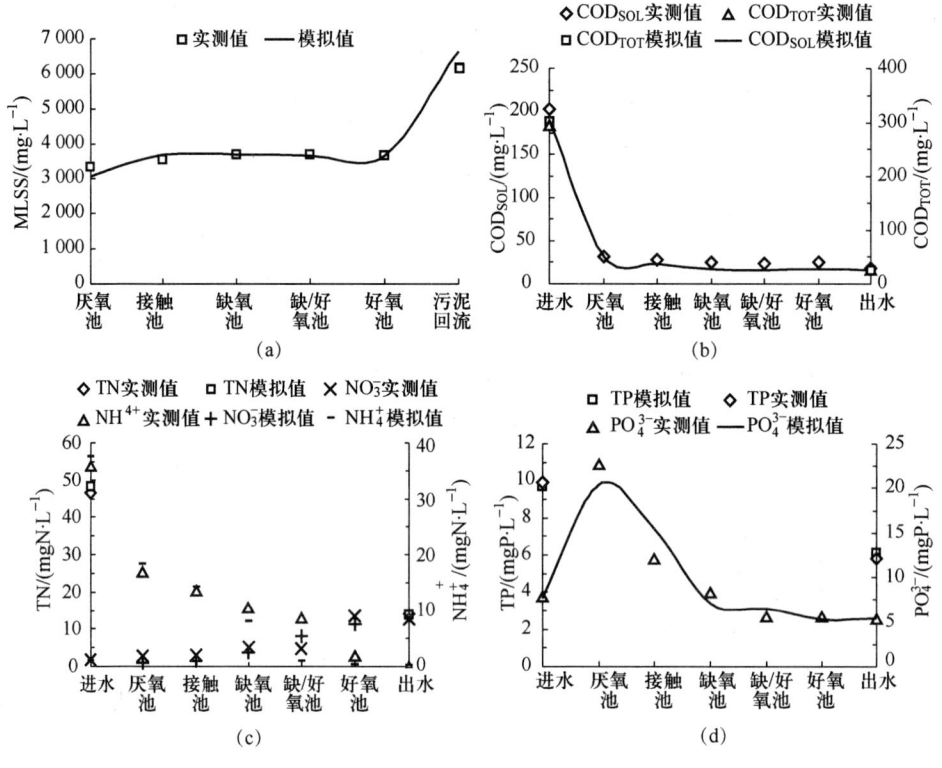

图 3.54　COD/P = 37.5 下的沿程试验与模拟预测结果
(a) MLSS;(b) COD;(c) TN、NH_4^+、NO_3^-;(d) TP、PO_4^{3-}

(2) 模拟预测

数学模拟技术完全可用于不同工况下试验结果的预测,利用这种方法可以减少试验方向的盲目性,起到定向导航试验方向的作用。在模拟定向试验前提下开展试验研究,将试验结果与模拟预测进行对比,以确定模拟预测的精确性。

在上述 COD/P = 37.5 工况下,选择 3 种侧流比考察化学磷沉淀对强化系统生物除磷作用的效果。先模拟后试验,然后对比两种结果。

3 种侧流比下对各反应器及出水中 COD、NH_4^+、NO_3^- 及 PO_4^{3-} 的模拟预测结果如图 3.55 所示。由图 3.55 可知,侧流比对 COD 去除没有影响;在较高侧流比(>30%)下,出水 NO_3^- 略有降低,而 NH_4^+ 浓度基本保持不变;出水 TN 由于 NO_3^- 在较高侧流比时略微降低而呈现出略有下降的趋势;随侧流比的增加,厌氧反应器释磷浓度虽然有所降低,但出水 PO_4^{3-} 浓度呈明显下降趋势,在侧流比增加到 30% 时,出水 PO_4^{3-} 可降至 1 mg/L(以 P 计)以下。

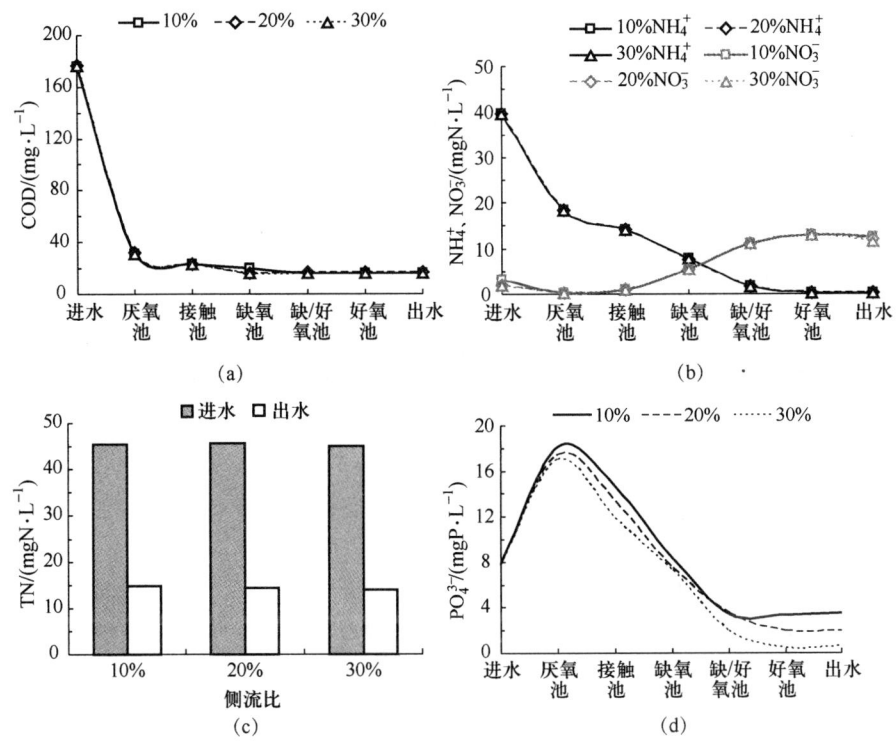

图 3.55 模拟预测不同侧流比下各反应器及出水水质变化
(a) COD;(b) NH_4^+、NO_3^-;(c) TN;(d) PO_4^{3-}

(3) 试验结果

在相同工况下,3 种侧流比下的试验结果如图 3.56 所示。随侧流比的增加,COD 沿程基本保持不变,总去除率稳定在 95% 左右,出水中 COD 浓度最高为 22 mg/L;各反应器及出水中 NH_4^+、NO_3^- 及 PO_4^{3-} 的变化趋势与浓度范围也与上述模拟预测结果大体吻合。

与模拟预测结果(图 3.55b、图 3.55c)对比,在侧流比为 20% 和 30% 时,NH_4^+/NO_3^- 在 R4(缺/好氧反应器)处试验结果与模拟预测存在一定偏差(图 3.56b、图 3.56c)。模拟预测结果显示,NH_4^+、NO_3^- 在 R4 处将分别有明显下降、上升趋势,即 R4 处会发生明显的硝化反应,这是因为模拟中 R4 设置为微量曝气状态(DO = 0.5 mg/L)。而试验结果显示,NH_4^+、NO_3^- 在 R4 处几乎没有变化。试验结果偏差的形成一方面与溶氧仪在低 DO 浓度下敏感度下降造成的 DO 测量误差有关,另一方面是由于在实际反应器中曝气不均匀,在中心区(DO = 0.5~0.8 mg/L)与边缘侧(DO = 0.1~0.2 mg/L)形成一定的 DO 梯度。因而导致试验中输入 R4 中的 DO 值较模拟预测时要小,从而抑制了硝化反应。

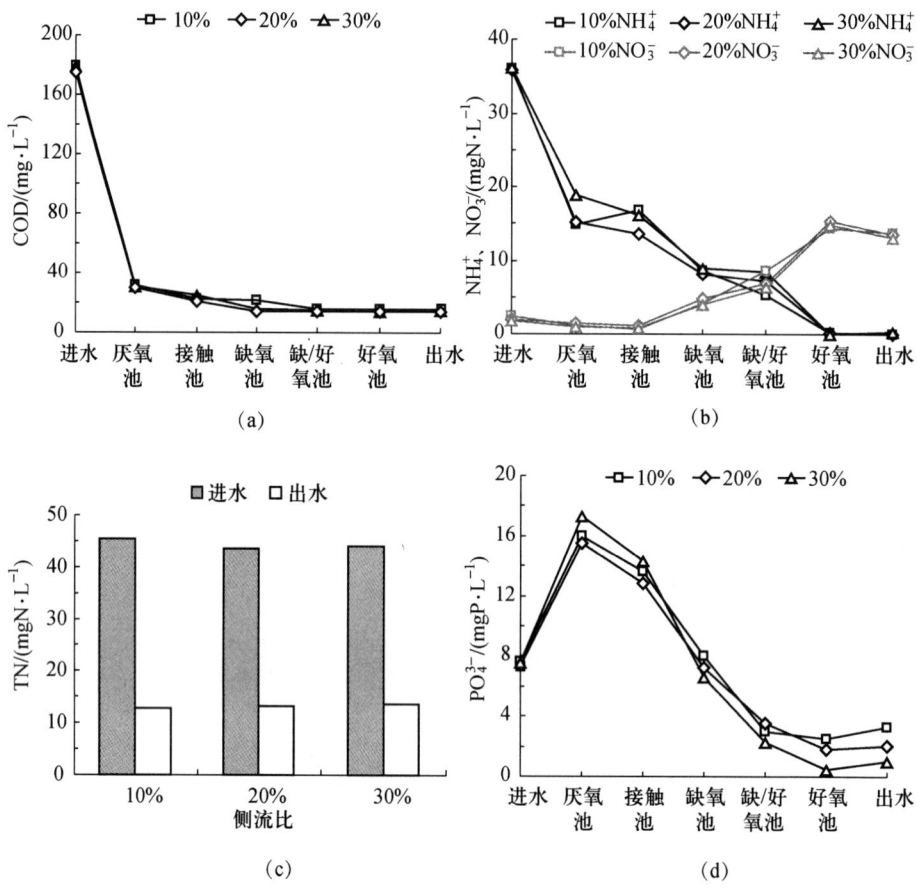

图 3.56 不同侧流比下各反应器及出水水质变化试验结果
(a) COD;(b) NH_4^+、NO_3^-;(c) TN;(d) PO_4^{3-}

3.4.2.4 试验结果讨论

根据上述模拟预测及试验结果的一致性以及化学磷沉淀对 BNR 系统生物除磷的促进作用,针对本研究中几个主要关心的问题展开以下讨论。

(1) 化学磷沉淀强化生物除磷作用

试验结果显示,当 COD/P 下降至 37.5 时,试验系统出水 TN 没有明显下降,仍保持在 13 mg N/L 左右,但此时出水 TP 已从非碳源条件抑制(COD/P ≥ 50)

下的≤1.0 mg/L 攀升至 6.0 mg/L(以 P 计)以上,即使是 PO_4^{3-} 也会上升至 5.0 mg/L 以上。由此可见,进水中外部碳源不足对生物除磷的抑制要较生物脱氮明显。

在此工况下,按试验研究目的开始实施厌氧上清液侧流化学磷沉淀。当以化学方式从试验系统中除去一部分 PO_4^{3-} 后,磷沉淀后厌氧上清液回流至后续主流系统后显然会使 COD/P 比相对提高,这与单纯靠增加外部碳源(COD)具有异曲同工的效果,必然会使生物除磷(包括反硝化除磷)作用得到加强。如图 3.55 与图 3.56 所示,随侧流比逐渐增加,出水中 PO_4^{3-} 明显开始下降,以至于当侧流比为 30% 时下降至 <1.0 mg/L。这与试验前理论分析的趋势完全一致,充分验证了 BNR 系统中化学磷沉淀辅助生物除磷具有显著提高 COD/P 比,进而促进生物除磷的强化作用。

(2) 化学磷沉淀可行性及磷回收效率

试验中所实施的厌氧上清液侧流化学磷沉淀可以借助于厌氧反应器中的泥水分离装置轻而易举地实现,无需再额外设置沉淀池获得厌氧上清液。试验中为获得精确的侧流量,使用了蠕动计量泵实施。在实际应用中,厌氧上清液侧流完全可以借助 BNR 流程初始水位高差而实现自流。然而,磷沉淀后的厌氧上清液则需要靠水泵(试验中亦使用蠕动计量泵)提升回主流线。

对厌氧上清液实施化学磷沉淀简单易行。理论上,可以投加一些容易导致 PO_4^{3-} 沉淀的金属离子化合物(如 Mg^{2+}、Ca^{2+}、Al^{3+} 等化合物),在调节 pH 至碱性条件后的较短反应时间内便可以实现。而在本试验条件下,因配水中含有较多 Mg^{2+}、Ca^{2+} 成分(因地下水比例较高),因此,只要将 pH 调节至 9.0 以上,无需再外加金属离子化合物便可以自动生成 PO_4^{3-} 混合沉淀物。试验表明,在厌氧池上清液中 PO_4^{3-} 为 16~18 mg/L 的情况下,经 30 min 沉淀反应时间便可以使上清液中的 PO_4^{3-} 降低至 0.5~3 mg/L(取决于试验时环境温度)。

试验表明,当侧流比为 30% 时,可获得良好的 PO_4^{3-} 出水,同时,以化学磷沉淀方式可回收进水 P 负荷的 64%。这样的磷回收率对延缓自然界磷的匮乏速度有着非常积极的作用。

(3) 数学模拟代替中试试验可行性

图 3.54、图 3.55 及图 3.56 表明,模拟预测与试验结果不仅在趋势上有着一致性,而且数值范围在大多数情况下也有着大于 95% 的吻合性。这就充分说明,TUD 数学模型经国内实际污水处理厂运行实践验证与校正后完全可以用于 BNR 工艺研发的放大,省去传统方法中不可缺少的中间试验步骤。这不仅可以节省研发费用,还可以加速研发工艺的工程应用速度。这一新的工艺研发方式目前已在国际上开始应用,如 SHARON、ANAMMOX 等工艺的工程应用便是从实验室小试的基础上利用数学模拟技术直接放大至工程应用。

数学模拟技术不仅仅在工艺设计上有着比传统设计的精确性和运行效果的

预知性,而且在污水厂建成运行后可以用于运行问题诊断、运行优化策略的制定。

3.4.2.5 试验结论

根据上述结果与讨论,可以得出以下结论:

(1) 抽取部分厌氧上清液,以侧流方式实施化学磷沉淀可相对提高进水的COD/P 比值,这与单纯靠增加外部碳源(COD)来提高 COD/P 比具有异曲同工的效果。

(2) 厌氧上清液侧流化学磷沉淀通过相对提高的 COD/P 比可明显改进出水的 P 含量。在 COD/P = 37.5 的工况下,当侧流比增加至 30% 时,出水中的 TP 浓度可以从碳源抑制时的 >6.0 mg/L 下降至 ≤1.0 mg/L。

(3) 厌氧上清液侧流化学磷沉淀在操作上简单、易行。对以地下水为主的城市污水来说,一般只需靠调节 pH 至 9.0 以上便可以在短时间内在侧流厌氧上清液中形成沉淀(PO_4^{3-} 去除率可达 80% ~90%),无需再额外投加金属化合物。

(4) 当侧流比为 30% 时,出水中 TP 浓度在显著改善的同时,化学磷沉淀作用可回收进水中 P 负荷的 64%。

(5) 经验证与校正后的 TUD 数学模型模拟预测有着与试验结果近乎一致的效果。因此,数学模拟技术完全有可能取代中间试验步骤而直接将小试结果放大至工程应用。

3.5 磷回收工程实例

近年来,随着全球各国对环境保护高度重视,污水处理已经逐渐普及。污水处理厂从单一去处有机物已转变为去处有机物和氮、磷营养物质并举,并已纳入各国污水处理的实施日程。随着磷资源短缺、水体富营养化等难以解决的问题日趋严重,从污水中回收、利用营养物已经不再是缘木求鱼的理念,回收污水中磷的工程实例已在全球范围雨后春笋般呈现。

3.5.1 侧流结晶法磷回收始祖——荷兰 Geestmerambacht 污水处理厂

3.5.1.1 Geestmerambacht 污水处理厂概况

20 世纪 90 年代,荷兰政府积极响应欧盟协议,以减少对莱茵河和北海污染物排放。为此,于 1994 年荷兰颁布并实施了新的污水处理厂排放标准(Valsami-Jones,2004)。新污水处理厂排放标准规定:污水处理能力在 20 000 当量人口(p.e.)以下的污水处理厂对总磷(TP)排放浓度没有限制;超过 20 000 当量人口污水处理厂 TP 排放限制在 ≤2 mg P/L;对于污水处理能力在 100 000 当量人口以上的特大型污水处理厂 TP 排放限制在 ≤1 mg P/L。荷兰总氮(TN)排放标准于 1998 年也作了相应规定:≤20 000 当量人口污水处理厂 TN 排放限制在 ≤15 mg N/L;>20 000 当量人口污水处理厂总氮排放限制在 ≤10 mg N/L。由于执行新的污水排放标准,荷兰许多污水处理厂不得不考虑脱氮除磷,于是污水处理厂升级改造在 20 世纪 90 年代司空见惯。Geestmerambacht 污水处理厂服务当量人口 230 000,升级改造之前出水水质为:COD = 58 mg/L;BOD_5 = 5 mg/L;TP = 6 mg P/L;TN = 12 mg N/L;SS = 19 mg/L(Valsami-Jones,2004)。可见,Geestmerambacht 污水处理厂升级改造刻不容缓,特别是针对磷排放超标问题(Valsami-Jones,2004)。

政府大力资助加速了污水处理脱氮除磷营养物去除创新工艺的发展,荷兰 DHV 水务公司研发了 DHV Crystalactor® 反应器,该反应器将磷酸根以结晶形式回收。对于污水处理厂而言,为达到 TP 出水 ≤2 mg P/L 的要求,常规措施是增加处理构筑物容积或投加大量化学药剂,Geestmerambacht 污水处理厂独树一帜,升级改造采用生物营养物去除(BNR)工艺与 DHV Crystalactor® 结合回收磷酸钙,达到营养物去除的目的。

污水处理厂改造前工艺主要以 25 000 m^3 氧化沟和沉淀面积为 5 400 m^2 的二沉池组成,剩余污泥经简单浓缩后干化处理。该工艺运行出水效果果如上所述。为此,对污水处理厂进行升级改造,改造后工艺流程如图 3.57 所示。

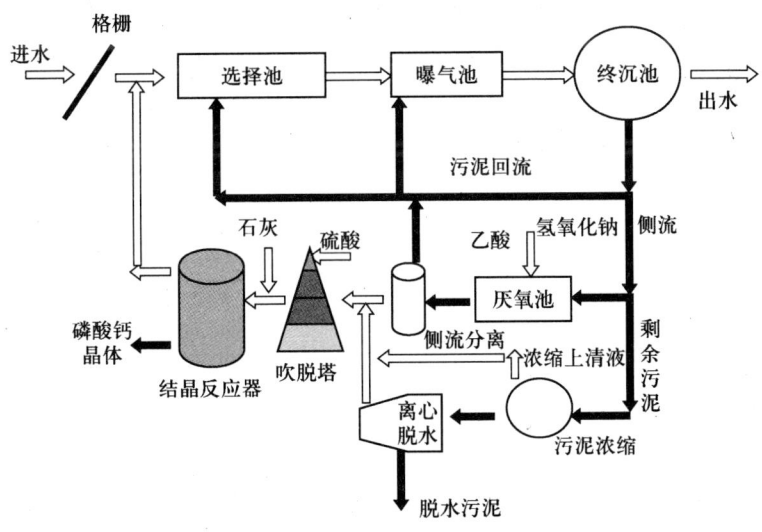

图 3.57　Geestmerambacht 污水处理厂改造后工艺流程图

Geestmerambacht 污水处理厂改造后采用侧流磷回收工艺,部分回流污泥进入厌氧池,向厌氧池中加入乙酸和氢氧化钠分别作为碳源和调节 pH,使污泥中聚磷菌充分释磷;后与污泥浓缩脱水后得到的富磷上清液一起进入 CO_2 吹脱塔去除 CO_2,以减小其对结晶反应器的影响;最后,进入 Crystalactor® 进行磷回收;释磷后污泥回流到曝气池主流构筑物中,在好氧的条件下聚磷菌过量摄磷;Geestmerambacht 污水处理厂按照主流好氧池全部吸磷设计,从而保证了较低的出水 TP 浓度。在此情形下,投加化学药剂使出水达标排放的举措显得画龙点睛,无形中节省了大量的化学试剂。

3.5.1.2 工艺要求及基本设计参数

Geestmerambacht 污水处理厂改造主要改进措施包括,污水生物工艺处理能力由 160 000 当量人口上升至 230 000 当量人口;水力负荷从 3 500 m^3/h 增加到 5 000 m^3/h;提高脱氮除磷能力,进行磷回收。

因此,改造后工艺主要包括污水处理工艺、污泥处理工艺和结晶法磷回收工艺。污水处理仍然采用原有 Carrousel® 氧化沟生物处理工艺,设计负荷如表 3.10 所示。考虑到改善二沉池泥水分离效果可保证出水达标排放,在主流工艺中实现强化脱氮作用;而 TP 出水浓度则取决于侧流结晶反应器磷回收效率、污泥浓缩分离效率、剩余污泥去除、剩余污泥在厌氧条件下释磷效率、主流好氧区污泥过量摄磷效率等。因此,污水处理厂流程设计参数合理选取对 TP 去除效率起到了事半功倍的效果,其工艺设计参数具体如表 3.11、表 3.12、表 3.13 所示。

表 3.10 Geestmerambacht 污水处理厂升级改造设计负荷(Valsami-Jones,2004)

参数	单位	数值
年平均流量	m^3/d	35 000
旱季日均流量	m^3/d	25 000
旱季高峰流量	m^3/h	2 500
雨季高峰流量	m^3/h	5 000
人口当量	p.e.	230 000
COD	kg/d	22 150
BOD_5	kg/d	8 520
TN	kg/d	2 050
TP	kg/d	340
SS	kg/d	10 500

表3.11 Geestmerambacht 污水处理厂升级改造主流工艺设计参数
(Ualsami-Jones,2004)

主流工艺设施	单位	数值
格栅	m^3/h	5 000
选择池	m^3	750
好氧池	m^3	50 000
内嵌反硝化池	m^3	2 500
好氧池曝气量	$kg\ O_2/h$	1 500
终沉池	m^2	7 930
污泥回流泵设计流量	m^3/h	5 840

表3.12 Geestmerambacht 污水处理厂升级改造剩余污泥处理构筑物参数
(Ualsami-Jones,2004)

构筑物名称	单位	数值
剩余污泥泵	m^3/h	200
污泥重力浓缩池	m^2	550
重力浓缩污泥泵	m^3/h	50
浓缩污泥储存池	m^3	330
脱水离心机	m^3/h	50
脱水污泥泵	m^3/h	10
脱水污泥储存池	m^3	300

表3.13 Geestmerambacht 污水处理厂升级改造磷回收工艺设计参数
(Ualsami-Jones,2004)

构筑物名称	单位	数值
厌氧池进料泵	m^3/h	300
厌氧池	m^3	1 000
侧流污泥分离池	m^2	570
浓缩污泥回流泵	m^3/h	200
气体吹脱塔进料泵	m^3/h	250
Crystalactor® 进料泵	m^3/h	700
Crystalactor®	m^2	14

Geestmerambacht 污水处理厂升级改造于 1991 年,在当时人们还没有意识到以磷酸镁或鸟粪石这种缓释肥作为磷回收的形式。当时只是通过投加铁盐或铝盐以化学沉淀方式予以回收,但后来意识到磷酸铁和磷酸铝溶解性极低,不利于作为资源重复利用,而磷酸钙溶解度稍高。因此,进行以磷酸钙形式磷回收技术在当时比较受青睐,磷酸钙形成主要是通过 pH 控制。尽管在一般生活污水中无机碳酸盐(主要是盐酸盐)含量比磷酸盐浓度高,但是仍然需要向其中投加碳酸钙来增加溶液 pH。投加碳酸钙增加 pH 的同时带来不可避免的负面效应,即,碳酸钙杂质降低了磷酸钙产品纯度。因此,污水进入结晶反应器之前应预先进行脱碳处理,以提高产品的纯度。

3.5.1.3 磷负荷平衡设计

磷负荷平衡是污水处理厂进行磷回收设计的主要参考依据。一般可依据下式(3.57)进行设计:

$$回收磷负荷 = 进水磷负荷 - 出水磷负荷 - 脱水污泥磷负荷 \quad (3.57)$$

其中,进水负荷是全年平均磷负荷。因为微生物对磷负荷具有较好的缓冲能力,进水负荷不必考虑高峰磷负荷,而季节变化带来的污泥产量波动和由于工业企业季节性污水负荷变动导致的进水磷负荷的浮动则应加以考虑。Geestmerambacht 污水处理厂升级改造考虑到以上因素,取平均值后按平均 340 kg P/d 进水磷负荷设计。出水磷负荷主要取决于污水排放标准,在荷兰磷排放浓度采用的是 10 次水样检测平均值,而 Geestmerambacht 污水处理厂每天都会对出水进行检测,满足 10 天出水平均值为 1 mg P/L 的同时意味着年均磷负荷在 0.5 mg P/L 以下。Geestmerambacht 污水处理厂按照旱季污水流量 25 000 m^3/d 设计,则出水负荷 13 kg P/d。公式中最后一项脱水污泥磷负荷以剩余污泥形式从污水中去除,而剩余污泥与温度有关,所以,冬季与夏季差别较大。各个国家采用许多不同活性污泥模型用于估算剩余污泥产量;在荷兰,人们通常采用 1985 年由 Chudoba 等提出的模型计算剩余污泥;对于 Geestmerambacht 污水处理厂,冬季最大污泥排放量为 10 850 kg SS/d,而夏季最小剩余污泥产量为 8 500 kg SS/d。污泥在重力浓缩池中停留 2 天,可以充分保证在曝气池中微生物过量吸收的那部分磷充分释放出来。因此,在脱水污泥中磷含量与普通活性污泥微生物(不含聚磷菌)有关,从该污水处理厂测得脱水后的污泥平均含磷为 23 g P/kg SS;为便于计算,设计采用 20 g P/kg SS。

结晶反应器高效运行无疑对磷回收起着积极作用,但结晶反应器高效运行势必导致处理成本增加;在综合考虑经济和技术可行性后,设计中结晶反应器效率取 70%。对于 Geestmerambacht 污水处理厂来讲,要想从结晶反应器中回收 152 kg P/d,则结晶反应器的磷负荷为 152/0.7 = 217 kg P/d。

研究表明,剩余污泥经过重力浓缩和机械脱水后,在曝气池中过量吸收的磷可以全部重新释放出来,故污泥经离心后产生的离心上清液中磷含量一般比侧流浓缩分离池要高得多,而侧流浓缩分离池上清液占结晶反应器进料磷负荷比例不大。然而,实际运行过程中可变因素较多,通常假定重力侧流浓缩分离池上清液与离心浓缩液对结晶反应器磷负荷贡献率各占一半。另一个影响结晶反应器磷负荷的因素是曝气池中活性污泥磷含量;在 Geestmerambacht 污水处理厂曝气池中污泥磷含量设计为 30 g P/kg SS,其中,10 g P/kg SS 是在污泥处理系统中由于磷酸根释放而导致的聚磷菌在曝气池中超量吸磷所致,另外 20 g P/kg SS 用于微生物满足自身生长需求。

3.5.1.4 侧流结晶反应器设计

吹脱塔为结晶反应器消除了碳酸根离子干扰,有必要对其设计要点加以讨论。吹脱塔在低 pH 条件下去除碳酸盐措施已广泛用于给水处理,Geestmerambacht 污水处理厂用此工艺提高结晶反应器的效率,并为此做了大量实验研究。研究结果表明,进水流量和总无机碳变化范围较大,流量为 40~250 m³/h,设计中取平均值 150 m³/h;总无机碳浓度为 3~10 mmol/L(300~1 000 mg/L CaCO₃);结晶实验要求其进水总有机碳在 1.5 mmol/L 以下,为此,吹脱塔出水总有机碳浓度设计为 1 mmol/L;吹脱塔最佳实验条件包括 pH≤5;吹脱塔每阶高度大约 0.2 m,每个池深约 0.15 m,最大堰口溢流率为 150 m³/(h·m),每段脱碳效率在 10% 左右,吹脱塔共有 25 段。

结晶反应器工艺原理如图 3.58、图 3.59 所示。整个结晶反应区使用微砂填充充当晶体种;富磷溶液以上向流方式由底部进入,流速为 30~50 m/h,使晶体颗粒保持流化状态;顶部是泥水分离区;底部化学药剂和富磷溶液分别通过喷嘴进入结晶反应器,产生的水力扰动可以加速富磷溶液和化学药剂混合。

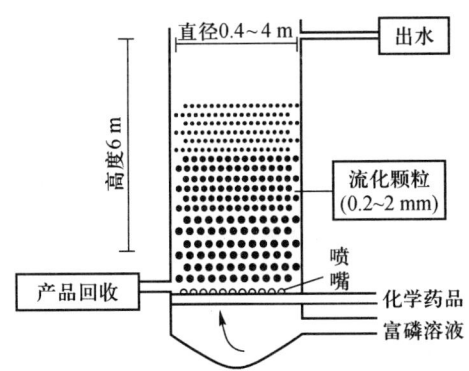

图 3.58　Geestmerambacht 污水厂结晶反应器原理图

流化床反应器提供了较大结晶表面积,所以,加快了磷酸钙晶体在晶体种表面的富集速度。晶体颗粒长大后在底部积累,为此,控制其流化速度可以有目的的控制回收晶体颗粒尺寸。这种方法与化学沉淀法回收磷相比具有明显的优势:① 流化床可以提供大的结晶表面积,提高了结晶速度,同时颗粒凝固现象消

图 3.59　Geestmerambacht 污水厂结晶反应器现场图片

失。因此,系统显得紧凑,占地面积小;② 晶体纯度大大提高。构晶离子直接在晶体种表面富集,而有机物质、悬浮物质较难嵌入晶体离子内部,从而提高了产品的纯度,更利于产品工业化应用。

　　晶体形成的驱动力是富磷溶液 pH、溶液饱和度、磷酸根离子浓度和钙离子浓度。因为磷酸根是要去除和回收的离子,所以,要想取的较好的效果,钙离子的浓度应该过量。实践表明,晶体形成的最佳 pH = 8.0 ~ 8.5,钙、磷摩尔比为 2∶1 ~ 3∶1。反应器底部物理化学条件相当重要,因为晶体在此形成,较高的局部过饱和度可促进晶体均质成核,但是,却会发生大量晶体细颗粒流失现象。为此,反应器底部应该避免出现局部过饱和现象,所采取的措施是加快化学药剂(石灰)和进水混合速度。由于搅动挡板混合会产生剪切现象,破坏已成型的晶体颗粒,所以,在反应器底部设计了特定形状喷嘴,以实现快速混合。

　　由于进水中磷含量较高,所以,即使较好的混合效果也难免产生局部过饱和现象。从减少晶体细颗粒流失角度出发,反应器底部溶液应该尽量处在低的过饱和值,因此,可以采用反应器出水循环方式稀释进水,解决进水总磷过高的问题。实验表明,当采用循环比(出水量与反应器进水量之比)为 2 ~ 3 时,结晶反应器磷回收率在 70% ~ 80%。但防止反应器底部局部过饱和措施也是一把双刃剑。一方面,出水循环可降低进水磷浓度;另一方面,这会使出水中晶体细颗粒重新回流到结晶反应器中,从而占据晶体成长表面积,影响其回收效率。为此,可以考虑在回流管线中添加滤池,以提高循环水质,但这样做势必增加造价,使磷回收成本大幅度增加。循环水与吹脱塔出水混合可谓上策,吹脱塔出水呈酸性;只要 pH < 7.5,接触 30 s 后结晶反应器出水中携带的晶体细颗粒就会快速溶解,从而晶体细颗粒侵占晶体成长表面积的问题迎刃而解。

　　综上所述,结晶反应器设计是一项复杂的工程,应该综合考虑各方面因素以取得理想的运行的效果。

3.5.1.5 磷回收运行现状与经济评价

Geestmerambacht 污水处理厂已实践证明大规模磷回收的可行性,为缓解当前磷资源紧缺状况做出了表率。在运行的前三年,磷酸盐工业界对该厂从污水中回收磷酸钙产品持怀疑态度;结果,大量磷酸钙产品被填地处理。在 1997 和 1998 年间,磷酸钙产品逐渐开始应用于鸡饲料加工业;1999 年荷兰 Thermpho 食品添加剂有限公司开始利用回收磷酸钙作为磷源。

侧流工艺和结晶器磷回收工艺证实了大规模磷酸盐去除和回收技术的可行性,大量实际运行问题也得到了有效解决,这就为磷回收工程化所需要理论指导和实践经验提供了技术支撑。表 3.14 显示了 Geestmerambacht 污水处理厂 2000 年运行效果。

表 3.14　2000 年 Geestmerambacht 污水处理厂运行效果

进水		实际值(2000)	设计值
平均流量	m³/d	34 348	35 000
COD	kg/d	18 023	22 150
BOD	kg/d	6 620	8 250
TN	kg/d	1 501	2 045
TP	kg/d	230	340
悬浮物	kg/d	9 726	10 500
出水			
COD	mg/L	31	60
BOD	mg/L	4	5
TN	mg/L	3	10
TP	mg/L	0.3	0.5
SS	mg/L	7	12
污泥产量			
污泥产量	kg/d	7 180	9 700
污泥中磷含量	g P/kg DS	17	20
污泥除磷量	kg P/d	118	194
磷平衡			
进水 TP	kg P/d	230	340
出水 TP	kg P/d	10	13
脱水污泥含磷量	kg P/d	118	194
磷酸钙回收	kg P/d	101	133

从运行效果可以看出,该工艺对悬浮物、有机物、氮、磷去除效果都非常好。由于进水磷负荷与设计值相比偏低,所以,导致在脱水污泥中去除的磷较少。长时间运行效果表明,侧流厌氧池上清液磷浓度非常接近设计值 60 mg P/L;乙酸按 15g COD/kg SS 投加,比设计更经济;吹脱塔出流磷浓度为 55 mg P/L;结晶反应器回流循环比在 1.5 和 2 时,结晶反应器效率在 65% 左右,所回收的磷酸钙晶体含磷率为 10%~12%。

Geestmerambacht 污水处理厂磷酸盐回收总成本(包括运行、药剂消耗及年折旧)大约为 6 欧元/kg P,而其他采用化学沉淀和生物除磷方法的污水处理厂除磷成本大约为 3.5 欧元/kg P,这种侧流磷回收工艺与主流生物除磷工艺成本上的差别主要是由于侧流磷回收工艺消耗较低化学药剂导致。Geestmerambacht 污水处理厂运行人员认为,合理选择、控制化学药剂投加量可以使磷回收成本降低至 5 欧元/kg P。荷兰 Thermpho 食品添加剂有限公司承担磷酸钙晶体颗粒运输并利用的全部费用。尽管如此,从污水处理厂回收磷的成本目前远比天然磷矿石要高。

3.5.1.6 工程小结

世界上第一座大规模利用结晶技术进行磷回收的污水处理厂——Geestmerambacht 运行经验证明,以磷酸钙形式回收磷的技术切实、可行。但是,所回收磷酸钙产品与天然磷矿石相比价格上不占优势,使得磷回收在日常生产中大规模推广受到限制。尽管回收磷酸钙晶体成本较高,但从污水中回收磷这种技术路线却诠释了资源可持续利用的内涵。

Geestmerambacht 污水处理厂回收磷时最棘手的问题是,碳酸根与磷酸根对钙离子的竞争问题。因此,在结晶反应器前应增加吹脱塔以去除碳酸根离子,减少对磷酸钙晶体纯度的影响。目前,回收鸟粪石形式磷酸盐已成为新的研究热点,鸟粪石形成受溶液中碳酸根离子的影响较小,化学药剂使用大大减少,可以考虑直接在生物处理工艺厌氧池上清液中进行磷回收;甚至有可能在地下水情况下省去药剂投加上,使运行成本大大降低。

目前在日本岛根(Shimane)县污水处理厂、日本北九州 Hiagari 污水处理厂、日本大阪市 Minami AEC 污水处理厂、英国 Slough 污水处理厂、澳大利亚布里斯班 Oxley Creek 污水处理厂、意大利 Trviso 污水处理厂等已经实现鸟粪石回收工程化。

3.5.2 鸟粪石回收成功典范——英国 Slough 污水处理厂

3.5.2.1 工程背景

Slough 污水处理厂(Valsami-Jones,2004)位于伦敦西部 30 英里,服务人口当量 260 000,其中,工业人口当量 115 000。污水中大部分有机物来自于各种食品加工制造行业。1996 年升级改造,主要包括:初沉池、生物营养物去除(BNR)

工艺、污泥浓缩池。新建污水处理工艺计划处理城市总污水量的75%，流量为863 L/s；BNR工艺按照A^2/O形式布置；整个工艺磷排放浓度限制在1 mg P/L。

新建污水厂污泥主要包括初沉池污泥和剩余活性污泥；初沉污泥由重力浓缩池浓缩后含固率在5%~6%，浓缩上清液回流到污水厂与进水混合；剩余活性污泥经泵抽到储存池，后经机械浓缩池浓缩，含固率在5%，浓缩上清液同样回流到处理构筑物前与进水一起处理。浓缩后的两种污泥在机械混合池中混合后进入中温消化池，停留时间为15 d，大约有40%不稳定的固体被分解，产生甲烷可以用来发电和加热；消化池排放污泥进入离心脱水机前的缓冲储存塘，脱水后污泥用于农肥，离心浓缩液将回流到处理构筑物。

由于污水处理厂分布较为零散，所以，管线距离较长；加上污水在各储存池中停留时间较长，运行6个月后在浓缩液回流管线和回流泵叶轮处发现有鸟粪石沉淀；运行8个月后，连接消化池和消化污泥储存池间的消化污泥管线内也发现有严重结壳现象，导致管道70%输送能力丧失，污泥泵也不能提供足够的压力提升污泥。污水厂面临的主要问题是磷酸盐结垢，影响其正常运行。初期解决方案是用硫酸溶液酸洗管道，一些管道暂时采用地上布置，但一系列举措却增加了运行成本。

3.5.2.2 结壳成因分析及初步对策

进入污水管网中的生活污水磷酸根存在形式主要有正磷酸根、聚磷酸根和颗粒有机磷酸根；在污水管道厌氧环境下，聚磷酸根和有机磷酸根发生水解作用，使到达污水处理厂污水含正磷酸根成分将达70%左右。英国泰晤士地区排放原污水中总磷浓度为11 mg TP/L、正磷酸根浓度为8 mg P/L。初沉池底部为厌氧环境，有机磷酸盐将继续水解，所以，经过初沉池后污水中正磷酸根浓度将上升。BNR工艺通过排放剩余活性污泥将磷酸盐以剩余污泥形式去除，当剩余活性污泥与浓缩后的初沉污泥在消化池前的储存池中混合2~3 d后，剩余活性污泥中聚磷酸盐将快速水解，厌氧环境和高挥发性有机酸浓度导致聚磷菌细胞体内的聚磷酸盐以正磷酸盐形式释放到溶液中，形成高浓度磷酸根溶液；聚磷酸盐释放的同时也会释放多聚磷酸盐链中的镁离子和钾离子。对于典型的BNR工艺，消化池聚磷酸盐水解后可产生高达700~800 mg PO_4^{3-}-P/L，足以满足产生无机磷酸盐沉淀的需要。Slough污水处理厂消化污泥参数如表3.15所示。

表3.15 Slough污水处理厂消化污泥参数

参数	数值
湿污泥中干固体含量(%)	2.81
湿污泥挥中发性固体含量(%)	1.97
TP(mg P/kg DS)	35 300

续表

参数	数值
TS(mg/kg DS)	12 500
总铁(mg/kg DS)	12 000
总钙(mg/kg DS)	50 000
总镁(mg/kg DS)	5 500
pH=4.5时的碱度(mg $CaCO_3$/L)	3 717
pH=4	7.29

Slough 污水处理厂消化污泥中含有较高浓度磷酸根、氨氮和镁离子,pH 在 7.3~7.5,所以,鸟粪石形成的潜力较大。如果直接将污泥上清液回流到处理构筑物,污水处理磷负荷将增加 25%~45%;结果,运行一段时间后污泥处理管道内出现结壳现象。为解决结壳现象,初期解决办法为:

① 用水泵将污泥抽到消化池底部,后喷射到顶部来增强搅拌;

② 在消化池底部用排气管吸气,使得污泥在运往离心池的过程中形成负压;

③ 在收集干管底部微孔进行曝气,吹脱 CO_2,使 pH 上升至8,以防止鸟粪石在管道中形成;

④ 加抗垢剂。

所采取的措施不但耗费大量人力、物力、财力,而且结壳现象并没有从根本上消除。这表明,采取暂时性的办法不能有效解决根本性问题。因此,研究人员进行了大量试验,目的是将磷酸根以鸟粪石形式回收,在防止结壳现象发生的同时也回收了磷资源。

3.5.2.3 试验研究与分析

(1) 反应器装置

结晶反应器是由 Slough 污水处理厂澄清池改造而成,中心设置旋转板用以搅拌,使溶液快速混合加速反应进行;内嵌隔墙形成中心反应区,两侧为沉淀区,外观看上去呈圆形;将原来管路系统改造成反应器进料管和出水管道并附加其他设备。离心液采用计量泵精确计量;通过添加氢氧化钠调节 pH,加入镁源,调节镁磷摩尔比;反应器由隔墙分成成核反应区和沉底区;溢流堰可以升降以调节沉淀区的容积;反应器底部鼓入大量空气用来提供流体上升流速,上升流速为构晶离子相互碰撞运动提供动力,使其充分反应,保证出水水质;鸟粪石晶体密度比水大,可沉淀到底部,实现磷回收。Slough 污水处理厂搅拌反应器如图 3.60 所示,参数见表 3.16。

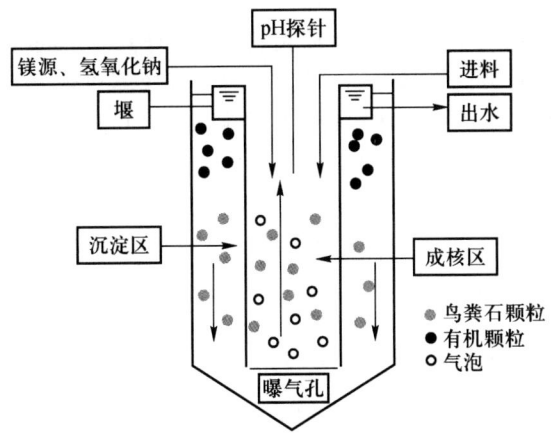

图 3.60 Slough 污水处理厂搅拌反应器示意图

表 3.16 Slough 搅拌反应器参数

参数	参数范围	典型取值
反应区容积	5.8 m³	—
沉淀区容积	13.6 m³	13.6 m³
气体流速	60~140 L/s	100 L/s
进水流量	7.2~5.4 m³/h	5.4 m³/h
pH	7.5~9.0	7.8
镁量	65~200 mL/min	—

（2）实验过程及分析

采用连续流进水方式将离心浓缩液添加到反应器中，进水水质如表 3.17 所示。

表 3.17 离心浓缩液水质

TP/(mg P·L⁻¹)	溶解性 P/(mg P·L⁻¹)	总 Mg/(mg·L⁻¹)	溶解性 Mg²⁺/(mg·L⁻¹)	溶解性 Ca²⁺/(mg·L⁻¹)	悬浮物/(mg·L⁻¹)	NH₄⁺/(mg N·L⁻¹)	pH	碱度/(mg·L)
111	86	22	13	57	408	590	7.7	2 375

最大流量为 7.2 m³/h，大多数情况下流量为 5.4 m³/h；反应器进料最大流量能处理 Slough 污水处理厂离心浓缩液的 40% 左右。

反应器底部曝气目的是一方面为反应区提供合适的混合搅拌强度，另一方面有利于将反应器溶液中的 CO_2 吹脱而提高溶液 pH。在反应器底部安装有 3 个 1.5 英寸(inch)PVC 管径做成的栅格,栅格上每隔 50 mm 间隔设一直径为 1 mm 的空洞;各格栅格供气量可以分别调节,空气压缩机也安装在反应器低端,周期性地鼓入压缩空气,将形成的晶体细颗粒提升到好氧反应区继续成长。但是,运行一个月发现栅格被成型的鸟粪石颗粒堵塞,影响曝气效果;这时,将曝气栅格取出,暂时利用预先留置的两个射流口供气。为避免因鸟粪石沉淀阻塞风口,可以在鸟粪石沉淀区域设置较少的曝气口,在反应器底部周边处可适当加设射流口,以辅助曝气。该反应器曝气量为 140 L/min,可以产生 0.01 m/min 的上升流速。

氯化镁作为镁源具有溶解度大、反应时间短、可以实现灵活控制的优点。所以,实验采用氯化镁作为镁源。向反应器中加入质量分数 31%、密度为 1 300 kg/m³、流量为 100 mL/min 的氯化镁溶液,维持镁磷摩尔比为 1.3:1。但是,氯化镁呈弱酸性,在作为镁源时必须用氢氧化钠等碱性溶液调节 pH。

反应器不设鸟粪石颗粒循环时,获得的鸟粪石长度在 0.1~0.3 mm。为得到较大粒径鸟粪石沉淀,采用蠕动泵将反应器底部细小颗粒抽送到反应区顶部,回流的细小颗粒可以作鸟粪石晶体种,使鸟粪石晶体继续长大。所用蠕动泵采用间歇式运行,每隔 30 min 开启一次,每次运行 6 min。鸟粪石回收装置可以采用圆锥形容器,低端设阀门,鸟粪石可以暂时储存在里面,其表面附着的有机物和构晶离子由水流带回到反应器中;当鸟粪石产物达到一定数量后可以将阀门打开,鸟粪石从低端流出而回收。控制不同实验条件,得出如下表 3.18 所示的结果。

表 3.18 搅拌反应器在不同实验条件下处理效果

Mg:P	pH	HRT/min	进水流量/($m^3 \cdot h^{-1}$)	上升流速/($m \cdot min^{-1}$)	溶解性磷去除率/%	TP 去除率/%
0.8	7.3~7.5	48	7.2	0.04	59	—
1.2	7.7	64	5.4	0.07	68	69
2.1	7.3~7.5	64	5.4	0.08	81	83
2.3	7.3~7.5	64	5.4	0.08	81	80
2.4	7.3~7.5	48	7.2	0.08	75	—
1.1	8.8~8.9	64	5.4	0.04	60	54
1.2	8.8~8.9	64	5.4	0.07	76	72
1.3	8.8~8.9	64	5.4	0.04	91.5	88.5
1.7	8.8~8.9	64	5.4	0.08	94	87.5

从上述试验数据可以看出,在 pH 大于 8.5 时 TP 去除率在 80% 以上,溶解性磷酸根去除率在 90% 以上,氯化镁加入量要大于镁、磷摩尔比 1.3:1 才能达到理想的处理效果。

(3) 鸟粪石产品分析

经过分析可知,所回收的鸟粪石中含有细砂粒,一些晶体表面还有磨碎和水化作用产生的凹陷。鸟粪石用于缓释肥必须满足相关标准,目前欧盟法令(86/278EEC)对污泥所含重金属离子作了相关规定,2006 年又作了修订,具体限制见表 3.19。因此,对鸟粪石所含金属离子成分分析显得十分必要。

表 3.19 欧盟法令(86/278EEC)对污泥所含重金属离子限量修改前后对比

重金属离子	修改前浓度限制/(mg·kg^{-1})	修改后的浓度限制/(mg·kg^{-1})
铬	—	1 000
铜	1 000 ~ 1 750	1 000
汞	16 ~ 25	10
镍	300 ~ 400	300
铅	750 ~ 1 200	750
镉	20 ~ 40	10

表 3.20 Slough 污水处理厂回收鸟粪石产品重金属离子含量统计

重金属	钙	镁	铜	锌	镉	汞	铅	砷	硼	钾	铬	锰	铁	镍	钼
含量 (mg/kg)	5 592	>100 000	37.8	<10	<0.3	<0.1	<7	<430 μg/kg	29	843	<3	74	558	<3	<3

Slough 污水处理厂回收鸟粪石产品重金属离子含量统计结果显示(表 3.20),Slough 污水处理厂以鸟粪石形式回收的磷酸根其重金属含量均低于修改前和修改后的欧盟法令。回收鸟粪石中含有的大肠菌数小于 1 CFU/(g 湿污泥),而污泥农用法规规定大肠菌数少于 500 CFU/(g 湿污泥)。因此,鸟粪石的微生物指标也满足农用要求。一方面,大多数有机物已经在 BNR 工艺中去除,污泥离心浓缩液中的有机物浓度小于进水浓度,鸟粪石晶体在反应器中由于其密度大于水的密度而自然沉降,分离效果较好;另一方面,鸟粪石晶体沉淀物在反应器底部圆锥储存斗中被清水反冲洗,这样就会进一步去除鸟粪石表面上附着的有机物。因此,可以肯定,产品表面有机物含量几乎为零。

(4) 鸟粪石产率分析

反应器进水流量为 5.4 m^3/h,镁、磷摩尔比为 1.3:1 时,Slough 污水处理厂每天可以回收鸟粪石 53 kg/d;消化液中含有的磷浓度为 86 mg P/L,磷的去除率 60%。如果将镁、磷摩尔比增加到 2:1,则磷的去除率可达 80%,每天可以回收鸟粪石产品 70 kg/d。另一个增加产品回收量的办法是增加污泥消化液中磷的含量,对 Slough 污水处理厂磷平衡分析得出,75% 的磷存在于污泥消化后的泥饼中。因此,污泥泥饼中的磷含量远远高于离心浓缩液磷含量,故可以在脱水前降低消化污泥的 pH,使其中的磷释放出来。向溶液中加酸调节 pH,当溶液 pH 为 7.6 时,离心浓缩液中的磷浓度已上升为 90 mg P/L;当 pH 降低到 6 时,离心浓缩液中的磷浓度上升到 300 mg P/L。表 3.21 列出了在不同条件下鸟粪石的产率。

表 3.21 Slough 污水处理厂在不同条件下的鸟粪石产率

Mg:P	1.3:1	2:1	1.3:1	2:1
pH	7.6	7.6	7.6	7.6
流量(m^3/h)	5.4	5.4	5.4	5.4
进水磷浓度(mg/L)	100	100	300	300
磷去除率(%)	60	80	90	95
鸟粪石回收量(kg/d)	62	82	185	247
鸟粪石回收量(t/a)	23	30	68	90
经济收入(€/a)	3 170	4 140	9 380	34 070

基于上述分析,回收获得的鸟粪石非常适合作为农用缓释肥。从磷资源短缺角度看,鸟粪石回收不仅缓解了磷矿石紧张的局面,而且对农作物充分吸收具有长远意义,从而缓和了磷资源短缺与因地面径流带来的磷资源流失引发富营养化的矛盾。鸟粪石回收量相当可观,规模化生产后产品收入可以降低污水处理费用,可谓一种可持续的发展战略,改善了人类生存的生态环境,做到了人与自然的和谐统一。

3.5.2.4　工艺改进及展望

(1) 选择合适镁源降低化学药剂投加量,从而减少污水处理成本。常用的镁源有氢氧化镁、氯化镁、海水和高硬度地下水等。氢氧化镁作镁源,不仅可以提供镁离子而且可以调节溶液 pH,另外,氢氧化镁比氯化镁廉价,因此,合适的反应条件下氢氧化镁做镁源可以提高鸟粪石回收产量。但是,氢氧化镁作镁源较难满足镁离子和氢氧根离子的要求。此外,氢氧化镁为不溶性物质呈悬浮状态,投加、操作上较为困难,所以,需在反应器中搅拌混合以防止其沉淀;其水力停留时间较氯化镁大,导致所需的反应器体积较大。高硬度地下水和海水较氯化镁和氢氧化镁更为经济。

（2）目前，该厂搅拌结晶反应器采用的曝气通气量为 140 L/min，产生的上升流速为 0.1 m/min。如果能增强曝气通量，鸟粪石晶体沉淀与有机物分离效果会更好，而且溶液 pH 上升可减少碱液的投加量。所回收的鸟粪石含量亟待优化，目前鸟粪石含量在底部混合物中的比重达到 10% 时就回收，很难明确地判断有多少鸟粪石沉淀到反应器底部而不再被提升进入反应器反应区内。所以，这个数值的确定存在较大难度。

（3）当前反应器不设出水循环装置，为提高镁盐利用效率建议增加出水循环，可以将反应剩余的镁离子重复利用。搅拌反应器出水流量是污泥离心浓缩液流量的 30%，而污泥离心浓缩液是进水流量的 0.6%，即，如果采用搅拌结晶反应器出水与污泥离心浓缩液一起混合后进入生物反应构筑物，相当于仅仅增加了不足 2% 的进水流量；如此小的流量不会影响后续处理工艺，也不会产生污泥消化管线鸟粪石结壳现象的发生。

（4）Slough 污水处理厂当前水力停留时间 HRT 为 64 min。由于反应器容积与进水污水泵最大设计流量的限制，所以，降低水力停留时间较为困难，但是，可以深入研究其他因素进一步提高磷酸根回收率。

（5）上述分析表明，回收的鸟粪石磷酸根是一种极好的缓释肥。Slough 污水处理厂正在调研磷酸盐工业所需原料，期望能将回收的鸟粪石产品作为磷酸盐工业的原材料，找到鸟粪石相关的后处理途径，从而大规模生产。

3.5.3　意大利污水处理厂磷回收探索

3.5.3.1　意大利污水水质特征及处理现状

市政污水处理厂进行磷回收的富磷浓缩液来源大致可分为厌氧池、消化池和污泥脱水后富磷上清液。大部分欧洲语北美洲污水处理厂主要从侧流富磷上清液中回收磷，使正磷酸根在特定构筑物中富集，以利于回收。意大利污水处理厂进水磷浓度和易生物降解有机物易生物降解的有机物含量极低（表 3.22 所示），导致上述磷回收方法在意大利失效。鉴于此原因，对意大利污水处理厂 BNR 工艺进行合理控制尤为重要。

表 3.22　意大利污水管网中污水成分统计数据

项目	COD/(mg·L^{-1})	N$_{TOT}$/(mg N·L^{-1})	P$_{TOT}$/(mg P·L^{-1})	COD/N$_{TOT}$
分析个数	85	85	71	85
平均值	482	42	5.7	13.7
最小值	143	7	0.1	5.2
最大值	1 000	108	22	62.6
偏差	208	21	4.6	10

意大利1984年对157个市政污水处理厂进行调研发现,77%的污水厂设有初沉池,23%的污水厂未设初沉池;其中,52%的污水处理厂具有脱氮效果(Valsami-Jones,2004)。在所调研的具有脱氮功能污水处理厂中,单纯硝化工艺(N)占7%;前置反硝化工艺(DN)占66%;生物营养物去除(BNR)工艺占7%,其中,Phostrip占BNR工艺17%,A^2/O占83%。可以看出,当时BNR工艺在意大利并非主流工艺。但随着欧盟法令(EC271/91)出台,对营养物去除率要求提高,BNR工艺如雨后春笋般迅速增加。

意大利污水处理厂进水中有机污染物含量偏低现象与管网分布有关。地表水可以渗滤进入污水管网,进而影响其水质。通常采用稀释率f来描述污水在管网输送过程中的稀释影响,即式(3.58)。

$$f = \frac{Q}{\alpha \cdot DI \cdot P} \tag{3.58}$$

式中:Q为日流量(m^3/d);P为污水处理厂处理规模;α为污水收集率(意大利典型值为0.8);DI为饮用水定额($0.25\ m^3/(人 \cdot d)$)。

研究发现污水稀释率与有机物存在如式(3.59)所示的关系。

$$COD = 513f^{-0.9} \tag{3.59}$$

从意大利污水管网中污水成分统计数据可以看出,总磷含量平均值为5.7 mg P/L。磷含量偏低主要是与地表水稀释、工业污水排放和意大利实施全面洗衣粉禁磷政策有关系。有文献报道,使用UCT工艺脱氮除磷时最低COD/N_{TOT}为7.1~8.3;改良UCT工艺脱氮除磷COD/N_{TOT}最低值为9.1;Bardenpho工艺需要12.5~14.5 COD/N_{TOT};而意大利污水厂30%~40%进水COD/N_{TOT}<9,这就暗示着要想提高BNR工艺脱氮除磷能力必须外加碳源。为进一步弄清污水处理厂进水磷浓度及其种类,意大利有关部门调查了4个污水处理厂进水磷酸根与其他污水指标的相关性,结果如表3.23所示。

表3.23 意大利4个污水处理厂进水磷酸根与其他污水指标相关性

污水厂	服务人口数	工艺	f	RBCOD/COD	COD/N_{TOT}		P_{TOT}/(mg P·L^{-1})		PO_4^{3-}/(mg P·L^{-1})		P/TS[①] (%)
					平均值	偏差	平均值	偏差	平均值	偏差	
A	60 000	BNR	3.0	0.07	8.1	3.4	2.3	0.7	0.8	0.4	0.80
B	100 000	BNR	1.5	0.20	11.3	2.1	3.4	0.9	1.4	0.5	0.55
C	85 000	DN	1.7	0.27	8.2	2.6	4.0	1.5	1.6	0.5	1.48
D	70 000	BNR	4.6	0.20			1.7	0.7	1.0	0.4	1.20

① TS = 总固体

尽管污水中含有较少的磷和有机物,但实际运行过程中 B、C 两个污水处理厂达到了较好的除磷效果。为此,Battistoni 等(2002)详细分析了这两个污水处理厂磷酸根浓度变化,检测结果整理后见表 3.24。

表 3.24　意大利 2 个污水处理厂磷酸根浓度对比

污水处理厂	BNR(B 厂)		DN(C 厂)	
	平均值	偏差	平均值	偏差
进水 P_{TOT} (mg P·L^{-1})	3.4	0.9	4.0	1.5
进水 PO_4^{3-} (mg P·L^{-1})	1.4	0.5	1.6	0.5
出水 P_{TOT} (mg P·L^{-1})	1.4	0.5	1.3	0.7
出水 PO_4^{3-} (mg P·L^{-1})	0.9	0.5	0.9	0.5
剩余活性污泥中 P/TS(%)	2.1	1.0	2.1	0.6
脱水污泥中 P/TS(%)	1.6	0.3	1.5	0.1

定期观察构筑物中污泥微生物相发现,系统中均存在聚磷菌和反硝化细菌,为脱氮除磷提供了必要条件。BNR 工艺活性污泥中含有 35% 的总磷,且全年稳态运行状态下在 10%~52% 变化;在反硝化污水处理厂中没有发现磷释放现象。这是因为进水中磷含量低,所以,在剩余活性污泥中磷相对含量也较低。因此,当污水厂规模较小(服务范围小于 100 000 人口当量)时,不必顾虑由消化池和浓缩池上清液回流带来的磷负荷超量所引发出水磷浓度超标问题。实际运行过程表明,出水总磷满足欧盟法令的要求(2 mg P/L)。

3.5.3.2　污水处理厂沉淀成因分析

在 BNR 污水处理系统中聚磷菌释放磷的前提是存在足够可挥发性有机酸(挥发性有机酸,大多情况下表现为易生物降解的有机物)。此外,磷释放量与处理流程、处理单元参数选择合理性、污水进水中物化性质等因素有关。

污水处理厂处理后的磷主要存在于污泥中,磷回收思路可以在污泥相上做文章。不管采取何种措施,目的都是在特定反应器中进行磷释放得到富磷浓缩液。既然挥发性有机酸是聚磷菌释磷的必要条件,那么,可以将初沉污泥与剩余活性污泥分别处理,以避免初沉污泥作为碳源在污泥管线中出现磷释放现象。因此,在 BNR 工艺中应该避免将初沉污泥和剩余污泥同时进行沉淀和重力浓缩。规模较大污水处理厂运行经验表明,活性污泥单独采取重力浓缩方式,在低水力停留时间(10~25 h)下,磷释放率较低(2%~4%)。然而,初沉污泥和活性污泥同时沉淀和重力浓缩时,磷释放率高达 40%。

挥发性有机酸存在导致磷释放,细胞内维持磷酸根阴离子平衡的阳离子(K^+、Mg^{2+})同时按比例释放(0.3 mol K/mol P、0.26 mol Mg/mol P),这就为晶体形成提供了构晶离子。污水处理厂中消化池磷释放量可达95%以上,相应磷浓度在300 mg P/L以上,污泥固体中磷含量高达7%。当消化污泥上清液回流到污水处理构筑物时,由于原污水中具有一定硬度(Ca^{2+}、Mg^{2+}),所以,会发生前沉淀现象,主要沉淀物为鸟粪石(鸟粪石)和羟基磷灰石(HAP),此外,还会形成其他矿物,如,蓝铁矿($Fe_2(PO_4)_3 \cdot 8H_2O$)和透钙磷石($CaHPO_4 \cdot 2H_2O$)等。

3.5.3.3 防止沉淀结壳对策

控制结壳现象有效措施是变被动结壳为主动去除。生物处理以高效、低耗的突出优点被广泛应用于污水处理,以活性污泥和生物膜为代表的污水生物处理工艺在水污染治理方面已经取得了巨大成功。然而,现有污水生物处理工艺并不完善,一些缺陷日益突出。其中,最引人注目的就是大量剩余活性污泥的产生。污泥处理、处置费用很高,大约占到污水处理厂建设和运行总费用的50%~60%左右。大量剩余污泥以及高昂的处理费用已成为制约污水生物处理技术进一步发展的瓶颈。

针对意大利污水易生物降解的有机物浓度较低的特殊性质,对其污水处理厂工艺改进主要围绕碳源问题而展开:① 尽量利用污水中有机碳源;② 添加外部碳源提供挥发性有机酸。充分利用生物体内自身碳源对污泥减量和运行成本降低具有重要意义。在污水处理系统中,细菌细胞的死亡可能以直接自溶的形式完成,也可能以形成死亡细胞再溶解的方式实现。细胞死亡的最终结果是形成了细胞自溶体。在污水处理系统中,自溶体将在常规异养微生物作用下水解为溶解性物质,进而作为二级底物被吸收利用。常规异养微生物(OHO)这种以自溶体为底物的生长过程被称为"隐性生长"。很明显,水解过程是自溶体向溶解性底物转化的关键过程,也是隐性生长的控制过程。通常,自溶体在水解过程中被认为形成了溶解性底物和惰性物质两部分。

内源呼吸可以起到污泥减量、进而节省脱氮除磷所需碳源的作用。可以分别从细胞维持、细胞死亡、溶解和隐性生长,以及原生动物和后生动物捕食这三种理论予以理解。然而,目前对内源呼吸过程各个方面知之甚少,对这些过程的定义尚没有达成一致的看法。因而,有必要从微观角度对内源呼吸过程开展基础性研究,全面系统地认识微生物内源过程,从根本上有效减少剩余污泥产量、提高系统处理效率,实现污水生物处理的可持续发展。

鉴于以上所述,在微生物内源过程没有全面认识的情况下,在体积庞大污水处理厂内有效利用细胞内源的控制非常复杂,实践过程中所需要技术要求较高、且不易实现。因此,外加碳源是污水处理厂解决碳源不足现象司空见惯的方法。

外部碳源必须易得、价廉和组分相对恒定。为了寻找符合条件的外部碳源,大量工业和农业废料被广泛用于研究,例如,酿酒厂废料,蜜糖和谷类等。工业废料不可利用提前下,工业甲醇、乙酸等被广泛用来充当外部碳源。但这是一种经济成本较高的投资,在污水处理厂升级扩建工程中应尽量避免。针对投加外部碳源经济成本高的缺点,意大利研究人员开发研究了利用城市固体废物厌氧发酵得到的有机组分(organic fraction of municipal solid waste,OFMSW)作为污水处理厂外加碳源。这不仅可缓解城市固体废物处理难题,而且得到了廉价优质碳源。OFMSW 作为污水处理厂外加碳源具有如下优点:

(1) OFMSW 水解可以在中温条件下完成,而且水解反应的时间在 3~6 d,所得产物主要含挥发性有机酸(占 80%~85%),其中挥发性有机物中乙酸占的比例最大,其浓度为 15 000 mg/L 左右;除挥发性有机物外,乳酸含量也高达 17 000 mg/L;

(2) OFMSW 水解产物含有较高挥发性有机酸。Traverso 研究了超市剩余蔬菜和水果固体废物中温发酵后得到的有机物作为碳源,溶解性 COD 占进水总 COD 的 43%,挥发性有机酸占 93%。因此,使用 OFMSW 水解产物在厌氧条件下可以得到较高富磷上清液,反硝化率较高。

目前,利用 OFMSW 发酵产物作为污水处理厂脱氮除磷外加碳源已经在意大利某些污水处理厂实现工程化。

3.5.3.4 Treviso 污水处理厂磷回收实例

(1) 工程背景及工艺流程设计

闻名于世的 Treviso 污水处理厂位于意大利北部的特里维索市,该市政污水处理厂经升级改造已成为污水脱氮除磷、进而实施磷回收的典范。升级改造是迫于污水排放标准要求提高的结果,升级前 Treviso 污水处理厂可以处理 20 000 当量人口的水量,而升级后的污水处理厂可以处理 70 000 当量人口水量。改造后的污水处理厂突出特点是,针对意大利污水中 COD 和挥发性有机酸浓度极低的特殊性而省略了初沉池,目的是保留原污水中 COD 用来满足脱氮除磷的需要。为进一步强化脱氮除磷效果,OFMSW 水解发酵也嵌入其工艺中;OFMSW 在中温下水解发酵,产生的高浓度挥发性有机酸溶液作为外加碳源;水解发酵剩余固体物可以输送到厌氧消化池中进入磷回收;进行消化稳定化产生生物气体可回收利用;污泥脱水后的上清液在 FBR 中形成晶体沉淀物(主要含鸟粪石)而达到磷回收的目的。Treviso 污水处理厂工艺流程如图 3.61 所示,可以分为 BNR 工艺、OFMSW 水解发酵工艺和磷回收工艺三部分,主要构筑物容积见表 3.25。

表 3.25　Treviso 污水处理厂主要构筑物设计参数

设计进水量	
设计平均进水流量(m^3/d)	14 000
设计最大进水流量(m^3/d)	21 600
设计峰值流量(m^3/d)	21 000

续表

污水处理构筑物设计参数	
沉砂池容积(m^3)	181
前置反硝化池容积(m^3)	400~1 200
厌氧池容积(m^3)	700~1 200
好氧池容积(m^3)	1 600~2 200
好氧硝化池容积(m^3)	5 500
生物处理系统总容积(m^3)	9 000
二沉池容积氯消毒池容积(m^3)	2 480
氯消毒池容积(m^3)	250
污泥处理系统	
浓缩池容积(m^3)	210
厌氧消化池容积(m^3)	2 200

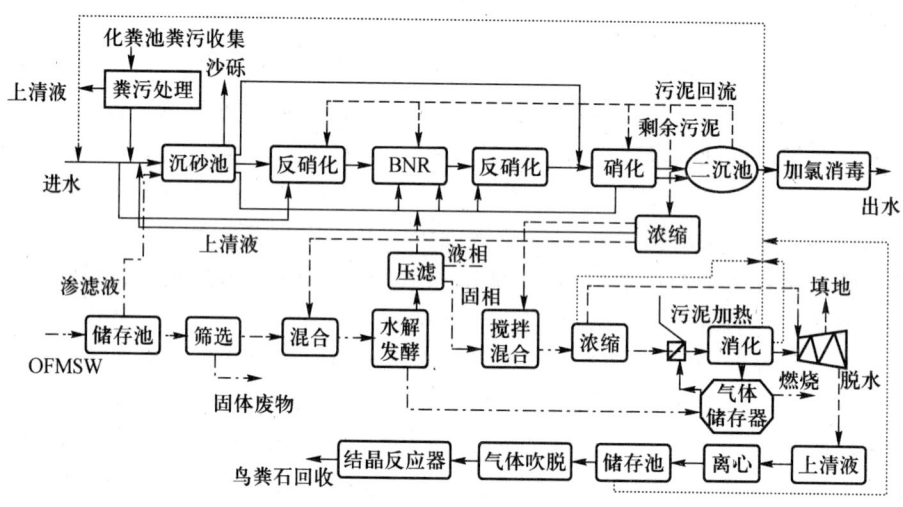

图 3.61　Treviso 污水处理厂工艺流程图

① BNR 工艺

BNR 工艺按照改良 Johannesburg 工艺——Phoredox 除磷脱氮工艺布置。污水首先经过沉砂池去除大颗粒微砂，其上清液与污泥浓缩后富含有机物的回流液一并进入污水处理构筑物，然后进入生物处理工艺。处理构筑物设计比较灵活，可以改变池体的有效容积，具有较高的可操作性。通过此方法，处理构筑物可以有效应对冲击负荷，以保证在节能前提下达到理想的处理效果。

生物处理工艺第一段是前置反硝化池，该池中设有搅拌器，低速搅拌达到混合均匀目的,从而形成缺氧环境;回流污泥可以在此池中进行反硝化,消耗硝酸盐,消除了以硝酸盐形式结合氧对后续厌氧池厌氧环境的破坏,从而保证了聚磷菌和 DPB 等聚磷微生物释磷同时充分摄取污水中的有机物转变为胞内聚合物——PHA,为好氧条件下过量摄磷做好物质和能量上的储备。接下来的工艺是厌氧池和缺氧池进一步进行脱氮除磷,在此段引入 OFMSW 发酵后产生的高氨氮、富磷浓缩液。尽管此段设计时为厌氧环境,但也可以以缺氧环境运行,好氧硝化池位于 BNR 和反硝化池后端,其负荷较低。

污泥处理、处置工艺主要是采用单级厌氧消化池对原污泥进行消化、稳定化处理。原污泥消化之前与来自 OFMSW 水解发酵工艺产生的固体物质进行混合和浓缩;消化后污泥被输送到机械脱水机进行脱水处理;消化池上清液则回流到处理构筑物进行处理。浓缩池和污泥脱水上清液进入鸟粪石结晶反应器,形成鸟粪石沉淀达到磷回收的目的。

② OFMSW 工艺流程

OFMSW 经简单筛选后与部分浓缩池污泥进行混合,然后,进入一个厌氧发酵池进行水解发酵,HRT 在 3~6 d;经过筛滤上清液充当 BNR 工艺脱氮除磷的碳源;固体物质和浓缩污泥一起进入中温消化池进行消化稳定处理。使用 OFMSW 水解发酵产物作为污水处理厂外加碳源以强化生物除磷效果,确保磷在剩余污泥中富集;OFMSW 水解发酵后产生的剩余固体与剩余污泥一起进行重力浓缩导致磷酸根释放。

然而,在其他污水处理厂磷释放现象多发生在消化池和污泥脱水上清液中,所以,有必要搞清楚重力浓缩池上清液和污泥脱水上清液是否可以同时进入磷回收(phosphorus recovery process,PRP)工艺。为此,磷释放对比试验进行;实验 A 没有加入 OFMSW 水解发酵产物,仅仅剩余污泥进行重力浓缩后发酵得到消化上清液;实验 B 加入 OFMSW 水解发酵产物,得到如表 3.26 所示数据。

表 3.26 Treviso 污水处理厂不同消化条件下厌氧消化池上清液组成

参数	NH_4^+(mg N·L^{-1})	PO_4^{3-}(mg P·L^{-1})	碱度(mg $CaCO_3$·L^{-1})
实验 A			
平均值	392	33	1 877
最小值	248	14	1 470
最大值	687	47	2 268
实验 B			
平均值	685	45	2 243
最小值	653	21	1 896
最大值	706	56	2 724

从上表实验数据可以明显看出,加入 OFMSW 水解发酵产物后,碱度明显上升,污泥中磷酸根和氨氮释放量明显增加。Treviso 污水处理厂与欧洲其他国家污水处理厂明显不同,传统 BNR 处理工艺在污泥处理流程中尽量避免初沉池污泥作为碳源与剩余污泥混合导致释磷现象的发生,从而导致管道中形成晶体沉淀物而影响污泥管道的运输能力,而 Treviso 污水处理厂将 OFMSW 水解发酵产物与剩余污泥一起处理,从而保证磷酸根的充分释放。

③ 磷回收单元

磷回收(PRP)单元,图 3.62 是在实验数据基础上设计而成,主要构筑物参数见表 3.24。主要由三部分组成:预处理装置(图 3.63)、气体吹脱装置(图 3.64)和 FBR(图 3.65)。预处理装置具有两个基本作用,一是去除来自厌氧消

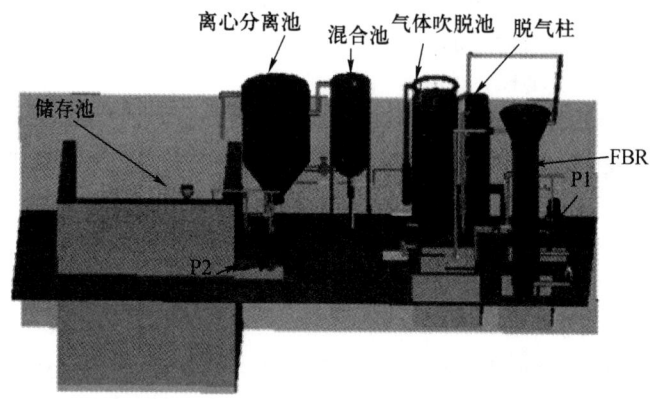

图 3.62　PRP 工艺图(University of Verona Science and Technology Department,2002)

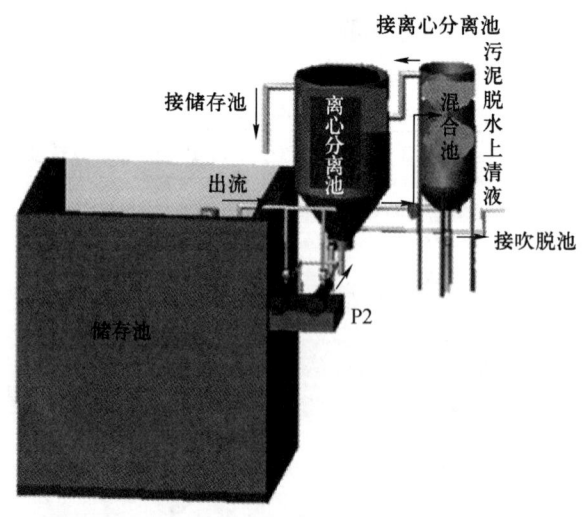

图 3.63　PRP 预处理装置

化池污泥脱水富磷溶液进水中的悬浮物;二是因消化污泥脱水为间歇式运行,所以,储存池可以调节PRP保证进水连续性。在气体吹脱装置中,池中的水力条件由进水泵流量调节相应改变接触时间等变量,最佳pH调控可以通过改变充气量、床体膨胀度和循环流量来实现。

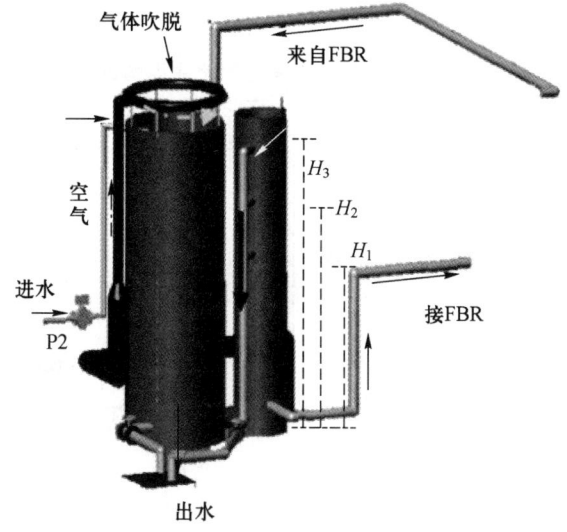

图 3.64　PRP 气体吹脱装置

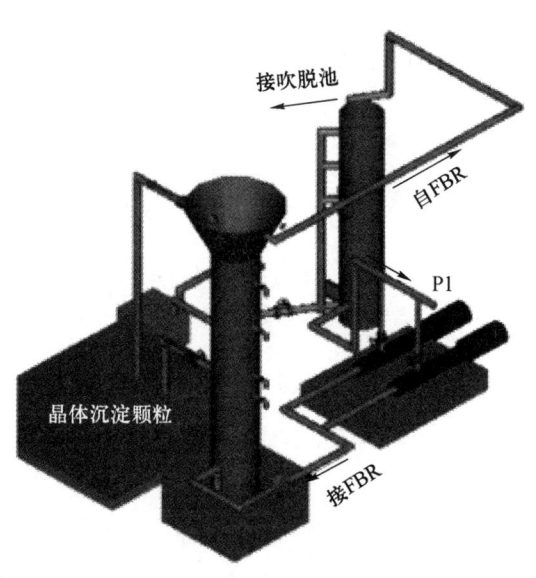

图 3.65　PRP 结晶反应器 FBR 装置

主要的 PRP 装置的设计参数如表 3.27 所示。参数设计同时考虑了停留时间(0.4~1 h)、床体孔隙度和进水流量,因此,污水厂可以保证最低接触时间(0.4 h)的前提下处理 1~2 m^3/h 富磷上清液。工艺同时采用在线监测流速、pH、氧化还原势 ORP。因此,可以保证实时监测操作数据,以针对性地改变运行参数解决运行过程中的问题。

表 3.27　Treviso 污水处理厂 PRP 主要构筑物参数

构筑物	容积(m^3)	构筑物	容积(m^3)
预处理构筑物		脱气柱	
储存池	48	H_1	0.3
离心分离池	4.1	H_2	0.4
混合池	4.7	H_3	0.5
气体吹脱装置		FBR	
H_1	1.3	多特蒙沉淀池	1.3
H_2	1.7	膨胀床	0.9
H_3	2.1	微砂滤池	0.3

(2) 磷回收效果

为衡量反应器磷回收效果,Battistoni 于 2001 年在大量实验基础上对该 PRP 建立了数学模型,见式(3.60)、式(3.61)与式(3.62)。

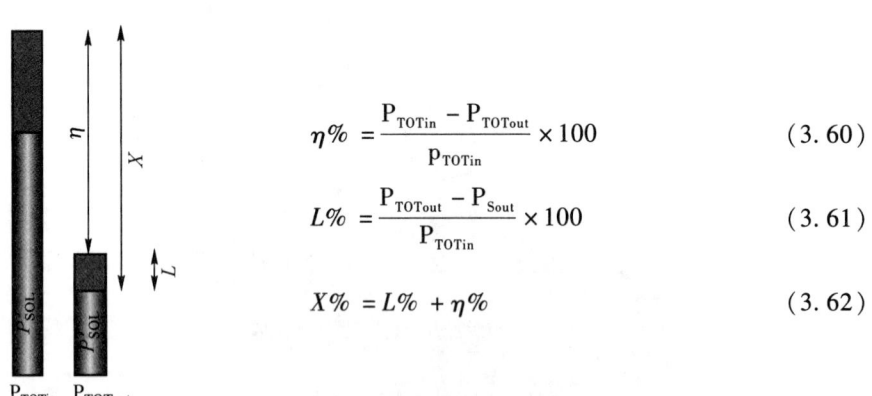

$$\eta\% = \frac{P_{TOTin} - P_{TOTout}}{P_{TOTin}} \times 100 \quad (3.60)$$

$$L\% = \frac{P_{TOTout} - P_{Sout}}{P_{TOTin}} \times 100 \quad (3.61)$$

$$X\% = L\% + \eta\% \quad (3.62)$$

模型中 $\eta\%$ 称为结晶率;$L\%$ 称为沉淀率,即磷酸根以小颗粒形式存在的那部分;$X\%$ 称为转化率;P_{TOTin}、P_{TOTout}、P_{Sout} 分别代表进水中总磷、出水总磷、进水溶解性磷。后来实验研究发现,结晶率和转化率与污水的 pH 密切相关,得出了经验公式(3.65)和公式(3.66)。

$$\eta\% = 100 \times \frac{(pH - 7.325)}{(pH - 7.325) + 0.371} \times \frac{t_c}{t_c + 0.019} \quad (3.63)$$

$$X\% = 100 \times \frac{(pH - 7.21)}{(pH - 7.21) + 0.38} \quad (3.64)$$

式中:pH 为容器中溶液的 pH;t_c 为接触时间。

连续进料稳态下运行 4 个月检测结果如表 3.28 所示。

表 3.28 Treviso 污水处理厂运行 4 个月检测结果

		平均值	标准偏差
进水			
P_{TOT}	mg P/L	110	66
PO_4^{3-}	mg P/L	94	55
操作参数			
进水流量	m³/h	1.3	0.5
pH		8.5	0.2
出水			
P_{TOT}	mg P/L	48	31
PO_4^{3-}	mg P/L	38	27
模型模拟预测结果			
X	%	75	2.7
η	%	72	3.0
L	%	3.0	0.7
实验结果			
X	%	61	14
η	%	56	15
L	%	5.3	4.9

从实验结果可以看出,磷酸根回收率在 60% 以上,所得到的产品经 X 射线分析主要含有鸟粪石、羟基磷灰石和磷酸钙等钙盐。

(3)工程总结与展望

意大利等污水磷酸根浓度含量较低的国家,污水处理厂进行磷回收有助于降低出水中总磷的浓度,使其达标排放(总磷≤1 mg P/L)。考虑到污水厂的安全稳定运行和进水总磷浓度变化,这样的 PRP 工艺适合于小规模污水处理厂(≤100 000 人口当量)。

在 FBR 反应器中溶液处于亚稳态,应该采取适当措施防止细小晶体颗粒流失。可以选择较高 pH 提高相对过饱和度的方法达到,但该方法成本较高,系统复杂。根据系统运行情况,考虑后设滤池去除细颗粒也是可行的。

磷回收工艺处理效果可能受来自浓缩或脱水过程中带来的悬浮物影响。大量悬浮物存在势必降低晶体中结晶效率,从而阻止晶体形成和成长,进而降低产品回收率。在脱水后设置沉淀池,去除较大的悬浮物显得十分必要。

意大利 Treviso 污水处理厂采用 PRP 回收磷具有以下特点:
① 污泥管线中回收磷,避免管线结壳现象;
② 与 BNR 工艺结合,可以提高 BNR 脱氮除磷效果;
③ 整个过程中无需加入化学药剂;
④ 充分利用微生物隐性生长的特点来满足自身能量维持和细胞生长,污泥大为减量。

尽管 PRP 磷回收工艺的优点初露端倪,但是随之带来的问题也难以回避:
① 所得产品组成磷酸钙、鸟粪石和 HAP 成分需进一步明确,寻找磷酸根产品需求产业十分必要。磷酸根沉淀处理处置合理设置,使磷回收产物有的放矢,从而降低污水处理成本。
② 工程采用石英砂为晶体种,其最佳接触时间 t_c 需进一步探索。
③ 工艺运行模式亟待优化。均相成核(无晶体种)可以降低运行成本,可以考虑晶体循环方式来提高回收率。

上面提到了采用气体吹脱 FBR 工艺回收磷技术,该方法不仅无需加入化学药剂,产生的污泥大大减少,而且工艺组成简单、造价低,在未来磷回收工艺中将是一大亮点。下一步工作应该是寻求技术改进或通过运行控制来求得优质磷晶体沉淀物,为磷酸盐化肥生产充当原料,从而解决回收含磷沉淀化合物最终处置问题。

3.5.4 大规模进行鸟粪石回收的国家——日本

日本是一个严重缺磷的国家,国内没有磷矿石矿藏,所需磷酸盐全部依靠进口(Valsami-Jones,2004)。据日本磷酸盐化肥生产协会(JPCFMA)统计,2001 年日本进口磷矿石百万吨,进口磷酸根矿石主要用于化肥生产。化肥使用后磷酸盐径流排放到附近水体,难免造成非点源污染。生活污水和工业废水中营养物也排放到周围水体中,加速了周围湖泊河流的富营养化现象。为此,日本修订了城市污水排放标准,污水深度处理工艺在污水处理厂相继呈现,使得处理后的污水水质指标较符合周围水体环境容量。

所采用的处理工艺无外乎向活性污泥中投加化学絮凝剂或采用厌氧/好氧工艺。另外,污泥处理工艺中嵌入消化池对污泥进行稳定化处理。但是,污泥消化后难降解有机物降解产生大量如挥发性有机酸等形式的易降解有机物,使聚磷菌在厌氧环境下释磷,厌氧消化池上清液再回流到主流生物处理工艺,这就增加了进水磷负荷,使得出水磷不能达标排放,对周围水体造成了严重污染。鉴于上述原因,厌氧消化池后嵌入磷回收处理单元进行磷回收的工艺比较受青睐。

下面简单介绍日本福冈市西部污水处理中心(WWTC)大规模磷回收实践经验和日本岛根县(Shimane)污水处理厂磷回收小结,阐述日本磷回收进展情况。

3.5.4.1 福冈市西部污水处理中心(WWTC)鸟粪石磷回收实践经验

福冈市五个废水处理中心处理后的废水涌入博多(Hakata)海湾,致使该港湾出现了富营养化现象。为了控制浮游植物大量繁殖导致的富营养化现象,许多抑藻技术曾经尝试,但抑藻技术治标不治本,由此得出的结论是博多港湾营养物污染未改善,博多港湾恐再遭蓝藻侵袭。传统活性污泥处理对营养物处理往往爱莫能助。前车之鉴,政府考虑多种方式对污水进行深度处理,以期去除污水中营养物质。污水中磷含量是限制性元素,意味着只要将磷的排出量严格控制,海湾富营养化现象治理将取得突破性进展,水域环境将更上一层楼。

新建以脱氮除磷为目的的污水三级处理必须考虑:
(1) 节省占地,新工艺应该在原有污水厂占地基础上进行;
(2) 污泥产量应该与传统活性污泥系统基本持平;
(3) 新工艺应考虑节能减排;
(4) 工艺简单,可操作性强,便于维修管理。

综合考虑以上因素,污水处理厂最终采用厌氧/好氧活性污泥法,而且从污泥处理厌氧消化池上清液中回收磷,以达到除磷的目的。

福冈西部污水处理中心在1997年7月开始进行磷回收。污泥经过机械脱水后产生的大量上清液经过滤后,通过计量泵抽到鸟粪石结晶反应器中进行成核结晶,上清液组成如表3.29所示。结晶反应器部分出水经循环泵将其重新循环到反应器底部成核区继续进行结晶反应。结晶反应器底部采用微孔曝气以利于晶体沉淀;投加氯化镁作为镁源,诱导鸟粪石晶体的形成;通过氢氧化钠调节结晶反应区的pH;所回收的鸟粪石湿颗粒在流化床内干燥,鸟粪石进行干化脱水处理后储存。

表 3.29　福冈市西部污水处理中心污泥脱水上清液水质

数值\项目	pH	PO_4^{3-} (mg P·L^{-1})	NH_4^+ (mg N·L^{-1})	Mg (mg·L^{-1})
平均值	7.9	120	710	11.2
最大值	8.1	160	840	18.4
最小值	7.8	92	600	6.5

对两个福冈市西部污水处理中心所生产的鸟粪石成分进行分析,结果见

表 3.30。

表 3.30　福冈市两个 WWTC 回收鸟粪石组成分析

组成	WWTC1（%）	WWTC2（%）
Mg	9.6	9.5
N	4.9	5.4
P	12.7	12.7
Ca	0.117	0.136
SiO_2	0.29	0.32
Fe	0.039	0.013
Hg	<0.00005	<0.00005
Zn	<0.002	<0.002

从表中可以可出镁、氨、磷摩尔比大致为理论值 1:1:1，而且其中含有重金属离子低于农业对磷肥要求限制。因此，所回收的鸟粪石可以用作磷肥生产原料。到目前为止，该污水处理中心所得到的鸟粪石产物已全部用于磷酸根化肥生产。

3.5.4.2　日本岛根县（Shimane）污水处理厂回收磷小结

早在 1988 年，日本政府就考虑对 Shinji 和 Nakaumi 区域实行水体保护法令；近年中，该地方污染物排放标准要求比国际统一标准更为严格。1994 年岛根污水处理厂日处理能力为 45 000 m^3/d；起初，厌氧消化池设计意图就是简单地污泥稳定，过剩的污泥消化池上清液中回流到主流工艺中；回流溶液中的磷负荷占进水磷负荷 70%，使得进水磷负荷过高，出水总磷不能达标排放。为此，污水处理厂加入聚合硫酸铁和聚合氯化铝，通过化学沉淀方法去除水中的磷，使出水总磷能达标排放。

污泥处理后产生的干污泥含铝离子或铁离子超标而不适合用作农肥。鉴于上述原因，鸟粪石形式回收磷凸显其优势：

（1）通过磷回收可降低污泥消化上清液中磷浓度，保证最终较低出水总磷含量；

（2）减少聚合硫酸铝或聚合氯化铝等化学药剂使用量，从而避免产生化学污泥；

（3）回收鸟粪石可以用作缓释肥，将污水中的磷变废为宝。

该污水处理厂磷回收工艺原理是污泥消化液首先进入储存池；然后，通过计量泵向结晶反应器连续配水；使用氢氧化镁为镁源，调节镁、磷摩尔比在 1:1，加入氢氧化钠调节反应器溶液 pH 在 8.2~8.8；气体混合使晶体细颗粒在流化床内快速成长，鸟粪石大颗粒在反应器底部沉淀富集；间歇性地回收较大晶体颗粒,细小晶体颗粒重新循环,进入结晶反应器充当晶体种。回收的粪石经脱水干化含水率小于10%,然后外运。

为弄清结晶颗粒鸟粪石的纯度,对回收产物进行组成分析,结果见表3.31。

表3.31　日本岛根(Shimane)污水处理厂鸟粪石产品组成

组分	在鸟粪石中所占比例/%	化学计量理论值/%
Mg	9.7	9.8
N	5.7	5.7
P	12.9	12.7
As	0.000 48	—
Cd	0.000 006	—
Cr	<0.02	—
Pb	<0.92	—
Hg	<0.000 05	—
Ni	<0.01	—

从回收鸟粪石组成上看,镁、铵、磷所占百分数与化学计量得出的理论值较接近,且所含重金属离子比商业化肥原料要求的重金属含量低,满足化肥工业原材料要求,这与磷酸根化肥工业期望组成不谋而合。目前该污水处理厂回收鸟粪石 500~550 kg/d,全部被磷酸根化肥工业所利用。磷酸根化肥工业通过向其中添加其他有机物和无机物,以改善氮、磷、钾组成比例。所生产化肥被广泛应用于水稻、蔬菜和花卉业,尤其是用于水稻施肥,可以改善稻米的味道,使其口感更佳。

当前,日本从生活污水中排放的磷负荷在 60 000 t/a。因此,可以从污水中进行磷回收,节省日本 20% 的磷酸根矿石进口量,这将大大缓解日本磷资源匮乏现状。目前,若干磷回收试验工艺正在日本各地相继开展,目的是寻求最佳磷回收工艺,以期实现工程化。可以预测,日本在未来几年内从污水中回收的磷将成为其主要磷源。

3.6　磷回收政策法规及经济分析

2001 年 Jeanmaire 等人对磷酸盐工业进行了调查,同时欧盟委员会(European Commission)对磷回收污水处理厂成本进行分析,得出一致结论是,磷回收投资、运行成本远远超出了回收磷酸根产品本身所带来的价值。利润负值使得磷回收技术进一步发展举步维艰。污水处理厂并非以盈利为目的,而是一种特殊的服务性行业,由当地政府部门出资运行管理。那么,究竟是什么驱动力促使污水处理厂进行磷回收?磷回收各种技术措施和回收产品具有哪些商业价值?本节将从磷回收必要性、可能性和紧迫性,磷回收相关经济政策法规和磷回收经济效益评价3个方面加以阐述这些问题。

3.6.1 磷回收必要性、可能性与紧迫性

污水中磷是导致水体富营养化的罪魁祸首,这一点已成为不争的事实。2001年Kohler和Dils等总结了磷的环境效应,并且讨论了相关政策问题。Kohler考察了磷酸根洗涤剂,重新审视了减少磷酸根洗涤剂之法令。地表水体中氮、磷等营养物丰富往往引发藻类和微藻类大量繁殖,使水体散发不快的臭味;水体中富含藻毒素而使大量水生生物死亡,严重破坏地表水体水生生态环境。在西欧国家,主要磷酸根排放源是动物粪便、农田使用化肥径流和城市污水中人类排放的各种废物;污水中磷酸根来源组成百分比为:家庭废弃物24%、动物粪便34%、洗涤10%、工业排放7%。

据1999年欧洲环保局(EEA)报道:欧洲大部分湖泊和水库已经被人类严重污染,许多河湖生态条件恶化,一直影响着人们休闲娱乐和水体正常使用。淡水中限制性营养物——磷在许多地区已经超标。尽管近年来部分河、湖磷浓度有了明显下降,但从所有统计检测点来看,磷超标河、湖仍在增长,许多植物和绿藻在水体中大量繁殖。对于港湾和浅海水域,磷一直是控制植物生长的关键性营养物,富营养化广泛存在于港湾和浅海水域,严重威胁了海域生态多样性,鱼类、贝类、人类健康和海滨水体娱乐使用价值均受到影响。

为减少污水处理厂磷负荷,欧洲各国相继通过了各种强制性法规。1991年欧盟法令(CEC1991)要求,所有市政污水处理厂必须升级改造,增加营养物除去除——脱氮除磷工艺。改造后污水处理厂将产生大量含磷污泥或磷酸根副产品,怎样处理这部分磷酸根副产品又成了比较棘手的问题。

1999年Driver等描述了城市污水管道中磷酸根浓度与农业磷酸根需求失衡现象;Williams等人在描述污水处理厂中鸟粪石沉淀带来的弊端时指出,只有除磷才能有效控制鸟粪石带来的管道结壳现象;Durrant等人认为,从污水处理过程中回收鸟粪石可以用于磷肥原料或直接用作缓释肥。Driver和Ueno等人达成共识,磷矿石是不可再生的资源,在使用时应当考虑磷矿石中重金属离子含量,需对其处理后方可使用。2001年Dils等人研究了磷酸根储存量和使用量现状得出结论:在英国无机磷肥使用量呈下降趋势,而通过动物粪便和污泥有机肥料施肥来维持土壤营养平衡的例子已屡见不鲜,Schipper提出了从污水厂中回收磷酸根可以用于磷酸盐工业的概念。污泥直接农用常常导致土壤磷含量超

标,所以,污泥用作农肥需求还是从污水中回收磷值得商榷。此外,使用磷回收后的污泥进行焚烧其热值将大大提高,焚烧后产生的灰渣还可以用作建筑混凝材料……

概括起来进行磷回收必要性包括以下5个方面:
① 保护受纳水体,防止富营养化;
② 减少污泥富磷上清液回流到处理构筑物的磷负荷,使出水达标排放;
③ 污水厂管道防止结壳阻塞的终极措施;
④ 缓解全球磷资源匮乏局面的最佳手段;
⑤ 污泥农用的先决条件。

磷酸根洗涤剂将磷酸根回收、利用作为未来可持续发展战略的重要组成部分。早在1998年,磷酸根洗涤工业已经开始意识到磷酸根是磷酸根洗涤剂成分中唯一可以回收、再利用的组分;2009年5月以"从污水中回收营养物"为主题的第四次国际会议在加拿大温哥华成功举办,荷兰Thermphos集团承诺将继续致力于磷酸根回收研发过程。

对于众多发达国家来说,决策者在污水磷回收方面起着决定性作用。在未来几年内,或许大量资金仍投向污水除磷而非回收磷。对于污水处理厂而言,最为简单、直接、有效的方法是,向污水中投加铁和铝等沉淀剂,采用化学除磷。但是,化学除磷势必带来污水处理厂化学污泥产生,使本身就棘手的污泥处理、处置问题变得雪上加霜。对于土地资源紧张的城市,化学污泥处理、处置问题已经相当棘手,所以,大多采用生物除磷方法。生物除磷虽然避开了化学药剂消耗问题,但是,生物除磷暗示着污水处理厂将增加除磷的投资成本。如果与各种磷回收工艺相结合,则可以实现磷回收,使得生物除磷成本减低。传统污水处理是将污水作为一种废物进行对待,不仅浪费污水中的氮、磷等营养物质,还会消耗大量能量和化学药剂,更重要的是向大气中排放CO_2等温室气体。对于政府决策者来说,应该以可持续污水处理为目标,从"污水是废物"的传统观念转为"污水是资源与能源载体"的新理念。

前面所述磷回收各种工艺和工程实例,证明磷回收的现实性与可行性。由此可见,磷回收必要、可行、紧迫。

3.6.2 磷回收相关经济政策、法规

如果以经济发展眼光审视污水处理这个过程,那么,污水处理就是一项自然垄断的经济活动。一座污水处理厂和一套污水处理基础设施可以服务一定的生活区域,与单一家庭分别进行处理相比可以节省大量投资,即集中式污水处理可以发挥"规模经济"的优势。这意味着单一运营商为某一区域服务,进行污水处理,如果这个运营商是私有企业,他们将充当垄断者,从而可以收取高额污水处理服务费用。因此,私有企业运营污水处理厂与政府运营污水处理厂目的截然

不同,目标大相径庭。

污水处理与公众健康息息相关。随着城市化快速发展,大量生活污水和工业废水产量与日俱增,污水处理厂在减少危害公众健康职能方面发挥着不可替代的作用。为保护水体防止发生富营养化,欧盟1991年制定了城市污水处理厂污水排放标准,对磷的排放有了限制,即91/271/EEC,UWWTD指令,具体内容见表3.32。

表3.32 91/271/EEC,UWWTD指令对磷酸盐的限制

人口当量	磷排放限额/(mg·L^{-1})	进水总磷的最低去除率/%
10 000 ~ 100 000	2	80
≥100 000	1	80

在美国、日本和欧洲各国污水处理厂是政府保护公众健康的一项重要措施,而且污水处理厂大多由政府部门建设和运营。尽管如此,随着经济全球化,公用设施日益私有化趋势开始崭露头角,这种发展趋势也波及污水处理厂运营模式,在英国、法国、中国等国家已经出现污水处理厂由较大水务公司接管运营的例子。世界上较为典型的污水处理厂运营模式私有化典型国家代表是英国和法国,法国污水处理厂运营体系已经开始向分散式私有化过渡,即将污水处理厂运营权以合约形式包出。污水处理厂运营私有化尽管可以提高污水处理厂运行效率,但是也存在不可避免的缺陷;运营商以追求高利润为目标,不会将污水处理利润用于基础设施再投资上。因此,公用设施投资是制约其发展的重要因素。所以,英国政府开始进行政策调整,目的就是将运营商得到的污水处理利润更多的用于公用设施投资。

为控制水体富营养化,许多国家开始控制含磷洗衣粉使用。洗衣粉中含有三聚磷酸钠(STPP),德国、意大利、瑞士、奥地利、挪威、美国、日本已禁止出售含磷洗衣粉。为此,新型非磷成分洗衣粉表面活性剂广泛研发,例如,浮石、聚羟酸(PCAs)、柠檬酸、氮川三醋酸(NTA)。但是,新型洗衣粉表面活性剂也会带来了一些负面影响。首先,各种表面活性剂洗涤效果与STPP相比大打折扣,而且在污水处理厂中会产生较多悬浮物或污泥。瑞典斯德哥尔摩水务局最近对此作出了一项评估,结果令人吃惊,无磷洗衣粉使污水中悬浮物的浓度上升了10倍以上,致使污泥量成倍增加。含磷洗衣粉在某些地区对污水中磷的贡献率较高,但由于各地执行不同的地方性法规,洗衣粉禁磷举措并非是降低污水处理厂磷负荷的有效方法。

近年来,受欧洲法令(CEC1991)驱动,欧洲各国也在改进污水处理设施,污水处理开始考虑限制氮、磷等营养元素排放;日本也颁布了类似的排放标准;

2002年美国环境保护署颁布了《清洁水法》(Clean Water Act)，而且政府投入大量资金来支持污水处理厂升级改造项目，以此来控制污水未经处理而直排。鉴于磷酸根在未来几年内将成为限制性资源，瑞士环保局要求到2015年实现60%的磷酸根回收率。日本和其他欧洲各国重点强调污水排放标准中对磷的限制，这种规定促进了许多除磷新技术的迅猛发展。

富磷污泥和回收磷酸根副产品中含有大量重金属、病原微生物和环氧乙烷等物质，近几年来富磷污泥和磷酸根副产品合理处理、处置又成为一大难点。污水处理厂三级处理所产生的富磷污泥可能的处置途径包括：

① 矿物肥料替代品。富磷污泥可以直接撒到农用耕地、森林、公园和菜园等充当肥料；

② 污泥焚烧。富磷污泥可以焚烧，产生能量可以再次利用，产生的污泥残渣可以用于混凝土制造业；

③ 可以填地或用作建筑材料；

④ 填海，但此方法目前已被多数国家禁止。

鸟粪石、磷酸铁、磷酸钙等磷酸根副产物可能的处置途径包括：

① 用于磷肥制造业，取代磷矿石；

② 直接用于缓释肥；

③ 添加到磷酸根生产中或与磷酸根肥料混合使用。

污泥农用或鸟粪石等磷酸根副产品充当缓释肥是富磷污泥或磷酸根副产品的一种可持续性处置手段。在美国，已经使用富磷污泥开垦废弃矿区等受污染的土地，但由于富磷污泥和磷酸根副产品中含有大量重金属、病原微生物和环氧乙烷等物质，使得其在实践中的使用受到了限制。为此，相关的法规相继出台。

欧盟为加强污泥处理、处置，先后颁布了各种规章制度。CEC2002就是围绕该主题展开的，按照欧盟废物处理、处置基本法令——欧盟法令(91/15之规定，污水处理厂产生的污泥应当按照废物处理、处置；欧盟还同时运用城市废物法令(91/271)、(89/369)(防止城市垃圾焚烧厂污染大气)、(94/67)法令(有害废弃物焚烧)、(00/76)法令(废物焚烧)等来控制富磷污泥处理、处置。当污泥农用后，旨在保护环境的(86/278)法令被新的法令所取代，新法令对污泥卫生学指标和气味都作了相关规定。

通常，各国对污泥农用控制要比(86/278)法令更加严格。Flanders地区和荷兰针对污泥农用颁布了更为严格的污泥重金属离子含量控制法令；瑞士一般污泥直接农用；瑞典和英国采取自愿原则；而德国大规模采用污泥农用这种处置手段。瑞典在污水磷回收领域中处于前沿水平，为解决富营养化问题，较早实行了磷回收政策。欧盟委员会分析各种污泥处理、处置成本发现，与污泥填埋、污泥焚烧相比，污泥还田是一种较为经济的处置方式，一般处理成本为110~160欧元/t干污泥，而污泥焚烧成本为260~350欧元/t干污泥。

食品企业和民众很难接受污泥还田这种做法。在荷兰,农业废物导致土壤营养物过剩现象已经终止了污泥还田这种处置方式。在瑞典,食品部门和民众质疑污泥还田带来的健康风险。研究报道,从污水中回收磷肥的成本在 11~20 瑞典克朗/kg P,而商业磷肥价格在 10 瑞典克朗/kg P。即使污泥还田作为磷肥和商业磷肥价格相当,农民对利用污泥作为磷肥的做法也无动于衷。

面对污水处理厂管理更加规范化,处理、处置污水处理厂产生副产物的标准更加严格。今后污水处理厂运行管理到底是私有化还是公有化?假如公众健康意识和可利用处理、处置方法可以推动规章制度不断完善,那么,对合理处理技术投资和造价多少为宜?怎样才能扭转农民、销售商对污水处理厂磷回收产物的消极态度,继而扩大磷酸根副产品的市场呢?谁应该付污水处理费用,怎样征收?这些问题远不止是磷回收的技术问题,这是一个复杂的社会、经济、环境问题,需要综合考虑各方面因素,以求取得最佳效益。

3.6.3 磷回收经济效益评价

美国、中国和摩洛哥是世界上磷酸根矿石三大储藏国,此外,包括与非洲、中东地区和亚洲的印度等占去了世界总储藏量的绝大部分。全球磷矿藏分布并非均匀,这就使得某些国家磷资源只能依靠进口。面对磷矿石价格的猛涨,分析影响磷资源经济的主要因素十分必要。磷矿石价格攀升主要与以下因素有关:

(1) 随着人口增多,人们营养水平的提高。根据联合国人口统计局信息,到 2030 年全球人口将达到 90 亿。人口增多势必加重对粮食的需求量,在有限耕地上,只有追加化肥使用量才会保证粮食不断增产,以解决人们温饱问题。随着人口对粮食需求的增加,农业化肥的确逐年攀升,导致磷肥供不应求,迫使磷酸根矿石价格一直走高。美国农业部也作了同期调查,2008 年初磷矿价格已从 0.78 欧元/kg P 增长到了 3.11 欧元/kg P,磷矿石价格增长了 8 倍。

(2) 农业能量转化增多等因素诱使磷酸根需求量所增加。利用目前作物秸秆提取生物质能的产能方式受到专家追捧,相应生物质原料必然相应增加。

(3) 用于化肥生产可开采的磷酸根储备数量不断下降。截至 2007 年,已探明的全球磷矿基础储量为 500 亿 t,其中,磷灰石储量 180 亿 t;当前,世界磷矿石年开采量为 1.4 亿 t 左右,预计到 2030 年世界磷矿石年开采速度将超过 1.87 亿 t。以目前消耗速度计算,全球磷矿将会在 100~250 年内消耗殆尽。因此,从污水中回收磷,发掘"第二磷矿"的构想迫在眉睫。

(4) 用于化肥生产可开采的磷酸根储备质量有所下降。磷酸根深层开采和被镉、铀等重金属离子污染,导致磷酸根生产成本增加。

(5) 严格的环境保护和运输成本增长也提升了磷酸根矿石价格。美国、加拿大等国为保护地表环境,要求矿石开采后必须进行修复,其成本投资将与矿石开采相当,这无疑又增加了矿石开采成本。此外,近年来石油价格与日俱增,使得磷酸根矿石运输成本也不断增加。

影响磷资源价格的因素多种多样，但总体来看，磷矿石价格主要是由供求关系决定。由于供不应求，使得磷矿价格近三年来飞速增长。自从20世纪90年代到2006年，磷酸根矿石价格一直维持在30美元/t；2006年一年增长了4.6美元/t；2007年由于磷酸根生产供应量限制其价格增幅更大；2008年磷酸根矿石价格骤增为200美元/t。2008年国际化肥协会公布了磷酸根价格走势，如图3.66所示。由于不断有新的磷酸根加工厂（包括磷回收项目）建设，预计到2030年，磷矿石价格在可能在100~120美元/t。

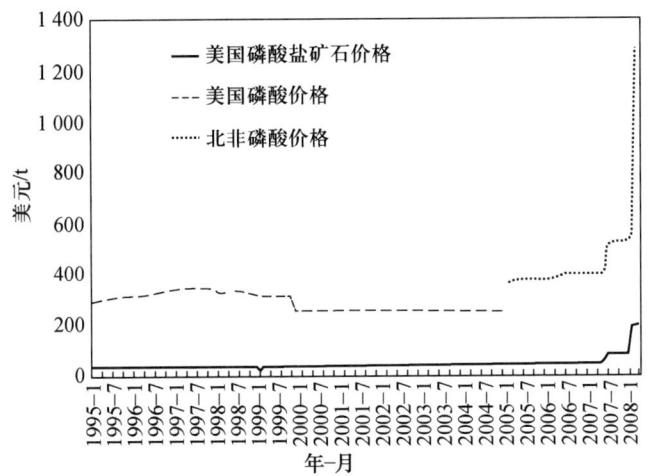

图3.66　2008年国际化肥协会公布的磷酸根价格走势
（von Horn 和 Sartorius, 2009）

磷酸根矿石资源价格飞速增长给磷回收提供了强大动力。经济利益驱动推动了大规模实施磷回收技术的发展。目前，磷回收在技术上已具备可行性，在欧洲和日本都有了工业化运行的实例，产品以鸟粪石和磷酸钙为主。

对鸟粪石沉淀工艺进行系统研究发现，镁源是生产鸟粪石的主要成本因素，大约占总生产成本的75%。当磷酸根浓度值超过临界值200~300 mg P/L 时，增加磷酸根浓度可以降低鸟粪石生产成本。从污水处理厂中进行磷回收，其成本还应该包括污水处理厂除磷成本。污水处理厂除磷成本根据工艺运行条件上的差异而有所不同，最低为2~3 欧元/kg P，最高为10 欧元/kg P。假设世界市政污水中含磷量为430万 t P/a，那么，除磷费用将达到90亿欧元/a，而这些磷的市场潜在价值在135亿欧元/a左右。从污水中回收磷需要技术和资金作支撑；根据磷回收工艺不同，2007年磷回收成本在2.2~8.8 欧元/kg P。

鸟粪石生产成本主要取决于工艺运行条件和原溶液离子浓度，若要降低鸟粪石成本可以优化以下运行参数：

① 磷酸根溶液浓度尽量要高;
② 降低用于调节 pH 的碱液使用量;
③ 寻求廉价镁源;
④ 优化污水处理厂建设投资。

最佳鸟粪石回收成本是不经过传统污水处理流程,直接获得富磷溶液而进行磷回收,这样可以省去传统污水处理除磷费用至少 2~3 欧元/kg P。典型例子是从尿液中直接回收鸟粪石,不仅无需加氢氧化钠等碱液调节 pH,而且可以利用廉价海水作为镁源。在其他条件适宜的前提下,目前利用海水作为镁源从尿液中回收鸟粪石形式磷产物成本最低,大约在 160 欧元/t 鸟粪石,即 630 欧元/kg P。

随着磷回收技术逐渐成熟,磷回收工程化实例已不再是凤毛麟角。下面是对磷回收工程化实例作出的经济分析。

日本 Unitika 公司自 1998 年起,先后在 3 家污水处理厂采用沉淀法回收污泥消化液中的磷,产品以 250 欧元/t 售价出售给化肥生产厂。意大利 Treviso 污水处理厂,在污泥脱水上清液线路上安装了鸟粪石结晶回收装置,回收率达 54%,该工艺已于 2001 年投入生产运行,鸟粪石生产成本价在 4 330~10 500 欧元/t P。英国 Slough 污水处理厂,安装有鸟粪石沉淀装置,处理污泥脱水上清液,该工艺于 2002 年投产,可对进水可溶性磷酸根中的 80% 进行回收,且产品中的重金属含量较低,但发现所添加的镁源成本高于出售鸟粪石得到的收益。

磷回收技术之所以尚未得到推广,经济是主要限制因素。现阶段,回收磷成本仍明显高于磷矿石价格。以 Geestmerambach 污水厂为例,产品全部被磷工业厂商 Thermpho 公司利用。Crystalactor 工艺回收的磷成本为 6 000 欧元/t P,约为北欧磷矿石价格 (320 欧元/t P) 的 22 倍。尽管有望通过工艺优化降低成本,但降幅十分有限。目前,该工艺成本完全由水务部门而非接收产品的 Thermphos 公司承担。

从 1998 年第一届从污水中回收磷主题会议在英国举办、磷回收概念开始萌芽、大量磷回收实验开始探索,到 2009 年第四届磷回收国际会议在加拿大成功举办,仅仅 10 年的时间便使多种多样的磷回收技术在全球各国遍地开花。荷兰 Thermphos 集团从污泥焚烧灰中回收磷酸根取代磷酸根矿石作为工业原材料,污泥焚烧灰消耗量大约为 8 000 t/a,约占荷兰总污水处理厂污泥的 28%,预计到 2010 年将超过 20 000 t/a。由加拿大英属哥伦比亚大学设计研发的 Ostara 磷回收工艺已经在加拿大和美国成功用于若干个污水处理厂实际运行。当前,在以色列和英国也已开始尝试磷回收实践。化学磷回收工艺与生物除磷相结合,可以回收高质量的鸟粪石,回收产物用作缓释肥具有一定的经济价值。

尽管已有将回收磷产品出售给化肥工业的实例,但至今对其潜在市场价值仍不是很清楚。因此,当前磷回收产品的销售价格难以成为磷回收的主要推动力。但是从长远来看,随着矿石储量减少和品质下降以及磷回收技术的不断成熟,磷矿石开采加工与污水处理磷回收之间的成本差距将逐步缩小甚至接近,污水处理系统磷回收将可能成为兼顾经济效益和社会效益的自发行为。

尽管优质磷矿究竟还有多少年将被人类使用殆尽这个问题并没有一个完全确定的答案,但有一点是可以肯定的,随着世界人口增长、开采磷矿难度加大以及生物质需求量渐增,世界优质磷矿将在未来的 50~100 年内被耗尽,而且磷酸根肥料价格将逐年骤涨。2008 年磷肥价格较前几年已经翻了若干倍,这种现象可能是开采磷矿技术和机械设备较为落后导致的暂时性现象,但从长远角度看,磷肥价格必然会上升。当前,某些发展中国家的农民已经没有经济能力购买磷肥,长此以往,粮食势必减产,最终出现全球粮食危机。

本 章 结 语

磷酸根回收利用从长远角度来看具有重要的战略意义。当前人类正面临着水危机、能源危机和磷危机。相对而言,水危机只是经济上的危机,只要有足够的经济实力,水危机完全可以通过技术手段加以解决;能源危机则可以通过开发太阳能、风能和生物等可再生能源得以缓解。然而,磷是不可再生的有限资源,磷资源一旦枯竭,农作物将弱不禁风、甚至颗粒无收!所以,相对于水危机和能源危机,磷危机绝非危言耸听,而是的最令人心惊胆战的一种潜在危机。当前国际组织和许多地方当局已经将氮、磷等营养物回收利用提到议事日程上,从污水中回收营养物质与减少环境污染的目标相辅相成,所以,从污水回收磷资源具有长远的战略意义和社会、经济、生态效益。

参 考 文 献

陈瑶.以鸟粪石形式从污水处理厂同时回收氨氮和磷的研究[D].湖南:湖南大学,2006.
丁文明,黄霞.废水吸附法除磷的研究进展[J].环境污染治理技术与设备,2002,3(10):23-27.
郭杰.诱导结晶法处理含磷废水[D].湖南:湖南大学,2006.
郝晓地,戴吉,胡沅胜,等.C/P 比与磷回收对生物营养物去除系统影响的试验研究[J].环境科学,2008,29(11):3098-3103.
郝晓地,甘一萍.排水研究新热点——从污水处理过程中回收磷[J].给水排水,2003,20(1):20-24.
郝晓地,兰荔,王崇臣,等.MAP 沉淀法目标产物最优形成条件及分析方法[J].环境科学,2009,30(4):1120-1125.

郝晓地,宋虹苇,赵靖.尿液分离与源头控制卫生排水系统[J].中国给水排水,2005,21(6): 24-27.

郝晓地,宋虹苇.生态卫生——可持续、分散式污水处理新概念[J].给水排水,2004,31(6): 42-45.

郝晓地,张向萍,兰荔.美国分散式污水处理的历史、现状与未来[J].中国给水排水,2008,24 (22):1-5.

郝晓地,朱景义,曹秀芹.污水强化除磷工艺的现状与未来[J].中国给水排水,2005,21(11): 36-40.

郝晓地.可持续污水-废物处理技术[M].北京:中国建筑工业出版社,2006.

黄颖.重金属对鸟粪石法回收的沉淀物的组成和晶形的影响[J].化学工程与装备,2008,3: 21-25.

荆肇乾,吕锡武.污水处理中磷回收理论与技术[J].安全与环境工程,2005.12(1):29-32.

李金页,郑平.鸟粪石沉淀法在废水除磷脱氮中的应用[J].中国沼气,2004,22(1):7-10.

李文化,季占宝.浅谈磷酸分布曲线的应用[J].丹东师专学报,1997,66:20-23.

刘召平,陆少鸣,李杉.铁盐同步除磷研究[J].环境污染治理技术与设备,2003,4(6): 16-18.

裴红洋,徐远,蒋京东,等.2007.鸟粪石结晶法前处理垃圾渗滤液[J].苏州科技学院学报,20 (4):34-36.

彭剑峰,宋永会,袁鹏,等.SPRR工艺回收养猪废水营养元素研究[J].农业环境科学学报, 2007,26(6):2173-2178.

孙博雅,陈洪斌.污水处理磷回收的研究进展[J].四川环境,2007,26(1):90-94.

唐贤春,钱靓,陈洪斌,等.分散式分质排污及资源化处理系统的研究与应用进展[J].中国沼 气,2005,25(2):20-27.

佟娟,陈银广,顾国维.鸟粪石除磷工艺研究进展[J].化工进展,2007,26(4):526-530.

王立立,刘焕彬,胡勇有,等.生活污水二级生物处理后的铁盐混凝除磷试验研究[J].环境污 染与防治,2002,24(6):361-364.

王燕群.鸟粪石结晶法回收废水中的磷的研究[D].上海:东华大学,2007.

王印忠,曹相生,孟雪征,等.脱水滤液中Mg^{2+}、PO_4^{3-}和NH_4^+浓度对鸟粪石形成的影响[J]. 中国给水排水,2007,23(19):6-9.

王印忠.从污泥脱水上清液中以鸟粪石形式回收磷的研究[D].北京:北京工业大学,2005.

邢伟,黄文敏,李敦海,等.铁盐除磷技术机理及铁盐混凝剂的研究进展[J].给水排水,2006, 2:88-91.

许春莲,宋乾武,王文君,等.日本净化槽技术管理体系经验及启示[J].中国给水排水,2008, 24(14):1-4.

杨宏,周清水,李若征,等.废水中磷的去处及其回收研究进展[J].北京工业大学学报,2006, 32(10):935-952.

赵冰清,程翔,孙德智.磁性类水滑石吸附水中磷的研究[J].哈尔滨工业大学学报,2008,40 (12):1962-1964.

周律,李健.生态卫生系统在中国北方城镇的费用效益分析:案例研究[J].清华大学学报, 2009,49(3):365-368.

邹雪,赵宗升. 鸟粪石沉淀过程中的影响因素实验研究[J]. 山西建筑,2007,33(16):18-19.

邹雪. 利用鸟粪石沉淀法从含磷废水中回收磷的实验研究[D]. 北京:北京交通大学, 2007.

Arakane M, Imai T, Murakami S, et al. Resource recovery from excess sludge by subcritical water combined with magnesium ammonium phosphate process[J]. Water Science & Technology, 2006,54(9):81-86.

Beal L J, Burns R T and Stalder K J. Effect of anaerobic digestion on struvite production for nutrient removal from swine waste prior to land application. Presented at the 1999 ASAE Annual International Meeting. Paper No. 994042. ASAE, St. Joseph, MI(1999).

Berg U, Donnert D, Weidler P G, et al. 2006. Phosphorus removal and recovery from wastewater by tobermorite-seeded crystallisation of calcium phosphate[J]. Water Science & Technology, 53(3):131-138

Balmér P. Phosphorus recovery—An overview of potentials and possibilities[J]. Water Science &Technology,2004,49(10):185-190

Barat R and van Loosdrecht M C M. Potential phosphorus recovery in a WWTP with the BCFS® process:Interactions with the biological process[J]. Water Research,2006,40:3507-3516.

Battistoni P, Angelis A D, Prisciandaro M, et al. P removal from anaerobic supernatants by struvite crystallization:Long term validation and process modeling [J]. Water Research, 2002, 36: 1927-1938.

Battistoni P., Fava G., Pavan P., et al. Phosphate removal in anaerobic liquors by struvite crystallization without addition of chemicals:Preliminary results[J]. Water Research,1997,31,(11):2925-2929.

Berg U, Schaum C. Recovery of phosphorus from sewage sludge and sludge ashes-applicationsinGermanyandnorthernEurope [OL]. German, 2009-10-9, http://www.iwar.bauing. tu-darmstadt. de/abw/Deutsch/veroeffentlichungen/05-Izmir-precovery_applications_in_europe. pdf

Booker N. A., Priestley A. J., Fraser I. H. Struvite formation in wastewater treatment plants: Opportunities for nutrient recovery[J]. Environmental Technology,1999,20:777-782.

Bouropoulos N, Koutsoukos P G. 2000. Spontaneous precipitation of struvite from aqueous solutions [J]. Cryst Growth,213:381-388.

Buchanan J R, Mote C R, Robinson R B. Thermodynamic of Struvite Formation[J]. American Society of Agricultural Engineers,1994,37(2):617-621.

Burns R T and Moody L B. Phosphorus Recovery from animal manures using optimized struvite precipitation [C]. Proceedings of coagulants and flocculants:Global market and technical opportunities for water treatment chemicals, Chicago, Illinois. 2002

Burns R T, Moody L B, Celen I, et al. Optimization of phosphorus precipitation from swine manure slurries to enhance recovery[J]. Water Science & Technology,2003,48(1):139-146.

CEEP. http://www. ceep-phosphates. org/,2008.

CEEP. http://www. ceep-phosphates. org/,2009.

CEEP. http://www. ceep-phosphates. org/,2010.

CEEP. http://www. ceep-phosphates. org/,2011.

Celen I and Türker M. Recovery of ammonia as struvite from anaerobic digester effluents[J]. Environmental Technology,2001,22:1263-1272.

Doyle J D and Parsons S A. Struvite formation,control and recovery[J]. Water Research,2002,36:3925-3940.

Ebie Y,Kondo T,Kadoya N,et al. Recovery oriented phosphorus adsorption process in decentralized advanced Johkasou[J]. Water Science & Technology,2008,57(12):1977-1981.

Ergum C. Fluid flow through packed columns[J]. Chem. Eng. Progr. 1952,48,89-94.

Fattah K P, Sabrina N, Mavinic D S, et al. Reducing operating costs for struvite formation with a carbon dioxide stripper[J]. Water Science & Technology,2008,58(4):957-962.

Frost R L, Weier M L, Erickson K L. Thermal decomposition of struvite Implications for the decomposition of kidney stones [J]. Journal of Thermal Analysis and Calorimetry,2004,76:1025-1033

Global Phosphate Forum. Phosphates and sustainable development:The only recyclable detergent ingredient. 2009-10-9,www.phosphate-forum.org,2007.

Hao X D and van Loosdrecht M C M. Model-based evaluation of struvite recovery from an in-line stripper in a BNR process (BCFS®) [J]. Water Science & Technology, 2006, 53(3): 191-198.

Hao X D, Dai J, van Loosdrecht M C M. Enhancing bio-P removal by phosphate recovery from anaerobic supernatant[J]. Water Science & Technology,2006,6(6):11-18.

Hao X D,Wang C C,Lan L,et al. 2009. A quantitative method analyzing the content of struvite in phosphate-based precipitates [A]//Ashley K, Mavinic D, Koch F. The Proceedings of the International Conference on Nutrient Recovery from Wastewater Streams [C]. London: IWA publishing. 79-88.

Harada K,Shimizu Y,Miyagoshi Y,et al. Predicting struvite formation for phosphorus recovery from human urine using an equilibrium model[J]. Water Science & Technology, 2006, 54(8): 247-255.

Heinzmann B. Phosphorus recycling in treatment plants with biological phosphorus removal[A]. International Conference Proceedings on Struvite:Its Role in Phosphorus Recovery and Reuse [C]. Cranfield University,U.K,2004.

Jaffer Y, Clark T A, Pearce P, et al. Potential phosphorus recovery by struvite formation[J]. Water Research,2002,36:1834-1842.

James M,Ebeling Sibrell P L,Ogden S R,et al. Evaluation of chemical coagulation-flocculation aids for the removal of suspended solids and phosphorus from intensive recirculating aquaculture effluent discharge [J]. Aquacult. Eng. ,2003,29,23-42.

Jang H and Kang S H. Phosphorus removal using cow bone in hydroxyapatite crystallization[J]. Water Research,2002,36:1324-1330.

Janus H M and van der Roest H F. Don't reject the idea of treating reject water[J]. Water Science & Technology,1997,35(10):27-34.

Jin Y, Hub Z, Wen Z. Enhancing anaerobic digestibility and phosphorus recovery of dairy manure through microwave-based thermochemical pretreatment [J]. Water Research, 2009, 43:

3493-3592.

Joko I. Phosphorous removal from wastewater by the crystallization method[J]. Wat. Sci. Technol, 1984,17:121-132.

Kaikake K, Sekito T, Dote Y. Phosphate recovery from phosphorus-rich solution obtained from chicken manure incineration ash[J]. Waste Management,2009,29:1084-1088.

Kumar M, Badruzzaman M, Adham S, et al. Beneficial phosphate recovery from reverse osmosis (RO) concentrate of an integrated membrane system using polymeric ligand exchanger(PLE) [J]. Water Research,2007,41:2211-2219.

Lau P S,Tam N F Y,Wong Y S. Wastewater nutrients (N and P) removal by carrageenan and alginate immobilized chlorella vulgaris[J]. Environmental Technology,1997. 18(9):945-951.

Le Corre K S, Valsami-Jonesb E, Hobbsc P, et al. Phosphorus recovery from wastewater by struvite crystallization: A review[J]. Environmental Science and Technology,2009,39:433-477.

Le Corre K S, Valsami-Jonesb E, Hobbsc P, et al. Struvite crystallisation and recovery using a stainless steelstructure as a seed material[J]. Water Research,2007,41:2449-2456.

Lee S H, Lee B C, Lee K W, et al. Phosphorus recovery by mesoporous structure material from wastewater[J]. Water Science & Technology,2007,55(1-2):169-176.

Lesjean B, Gnirss R, Adam C, et al. Enhanced biological phosphorus removal process implemented in membrane bioreactors to improve phosphorous recovery and recycling[J]. Water Science & Technology,2003,48(1):87-94.

Levlin E and Hultman B. 2003. Phosphorus recovery from phosphate rich side-streams in wastewatertreatmentplants [OL]. Sweden, 2009-10-8, http://www.lwr.kth.se/Forskningsprojekt/Polishproject/JPS10s47.pdf

Li J, Smart R S C, Schumann R C, et al. A simplified method for estimation of jarosite and acid-forming sulfates in acid mine wastes[J]. Science of The Total Environment,2007,373(1):391-403.

Miles A and Ellis T G. Struvite precipitation potential for nutrient recovery from anaerobically treated wastes[J]. Water Science and Technology,2001,43(11):259-266.

Mitani Y, Sakai Y, Mishina F. Struvite from wastewater having low phosphate concentration [J]. Journal of Water and Environment Technology,2003,1(1):13-18.

Moerman W, Carballa M, Vandekerckhove A, et al. Phosphate removal in agro-industry: Pilot-and full-scale operational considerations of struvite crystallization[J]. Water Research,2009,6:1-6.

Munch E V and Barr K. Controlled struvite crystallization for removing phosphorus from anaerobic digester sidestreams[J]. Wat. Res. ,2001,35:151-159.

Niewersch C, Koh C N, Wintgens T, et al. Potentials of using nanofiltration to recover phosphorus from sewage sludge [J]. Water Science & Technology,2008,57(5):707-714.

Niewersch C, Petzet S, Henkel J, et al. Phosphorus recovery form eluated sewage sludge ashes by nanofiltration. In Ashley K, Mavinic D, Kech E, eds. International conference on nutrient recovery from wastewater streams [C]. London:Iwa Publishing,2009,389-405.

Novak J Minimizing the sludge disposal volume by maximizing material/energy recovery[J]. Water

21,2007,12:29.

Potash and Phosphate Institute. 2004. http://www.ppi-ppic.org/ppiweb/ppibase.nsf/$webindex/article = 678CA758852569B5005C148685E4A99F (accessed 08 May 2004; verified 30 Sep. 2004).

Quintana M, Sánchez E, Colmenarejo M F, et al. Kinetics of phosphorus removal and struvite formation by the utilization of by-product of magnesium oxide production [J]. Chemical Engineering Journal,2005,111:45-52.

Rahaman M S, Ellis N, Mavinic D S. Effects of various process parameters on struvite precipitation kinetics and subsequent determination of rate constants [J]. Water Science & Technology, 2008,57(5):647-654.

Regy S, Mangin D, Klein J P et al. 2001. Phosphate recovery by stuvite precipitation in a stirredreactor[OL]. 2009 - 10 - 9, http://www.nhm.ac.uk/research-curation/research/projects/phosphate-recovery/LagepReport.PDF

Reichert P. "AQUASIM 2.0-Computer Program for the Identification and Simulation of Aquatic Systems"[M]. Switzerland:EAWAG,Dübendorf,1998.

Saktaywin W, Tsuno H, Nagare H, et al. Operation of a new sewage treatment process with technologies of excess sludge reduction and phosphorus recovery [J]. Water Science & Technology,2006,53(12):217-227.

Schoum C, Cornel P, Jardin N. 2005. Possibilities for a phosphorus recovery from sewage sludgeash. Germany, 2009 - 10 - 9, http://www.iwar.bauing.tu-darmstadt.de/abw/Deutsch/veroeffentlichungen/05-johannesburg-precovery.pdf

Schulze-Rettmer, R. The simultaneous chemical precipitation of ammonium and phosphate in the form of magnesium ammonium phosphate[J]. Water Sci. Technol.,1991,23:659-667.

Shimamura K, Ishikawa H, Mizuoka A, et al. Development of a process for the recovery of phosphorus resource from digested sludge by crystallization technology [J]. Water Science & Technology, 2008,57(3):451-456.

Siegrist, H. 1996. Nitrogen removal from digester supernatant-comparison of chemical and biological Methods[J]. Water Sci. Technol.,34,399-406.

Smolders G L F, van der Meij J, van Loosdrecht M C M, et al. Structured metabolic model for anaerobic and aerobic stoichiometry and kinetics of the biological phosphorus removal process [J]. Biotechnology and Bioengineering,1995,47(33):277-287.

Smolders G L F. A metabolic model of the biological phosphorus removal: stoichiometry, kinetics and dynamic behaviour[D]. the Netherlands:Delft University of Technology,1995.

Song Y H, Donnert D, Berg U, et al. Seed selections for crystallization of calcium phosphate for phosphorus recovery[J]. Journal of Environmental Sciences,2007,19:591-595.

Stendahl K and Jäfverström S. Phosphate recovery from sewage sludge in combination with supercritical water oxidation [J]. Water Science & Technology,2003,48(1):185-191.

Stendahl K and Jäfverström S. Recycling of sludge with the Aqua Reci process[J]. Water Science & Technology,2004,49(10):233-240.

Stratful I, Brett S, Scrimshaw M B, et al. Biological phosphorus removal, its role in phosphorus recycling[J]. Environmental Technology,1999,20(7):681-695.

Stratful I, Scrimshaw M D, Lester J N. Conditions influencing the precipitation of magnesium ammonium phosphate. Water Research,2001,35(17):4191-4199.

Suzuki Y, Kondo T, Nakagawa K, et al. Evaluation of sludge reduction and phosphorus recovery efficiencies in a new advanced wastewater treatment system using denitrifying polyphosphate accumulating organisms[J]. Water Science & Technology,2006,53(6):107-113.

Szogi A A and Vanotti M B. Prospects for phosphorus recovery from poultry litter[J]. Bioresource Technology,2009,100:5461-5465.

Trépanier C, Parent S, Comeau Y, et al. Phosphorus budget as a water quality management tool for closed aquatic mesocosms[J]. Water Research,2002,36(4):1007-1017.

Ueno Y and Fujii M. Three years experience of operating and selling recovered struvite from full-scale plant [J]. Environmental Technology,2001,22(11):1373-1381.

University of Verona Science and Technology Department, Italy[OL]. 2002. 2009-10-9, http://www.nhm.ac.uk/research-curation/research/projects/phosphate-recovery/Venicereport.pdf

Valsami-Jones E. 2004. Phosphorus in Environmental Technology—Principles and Applications [M]. London:IWA Publishing

Van Loosdrecht M C M, Brandse F A, de Vries A C. Upgrading of wastewater treatment processes for integrated nutrient removal—The BCFS® process[J]. Water Science & Technology,1998,37(9):209-217.

Van Loosdrecht M C M, Hooijmans C M, Vrdjanovic D, et al. Biological phosphate removal processes [J]. Applied Microbiology and Biotechnology,1997,48(3):289-296.

Van Rensburg P, Musvoto E V, Wentzel M C, et al. Modeling multiple mineral precipitation in anaerobic digester liquor[J]. Water Research,2003,37(13):3087-3097.

Van Veldhuizen H M, van Loosdrecht M C M, Heijnen J J. Modeling biological phosphorus and nitrogen removal in a full scale activated sludge process[J]. Water Research,1993,33(16):3459-3468.

von Horn J, Sartorius C. 2009. Impact of supply and demand on the price development of phosphate (fertilizer) [A]//Ashley K, Mavinic D, Koch F. The Proceedings of the International Conference on Nutrient Recovery from Wastewater Streams [C]. London:IWA publishing. 45-54.

Watanabe Y and Kimura K. Hybrid membrane bioreactor for water recycling and phosphorus recovery [J]. Water Science & Technology,2006,53(7):17-24.

Wei X C, Roger C V Jr., Bhojappa S. Phosphorus removal by acid mine drainage sludge from secondary effluents of municipal wastewater treatment plants[J]. Water Research,2008,42:3275-3284.

Weinfurtner K, Gäth S A, Kördel W, et al. 2009. Ecological testing of products from phosphorus recovery processes—first results[A]//Ashley K, Mavinic D, Koch F. The Proceedings of the International Conference on Nutrient Recovery from Wastewater Streams [C]. London:IWA publishing. 225-234.

Xing K, Wang H, Guo L, et al. Adsorption of tripolyphosphate from aqueous solution by Mg-Al-

CO_3 - layered double hydroxides [J]. Colloids and Surfaces A: Physicochemical and Engineering Aspects,2008,328:15-20.

Xiong W and Peng J. Development and characterization of ferrihydrite-modified diatomite as a phosphorus adsorbent[J]. Water Research,2008,42:4869-4877.

Yoshino M,Yao M,Tsuno H,et al. Removal and recovery of phosphate and ammonium as struvite from supernatant in anaerobic digestion [J]. Water Science & Technology, 2003, 48 (1): 171-178.

Zhao X H and Zhao Y Q. Investigation of phosphorus desorption from P-saturated alum sludge used as a substrate in constructed wetland[J]. Separation and Purification Technology,2009,66: 71-75.

Zimmermann J and Dott W. 2009. Recovery of Phosphorus from sewage sludge incineration ash by combined bioleaching and bioaccumulation [A]//Ashley K, Mavinic D, Koch F. The Proceedings of the International Conference on Nutrient Recovery from Wastewater Streams [C]. London:IWA publishing. 503-510.

第4章

水体与土壤中磷的去除与循环再利用

地球上优质磷资源面临匮乏的同时,因工农业生产与日常生活排入水体和土壤等介质中的磷已经给我们赖以生存的自然环境带来了极大压力。一方面,亟待将环境中的磷污染降低到环境可以容纳的限值。另一方面,也必须应对渐行渐近的磷资源危机,利用回收、再生等技术手段让更多污染物中的磷进入磷的人工辅助自然循环。因此,如何去除水体中的富磷和高效利用土壤中的高磷便成为目前国内外专业人员研究的热点。本章针对金属磷酸盐细菌沉淀法去除水体中磷与现代农业中高效利用磷肥和管理磷资源的相关理论、技术及实践进行了回顾、总结和展望。

4.1 水体中金属磷酸盐的细菌沉淀

金属磷酸盐的细菌沉淀是一种水体生物除磷技术。该技术利用水体中的磷及其化合物,通过选择合适的微生物与控制条件,将废水中的磷与重金属同时去除(Valsami-Jones,2004)。本节介绍利用细菌吸附、沉淀受污染水体中金属磷酸盐的基本原理,以及影响金属磷酸盐细菌沉淀的因素,并对其工业化应用中的问题及发展前景进行必要讨论。

4.1.1 水体中磷与金属污染的传统去除方法概述

4.1.1.1 传统除磷方法

在传统除磷方法中,较为常见的是化学沉淀法及生物去除方法。化学沉淀法是利用铁盐、铝盐和钙盐等与废水中的磷酸基团反应生成磷酸盐沉淀物,经过化学絮凝、沉淀和固液分离后达到除磷的目的。这种化学除磷方法效率较高且稳定可靠,但药剂费用较高,污泥量大且成分复杂;如果污泥处置不当,有可能存在二次污染之风险。生物除磷法主要是指利用聚磷菌(polyphosphate accumulating organisms,PAOs)在厌氧-缺氧/好氧条件下超量释磷、摄磷作用,通过排放富磷污泥而实现除磷。此类方法可避免产生大量化学污泥,后期处置相对容易,运行成本较低,但由于处理过程中进水水质及水量的不断变化,故对工艺运行控制提出了严格要求,换句话说,其效果稳定性不及化学沉淀法(王广伟等,2010)。

4.1.1.2 去除水体中金属离子的方法

从20世纪发生在日本的"水俣病"(1953—1956年,汞污染)及"骨痛病"(1931—1972年,镉污染)事件,到2005年发生在中国广东北江的镉污染,以及2006年9月发生在中国甘肃的铅污染等一系列重金属污染事件,都令人触目惊心。与此同时,现代工业的快速发展使某些金属资源出现了相对缺乏的局面。因此,在水处理实践中必须同时考虑重金属的去除及其进一步的回收和再利用。

常规处理金属污染废水的方法包括物理、化学和生物等各种方法。化学沉淀、电解、离子交换、膜分离及活性炭吸附技术等各类常见方法的比较列于表4.1。

表4.1 去除金属离子的传统技术(王建龙等,2010)

处理方法	优点	缺点
化学沉淀和过滤	简单、廉价	对高浓度的废水分解效果较差,会产生污泥
氧化和还原	无机化	需要化学试剂,生物系统速率慢
电化学处理	可回收金属	价格高
反渗透	出水好、可回用	需高压支持、价格高且膜易堵塞
离子交换	效果好、金属可回收	对颗粒物敏感、树脂价格较高
吸附	可利用传统的吸附剂	对某些金属不适用
蒸发	出水好、可回用	能耗与价格较高、产生污泥

综上所述,去除水体中磷与金属离子的传统方法存在诸多不足之处,如成本高、处理效率低、污泥产量大等。若考虑将磷去除与金属离子去除有机结合起来,则可能另辟蹊径。金属磷酸盐细菌沉淀技术是一种可同时去除金属离子和磷的现代技术。相对于水体中磷与金属离子传统去除方法而言,该技术具有以下优点:① 不需要投加化学药剂,处理成本低,产生的污泥量较少;② 适合于废水中金属离子和磷的含量比较低的情况(Valsami-Jones,2004);③ 对磷和金属离

子的去除效率较高,通常被沉积的金属沉淀物可超过细胞干重的若干倍(Valsami-Jones,2004)。

4.1.2 金属磷酸盐细菌沉淀的基本原理及生物学基础

4.1.2.1 微生物与金属离子作用的类型及原理

金属磷酸盐细菌沉淀的基本原理可以简述为:某些细菌通过分泌磷酸酶催化水解某些含磷化合物,从而释放出合成金属磷酸盐沉淀所需要的磷酸根,并积累于细胞表面,提供矿化金属的结合位点;与此同时,废水中的金属离子与磷酸根结合可形成金属磷酸盐沉淀又会导致较大的离子浓度梯度,诱使更多金属离子到达细胞表面,从而促使磷和金属离子持续不断地从废水中沉淀而得以去除(Valsami-Jones,2004)。

目前,对包括细菌在内的微生物与金属阳离子间的吸附、沉淀作用的机制理解还十分有限。通常认识是,反应过程主要受细胞表面组分和性质的影响,也会涉及离子交换、络合、静电相互作用、微沉淀等过程的影响(王建龙等,2010)。根据金属离子与微生物细胞作用位置的不同,可对二者之间的作用机制进行如下阐述:

(1) 细胞外富集 – 沉淀

某些细菌可以产生具有络合或沉淀金属离子的胞外物质,从而使金属离子沉淀,如蓝细菌分泌多糖等胞外聚合物,某些白腐真菌可以分泌柠檬酸(属螯合剂)或草酸(可与金属离子形成草酸盐沉淀)(王建龙等,2010)。

(2) 细胞表面吸附 – 沉淀

金属离子通过与细胞表面(特别是细胞壁组分的蛋白质、多糖或脂类)中的化学基团(羧基、羟基、膦酰基、酰胺基、硫酸酯基、氨基及巯基等)的相互作用,被吸附到细胞表面。这些作用包括离子交换、表面络合、物理吸附、氧化还原或无机微沉淀(王建龙等,2010)。

(3) 胞内吸附/沉淀/转化

活细胞利用新陈代谢的能量,将金属离子输送到细胞内部并沉积或转化,这一过程同时涉及金属离子的运输机制和内部解毒机制(王建龙等,2010)。当系统中有过量金属离子存在时,活细胞可以通过减少运输、阻渗等作用来降低金属离子在细胞内的累积,从而减轻金属对细胞的毒性,构成细胞抗性(王建龙等,2008)。

一般情况下,胞外结合的快速吸附过程是不需要能量交换的被动吸附,而输送到体内的缓慢运输过程依赖于细胞的能量和代谢系统的调控,是主动吸附。非活性细胞的吸附主要发生在胞外,在几分钟到几十分钟内即可完成,而活性细胞参与的主动吸附过程较为缓慢,且与前一阶段相对独立(王建龙等,2010;王建龙等,2000)。利用微生物细胞直接固定金属离子的过程中,细胞的表面结构对金属的吸附起着重要作用,其中,细胞壁和黏液层能直接吸收或吸附金属。不同的微生物因带电性不同,其与金属离子间的作用力及作用势能变化亦不相同,导致对其吸附作用出现异同(秦海霞,2007)。此外,微生物在其生长过程中与环境因素相互作用时会释放出许多代谢产物,它们也能与金属离子反应从而固定金属。

综上所述,表面吸附-沉淀的实质是微生物胞外多聚物(甲壳素、壳聚糖等)的配位基团(—OH、—COOH、PO_4^{3-} 及—HS 等)与重金属离子沉淀、络合及离子交换和吸附,这是一个快速、可逆的吸附过程,与细胞生命代谢无关;而胞内吸附-沉淀则是通过磷酸激酶的作用,利用微生物的代谢作用实现对重金属的不可逆沉淀,是一个相对缓慢的过程。

4.1.2.2 与金属磷酸盐沉淀相关的生物学基础

上述金属磷酸盐细菌沉淀基本原理表明,金属磷酸盐细菌沉淀实质上是一种基于细胞新陈代谢的微生物矿化过程。因此,了解细菌体内磷酸酶及其相关代谢过程是我们认识金属磷酸盐细菌沉淀的关键。以下就这一过程涉及的重要生物学知识进行介绍。

(1) 磷酸供体——磷酸根的提供者

金属磷酸盐沉淀的前提是必须具有充分的磷酸根提供者。研究表明,磷酸单酯(2-磷酸甘油、植酸)、磷酸三酯(磷酸三丁酯)及多聚磷酸盐(polyphosphate,poly-P)均是细菌可能的磷酸盐供体(Valsami-Jones,2004)。

2-磷酸甘油被广泛应用于金属磷酸盐生物矿化研究之中。但是,该基质十分昂贵,因此在实际工程中的应用较少(Valsami-Jones,2004)。

植酸是植物磷酸的主要组成形式,在豆类和谷类中可占磷酸总量的80%。有研究表明,土壤内的菌落和根际微生物中存在30%~48%的细菌能够利用植酸盐固定溶液中的有毒金属,并且在某些情况下这一比列可高达63%。然而,目前植酸钙沉淀以及有机磷酸分子水解问题还没有得到有效解决(Valsami-Jones,2004)。

磷酸三丁酯是一种溶剂或增塑剂,它的生物降解过程对 Cu^{2+}、Cd^{2+} 和磷酸根($>10 \ mmol \cdot L^{-1}$)的浓度变化非常敏感;同时,硫酸根离子($10 \sim 100 \ mmol \cdot L^{-1}$)的存在也对降解有抑制作用。但是,磷酸三丁脂水解活性不受硝酸根影响。这显示出磷酸三丁脂对处理含有高浓度硝酸根的废水具有潜力。然而,在研发出稳定的运行系统之前,这种方法显然难以实际应用(Valsami-Jones,2004)。

Poly-P 是细菌体内广泛存在的线性多聚体,由几个到数百个磷酸盐残基(Pi)通过与三磷酸腺苷(adenosine triphosphate,ATP)磷酸苷键相同的高能磷酸键相互聚合形成。自然界中,无论是细菌、真菌等低等单细胞生物,还是高等哺乳动物,其细胞中都含有相当数量的 poly-P(魏峥等,2009)。

（2）磷酸酶——促使有机磷向无机磷酸根转变的催化者

磷酸酶的意义在于能够不断地将基质中的有机磷转化为无机磷酸根,为细菌矿化金属提供物质基础。

与 poly-P 代谢相关的磷酸酶列于表 4.2。其中,对外切聚磷酸酶(exopolyphosphatase, PPX)和多聚磷酸盐激酶(polyphosphate kinase, PPK)的研究较为深入,它们也是与金属磷酸盐矿化密切相关的两种酶。合成 poly-P 的生物过程由 PPK 掌控,由它负责将 ATP 合成为 poly-P,是一个可逆反应过程。反应过程中,PPK 的二聚作用非常关键,直接影响正向反应的 poly-P 或逆向反应 ATP 的形成(Hirota 等,2010;Tzeng 等,2000)。此外,细胞通过 PPX 水解 poly-P 不断补充磷酸盐残基(P_i);同时,可以在 PPK 的作用下合成 poly-P 链,使得细胞内磷酸根离子浓度保持在一定范围之内。

表 4.2　低等生物中与 poly-P 代谢相关的酶(魏峥等,2009)

酶名称	纯化来源	酶功能
多聚磷酸盐激酶(PPK)	大肠杆菌	PPK1 利用 ATP 末端的磷酸基合成长链磷酸聚合,也可以利用 poly P 末端磷酸基使 ADP 生成 ATP;PPK2 催化 GDP 合成 GTP 的可逆反应
外切聚磷酸酶(PPX)	酿酒酵母菌	在 poly-P 的末端逐一切断磷酸酐键,脱去磷酸盐残基
内切聚磷酸酶(PPN)	酿酒酵母菌	逐步裂解长链 poly-P 成短链
Poly P-AMP-磷酸转移酶(PAP)	约氏不动杆菌	利用 poly-P 作供体,磷酸化 AMP 生成 ADP
Poly P-葡萄糖激酶(PPGK)	结核分枝杆菌	以 poly-P 或 ATP 作供体,催化葡萄糖接受末端磷酸残基,生成 6-磷酸葡萄糖,且 poly-P 提供磷酸基的反应占优势

（3）质子驱动力(proton motive force, PMF)在磷酸盐及金属阳离子转移中的作用

好氧条件下,摄磷菌(如大肠杆菌和不动杆菌)分解机体内贮存的 β-羟基丁酸盐(β-polyhydroxybutyrate, PHB)和外源基质,产生质子驱动力。PHB 是一种存在于许多细菌细胞内的碳源类贮存物质,用来贮藏能量,并可降低细胞内渗透压。PMF 因细胞膜内外电位差、氢离子浓度差等产生,其作用在于将体外的 PO_4^{3-} 输送到体内合成 ATP 和核酸;同时,将过剩的 PO_4^{3-} 聚合成细胞贮存物,形成 poly-P。从细菌生物能学角度看,PMF 在胞内外磷酸盐转移过程中起着决定性作用(郭杰等,2006)。在厌氧条件下,细菌分解体内的 poly-P 产生 ATP,利用 ATP 以主动运输方式吸收其提供的基质进入细胞内,合成 PHB,不能用于合成的

磷酸盐将被载体蛋白识别;同时,通过主动扩散方式释放 PO_4^{3-} 于环境中,而金属阳离子则被协同运输至胞外。

(4) 聚磷菌(PAOs)

PAOs 是传统活性污泥工艺中一类特殊的兼性细菌,在好氧或缺氧状态下均能超量地将污水中的磷吸入体内,使细胞含磷量超过一般细菌体内含磷量的数倍。在营养丰富的环境中,PAOs 进入对数生长期,此时的细胞能从废水中大量摄取溶解态的正磷酸盐(PO_4^{3-}),在细胞内合成 poly-P,提供下阶段(稳定期)合成核酸时耗用磷素之需。当细菌进入静止期时,对磷的需求量很低,但若环境中的磷源仍有剩余,而细胞又有一定的能量时,仍能从外界吸收磷元素,摄磷菌通过这种作用积累的磷量大大超过其正常生长所需的磷量,可达细胞重量的 6%~8%,并以 poly-P 的形式积累于细胞内作为贮存物质。当细菌细胞处于极为不利的生活条件(如从好氧、缺氧状态转为厌氧状态)时,它能吸收污水中极易生物降解的有机物质(乙酸、甲酸等)作为营养源,同时将体内存贮的 poly-P 分解,再次释放到环境中以便获得能量,维持其生存所需。当细菌再次进入营养丰富的好氧、缺氧环境时,它将重复上述细胞内聚磷过程。

很多细菌是在无力满足自身生长的营养不平衡状态下产生聚磷作用的(Kortstee 等,1994),这一现象被称为无机磷酸盐的过度摄取(郭杰等,2006)。在氨基酸缺乏的情形下,poly-P 就会在细菌体内聚集(Allenby 等,2006)。如图 4.1 所示,Ryuichi Hirota 等(2010)指出,在特定条件下,存在于大肠杆菌体内的鸟苷四磷酸(ppGpp,应急反应的主要信号调节器)可以表现为 PPX 的生物学行为,但不影响 PPK 发挥原有作用,因此可以使得大肠杆菌在氨基酸缺乏的条件下汇集 poly-P。

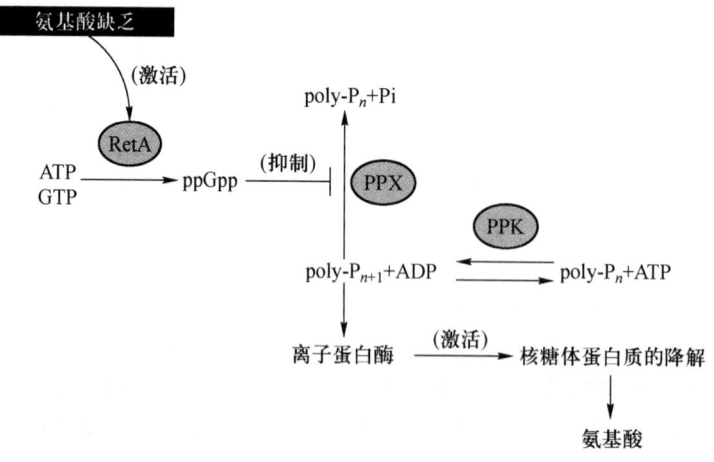

图 4.1　氨基酸饥饿条件下大肠杆菌体内 poly-P 的累积过程(Hirota 等,2010)

4.1.3 金属磷酸盐的细菌矿化作用

4.1.3.1 金属磷酸盐的细菌矿化过程

综上所述,金属磷酸盐的细菌沉淀是一个生物催化与无机沉淀相结合的作用过程(Valsami-Jones,2004),可用图 4.2 概括之。其中,细菌中磷酸酶的生物催化和磷酸盐对金属阳离子的无机矿化是两个至关重要的过程,分别予以详述。

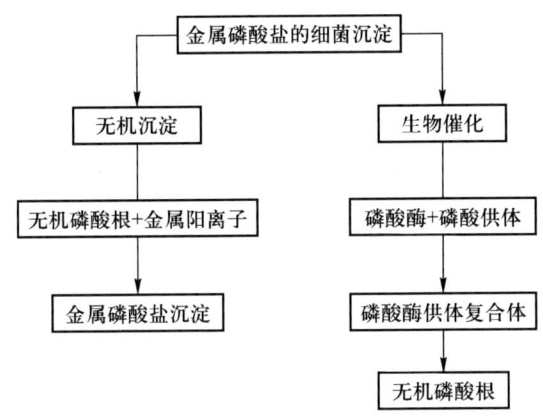

图 4.2 金属磷酸盐的细菌矿化过程

(1) 细菌的生物催化

在生物催化过程中,磷酸供体在细菌体内磷酸酶(如前述提到的 PPX 和 PPK)的作用下,不断地将基质中的有机磷转化为磷酸根,并形成磷酸酶 – 供体复合体。Valsami-Jones 等(2004)通过免疫金标记法确定,在细菌活体细胞的周围存在的一些磷酸酶可以产生磷酸根离子。酶在金属聚集中的作用还可以被下述现象解释:大肠杆菌不具有磷酸酶的基因 phoN,而且不具有聚集重金属的能力。但是,引入沙门氏菌属的 phoN 基因到大肠杆菌细胞内,可使大肠杆菌细胞具有和沙门氏菌属一样的聚集 HUO_2PO_4 能力(Valsami-Jones,2004)。然而,在金属磷酸盐细菌沉淀过程中,细菌不仅仅提供沉淀金属磷酸盐的沉淀剂,还通过细胞上的配位体与金属螯合作用促进成核作用,为后续金属沉淀过程提供"附着中心"(Valsami-Jones,2004)。例如,在胞外聚合物(extracellular polymeric substance,EPS)内,由于金属与磷酸基团之间的作用,使得成核过程成为可能;同时,在 EPS 内由于磷酸酶的作用,磷酸根能持续地生成(Valsami-Jones,2004)。目前,膜磷脂(membrane phospholipid)已被证实是金属磷酸盐矿化的成核位点。另外,研究发现脂质 A(细胞表面脂多糖 LPS 的组成成分)中的磷酸基团也可以作为金属磷酸盐矿化的成核位点(Valsami-Jones,2004)。

(2) 金属阳离子与无机磷酸盐的矿化

由于生物催化过程产生大量的磷酸根并形成了"附着中心",这就使得金属离子与磷酸根的沉淀非常容易进行。而且,当成核位点形成以后,即使溶液中磷酸根浓度很低,但由于磷酸根在局部的浓度较高,可增加局部磷酸盐离子积,同样使得金属磷酸盐的沉淀从溶液中分离变为可能。Valsami-Jomes 等(2004)在其专著中曾提到,Macaskie 等人利用从英国的一个铅污染区域分离出柠檬酸细菌(沙雷菌属)产生的酸性磷酸酶来调节金属沉淀。研究表明,金属在 EPS 内不断沉淀,同时,在细菌体内磷酸酶的作用下,磷酸根不断生成,从而促使金属磷酸盐晶体的持续生长。

Benzerara 等(Benzerara 等,2004)认为,在细菌调控下的金属磷酸盐沉淀作用中,细菌在沉淀过程中对沉淀物的类型及其矿物学属性影响较小(Weiner 等,2003)。显微镜下所见大部分细菌均被磷酸盐沉淀作用所矿化,这表明,磷酸盐的成核位点与细胞密切相关,磷酸盐的生物矿化作用仅发生在细胞内部。沉淀作用起始于细菌外周质内部,即内外细胞膜间,随后,矿化作用逐渐向细胞内部深入。而且同一试样中的细菌由于处于不同世代,通常可以观察到不同的矿化阶段。此外,胞体内外矿化作用的差异取决于不同的沉淀物质所处的沉积环境。"矿化环"形成后,细菌的作用已经不再活跃,但碱性磷酸酶依然起作用,基质中大量的无机磷酸根也会参与到胞内的成矿作用中去(Benzerara 等,2004)。因此,我们可以这样理解金属磷酸盐的细菌沉淀作用:"细菌 - 金属 - 磷酸盐"之间不是简单的吸附和沉淀过程,发生在这个微观界面上的反应是被细菌活细胞新陈代谢牵动的矿化过程,一旦成核作用的壁垒被克服,如果基质连续地流入反应柱中,金属的摄入就会进入稳定期(Valsami-Jones,2004)。

(3) 金属磷酸盐细菌沉淀的吸附 - 沉淀模型

① 传统的微生物吸附模型。由于经典的吸附模型是由非生物体系推导的,所以,适用于单组分体系的线性模型、Langmuir(朗缪尔)、Freundlich(弗劳德利希)及 BET(布鲁尼尔 - 埃密特 - 特勒)模型等均不能直接应用于复杂的微生物系统,也无法解释其吸附机制(王建龙等,2010;Gadd,2009),而由特定试验条件推导的微生物吸附模型参数的适应性较差,难以广泛应用(王建龙等,2010)。表面络合模型及离子交换模型是微生物吸附机制研究中的两大代表模型,在解释"重金属 - 生物"体系的吸附机制中得到了良好的应用(王建龙等,2010;Yang 等,1999;Pagnanelli 等,2002)。但是,离子吸附模型在推导过程中忽略了弱酸性吸附位的量随体系 pH 变化的现象(王建龙等,2010),而表面络合模型在实际预测重金属离子在微生物材料上的吸附行为中运用又较少,这就制约了这两种模型在实际中的应用。

② 细菌沉淀金属磷酸盐的动力学模型。动力学模型是金属磷酸盐细菌沉淀的工艺设计基础,并有助于探讨其"吸附 - 矿化"机制。常见微生物吸附及沉淀的动力学方程列于表 4.3。

表4.3　一级Lagrange(拉格朗日)方程及准二级动力学方程(王建龙等,2010)

动力学方程	微分方程	积分方程
一级Lagrange方程①	$\dfrac{dq_t}{d_t}=k_1(q_e-q_t)$	$\log(q_e-q_t)=\log q_e-\dfrac{k_1}{2.303}t$
准二级动力学方程②	$\dfrac{dq_t}{d_t}=k_2(q_e-q_t)^2$	$v_1=k_1q_e$ $q_t=\dfrac{t}{\dfrac{1}{k_2q_e^2}+\dfrac{t}{q_e}}$ $v_2=k_2q_e^2$

① q_t:时刻吸附量;k_1:一级Lagrange方程速率常数;v_1:初始吸附效率。
② k_2:二级动力学方程速率常数;v_2:二级动力学方程初始吸附速率。

当前,有关生物及细菌吸附、沉淀的动力学研究不多。因为准二级速率方程的线性相关性好于一级速率方程,所以,倾向于用前者来描述金属离子在微生物界面上的吸附动力学过程(王建龙等,2010)。细菌沉淀金属磷酸盐涉及生物催化和无机沉淀两个过程,因此,从理论上说每一个阶段都应该有对应的动力学方程来描述。根据Vasudevan等的研究成果(Vasudevan等,2003)可以推测,在细菌沉淀磷酸盐的两个阶段中,由于体系中磷酸根浓度及可获金属离子的浓度不同,每一过程都应该是分阶段进行的。充分了解细菌沉淀金属磷酸盐的动力学特征在理论上有助于深入了解"生物催化-无机矿化"这一过程,同时也有助于指导实际工程设计。这应该是研究人员进一步努力和深入的研究方向。

4.1.3.2　细菌矿化金属磷酸盐的微观证据

当前,关于细菌矿化金属磷酸盐的直接证据在国内的研究报道中较为少见,多数相关文献发表于国外报道中。借助介观分析技术,我们可以从微观尺度寻找"细菌-金属-磷酸盐"间的作用过程及中间产物证据,为进一步认识细菌矿化金属磷酸盐机制提供直观依据。

(1) 微生物矿化机制研究中的介观分析技术概述

所谓介观尺度,指的是介于微观和宏观之间的状态,通常在1~1 000 nm之间(栗斌等,2007)。从介观尺度直接观测金属与微生物个体间的相互作用,可以提供金属离子在细菌体内外迁移、价态变化、固定产物形式及其转化规律的直接证据(栗斌等,2007)。

在各种介观分析技术中,扫描电子显微镜(scanning electron microscope,SEM)、透射电子显微镜(transmission tlectron microscope,TEM)及原子力显微镜(atomic force microscope,AFM)均可以揭示细胞吸附金属离子后的直接变化(王建龙等,2010;Lin等,2006)。其中,SEM可用于观测金属与细菌作用前后菌体尺寸及形态信息的变化;TEM可以进行细胞内部观察,可直接确定生物矿化的位点,以了解关键性酶或与元素还原、矿化相关的生物分子信息(栗斌等,

2007)。Lin 等(2006)、Yang 等(2007)分别利用 TEM 和 AFM 研究了六价铬(CrO_4^{2-})刺激下,玄武岩栖息菌细胞壁增厚现象及阴沟肠杆菌铬诱导培养后个体明显变大并在其表面出现颗粒状物质的现象。栗斌等(2007)利用 TEM 研究发现,与 CrO_4^{2-} 作用后,苍白杆菌表面和内部均无明显的成晶现象,同时推测菌体与背景衬底的对比度发生变化是由于铬进入细菌或吸附在菌体表面造成的自染色效果,而在 SEM 下可见某些菌体尺寸变大或出现性状不规则化。Macaskie(王建龙等,2010;Macaskie 等,2000)等曾用 AFM 及 TEM 观测了铀的磷酸盐在细胞表面的沉积。如图 4.3 所示,Das 等(2007)利用 TEM 研究了杂色曲霉(A. versicolor)吸附不同浓度 Hg^{2+} 前后的电子显微图像,揭示了 Hg^{2+} 的吸附位(图 4.3b,c)及残留细胞壁的原生质球(图 4.3e)。

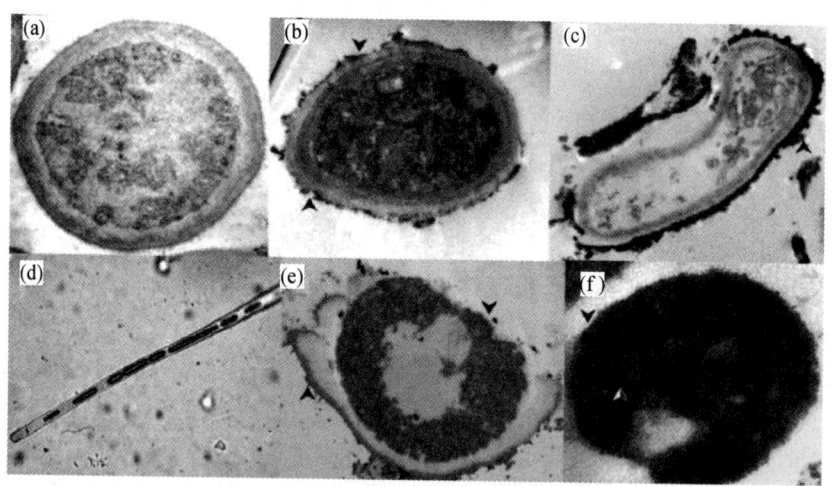

图 4.3 杂色曲霉(A. versicolor)吸附 Hg^{2+} 前后 TEM – EDX 图(Das 等,2007)
(a) 对照细胞;(b) 和 (c) Hg^{2+} 离子浓度分别为 50、500 mg·L^{-1} 时,Hg^{2+} 吸附于细胞壁部位;(d) 杂色曲霉(A. versicolor)原生质体相衬显微照片;(e) 含残留细胞壁原生质球;(f) 原生质体分别与 50 mg Hg^{2+}·L^{-1} 溶液反应

近年来,文献也报道了其他分析技术在该领域的应用。例如,Savvaidis 等(2003)利用微分脉冲极谱法(differential pulse polarography,DPP)直接观测了二元金属混合体系中活体菌对铬、锌及镍的吸附;Texier 等(2000)利用电位滴定(potentiometric titrations)及时间分辨激光诱导荧光光谱(time-resolved laser-induced fluorescence spectroscopy)确定铜绿假单胞菌(Pseudomonas aeruginosa)对铕离子的结合位点。基于同步辐射光源的 X 射线吸收精细结构谱(X-ray absorption fine structur,XAFS)技术可以用来研究样品中金属元素的结合态,获得最直接分子水平结构信息的谱学证据(王建龙等,2010)。

(2) 金属磷酸盐细菌沉淀的微观证据

利用介观技术有助于寻找细菌矿化磷酸盐的微观证据,并解释金属元素与细胞壁表面磷酰基的结合及参与配位的基团信息。Famina 等人利用 XAFS(X-ray absorption fine structure)及 SEM 证实了微生物中的含氧官能团(PO_4^{3-} 及羧酸盐)在与重金属离子(Cd^{2+}、Hg^{2+}等)相互作用中的重要意义,指出官能团与金属离子的配位结构特征及其影响因素,并给出了配位模型(王建龙等,2010;Fomina 等,2007)。

细菌产生的胞外聚合物(extracellular polymer substances,EPS)中含有大量磷酸根。Valsami-Jones 等(2004)利用核磁共振(nuclear magnetic resonance,NMR)观测了经过 Cd^{2+} 及铀酰处理后的 EPS,证实了 Cd^{2+} 与 EPS 的交联作用后 EPS 的形态会发生改变。TEM 下,Cd^{2+} 与 EPS 作用后,样品由原先的无固定态逐渐弥散为有结构形态,并失去导电性,这是脂质 A(细胞表面脂多糖 LPS 的组成成分)的磷酸基团成为成核位点的直接证据(Valsami-Jones,2004)。利用激光扫描共焦显微镜(laser scanning onfocal microscope,LSCM)及环境扫描电子显微镜(environmental scanning electronic microscope,ESEM)观察后发现,金属离子总是处于生物膜的表面。

Gilles de Luca 等(Benzerara 等,2004)将分离于南突尼斯泰塔温干燥环境下的一种 β-变形杆菌(Ramlibacter tataouinensis,TTB310)在一种富含钙质的基质中培养,随后利用光学和电子显微镜观察了细菌对磷酸钙的沉淀作用。观测结果显示,纳米级磷酸钙颗粒的沉淀仅发生在菌群中间的细胞囊中,沉淀作用起先发生在细菌外周质,逐渐深入细胞内部。在 Ca/P 比值较低的情况下,菌体外周质可出现结晶较差的纳米级磷酸盐晶体与细胞表面相切,而沉淀于细胞内部的是结晶较好的纳米级磷灰石,其 c 轴与细胞表面垂直。这些微观证据表明,钙化沉淀过程是细菌调控的结果。

如图 4.4a 的 X 射线能谱分析(energy dispersive X-ray spectrometer,EDXS)显示,有钙、磷及氧元素存在时,表明磷酸钙沉淀物已形成。因为胞体附近的矿物沉淀,使得"冠状体"(crown)被抽空(图 4.4a,b),"冠状体"内清晰可见包埋制样时的环氧树胶。如图 4.4a,c 所示,一些类似的"冠状体"被沉淀出的矿物所填充。在距离"冠状体"附近的成核位点处的"成矿环"中可以观测到两种成矿模式间的过渡状态,该处的细胞体有"被充满"的倾向(图 4.4d 及图 4.7a)。细胞内部的磷酸盐矿物与细胞壁内的矿物相互垂直,是前者在后者表面继续生长的证据(图 4.4c)。在成核位点附近,形成冠状体及填充细胞的是薄片状的磷酸钙晶体(图 4.4e)。所形成的层状磷酸钙晶体方向一致,平行于胞内及周围沉淀物分布(图 4.4b)。由于磷酸钙晶体厚度很薄,利用高分辨率透射电子显微镜(high-resolution transmission electron miscroscopy,HRTEM)仅采集到部分(100)晶面上的晶格像(图 4.4f)。细胞周围的磷酸钙晶体与其表面平行,但细胞内部的晶体却与细胞表面几近垂直,以此可区别来自"冠状体"内部的沉淀和胞内沉淀(图 4.4c)。

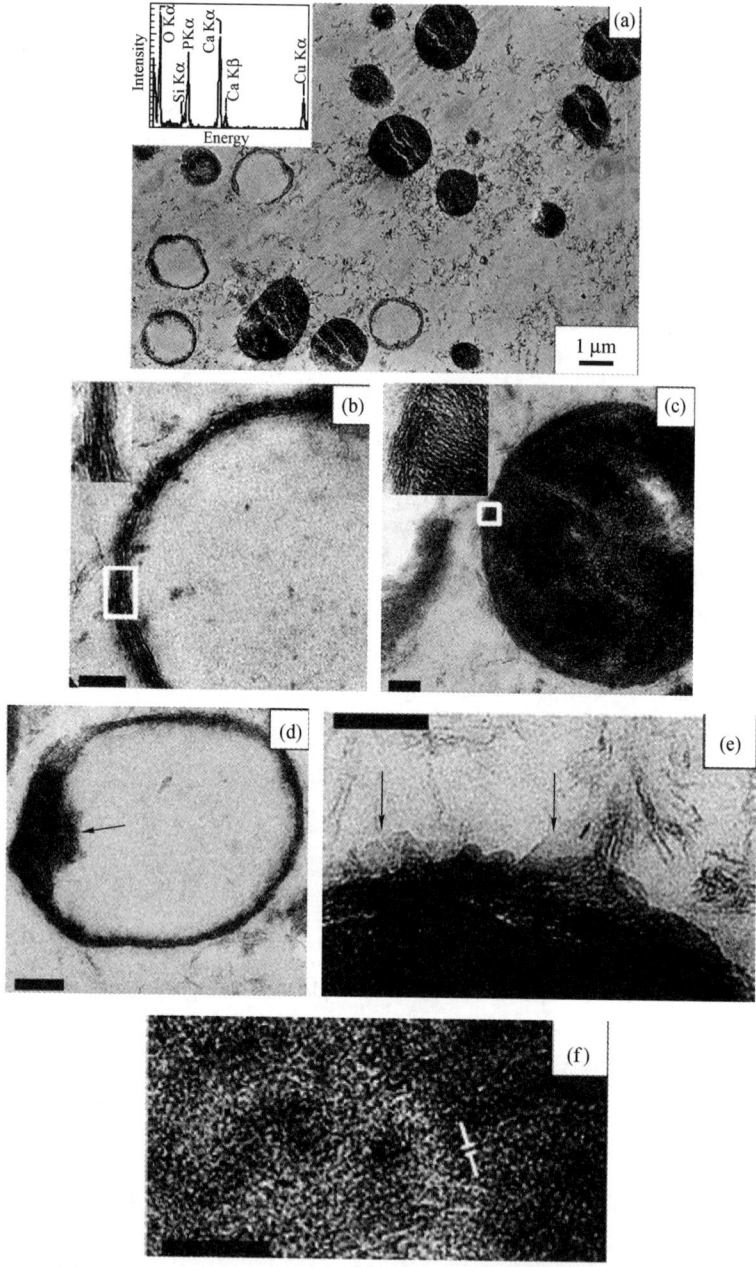

图 4.4　CaCl₂ 培养液中 R. *tataouinensis* 参与磷酸盐沉淀的 TEM 横断面图（未染色）（Benzerara 等，2004）

（a）两种生物矿化模式的低倍放大图。图中的白色条纹是超薄切片过程中人为造成的，左上角的插图是沉淀物的 X 射线能谱分析图；（b）单个"冠状体"的图像，比例尺是 100 nm；（c）胞囊被磷酸钙填充的图像，比例尺是 100 nm，图的左侧那块非常亮的区域是超薄切片过程中人为拉动造成的；（d）"冠状体"从左侧开始被填充的横断面图（未染色），比例尺是 200 nm；（e）细胞分离出的晶体从箭头所示的方向观察的图像，比例尺是 200 nm；（f）细胞内部晶体的高分辨率透射电子显微镜图像

HRTEM 下的选区电子衍射(selected area electron diffraction, SAED)所得衍射图揭示了形成于"冠状体"及胞内的磷酸钙在结晶学上的差异,前者表现为弥散的类似于非晶态的衍射环(图 4.5a),而后者则表现出一系列衍射环(图 4.5b)。其中,图 4.5b 所示的衍射环分别对应于磷酸钙晶体的晶面间距为 $d_{(111)}$ = 0.39 nm、$d_{(003)}$ = 0.34 nm、$d_{(120)}$ = 0.31 nm 及 $d_{(121)}$ = 0.28 nm。在某些"成矿环"环绕的细胞周围,可以同时捕捉到晶态及类似于非晶态的衍射模式。这表明,那些结晶较差的磷酸盐沉淀于细胞壁内,显著区别于纳米级结晶态的磷灰石。EDXS 分析也揭示了胞体内外沉淀物的差异,与细胞内的磷酸钙相比,来自细胞体外的"成矿环"上的矿物的 Ca/P 比更低(图 4.6),与早期报道的非晶质磷酸钙的化学组成特征相吻合(磷灰石晶体 Ca/P 比为 1.67,而非晶质磷酸钙则为 1.5)。

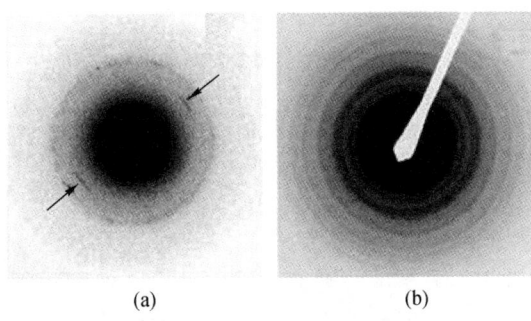

图 4.5 R. *tataouinensis* 矿化的磷酸钙的电子衍射环(Benzerara 等,2004)
(a) 形成于"冠状体"内的磷酸钙的电子衍射环;(b) 形成于胞囊内的磷酸钙的电子衍射环

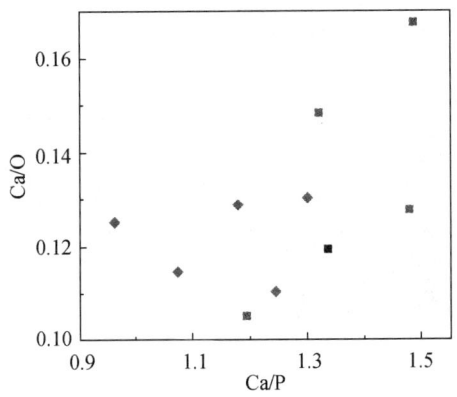

图 4.6 "成矿环"(◆)及胞内(■)某些测点的 Ca/O 分布图(EDXS)
(Benzerara 等,2004)

沉淀于细胞内部的磷酸钙晶体(磷灰石)的 c 轴优先与细胞壁垂直,而沉淀于胞体周围的"成矿环"附近的非晶质磷酸钙则倾向于环绕着细胞生长,非晶质或结晶差的磷酸钙多沿细胞壁切线方向被"拉长"。但是,在"成矿环"周围偶尔也可以见到 c 轴平行于细胞壁生长的磷灰石晶体。通过铀酰和柠檬酸铅染色后,TEM 视野下可以见到溶解细胞的细胞膜残体,偶可见如图 4.7d 所示的囊泡中的沉淀物,但大部分未矿化。图 4.7b 所示,在一些磷酸钙的"成矿环"两侧均可见到线状的细胞膜。在未经染色处理的薄片上,上述特征均无法观测到,这表明磷酸钙沉淀优先发生于细菌外周质的内部。对于那些未矿化的细胞(没有钙化,利用 EDXS 或 XRD 无法检测到磷酸钙的样品),可以见到如图 4.7c 所示的完好的胞内超微结构。HRTEM 下,未能在这些细胞的细胞壁或内部观测到任何成矿作用的证据。相反,在细胞壁周围发现有磷酸盐沉淀细胞的胞内超微结构已被破坏。

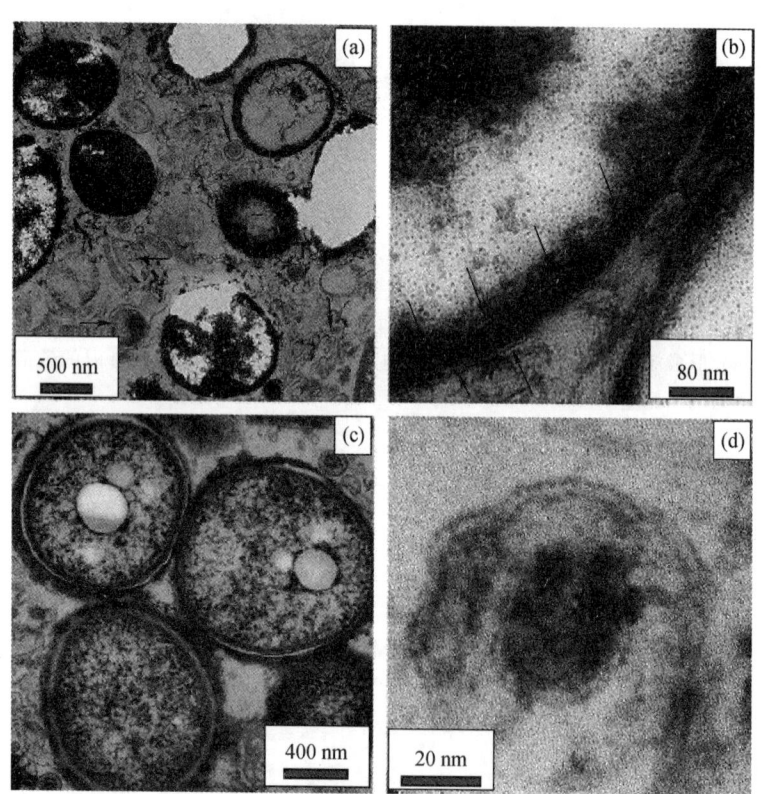

图 4.7　$CaCl_2$ 培养液中的染色 R. *tataouinensis* 在 TEM 下的超微横切面图(Benzerara 等,2004)

(a) 全局图,由于细胞溶解产生的许多细胞碎片出现在染色区域的背景中(如箭头所示)。注意:图中一些比较亮的地方是切片过程中人为所致,图片底部的"冠状体"内已被部分填充;(b) 单个"冠状体"的图像;(c) 未矿化细胞的图像;(d) 细胞膜碎片形成的囊的图像,囊内颜色深的部分是磷酸钙沉淀,但是囊的大部分仍然是空的

4.1.4 影响金属磷酸盐细菌沉淀之因素

细菌的生物学特性、金属离子的性质及反应条件等是影响金属磷酸盐沉淀的主要因素。

如前所述,磷酸酶实际是控制生物催化作用的核心因素,这一阶段带来的成核作用是无机矿化的前提。因此,细菌种类、磷酸酶供体来源、磷酸酶的类型及活性、培养基质的浓度等特别是成核位点形成的因素,都是影响金属磷酸盐细菌沉淀的生物学原因。

在细菌矿化金属磷酸盐的过程中可以通过加速沉淀剂的释放来促进生物矿化作用(例如,能够通过调节细菌生长条件,或者通过基因重组的方法使细菌内的磷酸酶达到很高活性),但在实际中,生物矿化沉积的速率最终是由化学沉淀的动力学所决定,即由金属的种类、其对应的金属磷酸盐溶解性、溶液中的有机或无机配位体的种类和含量所决定(Valsami-Jones,2004)。

金属离子,特别是重金属离子浓度达到一定值时,细菌可能会引起中毒,从而被迫中止代谢作用及与此相关的矿化作用。因此,金属离子浓度是金属磷酸盐沉淀工艺能否长效运行的关键因素之一。在实际工艺设计中,必须设法创造适宜条件来降低可溶性重金属的浓度,以维持微生物系统的活性,并促进细菌沉淀作用的发生。离子强度是影响生物吸附的重要因素,而其与 pH 相互作用对生物吸附的影响更加复杂,目前仍缺少多参数模型的定量研究(王建龙等,2010;王韬等,2008)。同时体系中共存离子的影响对目标离子的竞争效应,也会影响细菌对目标离子的固定和沉淀。此外,虽然大部分重金属都有其对应的不溶性磷酸盐,但磷酸酶调节生物沉淀作用并不是普遍存在的。事实上,即使在含有过量自由无机磷酸根的溶液中,Ni^{2+}、Co^{2+} 及 Cr^{3+} 也不能从溶液中沉淀出来(Valsami-Jones,2004)。

最后,反应条件也会对金属磷酸盐细菌沉淀产生一定的影响。首先,pH 强烈影响细胞表面的金属吸附位点、金属离子的化学状态和物种分布,从而影响水解及有机或无机配位体的络合作用、氧化还原或沉淀反应。对于大多数系统而言,pH 是影响吸附量的关键因素。不同金属离子及不同生物吸附剂的最佳 pH 范围不同。通常认为较低 pH 条件下,水合氢离子占据了生物吸附剂表面重金属的吸附位点,因斥力作用阻碍了重金属离子接近细胞壁。然而,当 pH 超过重金属离子沉淀的上限,溶液中重金属离子会以不溶解的氧化物或氢氧化物微粒的形式存在,抑制吸附作用的进行(王韬等,2008)。其次,生物表面吸附重金属可以在较短的时间完成,但就活细胞吸附金属而言,细菌对重金属的累积与其新陈代谢作用是密切相关的(Malik,2004)。所以,对于同一成矿系统,必然存在着不同生长阶段的细菌,对应不同的催化或矿化阶段,并相互影响。

4.1.5 利用细菌沉淀金属磷酸盐的问题与展望

4.1.5.1 金属磷酸盐细菌沉淀研究及工程应用的现存问题

金属磷酸盐的细菌沉淀作为一种微生物处理方法,有着独特的技术和经济优势。但是,也应该看到,诸多文献报道中的研究大多停留于实验室阶段,工业化应用鲜见报道,突破性的贡献微乎其微(Gadd,2009)。目前,对于金属磷酸盐细菌沉淀的研究仍存在许多不足,如细菌矿化重金属磷酸盐的过程与机制尚不明确,现实中多金属共存状态下的协同共沉淀研究欠缺。而我们依然无法把握更多的金属磷酸盐细菌沉淀的核心过程——即在细菌主导下的磷酸盐矿化过程在微观尺度的证据,先前提到的介观技术多停留在定性描述阶段。此外,吸附后携带有害金属的工程菌的去向及最终处置也是必须面对的技术难题。

金属磷酸盐细菌沉淀的研究是一个多学科交叉的高端技术命题,涉及生物学、结晶学及环境科学等多学科。从现实角度出发,工业化应用的前提是必须依赖低廉的培养成本,开发出高容量、高选择性的工程菌种。从实验室内研究到将细菌沉淀金属磷酸盐应用于水处理工程应用中,依然存在着诸多障碍需要克服。

4.1.5.2 金属磷酸盐细菌沉淀技术的未来展望

回顾本书主题,金属磷酸盐细菌沉淀作为一种新兴的生物技术,它的出现是引人注目而又令人欢欣鼓舞的,毕竟让人们看到了应对磷资源危机和贵重金属回收的一线曙光。

细菌吸附剂的预处理及固定化技术是这项技术应用的关键所在。例如,利用物理或化学预处理方法,使菌体暴露出更多的吸附位点,或者使吸附位点去质子化,在一定程度上改善金属成矿作用的矿化点位是其中一个需要研究的目标。有文献报道称(秦海霞,2007),利用海藻酸钠等良好的固定化材料可增大游离细胞并提升其机械强度,使细菌菌体颗粒性能得到较大改善,从而改善其去除重金属的能力。Tsekova 等(2010)利用两种不同的高分子材料——聚乙烯醇(PVA)和海藻酸钙分别固化黑曲菌。实验结果表明,固化后的细胞较自由黑曲菌细胞的吸附能力增强,且对重金属的去除效率增大。从经济的角度来说,开发高效廉价的商业生物吸附剂以及获得廉价生物材料,改善固化技术及工作操作条件,加强其回收及利用的研究,是金属磷酸盐细菌沉淀从理论走向工程实践中必须突破的技术壁垒。

4.2 农业中磷的生态利用技术

当前,我国由农业面源污染引起水体富营养化程度和广度已经远远超过一些发达国家(张维理等,2004a)。因此,无论是控制日益严峻的水体富营养化现象,还是应对日趋渐近的全球磷资源缺失危机,我们都需要反思传统农业的耕作习俗,让正确的磷肥施用方式带上生态学和农艺学的双重色彩(Otto 等,2001)。适当的磷肥施肥量不仅可以确保农作物的丰收,而且在一定程度上还可避免潜在的环境风险(如水体富营养化现象)。本书所说的农业,是涵盖种植业及禽畜养殖业在内的广义农业生产方式。本节主要讨论种植业中磷的生态利用,同时也涉及其他相关问题。

4.2.1 农作物对土壤中磷的吸收与利用

4.2.1.1 土壤中最佳含磷量

自然土壤中全磷含量主要取决于成土母质类型、风化程度和土壤中磷的淋出(渐出)情况。而在耕地土壤中,土壤全磷含量还受到耕作栽培等农业过程的影响(沈其荣,2001)。前述章节已经阐明,磷是影响植物生长的重要营养元素之一,植物在生长过程中需要不断地从土壤中吸收磷,以满足自身生长需要。在富含无机磷酸盐(多由肥料提供)的土壤中,植物很少有动力去吸收复杂的有机分子中的 PO_4^{3-},而在无机磷相对贫瘠的土壤中才会出现这样的现象(Sinfield 等,2010)。可见,土壤中大部分磷实际上都是植物不可直接利用的,在农业生产过程中常常需要通过施加磷肥来改善土壤缺磷情况,以促进植物的生长。

然而,农作物对磷肥的利用率很低,通常情况下当季农作物只有5%~15%的直接利用率,加上后效利用一般也不超过25%,约占施用总量75%~95%的磷将滞留在土壤中(李可芳等,2004)。如果长期施用磷肥,就会导致农田耕作土壤层中磷处于富集状态;较高的磷含量又会增加磷通过地表径流、侵蚀等途径向地表和地下水体转移的风险(李可芳等,2004)。因此,在实际农业生产中,根据植物对磷的需求量来确定所添加的磷肥量对缓解磷矿危机和降低环境污染有着不可低估的现实意义。植物可利用的最佳土壤磷含量被称为最佳土壤含磷水平,它亦可以被定义为足以达到最佳经济产量的施磷量控制标准,这个控磷标准刚好满足随农作物收获而使土壤所损失的磷量(李红等,2003;Helyar,1998)。

4.2.1.2 农作物对磷的吸收

农作物对土壤和肥料中磷的吸收主要是通过"溶解-沉淀"及"吸附-解吸"等过程来实现的,而磷的传输则主要是通过扩散、土壤与根的接触、生物磷转化等过程来实现。前一过程受到土壤化学性质、温度和水分、微生物活性的影响;后一过程主要被土壤温度、湿度、堆积密度及缓冲能力所控制。因此,可以说,土壤特征决定了磷对植物的有效性。此外,影响植物对磷的吸收的因素还有很多,如农作物根系特性、农作物生长周期与速度、不同的农业措施、磷本身的性质、其他营养元素等多种因素。

(1)土壤性质对农作物吸磷作用的影响

土壤的酸碱性、有效磷浓度及缓冲容量是影响农作物对磷吸收的主要因素。

当土壤 pH 在 6.0~7.5 之间时,有利于多数植物对磷的吸收,而当土壤偏酸或偏碱时,铁、铝、钙离子便会对磷有强烈的固定作用,从而降低土壤磷的有效性。根系从周围环境中吸收磷,使植物根际土壤中磷亏缺,而土壤中的磷主要靠扩散方式到达根系表面。所以,如果土壤磷的缓冲容量大,通过扩散便可以使磷迅速向植物根际土壤中的亏缺区方向转移,从而满足植物对磷的需要;相反,如果土壤缓冲容量小,农作物便容易受到缺磷的影响。

土壤温度和水分也是影响根系吸收磷的因素。在一定温度范围内(10~40℃),土壤温度提高后土壤溶液中磷的扩散速度加快,根系呼吸作用明显加强,有利于促进植物对磷的吸收;低温时,土壤有效磷释放慢,加上农作物吸收磷的能力弱,将导致磷元素营养不良现象。增加水分有利于土壤溶液中磷的扩散,因此,也能提高磷的有效性。

此外,土壤中可溶磷微生物和细菌可以增加植物对土壤磷的有效吸收,以提高土壤磷含量较低情况下的农作物产量。Güneş等(2009)研究证实,在土耳其东部安纳托利亚地区缺磷石灰质旱成土中的杆菌(FS-3)和曲霉(FS39)有助于草莓增产。杆菌(FS-3)、曲霉(FS39)处理后的土壤及空白对照土壤的 120 日盆栽试验表明,两种菌类均可使植物体内的磷含量增加 5 倍,种植在含上述微生物土壤中的草莓甚至较单独追加磷肥土壤中的草莓磷含量更高。

(2) 农作物根系特性所带来的磷吸收差异

不同农作物根系可改变局部土壤酸碱性的能力,在分泌有机物种类和数量及根系形态结构、密度等方面亦有差异,继而对磷的吸收也表现出了差异性。例如,油菜根系在缺磷情况下可以改变其阳离子与阴离子的吸收比例,向介质分泌质子,提高根际 $H_2PO_4^-$ 浓度,从而提高磷的有效性;又如,白羽扇豆的排根在低磷条件下能分泌大量有机酸(如柠檬酸)和 H^+,从而能螯合铁、铝等金属元素来释放早期被固定的磷,供植物利用;再如,有根毛比没有根毛的根系吸收磷量多 4 倍左右,且根毛越多,根系生长速率越快,表面积大的植物更有利于提高土壤利用磷之能力(史瑞和,1989)。

(3) 农作物生长周期及速度对吸磷作用的影响

生长速度慢的植物对磷的需求强度较低,能适应在供磷速度较低的土壤中生长。一般而言,植物在幼苗期对磷的需求较为迫切。有试验证明,农作物吸收磷的速率随着苗龄的增长而减慢。农作物生长前期吸收的磷占全吸收磷量的 60%~70%,后期主要靠磷在植株体内的转运而利用(李红等,2003)。在种植季之间的植物自由生长期,植物有效磷可能被固定,在轮作中经一种农作物到另一种农作物的磷活化条件常常受到限制,因此,从磷效农作物到非磷效农作物的磷活化转移很可能发生在混合种植系统之中(Valsami-Jones,2004)。

(4) 不同农业措施对农作物吸磷的影响

磷在土壤中的固定(化学固定、物理吸附及微生物固定)会影响施肥效率,而农业措施可以直接影响到土壤磷的动力学,从而影响磷的利用率。例如,适当施磷方法可以降低肥料施用率和磷在土壤中的固定,以增加肥料的利用率(Valsami-Jones,2004)。而施加有机肥和农作物秸秆可以提高土壤肥力,改善土壤理化性质(土壤结构、持水能力等),同时使土壤微生物活性加强,强化土壤中有机、无机物的分解,使养分得以活化,而且有机物降解产生的有机酸阴离子也会提高农作物对磷的吸收能力(Valsami-Jones,2004)。此外,在土壤供磷水平较低或受到限制的条件下,采用间作或轮作形式会影响土壤特性,也可使有效磷移向主要农作物。反之,施肥方法不当和不讲究施肥技术是导致肥效降低的重要原因,同时,也会带来水体富营养化的环境风险。因此,如何经济合理地施肥,提高肥料的经济效益,以最小的肥料投入获得最大的经济收益,已成为今后农业生产中迫切需要解决的问题。

(5)磷的自身性质对农作物吸磷的影响

由于溶解性磷在土壤中很容易被固定,所以,在土壤中,磷的移动性很差,扩散能力小,根系只能吸收距离根系表面1~4 mm根际土壤中的磷。

(6)其他营养元素的影响

其他营养元素,如氮、钾、镁、硼、硫、钙、铁、铝等对植物吸收磷的影响较为复杂,在不同程度上可促进或阻碍植物对磷的吸收。

4.2.2 中国当前农业生产中磷的利用现状

4.2.2.1 过度施肥

在我国的农业生产中,肥料投入约占农业总投入的一半左右,所以,土壤和肥料管理对农作物生产均有着重要影响(陈防等,2006)。当前,中国农村磷肥发生总量主要由化肥、禽畜粪便与农村生活污水等构成,三者比例已由20世纪60年代的1:5:4演变为目前的6:3:1(表4.4)。由于普遍存在磷投入量大大高于作物收获对磷的带出量,所以,农田生态系统中磷的盈余导致土壤中总磷和有效磷含量不断攀升(李可芳等,2004)。田间试验表明,当土壤测试磷(soil test phosphorus)超过农作物正常生长范围时,通过地表径流和地下排水损失的磷可以达到较高的水平(Heckrath等,1995;Pote等,1996),由此带来了水体富营养化等系列环境问题。据报道,我国农田单位面积氮、磷化肥养分平均使用量在国际上已经处于较高水平(表4.5),其中,氮、磷化肥养分已经高出欧美发达国家(张维理等,2004a)。我国化肥用量从1986年的1.9×10^7 t,已增加到2002年的4.3×10^7 t(Benzerara等,2004);从1949年至1992年的44年间,累计施入农田的磷肥有7.9×10^7 t(以P_2O_5计),其中大约有6.0×10^7 t累积在土壤中(鲁如坤,1998;彭畅等,2010),使得我国农田土壤的磷含量呈逐年上升的趋势(彭望禄等,2001;沈汉,1996;周建民等,2000)。

此外,由于土壤中溶解态磷是一个天然的释放源,过量磷肥的频繁使用,在降雨期与施肥期耦合的情况下,加剧了包括磷在内的营养组分向水体的直接迁移(张维理等,2004a),导致农田中磷的大量流失及面源磷污染风险增大。同时,大量磷资源也因此随河流进入海洋,沉积于海洋沉积层中,形成了磷由陆地至海洋的直线流动,难以在陆地上形成"小循环"(见本书第2章)。

表4.4　20世纪60年代以来中国重要流域耕地的磷变化量(张维理等,2004a)

来源	P_2O_5 (kg·hm^{-2})		
	20世纪60年代	20世纪80年代	目前
化肥	1	22	154
禽畜粪便	11	56	74
农村生活污水	8	13	15
总养分量	53	91	243
化肥:禽畜粪便:农村生活污水	1:5:4	2:6:2	6:3:1

注:数据为对滇池、太湖、巢湖、鄱阳湖、洪泽湖、洞庭湖、河北白洋淀、山东南四湖、云南异龙湖及三峡库区流域状况的统计与汇总;流域农田耕地面积平均为流域总面积的17.5%(各流域变化范围6%~61%),农村人口平均占流域总人口的86%(各流域变化范围为80%~87%)。

表4.5　中国与世界部分国家和地区人均耕地和每公顷耕地磷肥用量比较(张维理等,2004a)

项目	时期	国家和地区					
		中国	美国	欧洲	德国	荷兰	东亚和东南亚
人均耕地(hm^2)	20世纪60年代初	0.154			0.167	0.085	
	2000年以来	0.097			0.144		
耕地磷肥用量 (kg P_2O_5·hm^{-2})	20世纪60年代初	2	16	36	76	111	6
	1980—2000年	21	26	71	108	105	13
	2000年以来	71	23	16	34	67	28

4.2.2.2　现有农业格局下的养分不平衡

由于我国庞大农村劳动力群体的存在,传统的水稻、小麦及油料等土地资源依赖性较强的农作物种植模式很难为农民提供足够的就业空间。在土地资源日趋紧缺的情况下,菜、果、花(蔬菜、水果、花卉)生产因能充分发挥农村人力资源的优势,所以,播种面积逐年增大,主要农作物品种已超过上百种。20世纪80年代初以来,在各重要流域,菜、果、花播种面积增加了4.4倍(张维理等,2004a)。通常,种植者为了追求更高的经济效益,通过超高量使用氮、磷肥料来获得增产,单季农作物化肥纯养分用量平均为569~2000 kg·hm^{-2},为普通大田农作物的数倍甚至数十倍(张维理等,2004a)。由于菜、果、花种植尚属新兴产业,国内各种植区目前对不同气候、土壤和栽培条件下,不同农作物、不同轮作模式的需肥规律和肥料类型、施用水平、施肥方式对环境的影响基本没有比较系统的试验研究,无法根据各流域水源保护区水文地质条件为农民提供比较具体的轮作和施肥标准(张维理等,2004b),所以,当前种植格局下的过量施肥(氮、磷等)现象在短期内无法扭转,氮、磷等养分富集还将继续(张维理等,2004a)。

与此同时,贫困地区因经济原因,农田化肥用量不足,影响了土壤肥力的提高和经济效益增长,而大量养分高度集中于地方经济水平较高地区的农田土壤之中。此外,我国普遍存在着氮、磷、钾比例失调和区域间、农户间的不平衡现象。在自然条件相近的地区,单位面积化肥使用量悬殊也非常大,且区域间肥料使用量贫富悬殊持续拉大。李可芳等(2004)对云南滇池流域农户调查结果显示,在土壤、气象条件近似的同一农村,不同农户种植同种农作物的肥料养分用量相差最高可达10倍。因此,可以认为,在我国现有农业生产格局中,宏观上存在一个包括磷肥在内的养分不平衡的客观事实。

4.2.2.3 其他农业面源污染中磷的流失

禽畜饲养业占据了我国部分地区一定份额的农业市场,其快速增长也是加剧氮、磷等营养元素向水体迁移的重要因素之一(张维理等,2004a)。随着禽畜农村养殖产业带的发展,某些地方畜禽养殖产生的氮、磷数量剧增,最大已达到 $1\,721\ kg(N)\cdot hm^{-2}$ 和 $639\ kg(P_2O_5)\cdot hm^{-2}$,大大超过了农田可承载的安全负荷,成为各大水域的重要污染源(张维理等,2004a)。根据中国农业科学院土壤肥料研究所初步测算,即使只有10%的禽畜粪便由于堆放或溢满随场地径流进入水体,也会对流域水体氮、磷导致的富营养化现象贡献高达10%和10%~20%(张维理等,2004a)。因此,越来越多的农业径流中磷的流失日渐引起关注。美国诸州曾在缺少必要数据支撑的条件下,仅基于农业径流中潜在磷流失数据,提出了建议施加的粪肥量(Sharpley等,1996)。尽管土壤磷含量与流失量密切相关,但由于径流的变化(由天气、地形等原因所控制),使土壤磷含量与流失量之间的关系变得复杂。因此,结合种植区天气、地形及管理在内的综合磷管理才是一种正确的管理趋势。

4.2.3 现代精细农业中磷的生态利用

4.2.3.1 精细农业简介

传统农作物生产及耕种管理以地区或田块为基础,将耕地视为具有农作物均匀生长条件的对象进行统一耕作、播种、灌溉、施肥、喷药等农业措施。传统农业技术推广模式,也是在区域尺度上进行品种选择、土肥监测,以及向农户推荐使用通过地区试验积累的适于当地的栽培管理措施。实际上,即使在同一农田内,农田内土壤养分和病、虫、草害等也具有明显的时空变化差异性(何勇,

2003)。这种空间变异性(spatial variability)可概括为结构因子和随机因子所引起的变异(陈宝政等,2009)。结构因子包括成土母质、成土过程、气候、水文、地形地貌等在一定区域和时间范围内表现相对稳定的自然因素;随机因子主要包括耕作措施、栽培方法、种植制度、农作物布局、农药和肥料使用等受人类活动影响较大的人为因素,在时间和空间上表现较强的随机性。土地时空变异性的存在便是精细农业存在的客观前提。

精细农业(precision agriculture/precision farming,又译为精准农业)始于20世纪80年代的美国(彭望禄等,2001;Lamb等,2008),并于90年代初由美国农业学家所倡导,其实质是发达国家大规模农业经营和机械化操作与当今迅猛发展的空间及信息技术相结合而产生的农业技术体系(彭望禄等,2001;Lamb等,2008)。确切地说,精细农业应用地理信息系统(geographic information system,GIS)将各种土壤和农作物信息资料整理为属性数据,与矢量化图形数据一起制成具有实效性和可操作性的田间管理信息系统,并通过全球卫星定位系统(global position system,GPS)、GIS、遥感技术(remote sensing,RS)及自动化控制技术,根据田间各操作单元的具体条件做出高效决策,优化管理及合理投入,以增加效益、减少浪费、保护环境的农业行为(陈防等,2006;Blackmore,1994;Ortega等,2007)。相比之下,精细农业尊重了传统农业中所忽略的土地空间差异性及时间差异性(temporal variability),引入了变量技术作为其管理精髓。

精细农业包括农田信息获取、信息处理与分析、决策形成及农机具田间实施四大模块(陈防等,2006),目前他们各自相对独立,这恰恰是其发展不成熟的表现。农田精细养分管理(又称实地养分管理,site-specific nutrient management)是精细农业的主要内容之一,涉及土壤分析、产量水平、施肥、上茬农作物、灌溉与排水、杂草、病虫害、气候等各种因素的管理(陈防等,2006)。从污染控制角度出发,农田养分管理也是农村非点源污染控制的主要技术措施。在美国,养分管理即被纳入了政府控制非点源污染的"最佳管理措施"(best management practices,BMPs)的管理体系。

土壤养分空间变异情况是农田养分精细管理的基础和前提。相对土壤动态变异(土壤的温度和湿度)特性而言,其静态变异(土壤物化性质、有机质含量等)在更大程度上影响农作物产量变化(陈防等,2006)。研究证实,土壤肥力的差异性在不同尺度下都存在(刘杏梅等,2003)。根据中国科学院土壤肥力研究所研究结果,长期的小块耕作栽培条件下,多数土壤的有效养分均发生了变异,且较小耕地面积区域的土壤养分变异较大,其中,土壤磷、钾及硼的变异系数(coefficient of variation,CV)均大约为30%,这是不同农户受不同栽培措施和方法影响的结果(Jin,2005)。

测土施肥(soil testing and fertilizer recommendation)和变量施肥(variable rate fertilization)是农田养分管理的主要手段(陈洪波等,2006)。前者充分考虑到土

壤的空间变异性,针对土壤养分供给能力和水平来推荐合理的养分补给措施,投入最经济、适宜的肥料来获得理想产出,并保护环境。后者则是农田精细养分管理的核心,也是实现精细农业的关键。变量施肥技术涵盖养分数据空间布点及采点分析、土壤养分空间插值、产量目标确定及专家施肥推荐系统建立、田间管理单元尺度确定、数字化管理图件生成(陈防等,2006)及实地操作等。

4.2.3.2 发达国家农田精细养分管理

当前,发达国家在施肥、除草、控制害虫等方面集成了统一的实地管理技术,以此提高农业产量,减少农业行为带来的环境风险(Ortega 等,2007),其中,农田养分的精细管理便首当其冲。欧美等先进国家发起并倡导了精细农业的实施,并在田间信息获取与处理、农田养分精细管理及农机器具等方面具备了较为成熟的经验。

美国是世界上最早开始进行精细农业研究和应用的国家。20 世纪 80 年代末从美国的"玉米带"开始,精细农业已在多种农作物和土壤上得到应用(陈防等,2006)。普渡大学随机调查显示,美国 447 个农业企业中有 70% 采用了精细农业管理技术(Jess,2004);涉及的技术包括播种、变量施肥、农药喷洒等。美国明尼苏达州红河河谷地区和北达科他州有 25% 的甜菜面积应用了规模土壤取样和变量施肥技术(陈防等,2006),效果良好。在第三届北美信息农业大会(Information Agriculture Conference,2002)上,北美代表就农田机械自动导航技术、大豆锈病及土壤肥力监测技术、无线遥控技术、变量施肥技术和平衡精准投资(leveraging precision investment)等相关话题展开讨论并取得了一定的建设性成果。

欧洲部分国家在全流域范围内广泛推行农田最佳养分管理,实行全流域氮、磷总量控制,以削减农业面源污染排放量,取得了显著效果。自 20 世纪 80 年代以来,农用化学品用量较高的欧盟国家氮、磷化肥使用量分别下降了大约 30% 和 50%(张维理等,2004c)。以位于德国波顿湖的德国著名草药和蔬菜产地 Reichenau 岛为例,岛上 430 hm^2 土地上有 60% 一度是化肥和农药用量高的蔬菜基地,因为蔬菜生产是当地的支柱产业。以前由于大量使用化肥和农药,致使该岛地下水硝酸盐含量严重超标,饮用水井全部被迫关闭;当地农产品硝酸盐、农药残留问题数次被媒体曝光。同时,这种生产模式引起的波顿湖富营养化现象也危及了该区整体生态环境。自 20 世纪 80 年代末以来,该地区开始逐步推广环境友好型综合农业生产管理技术,通过贷款资助,为农民提供测土施肥、农作物病虫害生物防治等全方位农业技术服务。目前岛上化肥、农药使用量较治理前大幅度下降,控制农业对地下水及波顿湖造成的污染已取得了明显成效。随农药残留下降、农产品质量提高,岛上蔬菜产品在当地已树立起良好的市场形象。

发达国家推行农田精细养分管理措施包括技术和政策两个层面。

技术层面上,20世纪60年代欧洲曾推出农田养分收支平衡记录单模型法;自20世纪80年代末以来,经研究人员不断摸索、改进,目前在欧盟国家已经成为农户进行农田养分管理的一项实用技术被广泛采用。这一技术简单、易行、便于操作、不需化学测试、成本低廉、可有效提高肥料利用率,所以,在一定程度上降低了养分过剩对环境造成的不良影响(张维理等,2004c)。此外,发达国家已研制出可监测土壤肥力的实时传感器,它在应用作业中切入的两个圆盘犁刀之间加入了电位差,使圆盘犁刀之间的土壤形成了电磁场。由于电磁场性质受土壤特性的影响,因而产生可以控制并调整肥料投入数量的信号,最终通过排肥管道调节电磁阀门来实现肥料的变量投入。美国Ag-Chem仪器装配公司生产的"SOILECTION"施肥系统可进行干式或液态肥料的撒施。它通过电子地图内叠存的数据库处方,可同时分别对磷肥、钾肥和石灰施用量进行调整。图4.8为装备有GPS的施肥机。

图4.8 装备有GPS的施肥机

政策层面上,对水源保护区、水源涵养地肥料类型、施肥量、施肥期、施肥方法的限定已成为目前欧美国家用于控制农田面源污染的技术标准之一(张维理等,2004c)。德国许多地区的地方政府根据水源保护的需要,依据不同土壤类型、农作物类型以及施肥量对地下水硝酸盐污染的田间试验研究结果和当地的水文地质条件、土地利用、高精度农田土壤数字信息,划定了三级标准水源保护区,并规定了各级水源保护区允许的轮作类型和相应的施肥标准(张维理等,2004c)。欧洲诸国深入了解引发农业面源污染的主要过程和环节,提出了适合当地条件、不增加或尽可能少增加农民和政府额外负担、且有较强可操作性的技术标准,从而保证其广泛实施。

此外,农田精准养分管理概念和技术已经在世界其他地区推广开来。亚洲水稻主产区的印度、孟加拉国、中国、印尼、泰国等国家在国际水稻研究所(International Rice Research Institute,IRRI)和多个国际研究机构支持下,采用国际水稻研究所研制的水稻养分决策支持系统(Nutrient Decision Support System,NuDSS)软件进行水田养分精准管理,明显提高了肥料利用效率、农作物产量和管理水平(陈防等,2006);南美厄瓜多尔可可种植园采用精准养分管理技术后,普遍提高了氮肥的利用率和产量(Espinosa等,2006)。中国农业部、中国农业科学研究院曾与加拿大钾磷肥研究所在我国45个自然村进行联合土壤肥力监测,利用GPS及ArcGIS采集并分析了土壤的空间信息,结合农户调查及小块实地监测数据,对具体地块养分管理提出了具有实际意义的指导方案,效果非常显著(陈防等,2006;姜城,2000;姜城等,2001;刘冬碧等,2003)。

4.2.3.3 磷的生态利用

磷的生态利用至少涵盖两个层面的内容:一是对磷流失有效预测和控制,使通过地表径流进入水体中的磷降到最低;二是借鉴精细农业中养分管理思路,推广变量施磷和测土配方施磷,尽可能发挥磷肥的有效性,缓解全球磷资源危机。此外,传统农业实践中的一些施肥经验,也是值得借鉴的磷肥生态利用方式。

(1) 农田磷流失预测

农田土壤氮、磷流失主要通过地表径流、侵蚀、淋溶(渗漏或亚表层径流)和农田排水进入地表和地下水(吕家珑等,2003),且径流和淋溶水中氮、磷浓度与肥料用量、施用时期及方式密切相关(单艳红等,2005)。尽管土壤测试磷与径流中磷含量相关,但在相似土壤测试磷背景值的土壤中,磷流失量却是不同的。显然,径流量的变化以及因气候、地形及农业因素带来侵蚀量的变化对确定磷流失更有意义。因此,在综合磷管理策略中,必须同时考虑土壤测试磷与潜表径流及其侵蚀能力(White等,2010)。在对水环境保护呼声日益高涨的同时,对氮、磷等营养物质流失定量评价要求也越来越高(White等,2010)。土壤磷的迁移方式及影响因素在本书第2章中已有述及,这里仅就磷流失预测模型概括介绍。

评价农田中磷流失方法包括简单统计输出系数法及基于模型的动力学模拟法(Radcliffe等,2009)。然而,在开放体系下,磷流失多元预测模型较当前普遍使用的输出系数法能提供更精确的预测结果(White等,2010)。基于磷输出系数法的磷流失预测模型便于使用,但无法与所在区域实际情况相结合;水文及水质模型相对更加精确,但对决策者而言,因其过于复杂而并不实用。White等(2010)报道了当前美国开发的牧场磷管理升级版系统(pasture phosphorus management,PPM$^+$)软件,这是基于水土评估系统(soil and water assessment tool,SWAT)磷和沉积物流失的预测工具,可提供综合水文及水量模型,并进行精确的磷流失预测。PPM$^+$适用于众多管理模式和农田保护实践,且易于为决策者们所掌握。图4.9(White等,2010)所示即为PPM$^+$程序中所采用的磷迁移路径,由SWAT程序提供。由图可见,无机磷肥、禽畜粪肥及添加了铝离子的禽畜粪肥是土壤中的主要磷源。其中,70%的禽畜粪肥及70%的添加了铝离子的禽畜粪肥是土壤中活跃的有机磷源,具有可迁移性。

进行磷流失预测的意义在于识别农田磷流失的可能途径,进行磷流失的定量预测。与此同时,可以进行农田磷流失的纵向跟踪及横向对照预测,对农田保

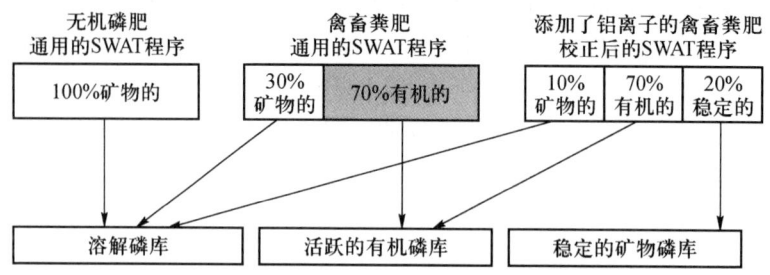

图 4.9 PPM$^+$ 所采用的 SWAT(原程序及校正后)提供的磷在环境中的迁移途径(White 等,2010)

护项目的成效进行评价,为减少农田水土流失及降低磷输出农田系统的风险提供决策依据。

(2) 变量施磷技术

前文述及,变量施磷是磷养分精细管理的关键,其核心思想在于在获取土壤磷素及其他农作物、土壤相关属性时空变异性特征的基础上,因地、因时给出具体的施磷方案。在这个过程中,土壤磷数据的采集及磷素空间变异数据库的构建最为关键;以此为基础,可提出可供农户施肥的决策,实现精确施肥。

1) 土壤磷素数据的采集

磷在土壤空间的分布是构建农田养分 GIS 数据库系统的基础。当前,高效液相色谱法及 Olsen 法虽然可以测定土壤中的正磷酸盐,但均无法在野外现场实现(Sinfield 等,2010)。在现场,磷的测量难度较测量氮更大。迄今为止,尚无商业化的实时测磷便携仪器。便携式测磷仪器的发展经历了如图 4.10(Sinfield 等,2010)所示的各阶段,即分光光度测量(spectrophotometric /spectroscopic techniques),包括拉曼散射法(raman scattering, RS)及反射波谱法(reflectance

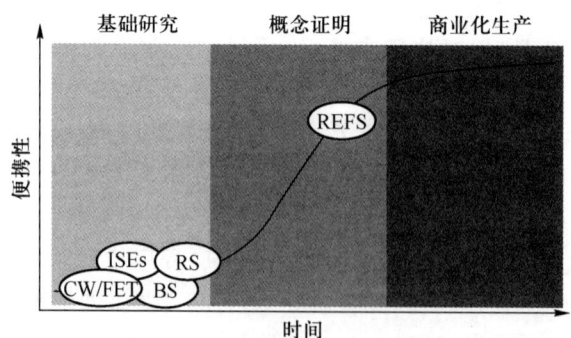

REFS-反射波谱法　RS-拉曼散射法　ISEs-离子选择电极法
BS-生物传感器　CW/FET-涂丝场效应晶体管技术

图 4.10　实时测磷传感器技术的发展(Sinfield 等,2010)

spectroscopy,REFS);电化学技术(electrochemical techniques),包括涂丝场效应晶体管技术(phosphate coated wire field-effect transistor,CW/FET)和离子选择电极法(phosphate ion-selective electrodes,ISEs)及生物测试技术(biological techniques),即利用磷酸盐生物传感器(phosphate biosensor)来测定土壤中的正磷酸盐。

上述用于实地测量的各类测磷传感器的性能比较如图4.11(Sinfield等,2010)所示。图中列举了仪器成本、精确度、检出限、专一性、使用寿命、样品处理、便携性、可操作性、取样时间及健壮性等比较项目。对照可知,各种传感器性能均存在一定的不足和优势。REFS和CW/FET传感器综合性能较好,前者取样较为便利,取样时间较短;后者便携性较好,取样成本相对较低。BS传感器的检出限最低,测试精确度最高,但仪器的使用寿命较短。

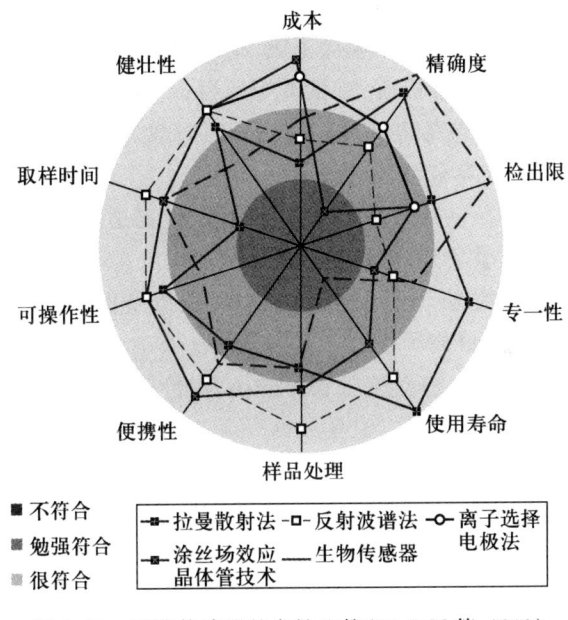

图4.11 测磷传感器的定性比较(Sinfield等,2010)

2) 农田养分(含磷)GIS数据库系统

经典统计学方法只能反映土壤有效磷变化的总体特征,不能充分反映农田属性在区内的时空分布特征(陈宝政等,2009)。统计学方法研究结果显示,利用GIS空间插值功能可以充分显现土壤养分的变异情况,为合理设置取样点提供依据(姜城等,2001)。已有研究结果表明,土壤有效磷、钾和部分微量元素空间变异性较土壤有机质和pH更大(姜城等,2001;刘冬碧等,2003;许红卫等,2006;王新民等,2004)。因此,在变量施磷决策系统中,提取磷素空间数据尤为重要。空间分析系统是专家系统的信息源之一,也是专家系统决策结果的空间分布载体。

农田养分 GIS 数据库系统中的相关数据来源于地理背景、本底值调查、实时农田采集及经济数据，主要包括：

① 地理背景数据库。包括农田所在区域的地形图和全要素地图，即包括农业设施、科学（气象站）、地界、地形及土地利用（耕地、园地、林地、草地等）等；

② GPS 数据库。包括 GPS 控制点、土壤、环境、水分等采样点的 GPS 点数据；

③ 土壤数据库。包括土壤类型、土壤剖面、土壤质地、耕作层厚度、土壤养分淋洗等、土壤容重、土壤养分（土壤有机质、全氮、全磷、全钾、碱解氮、速效磷、速效钾）、土壤微量元素（硼、锰、铜、锌等）、土壤含水量、土壤渗透性、田间持水量数据等，与地理背景数据叠加可以形成土壤要素空间分布图、不同深度土壤图等；

④ 环境数据库。包括水（井水）、土壤、植物、空气等，以及铅、汞、镉、砷、总氮、速效氮、总磷、速效磷、有机质、有机磷等项目；

⑤ 气象资料数据。包括经纬度、海拔、日照时数、日平均温度、日温度极值、空气相对湿度、风速、日降水量、水汽压等；

⑥ 农作物数据库。包括农作物种类及品种、生态适应性、生长发育、农艺形状、抗性、品质、农作物营养需求（水分、养分等）、病虫害等；

⑦ 农业生产条件数据库。包括化肥投入、灌溉条件、播种面积、种植制度、产量水平、农药使用量、价格等；

⑧ 化肥农药数据库。包括化肥农药的品名、价格、形状、作用等；

⑨ 影像数据库。包括航片、卫星数据等。

3）精细农业的空间分析系统

精细农业需要特别的程序进行空间分析，以决策施肥、灌溉、播种、除草、灭虫等农业操作，通常要开发适合当地情况的空间分析软件，包括农作物产量空间分布、土壤养分的空间分布、土壤水分空间分布、土壤微量元素空间分析、农作物需求空间分析及环境空间分析等。其中，建立土壤磷素的空间分析系统是变量施磷决策形成的依据。

4）变量施磷决策形成的概念图

如图 4.12 所示，一个简单的精细农业决策概念图得以形成（何勇，2003）。由咨询者提供数据（通过传感器、天气预报等途径获得），分析数据并应用适当决策规则，最后得到一些结果来帮助生产者做出决策。相应地，这一概念图可以移植到变量施磷过程中来。即通过仪器或传感器等途径获得农田磷分布的时空信息；对信息进行分析与处理后，或是存贮起来，或是作为决策过程的一部分传给用户。信息处理后产生一个决策，相应地也会产生一种行动，并在相应的环境（田间操作单元）下执行。当这个行动被执行后，环境（田间操作单元）再次被监测,由此开始了新一轮的信息流。如此这样,可实现对磷养分的动态监测、施肥决策及精细施肥措施的循环,完成概念上的变量施磷。

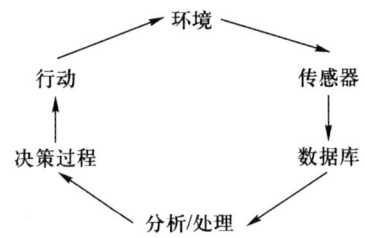

图4.12　精细农业中变量施肥决策生成概念图(何勇,2003)

(3) 传统农业行为中磷肥的生态利用方式

合适的栽培措施可以减少为达到最佳农作物产量而富集在土壤中的植物有效磷的含量(Valsami-Jones,2004)(虽然这不属于精细农业的范畴,但作为一种磷的生态利用方式在此依然被提及)。长期的农业实践证实,磷肥的施加位置及有机物(如绿肥和农作物秸秆)添加,并结合磷活化农作物种植系统等农业措施均可以提高磷肥的有效性。选择合适的磷肥施加位置可以减少磷和土壤的接触,减少土壤对磷的固定,使根际区的溶解性磷浓度增加,利于植物对磷的吸收。施加有机肥不仅可以维持或提升土壤有机物含量、改善土壤理化特性、增加土壤生物活性,而且有机肥分解所产生的有机酸有利于磷的活化,提高土壤有效磷的利用效率。磷活化农作物的结合种植就是为了使被土壤固定的无机磷得到释放,便于农作物吸收利用。上述耕种管理措施不仅有利于增加农作物的品质和产量,同时也减少了土壤磷固定及磷素向水体迁移的风险,满足了经济和环境上的双重收益。但对于有较强磷固定的土壤,磷肥的持续施加依然是必要的(Valsami-Jones,2004)。

(4) 禽畜粪肥管理与利用

禽畜粪肥管理与利用同样是独立于现代精细农业范畴之外的磷肥的生态利用方式。

作为一种含磷的有机肥料,禽畜粪肥可以改善土壤的物化性质,提高土壤微生物活性。苏帆等(2009)研究了禽畜粪肥和化肥联合施用对结球西生菜生产的影响。试验结果表明,禽畜粪肥对土壤酸度的影响不大,但可提高土壤有机质、有效氮磷钾、土壤微生物总量、细菌、真菌及放线菌的数量;适度施用禽畜粪肥对降低结球西生菜中重金属含量和控制其中的硝酸盐含量有显著作用,但是会增加其体内的大肠杆菌数量,所以,施用前应预先进行无害化处理。来自养殖、种植的长期实践经验也证实,添加了禽畜粪肥的农田可以保证土壤持续有效的供肥能力,因而获得较高产量。

在对待粪肥问题上,一方面是规范管理,降低其随地表径流进入江河湖泊造成水体富营养化的可能;另一方面则是有计划、有目的地加以利用,变废为宝。

目前国内小规模或较为集中的禽畜养殖场很少建有专用的污水处理设备,即使在对农民有巨额补贴的欧洲国家,能够采用污水处理设备的养殖场也很少。畜禽场面源控制,主要通过制定畜禽场农田最低配置(指畜禽场饲养量必须与周边可蓄纳畜禽粪便的农田面积相匹配)、畜禽场化粪池容量、密封性等方面的规定进行(张维理等,2004a;张维理等,2004b;张维理等,2004c)。在满足农田最低配置及畜禽场化粪池容量的条件下,磷素流失及对水体环境造成污染的概率较低。

我国农业生产中对粪肥的利用虽然较为普遍,但明显存在滥用和不规范使用的情况。以个体农业为主的模式下,广大农户普遍缺乏可依靠的技术规范,更谈不上在主观上具有降低磷污染风险的环境保护意识与珍惜磷资源的危机感。因此,禽畜粪肥处置与利用的技术规范应当是今后农业管理者和研究者关注的一个热点,也是在实践中向普通农户推行磷的生态利用的关键理论依据。

4.2.3.4 精准施磷概念的引入、实施及存在的问题

(1) 精细养分管理观念的植入是推行磷生态利用的前提

农户对变量施肥的认可是普及精细养分管理的前提。我国传统农业(尤其是小规模的家庭农业)实践中,由于历史原因及个体农户专业素质所限,在盲目依靠追加化肥实现高产的背景下,忽略了磷资源的流失与低效。只有从根本上使种植者意识到传统耕种理念的缺陷,才可能使其摒弃依靠化肥投入的粗放型农业发展模式,并有利于政府和农业管理部门相应技术规范的推行与实施。

(2) 政策性的引导是推广磷生态利用的首要保证

控制农村面源磷污染或应对磷危机,在宏观上都需要本国政府宏观政策上的引导、支持及监管。结合农村面源污染控制和应对磷资源危机的双重需要,政府应当在农业管理政策上给予倾斜,借鉴欧美政府的成功经验,为农户提供一定的经济补偿,并制定相应的监督与管理规范。例如,政府可从宏观上把握并引导经济条件较差地区的农民协调原有不合理的农业布局,推荐合适的优势农作物及轮作模式,有效控制因盲目发展菜、花、果种植业等不合理的农业结构带来的磷肥的不合理利用。从控制面源污染角度出发,可以在全流域范围内广泛推行农田最佳养分管理(best nutrient management practice,BNMP)理念;通过对水源保护区农田轮作类型、施肥量、施肥时期、肥料品种、施肥方式的规定,进行源头控制,并建立相关监控标准和体系。

(3) 科技支撑是确保磷生态利用的必要基础

磷在农业中生态利用与其他养分管理及耕种措施是有机相关的,无法割裂开来单独对待。在农业实践中,因缺少适合国情的稳定且准确度高的便携式土壤营养元素测定仪,导致大面积土壤空间数据动态采集不易实现。当前,一个可靠、简单、快速、投资少、适用广泛的土壤性状数据采集及测试技术体系尚未在我

国大范围内建立与应用(陈防等,2006)。国内现有各农业区土壤空间数据库格式与内容不统一,基础资料难以同步。此外,在广大农村开展土壤养分及物化性能检测是推行磷的各种农业生态利用的基础条件,同时也是一个明显受到经济、技术及农民观念制约的艰难过程。

根据我国农业的实际,向农户普及常识并提供施肥技术指导,逐步建立符合我国农业生产中不同规模经营的施肥技术标准;重点推广有条件先行试验的地区,在初步具备精细农业基础的地区优先开展磷的生态利用,创建试验区,以点带面,是推行磷的生态利用过程中的尤为关键的一步。特别是,在污染严重的流域和磷流失的高风险地区,应在大量外业调查、研究和系统的田间试验基础上,根据本地自然、经济及社会条件,制定本地区标准;对水源保护区农田轮作类型、耕作与施肥方式、施磷时期、磷肥用量等农业生产技术措施、禽畜场农田配置、禽畜粪便贮放设施等应当制定出具体可行的技术规范。

(4) 适当的激励与后效追踪管理是保持磷可持续生态利用的动力

较其他产业而言,农业生产周期较长,磷素流失也是在足够长的时间后才能为人们所意识。与此对应,磷素生态利用效益也非短期内可以实现。从生态农业可持续发展及磷资源高效利用角度来说,追求在自然系统中的磷生态利用是一种必然要求。因此,在当前经济条件下实施变量施磷及测土配方施肥,从管理角度来说,需要建立相应的后效追踪体系,并可根据实施情况给予农户相应的奖励或惩罚,以减少其后顾之忧,并对磷生态利用持有长久的信心与期待。

中国于20世纪90年代开始逐步探索开展了土壤分析、土壤肥力检测等工作,3S(GPS、GIS 及 RS)技术也已逐步应用到农业研究和生产实践之中。当前,在全国范围内已经广泛开展了测土配方施肥工程,部分地区农田经营也有了规模化趋势,这些都是未来实施农田精细养分管理和变量施肥的有利条件。磷是农作物生长中的宏量营养元素,实施精细养分管理和变量施肥的意义于农业自身和生态环境意义非凡。因此,从政府到民间、从专家到农户,都没有理由忽视磷生态利用技术与实践。本书也正是基于这样的目的,希望磷资源危机及其生态利用话题得到更多读者的重视。

2010年5月11日,联合国粮食及农业组织(Food and Agriculture Organization,FAO)在罗马总部启动了"十亿饥饿人口项目"。时下,在FAO网站首页,用六国工作语言突出显示:"十亿人口长期遭受饥饿,我为此无比愤怒。吹响抗击饥饿的哨子,敦促各国政府将消除饥饿作为其工作的优先重点"(One billion people live in chronic hungry and I'm mad as hell. Blow the whistle against hunger. Put pressure on governments to make the elimination of hunger their top priority)。这一《消除饥饿请愿书》(The Petition to End Hunger)赫然醒目,或许可以激发更多人去思考粮食安全生产与磷资源匮乏、环境保护间相互依存的严肃话题。

参 考 文 献

陈宝政,蔡德利,王法清,等. 草甸白浆土有效磷的空间变异性[J]. 中国农学通报,2009,25(06):159-161.

陈防,刘冬碧,万开元,等. 精准农业与农田精准养分管理现状及展望[J]. 湖北农业科学,2006,45(4):515-518.

陈洪波,王业耀. 国外最佳管理措施在农业非点源污染防治中的应用[J]. 环境污染与防治,2006,28(4):279-282.

单艳红,杨林章,沈明星,等. 长期不同施肥处理水稻土磷素在剖面的分布与移动[J]. 土壤学报,2005,42(6):970-976.

郭杰,曾光明,张盼月,等. 污水处理厂污泥中磷的回收[J]. 环境科学与技术,2006,29(9):88-89.

何勇. 精细农业[M]. 杭州:浙江大学出版社,2003.

姜城,杨俐苹,金继运,等. 土壤养分变异与合理取样数量——精准农业与土壤养分管理[M]. 北京:中国大地出版社,2001:161-171.

姜城. 不同经营体制下土壤养分空间变异规律及管理技术的研究[D]. 北京:中国农业科学院,2000.

李红,严小龙. 高级植物营养学[M]. 北京:科学出版社,2003.

李可芳,黄霞. 磷肥的使用与农业面源污染. 环境科学与技术,2004,27(S1):189-190.

栗斌,程扬健,马晓艳,等. 微生物矿化机制研究中的介观分析技术——以微生物与六价铬相互作用为例[J]. 高校地质学报,2007,13(4):651-656.

刘冬碧,熊桂云,胡时友,等. 不同利用方式下土壤的养分特性及其变异性初探[J]. 湖北农业科学,2003,(6):51-55.

刘杏梅,徐建民,章明奎,等. 太湖流域土壤养分空间变异特征分析——以浙江省平湖市为例[J]. 浙江大学学报(农业与生命科学版),2003,29(01):76-82.

鲁如坤. 土壤——植物营养学原理与施肥[M]. 北京:化学工业出版,1998.

吕家珑,Fortune S,Brookes P C. 土壤磷淋溶状况及其 Olsen 磷"突变点"研究[J]. 农业环境科学学报,2003,22(2):142-146.

彭畅,朱平,牛红红,等. 农田氮磷流失与农业非点源污染及其防治[J]. 土壤通报,2010,(02).

彭望禄,Robert P,程惠贤. 农业信息技术与精确农业的发展[J]. 农业工程学报,2001,17(02):9-11.

秦海霞. 重金属对生物除磷影响的研究[D]. 湖南:湖南大学,2007.

沈汉. 从农田土壤养分的10年演变看北京市今后施肥方向与策略[J]. 北京农业科学,1996,14(3):1-4.

沈其荣主编. 土壤肥料学通论[M]. 北京:高等教育出版社,2001:308.

史瑞和. 植物营养原理[M]. 南京:江苏科学技术出版社,1989:497.

苏帆,尹梅,付利波,等. 禽畜粪肥和化肥对结球西生菜生产的影响[J]. 中国生态农业学报, 2009,17(4):630-636.

王广伟,邱立平,张守彬. 废水除磷及磷回收研究进展[J]. 水处理技术,2010,36(3):17-22.

王建龙,陈灿. 生物吸附法去除重金属离子的研究进展[J]. 环境科学学报,2010,30(4): 673-701.

王建龙,韩英健,钱易. 微生物吸附金属离子的研究进展[J]. 微生物学通报,2000,27(6): 449-452.

王建龙,文湘华. 现代环境生物技术[M]. 北京:清华大学出版社,2008.

王韬,李鑫钢,杜启云. 含重金属离子废水治理技术的研究进展[J]. 化工环保,2008,28 (04):323-326.

王新民,王卫华,侯彦林. 豫北蔬菜保护地土壤磷素形态及其空间分布特性研究[J]. 土壤, 2004,36(2):173-176.

魏峥,聂琰晖,刘乐庭,等. 多聚磷酸盐在原核和真核生物中的研究进展[J]. 生理科学进展, 2009,40(3):197-202.

许红卫,高克昱,王珂,等. 稻田土壤养分空间变异与合理取样数研究[J]. 植物营养与肥料 学报,2006,12(1):37-43.

张维理,冀宏杰,Kolbe H,等. 中国农业面源污染形势估计及控制对策 Ⅱ. 欧美国家农业面源 污染状况及控制[J]. 中国农业科学,2004c,37(7):1018-1025.

张维理,武淑霞,冀宏杰,等. 中国农业面源污染形势估计及控制对策 I. 21世纪初期中国农 业面源污染的形势估计[J]. 中国农业科学,2004a,37(07):1008-1017.

张维理,徐爱国,冀宏杰,等. 中国农业面源污染形势估计及控制对策 Ⅲ. 中国农业面源污染 控制中存在问题分析[J]. 中国农业科学,2004b,37(7):1026-1033.

周建民,陈小琴,谢建昌,等. 中国农田生态系统养分平衡状况及管理对策[M]. 南京:河海大 学出版社,2000.

Allenby N E E, Watts C A, Homuth G, et al. Phosphate starvation induces the sporulation killing factor of bacillus subtilis[J]. Joural of Bacteriology,2006,188(14):5299-5303.

Benzerara K, Menguy N, Guyot F O, et al. Biologically controlled precipitation of calcium phosphate by Ramlibacter tataouinensis[J]. Earth and Planetary Science Letters, 2004, 228(3-4): 439-449.

Blackmore B S. Precision farming: an introduction[J]. Outlook on Agriculture, 1994, 23(4): 275-280.

Das S K, Das A R, Guha A K. A study on the adsorption mechanism of mercury on aspergillus versicolor biomass[J]. Environmental Science & Technology,2007,41(24):8281-8287.

Espinosa J, Mite F, Cedeño S, et al. GIS-based site-specific management of cocoa[J]. Better Crops,2006,90(1):36-39.

Fomina M, Charnock J, Bowen A D. X-ray absorption spectroscopy (XAS) of toxic metal mineral transformations by fungi[J]. Environmental Microbiology,2007,9(2):308-321.

Gadd G M. Biosorption: Critical review of scientific rationale, environmental importance and significance for pollution treatment[J]. Journal of Chemical Technology & Biotechnology, 2009,84(1):13-28.

Güneş A, Ataoğlu N, Turan M, et al. Effects of phosphate-solubilizing microorganisms on strawberry yield and nutrient concentrations[J]. Journal of Plant Nutrition and Soil Science, 2009, 172: 385-392.

Heckrath G, Brookes P C, Poulton P R. Phosphorus leaching from soils containing different phosphorus concentrations in the Broadbalk experiment[J]. Journal of Environmental Quality, 1995, 24:904-910.

Helyar K R. Efficiency of nutrient utilization and sustaining soil fertility with particular reference to phosphorus[J]. Field Crops Research, 1998, 56(1-2):187-195.

Hirota R, Kuroda A, Kato J, et al. Bacterial phosphate metabolism and its application to phosphorus recovery and industrial bioprocesses[J]. Journal of Bioscience and Bioengineering, 2010, 109(5):423-432.

Jess L D. A bird's eye view of precision agriculture[M]//Precision Agriculture. Wageningen: Wageningen Academic Publisher, 2004:8-10.

Jin J Y. Site Specific Nutrient Management in China[M]. Proceedings of International Symposium on Information Technology in Soil Fertility and Fertilizer Managemnet, 2005:25-34.

Kortstee G J J, Appeldoorn K J, Bonting C F C, et al. Biology of polyphosphate-accumulating bacteria involved in enhanced biological phosphorus removal[J]. FEMS Microbiology Reviews, 1994, 15(2-3):137-153.

Lamb D W, Frazier P, Adams P. Improving pathways to adoption: Putting the right P's in precision agriculture[J]. Computers and Electronics in Agriculture, 2008, 61(1):4-9.

Lin Z, Zhu Y, Kalabegishvili T L, et al. Effect of chromate action on morphology of basalt-inhabiting bacteria[J]. Materials Science and Engineering: C, 2006, 26(4):610-612.

Macaskie L E, Bonthrone K M, Yong P, et al. Enzymically mediated bioprecipitation of uranium by a Citrobacter sp.: A concerted role for exocellular lipopolysaccharide and associated phosphatase in biomineral formation[J]. Microbiology-UK, 2000, 146:1855-1867.

Malik A. Metal bioremediation through growing cells[J]. Environment International, 2004, 30(2):261-278.

Ortega R A and Santibáñez O A. Determination of management zones in corn (Zea mays L.) based on soil fertility[J]. Computers and Electronics in Agriculture, 2007, 58(1):49-59.

Otto W M and Kilian W H. Response of soil phosphorus content, growth and yield of wheat to longterm phosphorus fertilization in a conventional cropping system[J]. Nutrient Cycling in Agroecosystems, 2001, 61:283-292.

Pagnanelli F, Esposito A, Veglio F. Multi-metallic modelling for biosorption of binary systems[J]. Water Research, 2002, 36(16):4095-4105.

Pote D H, Daniel T C, Sharpley A N, et al. Relating extractable soil phosphorus to phosphorus losses in runoff[J]. Soil Science Society of America Journal, 1996, 60(3):855-859.

Radcliffe D E, Freer J, Schoumans O. Diffuse phosphorus models in the United States and Europe: Their usages, scales, and uncertainties[J]. Journal of Environmental Quality, 2009, 38:1956-1967.

Savvaidis I, Hu Ghes M N, Poole R K. Differential pulse polarography: A method for the direct study of biosorption of metal ions by live bacteria from mixed metal solutions[J]. Antonie Van Leeuwenhoek,2003,84(2):99-107.

Sharpley A, Daniel T C, Sims J T, et al. Determining environmentally sound soil phosphorus levels [J]. Journal of Soil and Water Conservation,1996,51(2):160-166.

Sinfield J V, Fagerman D, Colic O. Evaluation of sensing technologies for on-the-go detection of macro-nutrients in cultivated soils[J]. Computers and Electronics in Agriculture,2010,70: 1-18.

Texier A, Andres Y, Illemassene M, et al. Characterization of lanthanide ions binding sites in the cell wall of pseudomonas aeruginosa[J]. Environmental Science & Technology,2000,34(4): 610-615.

Tsekova K, Todorova D, Ganeva S. Removal of heavy metals from industrial wastewater by free and immobilized cells of Aspergillus niger[J]. International Biodeterioration & Biodegradation, 2010,64(6):447-451.

Tzeng C and Kornberg A. The multiple activities of polyphosphate kinase of Escherichia coli and their subunit structure determined by radiation target analysis [J]. Journal of Biological Chemistry,2000,275(6):3977-3983.

Valsami-Jones E. Phosphorus in Environmental Technology[M]. London:IWA Publishing,2004.

Vasudevan P, Padmavathy V, Dhingra S C. Kinetics of biosorption of cadmium on Baker's yeast[J]. Bioresource Technology,2003,89(3):281-287.

White M J, Storm D E, Busteed P R, et al. A quantitative phosphorus loss assessment tool for agricultural fields[J]. Environmental Modelling & Software,2010,25:1121-1129.

Yang C, Cheng Y, Ma X, et al. Surface-mediated chromate-resistant mechanism of enterobacter cloacae bacteria investigated by atomic force microscopy [J]. Langmuir, 2007, 23(8): 4480-4485.

Yang J and Volesky B. Modeling uranium-proton ion exchange in biosorption[J]. Environmental Science & Technology,1999,33(22):4079-4085.

Weiner S, Dove P M. An overview of biomineralization processes and the problem of the vital effect. Dove P M, De Yoreo J J, Weiner S. Biomineralization[C]. Washington DC: Mineralogical Society of America. 2003, 54: 1-29.

郑重声明

高等教育出版社依法对本书享有专有出版权。任何未经许可的复制、销售行为均违反《中华人民共和国著作权法》，其行为人将承担相应的民事责任和行政责任；构成犯罪的，将被依法追究刑事责任。为了维护市场秩序，保护读者的合法权益，避免读者误用盗版书造成不良后果，我社将配合行政执法部门和司法机关对违法犯罪的单位和个人进行严厉打击。社会各界人士如发现上述侵权行为，希望及时举报，本社将奖励举报有功人员。

反盗版举报电话　　（010）58581897　58582371　58581879
反盗版举报传真　　（010）82086060
反盗版举报邮箱　　dd@hep.com.cn
通信地址　　北京市西城区德外大街4号　高等教育出版社法务部
邮政编码　　100120